全球食物

A BRIEF HISTORY OF
GLOBAL FOOD

简史

[美] 克里斯托弗·库莫 著

谭 图 译

山东人民出版社·济南

国家一级出版社 全国百佳图书出版单位

图书在版编目（CIP）数据

全球食物简史 / （美）克里斯托弗·库莫著；谭图
译. -- 济南：山东人民出版社，2025.7
ISBN 978-7-209-14862-7

Ⅰ. ①全… Ⅱ. ①克… ②谭… Ⅲ. ①食品－历史－
世界－普及读物 Ⅳ. ①TS2-091

中国国家版本馆 CIP 数据核字(2023)第 211376 号

山东省版权局著作权合同登记号　图字：15－2023－158

全球食物简史
QUANQIU SHIWU JIANSHI

[美]克里斯托弗·库莫 著　谭图 译

主管单位　山东出版传媒股份有限公司
出版发行　山东人民出版社
出 版 人　田晓玉
社　　址　济南市市中区舜耕路517号
邮　　编　250003
电　　话　总编室（0531）82098914
　　　　　市场部（0531）82098027
网　　址　http://www.sd-book.com.cn
印　　装　山东新华印务有限公司
经　　销　新华书店

规　　格　16开（155mm×230mm）
印　　张　34.5
插　　页　8
字　　数　440千字
版　　次　2025年7月第1版
印　　次　2025年7月第1次
ISBN 978-7-209-14862-7
定　　价　68.00元
　　　　　如有印装质量问题，请与出版社总编室联系调换。

序言

　　本书是一本百科全书，旨在向读者介绍广博而流行的食物研究领域知识。食物学是一门重要学科，关于它的研究与全球历史、农业、畜牧业、烹饪传统和其他领域的研究是相辅相成的。基于这一领域，该书的目的在于着重介绍一些塑造了世界历史面貌的食物——它们推动了文明的发展，培养出了延续数百年乃至上千年的烹饪习惯。例如，土豆影响了植物病理学、人口统计学、马尔萨斯陷阱理论、战争、北欧面包的衰落以及其他历史进程。哥伦布大交换[1]让安第斯土豆得以成为全球温带地区的主食。甘蔗和咖啡是奴隶制在美洲热带地区兴起的原动力之一。该话题包含着各种各样的危险因素，催生了种族主义与奴隶制的种种罪恶。伴随奴隶制兴起的是一套充斥着歧视和剥削的体系，在这种情况下，种族主义败坏了本应客观的科学。这些食物虽然不怎么起眼，却对世界产生了难以估量的影响。

1　哥伦布大交换：是指意大利探险家哥伦布于1492年首次航行到达美洲后，开启的横跨东西半球的涉及动物、农作物、人种、文化、传染病以及思想观念等方面的交流。——译者注

本书的内容涵盖地理学、食物学等一系列学科，以及从史前时代的鱼、牛肉、鸡肉、羊肉和羔羊肉到现代的可乐等多种食物。从大约1万年前西南亚首次培育小麦和大麦，到汉堡和热狗在美国的蓬勃兴起，本书罗列的内容非常丰富，覆盖了所有有人类定居的大陆。这些食物给人类留下了深刻的烙印。鱼是早期人类赖以生存的食物，如今对鱼的需求却引发了过度捕捞和生态危机等问题。全球人口超过70亿[1]，有赖于强大的食品生产和加工系统生存，然而这可能引发马尔萨斯陷阱——19世纪40年代的爱尔兰土豆大饥荒就曾预示了这种危险。如此庞大的人口规模，只会让人类越来越依赖强大的食物供应体系。食物对所有的动物来说都是必不可少的。我们承受着食物供应的压力，这种压力或许比其他很多物种面临的都要大。这是英国经济学家托马斯·马尔萨斯（Thomas Malthus）在18世纪就预言过的一场斗争；随着时间的流逝，这一问题只会日益恶化。绿色革命[2]的确很重要，但是，它只给人类暂时提供了一个缓冲区，以应对人类在食品供应方面所面临的难以挣脱的制约。一些悲观的科学家担忧，人类赖以生存的一些食物在产生人类可食用的生物量[3]上已经接近其生物极限，比如说大米。在这样的背景下，我们如何获取更多的食物来养活更多的人呢？

1　本书原版图书于2015年出版，此处的70亿人口以2015年数据为准。2024年，全世界人口已经超过80亿。

2　绿色革命：指20世纪60年代至70年代中期在发展中国家兴起的，以推广农作物高产良种为中心的农业科技革新运动。绿色革命以高产品种为基础，加上施用化肥农药、充分灌溉和使用相应的农业机具，促进了现代农业的发展。——译者注

3　生物量（biomass）：生态学术语，指在一定时间内，一个单位面积或体积内所含的一个或一个以上生物种，或一个生物群落中所有生物种的个体总量。——译者注

　　本书结构清晰，读者可以很容易地找到自己感兴趣的食物。每一个条目只介绍一种食物，并且条目内的小节是按时间的先后顺序排列的。每个小节都会对食物塑造世界的方式加以说明。本书强调的重点不限于历史，还涉及植物学、水产养殖业、畜牧业、社会凝聚力、对稀缺资源的争夺、人类进化以及其他诸多方面。因此，本书是一本基于人文科学、社会科学和自然科学的跨学科之书。为了方便读者延伸阅读，每一个条目的结尾均列有一些文献资源，是拓展读者知识的书籍、文章和网站。

目　录

第九章 | 四方食事，不过一碗人间烟火

导论

对所有生命而言，获取食物是立命之本。早在生命诞于地球之初，就出现了绿藻和一些细菌，后来又出现了能够从阳光中收集能量，将二氧化碳和水转化为葡萄糖从而产出食物的植物。这些有机体通过光合作用将阳光、二氧化碳和水结合在一起制造出葡萄糖。包括人类在内的几乎一切生物都以植物为食。一个人吃掉一种植物或者一种植物的一部分，体现出生物对植物的直接依赖，例如，人们吃的土豆就是一种植物的地下块茎。食草动物从植物里获取能量，而人类又吃掉食草动物，则体现出生物对植物的间接依赖，例如，人们会食用牛肉、猪肉或者其他食草动物的肉。

人类最古老的祖先主要以草木为食，不过，只要有可能，也会捡食野味。对于由18世纪博物学家卡尔·林奈[1]命名的人属[2]而

---

1 卡尔·林奈（Carl Linnaeus，1707—1778年）：瑞典博物学家和探险家，现代生物学分类命名的奠基人。1753年，他出版了《植物种志》（*Species Plantarum*）。这本书采用二名法，以拉丁文来为生物命名。——译者注

2 人属：人科中的一属，包括直立人和智人两个种，直立人亦称"晚期猿人"，智人分为早期智人和晚期智人，晚期智人通常也称现代人。——编者注

言，吃肉似乎变得更加重要。有一种理论认为，肉可以让我们的脑容量增大，而大脑发达正是人类的典型特征。的确如此，尼安德特人是人属中最大的食肉人种，从平均水平来看，他们的大脑似乎比我们现代人的还要大一点。可以说肉类为人类进化铺平了道路，它无疑极其深远地影响了我们的历史。在法国拉斯科洞窟和西班牙阿尔塔米拉洞窟里，令人惊叹的岩画见证了艺术的发展，证明了人类大脑的天赋。人脑利用技术和农业构建了伟大的文明，这些文明已经成为人类社会的标志。我们知道，直立人掌控火的水平有了新的飞跃——他们生火烤肉，制造更多易于消化的营养物质。

虽说肉类在人类进化中扮演了重要的角色，但我们也不应该低估在早期狩猎采集社会中觅食植物的重要性。根、茎、叶、花、果实（包括浆果）和植株的其他部分都是人类饮食的一部分。人类对植物的兴趣、对改造和最终驯化它们的兴趣，促成了人类史前时代的一个重大事件，即农业的兴起。农业在两个层面上同时运作。在一个层面上，人类驯化和培育了我们赖以生存的最基本食物的植物品种。首批农民种的主要是水稻、小麦、大麦、燕麦、黑麦、小米和高粱。同时，在世界上的其他地方，植株的其他部分——块茎和根——对人类的生存也至关重要，相关植物主要包括土豆、甘薯、山药和木薯。一般而言，人类驯化谷物地区的纬度比驯化块茎和根作物地区的纬度更高。在另一个层面上，人类驯化了不可或缺的家畜：羊、猪、牛和其他大型食草动物。这些事件在时间上比较接近，看起来像是同时发生的。自驯化这一想法出现，人类就将其应用于可以食用的动植物。如果说人类在地球上居住了20万年——这个数字得到了许多体质人类学家有理有据的支持——那么人类驯化动植物的用时就短得如同一瞬间。在距今1万至5000年这段时间里，世界各地的人们大约只用了5000年的时间来驯化动植物，以填饱肚子。这一趋势的动力似乎源于西南亚，那里的第一批农民驯化了小麦、大麦、豌豆、小扁豆和鹰嘴豆。其中，后三种是豆类，对人类的饮食至关重要，因为它们富含蛋白质，包含许多人类维持生存所必需的氨基酸。事实上，最早的那批农民几乎无一例外地驯化了一种或者多种豆科作物——只要它们在谷物栽培文化盛行的地方。问题在于，农业是首先在西南亚出现然后向世界其他地方扩散的，还是陆续地在各个地区独立出现的，这个问题或许是无解的。本地农作物和世界其他地区的农作物的组合现象表明，世界上多个地区独立地产生了农业。这种观点就是19世纪法裔瑞士植物学家阿尔逢斯·德·康多[1]和20世纪俄国农学家尼古拉·瓦维洛夫[2]的思想核心。在这种背景下，东亚和东南亚地区也出现了以这种粮食生产方式为核心的农业重镇。这些地区的人的主食是大米，南方地区尤其如此。直至今天，大米给人们提供的热量比其他任何食物提供的都要多。而豆科作物是大米的重要补充，比如在西南亚，大豆是大米的补充。埃及和欧洲似乎大规模引进了西南亚的一些野生植物，尽管这些作物的来源并不明确。同时，埃及和欧洲还引进了对这两个地区十分重要的小麦和大麦。和西南亚的情况一样，埃及和欧洲人民不仅把谷物当作粮食，而且用它们来酿酒，尤其常用大麦。古罗马曾是位于地中海盆地的强大帝国，种植了谷物、豆科作物、蔬菜和水果等种类繁多的农作物。公元1世纪，罗马百科全书式的著

1　阿尔逢斯·德·康多（Alphonse de Candolle，1806—1893年）：植物地理学的奠基人之一，开创了国际植物命名法。——译者注

2　尼古拉·瓦维洛夫（Nikolai Vavilov，1887—1943年）：植物学家、遗传学家，毕生致力于研究和改良维持全球人口温饱的小麦、玉米和其他谷类作物品种。——译者注

作《博物志》(亦译《自然史》)的编纂人大普林尼[1]不辞辛苦地描述了这些食物。仅在水果方面,罗马人就已经知道并且开始吃苹果、杏、葡萄、无花果和海枣。一些专注于农业领域的罗马作家,深知轮种豆科作物的重要性,例如科卢梅拉(Columella)就看重鹰嘴豆。罗马人喂养并食用的家畜有猪、羊、牛、鸡和其他家禽。葡萄在罗马人的生活中极其重要,人们用它来酿造当时最烈的饮料——葡萄酒。很快,它就与狂欢和性能力联系起来。对罗马人来说,橄榄在烹饪方面极其重要,可以说没有橄榄油就做不了饭。在地中海盆地,罗马人走到哪里都会种下葡萄和橄榄,因此,这种文化在整个地区至关重要。

仅仅概述旧大陆[2]部分地区的农业状况和烹饪习惯是不够的。美洲大陆是自成一体的。在前哥伦布时代,美洲印第安人与旧大陆完全隔绝,他们只能发展自己的农业和畜牧业。坦率地说,美洲印第安人没有牛、猪和羊可以驯养。实际上,当美洲印第安人在距今大约1.4万到1.2万年之间(人们各执一词,有人认为甚至更早)来到美洲时,他们有马、猛犸象和巨型树懒等大量动物可以猎杀;但是在新大陆[3],这些动物都灭绝了。美洲印第安人把它们都杀光了吗?这似乎是不可能的,因为石器时代的人们使用的武器很粗糙。即便有了现代化学,人类也似乎无法根除蒲公英。这些大型哺乳动物提供了丰富的肉食,同时也提供了蛋白质。一旦这些动物灭绝,人类就不得不想办法来觅食其他东西了。农业虽然不是第一选择,但却是最可行的选择。就家畜而言,美洲印第安人仅仅驯养了羊驼、美

1　大普林尼(Gaius Plinius Secundus,23—79年):古罗马作家,以37卷的《博物志》(*Naturalis Historia*)闻名于世。——译者注

2　旧大陆:指欧洲、亚洲和非洲。——译者注

3　新大陆:指南美洲、北美洲。此处特指哥伦布到达后的美洲。——编者注

洲驼和豚鼠。因此，对美洲印第安人而言，农作物就变得更加重要了。说到这儿，人们立马就会想到玉米，这种粮食的单株产量高于包括大米在内的所有旧大陆作物的单株产量。玉米的重要性如此之高，以至于它在哥伦布大交换期间风靡亚洲和非洲大部分地区。玉米尽管在当今发达国家是牲畜的饲料，但它维系了整个旧大陆的生命。即使在美国，人们在吃牛肉、猪肉和其他种类的肉的时候也会加上玉米。因此，玉米和大米一样，是世界性的农作物。美洲印第安人还驯化了很多菜豆属的豆类品种。它们不是世界上仅有的豆类，但作为食物是极其重要的。在哥伦布大交换期间，它们几乎一夜之间就取代了欧洲和西亚的蚕豆（*Vicia faba*）。美洲的大豆和旧大陆的豆科作物一样，是丰富的蛋白质来源，而且养活了穷得吃不起肉的老百姓。在这个意义上，大豆可以巩固让老百姓变穷的富人阶级的统治地位，因为老百姓就算再穷也能吃上含有蛋白质的大豆和其他豆科作物。美洲还盛产土豆，它对北欧——特别是爱尔兰——的影响可以说是举足轻重的。甘薯也是一种美洲农作物，在亚洲和非洲部分地区它能与山药相匹敌，甚至在某些情况下取代了山药。另一种美洲作物是木薯，它在非洲大部分地区非常重要。关键是，这些源于美洲的作物在美洲当地也很流行。它们改变了世界各地的人的饮食习惯。毫无疑问，人们很难想象现代欧洲没有土豆、中国没有甘薯、非洲没有木薯会是什么样子的。这三种美洲作物让人们不再将目光仅仅局限于谷物——世界上许多地区的人以块茎、根和豆科作物为主食。

虽说农业出产的食物改变了世界，但在评价这些食物的时候，我们务必谨慎。实际上，最早的那批农民基本上都不如狩猎采集者健康。早期农民的牙齿和骨骼遗骸表明他们明显营养不良。部分原因可能在于他们过度依赖谷物，因为没有一种谷物可以满足全部的饮食需求。更糟糕的是，富豪们往往会拿走农民的大部分粮食和其他食物。这种行为虽然打着税收的名义，但实则近乎强抢——这种情况在古埃及尤为明显。这些早期农民被剥夺了大部分食物，很难吃饱。因此，短期来看，农业使人面临净亏损状况，至少对那些种庄稼养活富豪的人来说是这样的。然而，长期来看，食物丰盈的确有助于人类兴旺。例如，凡是吃土豆的地方，出生率就会持续上升，老百姓也很健康。到了现在，人们难以想象没有充足食物的生活，至少在发达国家是这样的。不过，现在也不是没有新的问题。与19世纪的情况相比，发达国家的人的活动变得更少。现在的人离不开汽车，很少步行和骑行。如果人们吃的东西不多，那这种久坐不动的生活方式不会造成严重的伤害；但是，人们吃的并不少。如此引发的后果就是肥胖、癌症和心血管疾病。事实上，人类与自己吃的东西处于战争的边缘。甜甜圈、比萨、薯片、炸薯条和其他垃圾食品都不是营养物。这些东西提供的只是空热量[1]，实在是吃不得。

从许多层面来说，糖都是典型的垃圾食品。糖不含任何维生素或矿物质，只含有蔗糖。然而几乎所有的谷物早餐和加工食品都添加了糖，这会让一个人的腰围变粗。糖还导致了更深层次的悲剧。最初，糖是旧大陆热带地区居民的食物，直到欧洲与美洲建立联系才得以大规模传播。得到西班牙王室资助的意大利探险家克里斯托福罗·哥伦布（Cristoforo Colombo），一下子就意识到了在加勒比群岛种植甘蔗的价值。1493年，此时距离他划时代的第一次航行不到1年，哥伦布在加勒比群岛的伊斯帕尼奥拉岛（今天的海地共和国和多米尼加共和国的所在地）种植甘蔗。随后大约200年间，甘

---

1 空热量：是指只有热量而（几乎）没有基本的维生素、矿物质和蛋白质。——编者注

蔗遍布美洲热带地区，但人们对糖的追求却带来了不幸。美洲印第安人大量死于一些原本常见于旧大陆的疾病，因为他们对这些疾病毫无免疫力。于是欧洲人输入非洲奴隶，代替印第安人在糖厂劳作。很快，人们就将黑皮肤与智力和身体素质低下、懒惰以及许多其他负面的刻板印象画上等号，当然这一切都是无中生有。奴隶主对待奴隶的做法惨无人道，有时他们给奴隶的食物都不足以支撑其活下去。根据一份记载，奴隶被运到加勒比地区后，一般活不了10年。糖让人付出的代价如此惨烈。在美洲其余地方，食物与奴隶制也密不可分，位于南卡罗来纳州和沿海的佐治亚州的水稻种植园尤其如此。

今天，我们面临的可能是有史以来最大的挑战。全世界人口已经超过了70亿，对于科学家而言，进一步提高农作物产量变得越来越困难。英国牧师托马斯·马尔萨斯在18世纪就警示了粮食供应跟不上人口增长的危险，而爱尔兰土豆大饥荒已经证实了马尔萨斯的观点。今天我们可能又一次面临马尔萨斯陷阱：农作物接近或者已经达到了最大产量，然而人口依然在增长。和石油一样，食物也是一个限制因子。地球无法永无止境地容纳越来越多的居民，因为食物的供应量不可能无限增加。事实上，现在人类的数量已逼近地球的最大承载量。人类可能要被迫在很大程度上放弃对肉类的依赖。家畜占用的土地要用来养活人类。人类可能得吃更多的鱼，即使捕捞过度已经成为一种威胁。人类可能需要种更多的豆科作物而非谷物来获取所需的蛋白质。无论解决方案是什么，我们都必须改变饮食习惯。我们仍将依靠食物而活，但必须改变饮食的种类。

时间轴

公元前 50 万年　直立人可能是最早饮茶的原始人类。

公元前 10 万年　尼安德特人可能是最早喝汤的人类。

公元前 4.5 万年　晚期智人学会了捕鱼，继而开始食用这些脊椎动物。尼安德特人从未掌握捕鱼技能。因此，在获取食物方面，晚期智人可能强于尼安德特人。

公元前 1.2 万年　亚洲西南部的纳吐夫人收获了野生的小麦、大麦、豌豆、小扁豆和鹰嘴豆。

公元前 1 万年　人类驯养绵羊以获取羊肉和羔羊肉。在这种情况下，畜牧业可能早于农业种植得以发展。随后，猪和牛被驯化——这属于新石器时代革命[1]的一部分。

1　新石器时代革命：指人类历史上第一次重大的产业革命，因发生于新石器时代而得名。在此期间，人类发明了农业和畜牧业，实现了从狩猎采集者向农牧人的转变。——编者注

公元前 1 万年	人类第一次喝啤酒。它可能是世界上最古老的酒精饮料。
公元前 1 万年	东南亚人可能是最早为了得到鸡蛋和鸡肉而养鸡的人。
公元前 8000 年	西南亚人驯化了食用植物，这种获取食物的新方法标志着农业的起源。不过我们应当注意，从狩猎、采集向农耕的过渡并不是一蹴而就的。在世界上的许多地区，包括美洲在内，这一进程是相当缓慢的。
公元前 8000 年	长江沿岸的中国人可能是最早驯化水稻的人。
公元前 8000 年	巴西人可能是最早吃木薯的人。
公元前 7000 年	南美洲安第斯山脉的人驯化了土豆。
公元前 7000 年	人类用山羊奶制作了第一块奶酪。
公元前 7000 年	巴布亚新几内亚人可能是最早尝到糖的一批人。
公元前 6000 年	秘鲁人似乎是最早驯化豆子的人，这些豆子属于菜豆属。尽管旧大陆的豆子的种类很少，但是自哥伦布大交换以来，菜豆属豆子就一直是人类的主食之一。
公元前 5000 年	墨西哥南部的人驯化了玉米，它缓慢地演变为今天的美国玉米。
公元前 4500 年	西非人最早驯化了非洲的水稻品种。它们将在殖民时期的美洲扮演重要角色。

公元前3000年	巴西和加勒比群岛的人以花生为食。
公元前3000年	中国人开始食用大豆，最终以大豆为原料制作了大量食物。
公元前2800年	中国人驯化了大豆。
公元前1450年	埃及人为了得到蜂蜜而饲养蜜蜂。
公元前1000年	南美洲人把花生磨成糊状，这是花生酱的前身。
公元前800年	腓尼基人在西班牙种植了橄榄树。
公元1年	北非人、希腊人和罗马人以面包为食。在这些地方，葡萄酒是首选饮料，橄榄油是主要的膳食脂肪。
公元54年	据传闻，罗马皇帝克劳狄乌斯（Claudius）的第四任妻子小阿格丽品娜（Agrippina），用毒蘑菇毒死了克劳狄乌斯，把王位传给了自己的儿子，即暴虐乖戾的尼禄（Nero）。具有讽刺意味的是，尼禄后来弑杀了亲母。
公元1493年	得到西班牙王室资助的意大利探险家克里斯托福罗·哥伦布在加勒比群岛的伊斯帕尼奥拉岛种植甘蔗。在100年之内，糖推动了种植园经济的迅猛发展。这使非洲奴隶饱受摧残，并造成了诸多至今仍然困扰着美洲人的恶果。
公元1513年	西班牙人在古巴栽下第一批海枣树。

公元 1640 年　　西班牙人把柑橘和枸橼带到波多黎各。

公元 1686 年　　西西里岛的企业家弗朗切斯科·普罗科皮奥·德·科尔泰利（Francesco Procopio de Coltelli）移居法国巴黎，他可能是在那里售卖冰淇淋的第一人。

公元 1690 年　　非洲奴隶把各种非洲大米带到南卡罗来纳州。后来大米成为南卡罗来纳州的一大出口产品。

公元 1692 年　　人们用变质的黑麦制作面包并以之为食，这可能促成了马萨诸塞州的塞勒姆女巫审判。

公元 1697 年　　西班牙人把花生酱引入海地。

公元 1700 年　　意大利那不勒斯的人可能是最早品尝比萨的人。比萨至今依然是受到大众喜爱的食物。

公元 1747 年　　苏格兰医生詹姆斯·林德（James Lind）证实，柑橘类水果可以预防和治疗坏血病（即维生素 C 缺乏症）。尽管柑橘类水果以此闻名，但是有此功能的食物不只是它们，菠萝、土豆和甘蓝也都能预防这种疾病。当时人们还不知道维生素 C 为何物。

公元 1765 年　　出于好奇，测绘师亨利·扬（Henry Yonge）在他的佐治亚州农场种下了大豆。

公元 1770 年　　英国的第四代三明治伯爵（4th Earl of Sandwich）发明了三明治。英国历史学家爱德华·吉本（Edward Gibbon）对这种横空出世的食物尤其钟爱。

公元1809年　法国厨师尼古拉斯·阿佩尔（Nicolas Appert）发明了罐装工艺，从此彻底改变了保存食品的方法。

公元1845—1849年　爱尔兰土豆歉收。大约有100万人挨饿，另有150万人逃离爱尔兰。该事件标志着欧洲最近的一次生存危机。

公元1866年　格雷戈尔·孟德尔（Gregor Mendel）发表了关于豌豆杂交实验的著名论文，为新兴的遗传学奠定了基础。

公元1886年　美国医生、药剂师约翰·彭伯顿（John Pemberton）发明了可口可乐。

公元1893年　美国最高法院做出了著名的裁决，称番茄是一种蔬菜，尽管它实际上是一种水果。

公元1898年　美国农业部（USDA）资助了第一支前往日本和中国寻找大豆新品种的考察队。这些品种为后来在美国种植的所有大豆提供了种质[1]。

公元1900年　美国企业家詹姆斯·都乐（James Dole）组建夏威夷菠萝公司（Hawaiian Pineapple Company），向全球市场输送菠萝罐头。

公元1904年　山毛榉坚果公司（Beech-Nut Company）开始在圣路易斯世界博览会上销售花生酱。

1　种质：指生物体亲代传递给子代的遗传物质，它往往存在于特定品种中。——编者注

公元1941—1945年 午餐肉是颇受欢迎的猪肉替代品。

公元1967年 美国科学家发明了果葡糖浆，它与糖一样，都是常用的甜味剂。

公元2014年 萨尔萨辣酱的销量超过了番茄酱的，现在是美国的主要调味品。

公元2014年 全球年产约2000万吨咖啡豆；咖啡产生的利润超过了石油之外的任何商品的利润。

第一章

稻花香里说丰年

粮食类作物 ——— 15 种

豆　子

"豆子"这个词被用得太随意了。咖啡树开花后结的种子也叫作"豆子"，然而它并非真正的豆子。真正的豆子是豆科作物的一员。豆科作物有自己的特性，它的根是进化的奇迹。氮是大气的主要成分之一，也是一种重要的植物养分。然而，植物的根吸收不了气态氮，除非得到一种被称为"硝化细菌"的细菌的帮助。而豆科作物的根瘤正好为硝化细菌提供了避风港；硝化细菌则将空气中的氮转化为植物能吸收的含氮物质。吸收氮对豆科作物形成氮–碳键（多肽键）而言至关重要，而它使植物能够将氨基酸合成为蛋白质。这个过程解释了为什么豆子和其他豆科作物是非常好的蛋白质来源。作为豆科作物，豆子与许多重要的食用植物相关，包括豌豆、鹰嘴豆、小扁豆、花生、豇豆，以及家畜饲料紫花苜蓿、三叶草和野豌豆。

造福百姓的蛋白质

人类可以通过食用动植物获得蛋白质。随着农业和畜牧业的日益发展，文明诞生了，等级制度也随之形成。有钱有权的精英吃得起肉，所以能够获取蛋白质。但是百姓往往很穷，负担不起肉、鱼以及其他提供动物蛋白的食物。他们只能靠吃植物蛋白活命，于是豆子和其他豆类作物就成了首选。豆子尤其重要，因为它们比谷物、块茎和根含有更多的蛋白质。事实上，豆子和全谷物的搭配是完全蛋白的理想来源，例如，一盘糙米和豆子的混合搭配就含有丰富的营养。

有几种豆子原产于旧大陆和新大陆[1]。在历史上，最具影响力的豆子是在美洲进化形成的。人们猜想，在新大陆农业发展的早期，美洲印第安人就培育了三种密不可分的农作物：玉米、豆子和笋瓜。同样，也有人注意到了全谷物、玉米二者与豆科作物——豆子的搭配，配上笋瓜可以额外增加矿物质。因此，即便缺乏动物蛋白（实际上，这些美洲原住民通过打猎和捕鱼来保证蛋白质的摄入量），美洲印第安人的营养往往也很充足。就这样，在欧洲人来临之前的很长一段时间内，豆子一直是美洲人的主食。和在其他地方一样，豆子为美洲印第安人提供了蛋白质。豆子配玉米这一美洲饮食传统至今仍然是美洲印第安人的文化风俗。墨西哥人也变着花样用豆子和玉米做饭，他们的饮食习惯影响了美国的烹饪习惯。

1753年，瑞典博物学家卡尔·林奈把美洲豆子划分到菜豆属，不过他错误地以为它们源于印度。菜豆属的属名"*Phaseolus*"意为"船型"，这个名字很贴切，因为这些豆子的豆荚形状跟小船很像。实际上，如果仔细研究其他几种豆科作物（豌豆就是一个很好的例子），就会发现它们的豆荚都像小船。因此，豆科作物大都有上述共同特征，不过只有美洲豆子才属于菜豆属。多亏哥伦布大交换把菜豆属的豆子传播到了全世界，这些美洲豆子才成为世界各地豆子的代表。常见的菜豆（亦称"四季豆"，俗称"芸豆"）、花豆、黑豆、青豆、海军豆[2]、红花菜豆、利马豆，以及成百上千种其他豆子，都属于菜豆属。在豆子尚未成熟、豆荚还很嫩的时候，一些人就把豆子连同豆荚一起吃下去——这可能是一种欧洲习俗。很多美洲豆子都是菜豆，尽管不

1　15世纪末哥伦布发现美洲后，欧洲人意识到美洲的存在，随即创造了"旧大陆"这个名词，指的是东半球的非洲、欧洲和亚洲。而"新大陆"这一名词最早产生于16世纪初，指的是西半球，尤指美洲大陆。

2　海军豆：因美国海军普遍食用而得名，粒小，白色，可晒干食用。——译者注

芸豆

芸豆是菜豆属的一员，也是美国众多豆子中的一种。见惯了红芸豆的人如果看到白芸豆，肯定会大呼意外；而白芸豆在意大利菜中很常见。红芸豆的颜色也不是统一的，有些品种比其他品种的颜色更深。因为红芸豆看起来有点像缩微的肾（kidney），所以"kidney bean"这个名字一直沿用至今。辣肉酱里通常放红芸豆。在路易斯安那州的菜肴中，红芸豆配米饭很有名。印度人和巴基斯坦人在烹饪的时候也会用上芸豆。

是全部。其学名为"*Phaseolus vulgaris*"，翻译过来即"菜豆"，指的是人们所熟知的豆子。这个物种可能起源于中美洲。

上文已经提到，美洲印第安人在种植豆子推动农业形成和发展方面起到了至关重要的作用。最早栽种豆子的可能是秘鲁人，公元前6000年左右他们就对利马豆产生了兴趣。约1000年之后，墨西哥人开始种豆子。不过，这两件事很可能是相互独立的。直到公元前2500年前后，豆子的栽培活动才出现在今天的美国东部地区。在那里，熟玉米粒拌豆子（西班牙人误认为是把豆子和玉米放在一起煮）成了百姓家里一道重要的豆类菜肴。利马豆是准备这道菜的首选。切罗基人和玛雅人用豆子和全谷物做了一种玉米面包；而黑豆似乎一直是这些人的重要食物。综合各个地区的情况，人们会发现豆子是印第安人建立文明的基础。加勒比地区的土著也不例外。在牙买加，厨师们用菜豆、大米和椰汁做饭；不过，这种烹饪方法肯定是在哥伦布到达后才出现的，因为大米和椰子并非美洲原产。古巴人用黑豆、大米和猪肉做饭，这种饭来自西班牙的摩尔人，被称作"黑豆拌饭"[1]。在整个加勒比地区，人们用菜豆、椰子和百里香做

---

1 黑豆拌饭：古巴家喻户晓的一种饭，其外文名"Moros y Cristianos"的意思为"摩尔人和基督徒"。——译者注

饭吃。同样，这些做法都是在后哥伦布时代发展起来的。

1493年，哥伦布在古巴见证了另一种菜豆族的豆子——扁豆。而在墨西哥，西班牙征服者埃尔南·科尔特斯（Hernán Cortés）同样也在无意中发现人们对菜豆进行了栽培。其他欧洲人也有类似的发现。这些豆子类似（即使不是非常像）欧洲的蚕豆，所以来到新大陆的欧洲人很快就意识到了这些新品种豆子的重要性。1493年，哥伦布把美洲豆子带回了西班牙。欧洲人接受这些豆子的速度比他们接受西红柿、土豆和其他美洲作物的速度要快得多。事实上，欧洲人可能认为美洲豆子是蚕豆的变种。严格地说，尽管它们都是豆科作物，但美洲豆子并不是蚕豆的变种。16世纪初，欧洲人开始种植美洲豆子而不是蚕豆，这可能是因为这些菜豆属的豆子产量高，其质地和口感也更好。在1528年，意大利人接触到美洲豆子，并用菜豆（也叫"意大利白豆"）来做意大利蔬菜浓汤。因此，美洲豆子迅速为大众所接受，而且即使在新的环境中，菜豆属的豆子也在继续为人们——无论他们是意大利人、西班牙人还是其他民族的人——提供营养。和在新大陆一样，菜豆属的豆子在旧大陆照样履行为百姓提供蛋白质的使命。美洲豆子踏上成为全世界人民的蛋白质来源之路。不仅如此，在备菜时，菜豆属的豆子还比蚕豆更容易处理，于是很快就变得比蚕豆更为重要。

在菜豆属的豆子崛起并风靡世界的时候，人们并不是一直用它们来做好事。奴隶贸易败坏了美洲豆子的名声。非洲人因为吃惯了旧大陆的豆子，所以在去往新大陆的旅途中也愿意吃美洲豆子。奴隶贩子也喜欢美洲豆子，因为他们知道这些豆子有营养，有助于提高奴隶活着到达目的地的概率。然而，奴隶不能把豆子当作唯一的口粮，因为豆子缺乏维生素C。由于奴隶吃不上其他食物，所以在坐船渡海的时候很可能会得坏血病（即维生素C缺乏症）。

旧大陆的豆子与百姓

在哥伦布发现新大陆之前，欧洲、亚洲和非洲的人对美洲豆子一无所知。他们吃的是 *Vicia faba*，即蚕豆，它还有一个更为人所知的名字是"fava bean"。蚕豆可能源于非洲，不过人们也许在西亚驯化了蚕豆，而且驯化蚕豆大概跟驯化豌豆发生于同一时期。蚕豆和硕大的利马豆相仿，它在伊朗、北非及地中海盆地的其他区域是主食。埃及、巴勒斯坦、希腊、亚述[1]和腓尼基[2]都种蚕豆。看看美洲豆子的历史，蚕豆有着同样重要的地位也就不足为奇了。对于百姓而言，它们是优质蛋白质的来源。

罗马人可能比其他民族对蚕豆更加钟情。蚕豆的种加词[3]"*faba*"，据说来源于一个古老的贵族家族——法比安家族（Fabian family），他们是最早在罗马种植蚕豆的人。有人可能会怀疑这种自吹自擂的说法是否准确，但它值得深究。宣称最早在罗马种蚕豆的法比安家族虽为精英阶层，但却并不避讳卑微的出身；因为他们具有虔诚、自力更生、节俭和勤劳这些朴素的价值观。由于蚕豆对罗马经济来说分外重要，法比安家族才选择蚕豆作为他们的象征性食物。与法比安家族对待蚕豆的态度一样，显赫的皮索家族（Piso family）说他们原本是种豌豆的农民。

整个欧洲的情况和美洲的一样，人们吃的肉越多，吃的豆子就越少。人类似乎天生爱吃肉。但是，如前所述，在欧洲，肉的价格

---

1 亚述：西亚奴隶制古国，位于底格里斯河中游，其范围相当于现在伊拉克的摩苏尔地区。——编者注

2 腓尼基：地中海东岸奴隶制古国，故地在今地中海东岸北部狭长地带，大体相当于今黎巴嫩和叙利亚沿海地带。——编者注

3 种加词：指二名法中物种名的第二部分（第一部分为属名）。——编者注

很贵，以至于只有精英才吃得起。普通百姓吃蚕豆、豌豆、小扁豆和鹰嘴豆。因此，一个人对豆子的消费量增多时，对肉的摄入量就会减少，这也是出于经济原因。豆子在欧洲和在美洲一样，都养活了百姓。如果没有蚕豆和其他豆科作物，百姓就会营养不良，甚至可能饿死。豆子在饮食之中就是这般重要。请记住，是普通百姓耕田种地，从事其他职业，才造就了文明。精英人士不从事劳作，然而他们中竟还有人认为百姓通过自食其力也可以过得不错。在欧洲的阶级划分中，豆子的命运显而易见。公元1世纪的古罗马农学家科卢梅拉认为，豆子只适合给穷人吃。对于他这种贵族来说，豆子不够优雅。因此，在欧洲，人们把豆子与贫穷联系在一起，使豆子被污名化。

亚洲不存在这种污名化。尤其是在印度，人们不分贵贱，都吃豆子。这种吃素的倾向反而凸显了豆子的重要性。在亚洲其他地区，尤其是在中国、朝鲜和日本，大豆是重要的食物。尽管大豆是一种遍布全世界的农作物，但我们在本节不会介绍它。本书将单列一个条目介绍大豆，以考察其在世界范围内的重要意义。

延伸阅读

Albala, Ken. *Beans: A History*. Oxford: Berg, 2007.

Denny, Roz. *Beans*. Des Plaines, IL: Heinemann Library, 1998.

Hughes, Meredith Sayles. *Spill the Beans and Pass the Peanuts: Legumes*. Minneapolis: Lerner, 1999.

Johnson, Sylvia A. *Tomatoes, Potatoes, Corn, and Beans: How the Foods of the Americas Changed Eating around the World*. New York: Atheneum Books, 1997.

Sumner, Judith. *American Household Botany: A History of Useful Plants, 1620-1900*. Portland, OR: Timber Press, 2004.

鹰嘴豆

鹰嘴豆（学名为 "*Cicer arietinum*"）是豆科鹰嘴豆属的一种植物。鹰嘴豆属约有40种，其中许多是多年生的，但栽培的鹰嘴豆是一年生的。在鹰嘴豆属中，只有鹰嘴豆是栽培种。鹰嘴豆有两个品种：卡布利（Kabuli）鹰嘴豆豆粒大，颜色浅；德西（Desi）鹰嘴豆则豆粒小，颜色深。卡布利鹰嘴豆原产于地中海盆地和西亚，德西鹰嘴豆原产于印度和东亚。除了名字有点关系[1]，鹰嘴豆跟豌豆不是一回事，尽管两者同样是球形的。鹰嘴豆与菜豆的关系可能比它与豌豆的关系更近。有一种说法是，鹰嘴豆因长得很像鸡头而得名[2]。鹰嘴豆还被称为 "garbanzo bean"，意思是 "鹰嘴豆植物的豆子"。鹰嘴豆的英文名字 "chickpea" 可能来自意大利语 "ceci"。阿拉伯人把鹰嘴豆称为 "hamaz"，埃塞俄比亚人称其为 "shimbra"，土耳其人称其为 "nohund" 或 "lablebi"，印度人称其为 "chana"，拉丁美洲人称其为 "garbanzo"；而鹰嘴豆的别称 "garbanzo bean" 就是从拉丁美洲人对它的称呼中得来的。鹰嘴豆与菜豆、大豆、豌豆、小扁豆、三叶草和紫花苜蓿有亲缘关系。

起源与历史

鹰嘴豆是温带和亚热带地区的一种作物。叙利亚人早在公元前8000年就开始吃鹰嘴豆，土耳其人是在公元前7500年左右开始

---

1 鹰嘴豆的英文名称为 "chickpea"，含有豌豆的英文名称 "pea"。——译者注
2 鹰嘴豆的英文名称为 "chickpea"，含有小鸡的英文名称 "chick"，因此又叫 "鸡豆"。——译者注

吃这种食物的。这些时间或许标记的是人们从野外采集鹰嘴豆的时间，而不是它被人种植的时间。在叙利亚的大马士革发现的鹰嘴豆，可以追溯到公元前7000年；这里距离野生鹰嘴豆的生长地非常遥远，这说明叙利亚人把鹰嘴豆带到了大马士革，并在这里种植。鹰嘴豆从如此久远的时间开始被种植，说明它是一种非常古老的农作物。因此，鹰嘴豆从总体上影响了黎凡特[1]和西亚的历史。人类大约在开始栽培小麦和大麦时，就驯化了鹰嘴豆。很早以前，鹰嘴豆肯定是蛋白质的重要来源，因为谷物相对缺乏营养物质。然而，有一位权威人士认为，鹰嘴豆是在土耳其西南部而不是在叙利亚被驯化的。在青铜时代（公元前4世纪到公元前2世纪），鹰嘴豆很充裕。在青铜时代的以色列、约旦和耶利哥出现的大粒鹰嘴豆表明，它经过了人类的选择和栽培。同一时期，古希腊（包括克里特岛）、埃及、埃塞俄比亚、美索不达米亚（位于今天的伊拉克境内）、印度和巴基斯坦的人也种植鹰嘴豆。到了公元前3000年，位于如今法国南部的人开始种植鹰嘴豆。

在公元前9世纪，古希腊诗人荷马（Homer）把鹰嘴豆看作食物和药品。在古罗马和印度，鹰嘴豆同样既是食物又是药品。人们会在晚饭后将鹰嘴豆当零食吃，边吃豆子边喝饮料。古希腊哲学家柏拉图（Plato）在《理想国》（Republic）中就提到鹰嘴豆是一种零食。公元1世纪，古罗马作家大普林尼把鹰嘴豆称作"维纳斯豌豆"，指的可能是鹰嘴豆的催情特性。和大普林尼同时代的农学家科卢梅拉对待鹰嘴豆的态度更为严肃。他鼓励他的读者——可能都是大地主——种鹰嘴豆。他明白鹰嘴豆有两大优势。第一，鹰嘴豆市场巨

---

1 黎凡特（Levant）：是历史上一个不精确的地理名称，包括托罗斯山脉以南、地中海东岸、阿拉伯沙漠以北和美索不达米亚平原以西的一大片地区。——编者注

科卢梅拉

卢奇乌斯·尤尼乌斯·莫德拉图斯·科卢梅拉（Lucius Junius Moderatus Columella）生于公元4年前后，是历史上伟大的农学家之一。他的皇皇巨著《农业论》（*On Agriculture*），共12卷，从古至今一直是经典参考书。他可能是西班牙人，曾在罗马军队服役，是一名军官。他一退役就买了一大片地产，余生投身于农业研究。这并不奇怪。罗马一向重视农民的虔诚、勤劳和节俭。成为一个了不起的罗马人，就是要成为一个了不起的农民。科卢梅拉研究了农业耕种的方方面面，专攻土壤肥力的保持。由于不同的动物粪便在改良土壤方面具有不同的价值，他据此对它们进行了排名。同时，他还是用豆科作物保持土壤肥力的早期倡导者之一。在这方面，他是鹰嘴豆和小扁豆的早期拥护者，认为鹰嘴豆和小扁豆既是食物，也是能够改良土壤的植物。他于公元70年左右逝世。人们对他的生平知之甚少，甚至连他的出生和死亡日期都有争议。

大，可以大批量卖给百姓。在这个意义上，鹰嘴豆改变了人类的历史和生活，因为普通人并不总能吃得起肉和鱼，而它是一种面向普通人的很好的蛋白质来源。第二，鹰嘴豆能够以某种方式让土壤变肥沃。科卢梅拉知道，与种在定期休耕的土地上的作物相比，在种过鹰嘴豆的土地上进行轮种的作物产量更高。当时人们都不知道固氮的原理，但不需要这些知识他们也能理解鹰嘴豆等豆科作物与其他作物轮种的价值。在提高产量的同时，鹰嘴豆肯定有助于农业的可持续发展（当时的农业基本上是一种自给自足的活动），这样就促进了罗马帝国的形成。

或许是因为"鹰嘴豆具有催情作用"这一论断，公元2世纪的古罗马皇帝马可·奥勒留（Marcus Aurelius）的御医盖伦（Galen）断言鹰嘴豆能生精。盖伦认为，鹰嘴豆比蚕豆更有营养，而且很少引起气胀。盖伦也把鹰嘴豆当作大众食物。他提到古人在喝汤或者喝牛奶的时候会配上鹰嘴豆，并且会把鹰嘴豆磨成粉。对鹰嘴豆的吃法，古人会用盐和干奶酪腌制后食用；也会生着吃，或者烤熟了吃，就像美国人吃烤花生一样。古罗马人认为，鹰嘴豆是穷人才吃的重要食物。古罗马人如果说某人是个"买烤鹰嘴豆的人"，就是说他很穷。

在中世纪，欧洲人像古典时代的人一样坚信鹰嘴豆是食物和药品。意大利和西班牙的烹饪书里包含关于鹰嘴豆的食谱。每到星期五，犹太人会用鹰嘴豆炖菜，然后等到安息日[1]再吃。1492年以后，西班牙宗教法庭为了逮捕犹太人，把吃鹰嘴豆当成证明犹太人身份的证据。在地中海盆地的东部，人们把鹰嘴豆磨成粉，用来制作一种扁平的蛋糕。法国人会用鹰嘴豆做一种煎饼。在南亚和西亚，人们制作鹰嘴豆泥——一道以鹰嘴豆为主要原料的流行菜肴。在这里，和在罗马一样，鹰嘴豆是普通百姓的食物，它通过给人们提供廉价但营养丰富的蛋白质的方式，改变了当地的历史和生活。

16世纪时，西班牙人和葡萄牙人把鹰嘴豆带到了美洲。18世纪时，商人沿着丝绸之路把卡布利鹰嘴豆从地中海带到了印度。19世纪时，印度人把德西鹰嘴豆带到了肯尼亚。如今，美国人种植卡布利鹰嘴豆并向欧洲出口。墨西哥人也种卡布利鹰嘴豆，多数用于出口。阿富汗人在塔哈尔、昆都士、赫拉特、巴达赫尚、马扎里沙里夫、斯曼甘、加兹尼和扎巴尔等省市种植鹰嘴豆。阿富汗人在不灌溉的条件下种卡布利鹰嘴豆和德西鹰嘴豆，并将它们与小麦轮种。中国人在新疆、甘肃、青海、内蒙古、云南、山西、宁夏、河北和黑龙江等地种植鹰嘴豆。在印度，有一些土地专门用来种豆科作物，其中四分之一是用来种鹰嘴豆的。鹰嘴豆的总产量差不多占全印度豆科作物产量的一半。继蚕豆之后，鹰嘴豆是用于人类消费的

1　安息日：犹太教每星期一天的圣日，即从星期五太阳落山开始到星期六太阳落山结束。犹太人会在这一天休息。——编者注

种植地域最广的豆科作物。鹰嘴豆是半干旱地区的理想作物，它比大豆和豌豆更耐旱。今天，有近50个国家种植鹰嘴豆。有人估计，地中海盆地（包括北非、中东和印度）的鹰嘴豆产量占全球产量的三分之二。还有人估计，印度生产了世界上五分之四的鹰嘴豆。从这个意义上说，鹰嘴豆是一种世界性农作物。

营养与消费

在发达国家，人们只吃鹰嘴豆的豆子；而在发展中国家，人们既吃鹰嘴豆的豆子，也吃鹰嘴豆的叶子。鹰嘴豆的豆子含有蛋白质、纤维、钙、钾、磷、铁和镁。鹰嘴豆叶子里含有的钙、磷和钾比菠菜或甘蓝里的多。鹰嘴豆叶子也含有铁、锌和镁。在温带地区，人们把鹰嘴豆和谷物掺在一起吃；而在热带地区，人们把鹰嘴豆及其根、茎混在一起吃，如此一来，就能将蛋白质和碳水化合物相搭配了。

从世界范围内看，土耳其人最能吃鹰嘴豆。巴基斯坦的鹰嘴豆消费量有所下降，而缅甸、约旦和伊朗对它的消费量却有所上升。印度、巴基斯坦和孟加拉国的人民把鹰嘴豆磨成一种叫"贝桑"（besan）的粉，并将这种豆粉与小麦粉混合，从而制成各种煎饼或薄饼，印度煎饼就是其中一种。南亚次大陆¹的人除了吃鹰嘴豆的豆子，还吃鹰嘴豆的叶子。他们吃幼嫩的鹰嘴豆荚，好比西方人吃幼嫩的豌豆荚一样。这一地区的养殖户用鹰嘴豆喂牲畜。印度不仅自己种德西鹰嘴豆，还从墨西哥、澳大利亚、伊朗和土耳其进口卡布

---

1 南亚次大陆：也称"印巴次大陆"，指南亚地区。北以喜马拉雅山脉与亚洲大陆主体相隔，东、西、南三面为孟加拉湾、阿拉伯海和印度洋环绕，地理上自成一相对独立的单元。——编者注

利鹰嘴豆，并且从缅甸进口德西鹰嘴豆。在印度，鹰嘴豆的主要消费地区是旁遮普邦、哈里亚纳邦、拉贾斯坦邦，以及北方邦的西部地区。

美国人吃的鹰嘴豆中，有一半是完整的鹰嘴豆，其中大部分是罐装的。有30%的鹰嘴豆是被美国人放在汤里吃掉的。墨西哥人吃的是装有整粒鹰嘴豆的罐头。在美国和墨西哥，人们把整粒鹰嘴豆放在沙拉和炖菜里吃掉。秘鲁人用鹰嘴豆配米饭或者蔬菜吃。埃塞俄比亚科普特教会[1]的信徒在斋月期间把鹰嘴豆当作鱼的代替物来吃。鹰嘴豆又一次弥补了人们因禁止吃鱼而导致的蛋白质摄入不足的问题。埃塞俄比亚人用鹰嘴豆搭配大豆和小麦制作出一种儿童食品："法法"（Faffa）。苏丹人和埃及人在斋月期间吃鹰嘴豆，把它与麻油、盐、洋葱、辣椒、大蒜和发酵粉掺和在一起。突尼斯人煮食鹰嘴豆，还在其中加盐和胡椒。如前所述，在中东，人们吃鹰嘴豆泥，这是一种把鹰嘴豆捣成糊状的食物；他们也会在沙拉和汤里放鹰嘴豆。比起德西鹰嘴豆，以色列人更喜欢卡布利鹰嘴豆。他们将鹰嘴豆与肉和米饭同食，或者把它烤熟了当零食。伊拉克人也会烤鹰嘴豆吃，还会生吃，以及白灼或煮在汤里吃。叙利亚人吃掉的鹰嘴豆中，有四分之三是鹰嘴豆泥。伊朗人吃卡布利鹰嘴豆拌米饭。阿富汗人吃肉的时候放鹰嘴豆，也吃烤鹰嘴豆配干果。和以色列人一样，阿富汗人更喜欢卡布利鹰嘴豆。中国人炸鹰嘴豆，然后放上盐，当零食吃。他们还烤、煮鹰嘴豆，和米饭一起吃。缅甸人用鹰嘴豆代替大豆做一种豆腐。

---

1 科普特教会：基督教东派教会之一，属一性论派。公元3世纪产生于埃及。公元5世纪中叶，与君士坦丁堡教会分离而独立。公元6世纪起，由牧首领导，主张基督一性论，由此在埃及等地受到普遍拥护，形成了一股不可忽视的力量。——编者注

延伸阅读

Albala, Ken. *Beans: A History*. Oxford: Berg, 2007.

Columella, Lucius Junius Moderatus. *On Agriculture*. Cambridge, MA: Harvard University Press, 1979.

Maiti, Ratikanta, and Pedro Wesche-Ebeling. *Advances in Chickpea Science*. Enfield, NH: Science Publishers, 2001.

Saxena, M. C., and K. B. Singh, eds. *The Chickpea*. Wallingford, UK: CAB International, 1987.

Yadav, S. S., R. J. Redden, W. Chen, and B. Sharma, eds. *Chickpea Breeding and Management*. Wallingford, UK: CAB International, 2007.

木 薯

    木薯是大戟科的一种多年生半灌木，和甘薯一样，木薯也由植株根部长出。尽管有科学家倾向于将木薯归为块茎，但这种农作物并不产生块茎。因此，木薯与土豆的关系并不密切。与甘蔗及其他几种植物一样，木薯是利用茎段繁殖的。伊斯帕尼奥拉岛的泰诺人曾在1492年接待了远道而来的哥伦布。泰诺人称木薯为"casabe"或"cazabe"，而哥伦布误以为是"cassava"，即木薯今天的英文名。亚马孙河流域的图皮－瓜拉尼族[1]美洲印第安人把木薯叫作"tapioca"，他们用木薯提取物做布丁。木薯非常重要，以至于加纳、多哥和贝宁的人都把它叫作"agbeli"，意思是"有生

1　图皮－瓜拉尼族：南美巴拉圭的主要居民，使用属于印第安诸语言中的图皮－瓜拉尼语族的瓜拉尼语。——编者注

命"。木薯还有其他名字，包括"manioc""manioca""mandioca""Brazilian arrow root""yucca"。木薯的学名"*Manihot esculenta*"仅指它的栽培品种。现在已经没有野生的木薯，这表明人类栽培木薯的历史很长。木薯中脂肪、胆固醇和钠的含量很低。它含有维生素C和锰。100克的木薯里含有约2302焦耳的热量、30.5克碳水化合物和2克纤维。

起源与传播

木薯起初是美洲印第安人的主食，在哥伦布大交换之后成为旧大陆人民——尤其是非洲人民——的主食，由此塑造了历史。木薯是一种分类学来源不详的植物，可能来自野生的木薯品种。有学派认为木薯起源于巴西亚马孙河以南，还有学派提出木薯起源于墨西哥和中南美洲。木薯很早就从这个地区向加勒比地区蔓延。早在公元前8000年，巴西的美洲印第安人就种植木薯，这个时间让木薯成为非常古老的作物之一。一位权威人士认为，人类是在公元前7000年开始种植木薯的。有一个发现证明了这个观点：人类可能在种植种子作物之前就已经驯化了无性繁殖的作物。早在1827年，一位研究人员就认为巴西是木薯文化的发源地。到了公元前6600年，农民在墨西哥湾沿岸的土地上种植木薯。大约公元前3000年，图皮－瓜拉尼人在哥伦比亚和委内瑞拉种植木薯。大约公元前2000年，秘鲁人开始种植木薯。在公元元年之后，墨西哥人开始种植木薯。从古典时代开始，人们在巴西北部和东部、巴西南部和巴拉圭东部、哥伦比亚、古巴、海地和多米尼加等地集中种植木薯。然而，不是所有人都能接受在很久之前木薯种植就已经开始了这种观点。有些人认为人类开始种植木薯的时间更晚，坚称最古老的木薯碎片只能追溯到在萨尔瓦多发现的公元600年的碎片。

　　玛雅人可能首先在尤卡坦半岛种植木薯，而阿兹特克人种植的是其他种类的木薯。玛雅人种植甜木薯，这些品种几乎不含氢氰化物和氢氰酸（剧毒，摄入这些毒素会有生命危险）。因为几乎没有毒素，这些甜木薯吃起来很安全。玛雅人可能会生吃木薯或者煮熟了再吃。阿兹特克人种植苦木薯，这些品种含有高浓度的毒素，如果处理不当就会致死。为了排除毒素，人们可能会磨碎这种块根，让毒液流出来。或者，人们也可以将木薯放在水里泡5个小时，这个过程可以让亚麻苦苷酶水解后析出毒素。第三种选择，是将木薯放在水中发酵几天，这样毒素就会变得无害。

　　到了15世纪，墨西哥、中南美洲和加勒比地区的人开始种植木薯。泰诺人为哥伦布准备木薯面包的过程，引起了哥伦布对木薯的关注。哥伦布认为，这种面包不用酵母，无法发酵，没什么味道，远远不如小麦面包。不管人们认为木薯面包的味道如何，它都可以储存长达2年而不变质。木薯面包是平民的主食。美洲印第安人把它作为口粮配发给士兵。一些美洲印第安人会吃未经加工的木薯来自杀，这样他们就能摆脱西班牙人的压迫。

　　尽管哥伦布及其同伴对木薯评价不高，但是，木薯一经西班牙人和葡萄牙人采用，就传遍了整个旧世界的热带地区。16世纪时，葡萄牙人把木薯从巴西带到了非洲，并让船上的奴隶吃木薯。木薯很快就成为喀麦隆、加蓬、刚果共和国和安哥拉这些国家的主食。18世纪时，葡萄牙人将木薯引入留尼汪岛，并从那里传向马达加斯加、桑给巴尔和印度；而同一时期的西班牙人开始在菲律宾和东南亚种植木薯。泰国很快就成为木薯出口国。到1850年，木薯已经在非洲和东南亚得到广泛种植。到1900年，热带地区到处都有农民种植木薯。

21世纪的木薯

2002年，非洲是最大的木薯生产地区，亚洲位居其次，南美第三。而亚洲的单位产量最高，非洲最低。2008年，木薯的主要生产国是尼日利亚、泰国、印度尼西亚和巴西。非洲的大部分木薯产自尼日利亚、刚果共和国和坦桑尼亚。在东非和西非，不到一半的木薯收成被用来制作木薯粉和木薯粒。木薯的主要出口国是泰国、越南、印度尼西亚和哥斯达黎加。泰国、越南和印度尼西亚出口的木薯粉和木薯粒，占世界出口总量的绝大多数。在世界范围内，有80个位于热带的国家种植木薯。作为一种提供热量的食物，木薯在热带地区的地位仅次于大米和玉米，总产量则仅次于玉米。在中国南方地区，木薯的总产量排名第五，位居大米、甘薯、甘蔗和玉米之后。由于国内产量无法满足需求，中国还从越南和泰国进口木薯。像美国用玉米生产乙醇那样，中国用一部分收获的木薯生产乙醇，这种做法可能会扩大对木薯的需求。在拉丁美洲，大部分农作物都产自巴西。而拉丁美洲的木薯几乎都是由巴西、哥伦比亚、古巴、海地、巴拉圭、秘鲁和委内瑞拉生产的。权威人士表示，在同等面积的土地上种植木薯和任何其他作物，前者收获的热量都更高；不过还有人认为这一荣誉非甘蔗莫属。木薯可能是世界上最便宜的"淀粉来源"。过去40年里，木薯的人均消费量在加纳和尼日利亚有所增加，在刚果共和国、坦桑尼亚和乌干达则有所下降。今天，在马达加斯加、加纳、尼日利亚、利比里亚、刚果共和国、乌干达、坦桑尼亚和莫桑比克，人们日常摄入的热量的六分之一是由木薯提供的。

木薯不耐霜冻，需生长在北纬30度至南纬30度之间、海拔不超过1800米的地区。适宜木薯生长的温度为17.8℃至25℃，年降雨量为50至5080毫米。木薯耐酸性土壤，也耐碱性土壤，可以在pH值为4至9的土壤中生长，其中在沙壤土中的产量最高。高湿度有利于木薯的块根生长。因为木薯耐低降雨量，所以它是一种能够缓解粮食危机的食品，在其他作物歉收时可以提供热量和某些营养物质。有些非洲人每天都吃木薯，早餐、午餐和晚餐都可以吃。在非洲，将近一半的人口以木薯为主食。人们可能会质疑木薯是否可以被当作主要膳食。木薯的成分中有70%是水，其余的干物质是碳水化合物，其中64%～72%是淀粉。它的块根只含有1%～2%的蛋白质，与豆科作物和谷物相比，其蛋白质含量很低。木薯含有维生素C和钙，但几乎不含维生素B_1、维生素B_2和烟酸。木薯缺碘，而刚果共和国妇女主要吃木薯，所以她们容易患有甲状腺肿。收割后的木薯，它的块根将在2天内开始腐烂，所以必须尽快加工或吃掉。可能因为木薯有毒素，易受昆虫和疾病的侵害，不经加工它会迅速腐烂，再加上木薯几乎不含蛋白质，所以研究人员并未像对待玉米和大豆那样花费重金去研究木薯。木薯与玉米不同，它除了供人类食用外，几乎没有其他用途。非洲人生产的木薯大部分都被自己吃掉了。不到10%的木薯用于畜牧业和工业。在工业方面，木薯淀粉被用来制造衣服、黏合剂、包装材料、食品、药品和电池。非洲和其他地方一样，用玉米而不是木薯喂养牲畜。为了鼓励人们将木薯作为牲畜饲料，尼日利亚在1985年拒绝进口玉米。20世纪80年代时，粮价高涨，导致欧洲人从亚洲和拉丁美洲进口木薯来喂养牲畜。1992年以后，粮价下跌，欧洲的牧场主又弃用木薯，转而用玉米。

大部分木薯是小农户种植的，他们靠木薯养活自己。大部分木薯是自种自吃的，从来不卖。既种木薯又种玉米的农民只有在玉米收成很差的时候才收木薯——为了避免挨饿。他们可能会把木薯留在地里长达4年，在此期间木薯丝毫不会变质。在刚果共和国，农民们种木薯，因为它耐旱。科特迪瓦、加纳和乌干达种植甜木薯，而刚果共和国、尼日利亚和坦桑尼亚种植苦木薯。大多数品种的木薯都是苦的，也许是因为苦木薯比甜木薯更能抵抗昆虫和疾病的侵害。如今，高产栽培品种的木薯比传统品种的增产40%。

　　一些农民休耕木薯地，在人口稀少的地方尤是如此。在整个非洲，农民更愿意种植木薯而不是山药。它与小米、香蕉和山药的产量不相上下。在西非，农民间作[1]木薯和山药。在尼日利亚的一个村庄尼姆博，农民4月种山药、玉米和甜瓜，6月种木薯。一轮收获后，这片土地会休耕3年。在乌干达，香蕉是主要作物，木薯是次要作物。农民将木薯与玉米、豆科作物、小米和芝麻进行间作。他们3月种木薯，11月收获。之后休耕4个月，然后再种木薯。在土地贫瘠的地方，农民种木薯而不种香蕉。在整个热带地区，农民将木薯与菜豆、豌豆、大豆、绿豆、花生、香蕉、大蕉、水稻、小米、高粱、山药或甘薯间种。在刚果共和国和坦桑尼亚，人们把木薯叶当成蔬菜吃，不过必须煮熟才能消除其毒素。木薯叶含有的蛋白质多于块根的，维生素A、维生素C、钙和铁也更多。尽管木薯叶含有如此之多的营养物质，但乌干达人依然认为木薯叶是穷人的吃食，所以不愿意吃。尽管木薯属于自种自吃的作物，但近年来它作为经济作物的重要性愈发突出。在非洲和南美洲，中间商从农民手中购买木薯，然后运到市场上出售以获利。在印度、巴西和尼日利亚，照管木薯的活计主要是由妇女来完成的。在尼日利亚，一半的劳动妇女都是木薯农民，不过她们挣的钱很少。男人负责清理土地、犁地、种木薯，女人负责除草、收割块根、加工木薯。男人更喜欢打工领工资，而不愿意种木薯。在木薯自种自吃的地方，女人

1　间作：指在同一块田地上于同一生长期内，分行或分带相间种植两种或两种以上作物的种植方式。——编者注

对木薯种植的贡献特别大。在木薯属于经济作物的地方，男人则出力更多。然而，木薯的受欢迎程度可能正在下降。由于它的价格上涨，穷人只好去买便宜的大米。

木薯是一些民族的主食。卢旺达人把木薯和豆子搭配在一起吃。利比里亚人用木薯、洋葱、西红柿和鸡蛋做木薯粉团。木薯糍粑是另一种利比里亚食物，由木薯、蔬菜和肉（或鱼）制成。泰国人在鱼、虾或鱿鱼外面裹上木薯淀粉，然后油炸食用。在印度喀拉拉邦，木薯和鱼是一种很受欢迎的组合。木薯面包在整个加勒比地区都很常见。波多黎各人用木薯和豆子制作辣炒木薯。危地马拉人做木薯蛋奶酥（舒芙蕾）。秘鲁人把木薯、芝士酱和辣椒放在一块做菜。哥伦比亚人做油炸木薯片，好比美国人用土豆做炸薯片一样。

延伸阅读

Charrier, Andre, Michel Jacquot, Serge Hamon, and Dominique Nicolas. *Tropical Plant Breeding*. Enfield, NH: Science Publishers, 2001.

Food and Agriculture Organization. *The World Cassava Economy: Facts, Trends and Outlook*. Rome: Food and Agriculture Organization, 2000.

Hillocks, R. J., J. M. Thresh, and A. C. Bellotti, eds. *Cassava: Biology, Production and Utilization*. New York: CABI Publishing, 2002.

Hughes, Meredith, and Tom Hughes. *Buried Treasure: Roots and Tubers*. Minneapolis: Lerner Publications, 1998.

Khachatourians, George G., Alan McHughen, Ralph Scorza, Wai-Kit Nip, and Y. H. Hui, eds. *Transgenic Plants and Crops*. New York: Marcel Dekker, 2002.

Nweke, Felix I., Dunstan S. C. Spencer, and John K. Lynam. *The Cassava Transformation: Africa's Best-Kept Secret*. East Lansing: Michigan State University Press, 2002.

玉　米

　　玉米又名"玉蜀黍"或"印第安玉米"，是一种一年生草本植物，与甘蔗、高粱、墨西哥蜀黍和磨擦草属植物有亲缘关系。后两者不作食材。18世纪时，瑞典博物学家卡尔·林奈把玉米归为玉蜀黍属。玉米的学名为"*Zea mays*"，属名"*Zea*"的意思是"像草一样的小麦"；种加词"*mays*"是"maize"的音译，而"maize"又源自泰诺语的"maiz"，意为"生命给予者"。作为一种世界性作物，玉米生长所适宜的气候和土壤比其他任何谷物的都更加多样：从北纬58度到南纬40度的所有热带和温带地区都能种植玉米。玉米对美国格外重要，它被种植于全美50个州。玉米能适应各种生长条件，在年降雨量为254毫米至10160毫米的地区都能生存。

　　不同于其他几种农作物，玉米的主要食用者不是人。全世界的农民都会从自己种的玉米中拿出四分之三当作饲料来喂牲畜。在美国，这个比例更高。1蒲式耳[1]的玉米能产出约6.8千克牛肉、11.8千克猪肉和16.8千克鸡肉。因此，人类间接消费玉米。

　　牲畜和人类都不吃的那部分玉米被转化成种类多得惊人的产品。化学家把玉米转化成糖浆、糖、胶水和乙醇。蛋黄酱、肥皂、油漆和杀虫剂中都含有玉米油。花生酱、口香糖、软饮料[2]、蔬菜制品、啤酒、葡萄酒、饼干、面包、冷冻鱼、热狗和咸牛肉的配料里都含有玉米糖浆。止咳药、牙膏、口红、剃须膏、鞋油、清洁剂、烟

1　蒲式耳：英美计量体积的单位，多用于计量谷物等干散颗粒。1蒲式耳的玉米重量约为25.4千克。——译者注

2　软饮料：又称"无醇饮料""清凉饮料"，是一种经人工添加食用配料配制的不含酒精的饮料。——译者注

草、人造纤维、皮革、橡胶轮胎、聚氨酯泡沫塑料、炸药和乳胶手套中都含有玉米的衍生品。玉米可以被制成婴儿食品，也可以用来生产尸体防腐剂，可以说"人类从生到死都离不开玉米"。一穗玉米含有约314焦耳的热量、15克碳水化合物、2克蛋白质、1克脂肪和2克纤维。玉米是维生素C、维生素B_1、维生素B_5、叶酸、磷和锰的来源。

起源于美洲

虽然进行了大量研究，但是学者们对玉米起源的时间和地点仍未达成一致。玉米的一大突出特点是它必须依赖人类才能生存。没有一种玉米是野生的。而且，只有在人类的帮助下，玉米才能传宗接代。玉米的外皮把玉米粒（玉米的种子）紧紧地包裹着，让种子无法扩散。就算有一穗玉米掉到了地上，上面的种子也会非常密集地发芽，以致幼苗因过度拥挤而死亡。这种情况表明，人类已经种植玉米好几千年了。

19世纪时，法裔瑞士植物学家阿尔逢斯·德·康多提出，玉米起源于哥伦比亚，然后从哥伦比亚传到秘鲁和墨西哥。阿尔逢斯·德·康多认为，玉米一方面从秘鲁扩散到南美洲和加勒比地区，另一方面从墨西哥扩散到北美洲。在20世纪20年代，秘鲁考古学家胡里奥·特略（Julio Tello）驳斥了玉米起源于哥伦比亚的观点。相反，他认为，秘鲁人和墨西哥人各自独立地驯化了玉米。1939年，美国植物学家保罗·曼格尔斯多夫（Paul Mangelsdorf）提出玉米的祖先是一种现已灭绝的野生有稃种玉米。有稃种玉米与玉米的不同之处在于它的每个玉米粒都有一个外壳。这种早期玉米与墨西哥蜀黍反复杂交，在此过程中玉米的个头变大了。这种杂交可能是偶然的——人类正好在墨西哥蜀黍的生长地附近种植了早期玉米。如果玉米起源于墨西哥，那么这种假设是最合理的——墨西哥有一种多年生的墨西哥蜀黍。因为玉米是异花授粉，所以它可能很容易与墨西哥蜀黍天然杂交。另一种情况是，人类可能有目的地将早期的玉米和墨西哥蜀黍杂交，以获得杂交品种（这一过程不同于后来生产杂交玉米的过程）。曼格尔斯多夫认为，人类首先在墨西哥和南美洲培植玉米。还有人提出，中美洲是玉米的摇篮。美国农学家休·伊尔蒂斯（Hugh Iltis）认为，玉米衍生自一种多年生的墨西哥蜀黍，在进化过程中个头迅速变大可能是基因突变导致的。

考古学家在特瓦坎山谷发现了最古老的玉米穗轴化石，这表明玉米在大约7000年前起源于墨西哥。随后考古学家又在新墨西哥州的发掘中发现了有5600年历史的玉米穗轴。和阿尔逢斯·德·康多的想法一样，玉米肯定是从墨西哥北上迁移到整个北美洲的。在大约5000年前，玉米从墨西哥传到了哥伦比亚，然后在大约4000年前传到了秘鲁。曼格尔斯多夫认为，美洲印第安人迁移到哪里，就把玉米带到了哪里——这个观点无疑是正确的。无论迁移到哪里，移民都会跟别人打交道，他们很可能会交换不同品种的玉米，并在此过程中对玉米进行杂交。

1492年之前，在从加拿大到智利的广袤区域内，美洲原住民都种植玉米。玉米对美洲印第安人非常重要，他们甚至认为玉米是神明所赐。玛雅人相信，乌纳普神（Oze Hunahpu）打败了死神，把玉米赐给了他们。印加人相信太阳神之子曼科·卡帕克（Manco-Poca）把玉米带给了人类。中美洲的托特纳人认为，他们从太阳神之妻津齐塔尔女神（Tzinteatl）那里得到了玉米。阿兹特克人从西洛南女神（Xilonan）和羽蛇神（Quetzalcoatl）那里收获了玉米。波尼人认为，玉米是现在被称为"金星"的长庚星带给他们的。

美洲印第安人很可能通过多次选择才开发出玉米的主要品种，包括：硬质种玉米、马齿种玉米、粉质种玉米、爆粒玉米和甜玉米。随着时间的推移，玉米穗轴变得越来越大，所以美洲印第安人肯定选择种植个头大的玉米；不过他们也有可能把最好的玉米吃掉了，只留下不太理想的玉米粒当作种子来种植。

美洲印第安人并不是只种玉米。秘鲁人种植玉米和土豆。北美洲的土著种植"三姐妹"：玉米、豆子和笋瓜。这三种植物营养丰富，并且具有很高的农业价值。豆子可以提供玉米所缺乏的蛋白质，而且能攀援在玉米秆上充分利用阳光。笋瓜叶子覆盖地表，不仅能抑制杂草，还能帮助土壤保持水分。尽管缺乏营养知识，但美洲印第安人仍然有足够的洞察力，知道用碱水浸泡玉米，以将其中的烟酸释放出来，否则人体无法吸收利用。玉米成熟快，不费人力，可以长期存放，因此它深得美洲印第安人的欢心。当地人明白，玉米跟其他作物不一样，成熟时不必收割。据估计，每蒲式耳玉米需要美洲印第安人劳作20个小时。

玉米是新大陆文明的主食。实际上，它让美洲文明的形成成为可能。玛雅人以玉米为基础建立了玛雅文明。人祭[1]是玛雅人玉米文化的一部分——玛雅人用献祭者的鲜血浇灌土地。玉米在玛雅文明中处于核心地位，一旦歉收肯定要招致灾难。公元9世纪，玉米的收成可能骤然下降，使玛雅文明戛然而止。一种假说认为，一种由昆虫传播的疾病杀死了大量玉米，从而造成了大饥荒。玛雅人元气大伤，只得弃城。

---

1 人祭：指以活人祭献神灵的仪式。史前宗教和原始宗教中都曾有过，奴隶制社会的古代宗教中也有。——编者注

玉米和人口

自哥伦布发现美洲后，玉米从一种区域性作物变成了世界性作物。哥伦布第一次看到玉米可能是在 1492 年 10 月 14 日，在加勒比海的圣萨尔瓦多岛上。几天后，他在巴哈马群岛上看到了一种植物，并把它叫作"panizo"，这个词在意大利语中是"小米"的意思。由于小米当时还没有被引入新大陆，所以哥伦布肯定是搞错了。事实上，他看到的可能就是玉米。11 月 5 日，他派了两个人去古巴勘查。后来他们带着玉米回来了，和当地人一样，管它叫"maiz"。

认识到玉米的价值后，哥伦布于 1493 年将玉米带回了西班牙。不到 25 年，玉米就传遍了整个地中海盆地，并在 50 年内传到了全世界。玉米传播得如此之广又如此迅速，一些人甚至忘记了它是美洲的本土植物。16 世纪时，一位法国植物学家将玉米称为"土耳其小麦"——他错误地认为玉米起源于土耳其。葡萄牙人把玉米和小米混淆了，称玉米为"milho"，这个词来源于"milhete"，意思是"小米"。由于这种误解，很多葡萄牙作家都以为亚洲是玉米的故乡。后来，世世代代的中国人曾相信玉米起源于中国。

尽管中国人对玉米的态度模棱两可，但他们自 1516 年从葡萄牙人那里得到玉米后，就开始大量种植玉米。从 17 世纪开始，玉米的大丰收使人口扩张变成可能。多亏了玉米，中国的人口在 18 世纪和 19 世纪翻了两番。中国东北、长江三角洲的农民，以及云南、四川和西南部山区的农民都在种植玉米。如今，在中国所有农作物中，玉米占 22%。

在非洲，玉米成了普通大众和奴隶的食物。因为贩奴船上的非洲人吃玉米，所以玉米和豆子就成了他们的主食。玉米含有维生素 C，应该能让非洲人免患坏血病，但跨大西洋航行期间的死亡率仍然高得惊人。就这样，玉米成了罪恶的奴隶贸易的帮凶。在非洲，人们把小米和玉米轮茬种植。因为玉米比非洲的传统作物的产量更高，所以人们转而吃玉米。玉米、木薯和甘薯可能比任何其他农作物组合都更好地促进了非洲人口的快速增长（这种人口增长始于16世纪，在19世纪时加速）。或许玉米的种植太过成功，使非洲人口超出了自身粮食供应的可承受范围，导致非洲约有30%的粮食需要从西方进口，尤其是美国。部分原因是非洲的绿色革命姗姗来迟。自20世纪20年代起就在美国大获成功的杂交玉米品种，直到最近才进入非洲。

杂交玉米革命

在应用科学的丰功伟绩之中，杂交玉米的发展标志着科学与农业的重大融合——这种融合改变了世界。新生的遗传学是这场革命的核心。奥地利遗传学家格雷戈尔·孟德尔对豌豆进行杂交，从而创立了这门科学。美国遗传学家乔治·哈里森·沙尔在1909年意识到，如果对玉米这种原本异花授粉的植物进行同系繁殖，就可以将其分为不同的类型。玉米的这些"类型"类似于豌豆的"品种"，而育种家可以对各个类型的玉米进行杂交，就像孟德尔对豌豆进行杂交那样。杂交可以帮育种家获得具有杂种优势的玉米。杂种优势并非一种新现象，人类在几千年前就知道，骡子是马和驴的杂交品种，而它比它的亲本更有活力。玉米的杂种优势有：植株高产；抗病，抗虫，抗旱；茎秆茁壮；等等。有时，一些理想特征会组合在一起。

虽然杂交玉米的概念很简单，但育种工作耗费了植物育种家一代人的时间。问题在于玉米的繁殖，即玉米与其他谷物一样都属于异花授粉而非自花授粉。有花粉的雄穗和有胚珠的雌穗相距甚远，

杂交玉米

杂交玉米是美国的一项成就，也是应用科学的重大成就之一。它的基础可以追溯到奥地利遗传学家格雷戈尔·孟德尔在豌豆杂交方面的研究。孟德尔在1866年发表了他的相关研究结果，那时人们已经对玉米育种产生了浓厚的兴趣。英国博物学家查理·达尔文（Charles Darwin）对这个课题很着迷，不过真正的跨越式进展是在美国发生的。从19世纪后期开始，农业实验站、州立大学和美国农业部都对玉米育种的相关研究很着迷。1909年，玉米育种研究实现了关键突破：美国遗传学家乔治·哈里森·沙尔（George Harrison Shull）在培育了几代近交玉米后，发现自己创造了许多纯系，而这些纯系类似于孟德尔用过的豌豆的品种。将纯系进行杂交，然后可以获得具有杂种优势的品种。杂种优势是一种理想的性状，体现为品种耐旱、产量更高、茎秆粗壮且不易倒伏，以及在某些情况下抗病虫害能力强。几位育种专家跟随沙尔的步伐继续研究，到了20世纪40年代，几乎每个美国玉米种植者都在种植某种杂交玉米。杂交玉米在这么短的时间里取得了如此巨大的成功，令人惊奇。

需由风把花粉从一株玉米的雄穗上吹到另一株玉米的雌穗上。要想使玉米近亲繁殖，第一步是培育出杂交玉米。为此，科学家、农民或熟悉玉米解剖结构的人必须盖住雄穗和雌穗，以防止异花授粉；当雄穗长满花粉的时候，科学家再将花粉收集起来放到同一棵玉米的雌穗上。近亲繁殖的过程产生了纯合系的玉米，它们和孟德尔得到的各种豌豆一样。近亲繁殖违背了自然的杂交过程，使玉米变弱了，穗变小了，种子也变少了。少量样本提供的种子仅够育种人员在一小块土地上对玉米进行杂交，但是，对于农民来说，这种规模的杂交种子远不足以供他们大量种植。如果产量很低，那么杂交玉米就只能是一种有趣的现象，而不能成为一种商业上的风险投资。然而，到了1917年，美国康涅狄格州的农学家唐纳德·F. 琼斯（Donald F. Jones）对4个自交系进行了两代杂交，成功获得了大量的种子。

农民习惯留一部分玉米用作来年的种子，所以在20世纪20年代他们并没有大量购买杂交玉米。然而，1934年和1936年的干旱证明了杂交玉米品种的优越性。在干裂的土地上，农民眼睁睁看着各个品种的玉米都枯萎了，而杂交品种幸存了下来。杂交玉米的表现让农民心服口服。1933年到1943年，杂交玉米种植面积的占比从1%一跃升至90%。

杂交玉米有助于技术推广。因为老品种的玉米植株在玉米的重压下弯着腰、站不直，所以农民收割起来有困难。而杂交玉米有更结实的茎秆，能站直，这便于农民使用机械式玉米采摘机进行收割。第二次世界大战后，整个玉米带普遍应用了机械收割机。今天，几乎没有玉米是手工收割的。

在20世纪40年代，科学家发现了可以让玉米不产生花粉的基因。育种人员将这些雄性不育系用作雌性植株，将其与正常植株进行杂交，获得了杂交品种。尽管使用雄性不育系简化了玉米的育种工作，但科学家并没有充分认识到它们对病害的敏感性。玉米小斑病是一种由真菌引起的疾病，美国的玉米作物因此在1970年和1971年受到了重创——密西西比河和俄亥俄河沿岸的一些农民甚至颗粒无收。看来，科学未能拯救玉米于危难。

20世纪末时，传统育种让位于基因工程。在20世纪70年代，科学家掌握了从一个有机体中提取基因然后植入另一个有机体的技术，这一成就显然在农业方面大有可为。1997年，制造农业化学品的孟山都公司将苏云金杆菌（Bt）的编码序列植入玉米的基因中；该编码序列可以产生一种对抗欧洲玉米螟的毒素，而自1917年以来，欧洲玉米螟一直祸害玉米。转Bt基因玉米推广后，农民用的杀虫剂更少了，这样既省钱，又保护环境。然而，在1999年，康奈尔大学的科学家指责转Bt基因玉米的花粉杀死了大斑蝶，由此引发了一场持续至今的围绕着"基因工程在农业中应当扮演什么样的角色"这一问题的争论。尽管基因工程引起了轩然大波，但玉米的未来如同过去一样，肯定与科学进步息息相关。

延伸阅读

Fussell, Betty. *The Story of Corn*. New York: Knopf, 1992.

Mangelsdorf, Paul C. *Corn: Its Origin, Evolution and Improvement*. Cambridge: Harvard University Press, 1974.

Smith, C. Wayne, Javier Betran, and E. C. A. Runge. *Corn: Origin, History, Technology and Production*. Hoboken, NJ: Wiley, 2004.

Warman, Arturo. *Corn and Capitalism: How a Botanical Bastard Grew to Global Dominance*. Chapel Hill and London: The University of North Carolina Press, 2003.

小扁豆

　　小扁豆是一年生豆科作物，也是人类早期驯化的植物之一。和所有豆科的成员一样，小扁豆在豆荚里结子。每当谷物歉收的时候，穷人就靠吃小扁豆以避免饥荒，在这点上，小扁豆和菜豆一样。印度是最大的小扁豆生产国，年产量为80万吨，占世界总产量的一半以上。即便如此，印度也无法自给自足，仍然必须从土耳其进口小扁豆。土耳其小扁豆的产量近年来虽然有所下降，但依然能够年产60万吨。加拿大是世界上最大的小扁豆出口国，每年出口28万吨。近年来，澳大利亚也成长为一个小扁豆出口国。较大的小扁豆进口国有哥伦比亚、西班牙、比利时和意大利。一杯小扁豆可以提供约958焦耳的热量，其营养成分包括钼、锰、铁、磷、铜、钾、叶酸、维生素B_1、蛋白质、色氨酸和纤维。

史前时代与古典时代

人类在还没有驯化属于东方兵豆[1]这一物种的野生小扁豆时，就已经开始采集它们了。早在公元前1.1万年，希腊人就煮野生小扁豆吃，但是他们那时候可能还没有开始栽培小扁豆。在公元前9000年到公元前8000年间，叙利亚人收割野生小扁豆，但是同样也没有开始栽培。经由人类之手，野生小扁豆演化成了栽培种——兵豆[2]。据记载，大约1万年前，近东[3]地区的妇女在野外收集小扁豆的时候，将最旺盛的植株上的最大的种子保存下来以供栽培。小扁豆的这种早期用途表明，普通大众并不总是能吃到鱼和肉，而小扁豆作为蛋白质来源，改变了人类的历史和生活。近东地区的人把这些小扁豆种子种在地里，然后四处游牧，赶着成群结队的牲畜去各个目的地。几个月后回来，小扁豆也长大到可以收割了。在几代人重复进行的这一过程中，人类选择了不易迸裂的小扁豆。因为种子无法散播，所以小扁豆现在只能依靠人类的干预才能生存。人工栽培的小扁豆跟其野生的同类不一样，它的种子很大，种皮很薄，更容易被消化。小扁豆茎秆粗壮，无须支撑就能生长。毫无疑问的是，人

1　东方兵豆（*Lens orientalis*）：小扁豆属的一个野生种，常见于中亚、叙利亚、阿富汗和高加索等地区。大多数东方兵豆都可以与栽培种杂交。——编者注

2　兵豆（*Lens culinaris*）：小扁豆属的唯一一个栽培种。人们所吃的小扁豆正是这一种。——编者注

3　近东：指亚洲西南部和非洲东北部地区。这一地理名词源于西方，是欧洲人的习惯称呼。——编者注

类之所以珍视小扁豆，是因为它们即使被种在贫瘠的土地上产量也很高。作为一种冬季作物，小扁豆在其他食物来源很匮乏的春天，为人们提供了食物。

当游牧民族和以采集狩猎为生的人第一次在村庄定居的时候，他们更多地依赖小扁豆而不是肉类来获取蛋白质。这一进展同样意义重大，因为它表明，小扁豆在西亚是蛋白质的主要来源。新月沃地[1]可能是小扁豆的起源地；生活在那里的古人还驯化了小麦和大麦，并且可能在很早的时候就开始轮作小扁豆和谷物。古人知道小扁豆可以使土壤肥沃——尽管他们对固氮过程一无所知——因此他们种完小扁豆就接着种谷物。就这样，小扁豆提高了土壤的生产力。考虑到古代农耕处于基本只能维持人类生存的水平，这一事实意义重大。小扁豆有双重用途，即除了给人吃，还可以喂牲畜。牲畜产生粪肥，进一步使土壤肥沃。小扁豆和谷物为人们提供了充足的食物。它们相得益彰，各自提供对方所缺乏的氨基酸类型。在一块土地上种植小扁豆和其他作物，它们为人们提供的热量比在这块土地上放牧牲畜获得的肉为人们提供的热量更多。过剩的热量养活了不断增长的人口，促进了城市的发展和文明的兴起。尽管小扁豆很不起眼，但它为西方文明奠定了基础。

人类最早种植小扁豆的证据来自伊拉克的杰尔莫遗址，那里的农民早在公元前7000年就已经种植豆科作物了。到了公元前6500年，希腊人开始种植小扁豆。到了公元前5000年，土耳其和伊拉克两地开始交易小扁豆，这证明两地肯定是依靠农业生产有了多余

---

1 新月沃地：指西部亚洲两河流域及其毗邻的地中海东岸（叙利亚、巴勒斯坦一带）的一片弧形地区。为上古文明发源地之一，曾孕育发展了苏美尔、巴比伦、亚述、腓尼基和希伯来等文明。由于此处在地图上的形状好像一弯新月，所以美国考古学家詹姆斯·H.布雷斯特德（James H. Breasted）于1914年首次将其称为"新月沃地"。——译者注

的可供售卖的小扁豆。到了公元前5500年，几乎全欧洲的农民都种小扁豆。公元前3000年到公元前1000年，生活在多瑙河流域的农民种植小扁豆。那时候，小扁豆的种植范围北至英国，南至埃塞俄比亚，东至印度。但此时的美洲人还不知道小扁豆的存在。埃及人在公元前3000年之前就已经种植小扁豆了。在他们的宗教中，守护小扁豆之神荷鲁斯[1]能保证大丰收。埃及人认为，小扁豆以及其他植物，可能是复活的象征。相传古代埃及人种出来的小扁豆最好，有些人认为埃及至今依然配得上这种荣誉。亚历山大是小扁豆贸易的中心，也是商人将小扁豆运往罗马的港口。和其他地方一样，埃及人在干旱贫瘠的土地上种植不需要灌溉的小扁豆。埃及人还会在陵墓里放小扁豆，供逝者在去往来生的旅途中食用。考古学家在埃及前王朝时期的陵墓和法老左塞尔（Zoser）的金字塔里发现了小扁豆。小扁豆是法老陵墓里的食物之一，这一事实表明古埃及的富人也吃小扁豆。苏美尔地区的消费模式与埃及的不一样，那里的农民种植小扁豆、鹰嘴豆、小麦、大麦和小米。随着阶级鸿沟的扩大，富人通过吃肉来证明自己很富裕；充足而廉价的小扁豆则养活了穷人。考虑到这种情况，人们就不难理解为什么古代的烹饪书里关于小扁豆的篇幅很少。最早有文字记载的小扁豆食谱可以追溯到公元前1600年。即便在那个时候，小扁豆食谱里也有肉，而肉可能是主菜；小扁豆则要放在啤酒里煮。

印度有许多人是素食主义者，他们也种小扁豆。小扁豆对他们来说很重要，因此印度有这样一句谚语——"大米是上帝，但小扁豆是我的命"。希腊人却看不上小扁豆，认为只有穷人才吃小扁豆。有一句希腊谚语是这样说的："他变成一个富人后，突然就不

---

1 荷鲁斯（Horus）：荷鲁斯有很多神力，作者把荷鲁斯引申为小扁豆的保护神。——编者注

喜欢小扁豆了。"古希腊医师盖伦认为，小扁豆可能导致象皮肿和肝脏问题，产生黑胆汁[1]，损害视力，并引起脾脏发炎。其他人认为吃小扁豆配腌肉会使血液变稠。然而，古希腊哲学家芝诺（Zeno）显然吃小扁豆。在某种程度上，罗马人和希腊人一样对小扁豆持怀疑态度。一名古罗马医学权威认为，小扁豆很难被消化，因此会让人变得无精打采。在这种情况下，公元6世纪时，塞维利亚的神学家伊西多尔（Isidore）表示，小扁豆的英文名"lentil"源于拉丁语"lentus"，后者的意思为"缓慢的"。然而，并不是所有罗马人都这么想。如前所述，小扁豆的消费量很大，以至于罗马不得不从埃及进口。公元前2世纪时，农学家大加图（Cato the Elder）很重视小扁豆，将其视为一种药物。在罗马共和国时期，各个阶级的人都吃小扁豆；只有在罗马帝国时期，贵族才贬低小扁豆。

中世纪与现代

在中世纪，阿拉伯医生阿威罗伊（Averroes）警告人们，小扁豆会导致抑郁、视力下降和性欲降低。阿拉伯人哈利阿巴斯（Haliabbas）也持类似观点，他担心小扁豆会引发抑郁、躁狂、象皮肿、癌症和噩梦。意大利医生安东尼厄斯·加齐乌斯（Antonius Gazius）读过阿拉伯医书，他建议人们不到万不得已不要吃小扁豆。中世纪烹饪书中没有关于小扁豆的食谱，这表明小扁豆在中世纪并不是一种重要食物。人们不确定小扁豆在寒冷潮湿的北欧长势如何，这不禁让人怀疑欧洲人对小扁豆的熟悉程度。就小扁豆这种在古代极其重要的食物而言，这种情况令人吃惊。

---

1 黑胆汁：四种基本体液之一，其他三种为血液、黏液和黄胆汁。黑胆汁被认为与忧郁的气质有关。——编者注

然而，对小扁豆的歧视在现代社会中依然存在。在17世纪，一个意大利人写道："一般来说，只有社会最底层的人才吃小扁豆。"不过，这种污名化可能正在被消除。早在16世纪，法国外科医生安布鲁瓦兹·帕雷（Ambroise Paré）就相信小扁豆能治愈天花。法国国王路易十四（Louis XIV）的朋友玛丽·德·塞维尼（Marie de Sevigne）吃过小扁豆汤，并推荐说法国南特出产的小扁豆品质最好。国王路易十五（Louis XV）也对南特小扁豆情有独钟，于是以他的妻子玛丽·莱什琴斯卡（Marie Leszczynska）的名义将其命名为"王后的小扁豆"；莱什琴斯卡是波兰人，而小扁豆在波兰格外受重视。在18世纪80年代粮食歉收的时候，小扁豆帮助许多法国人免遭饥饿之苦。在法国大革命期间，国家的食物分配系统陷入危机，人们只能靠小扁豆维持生存。

在18世纪，一位法国牧师在北美洲的圣劳伦斯河谷种下小扁豆，并教当地的易洛魁人种植它。到了1774年，弗吉尼亚州的农民开始种植小扁豆。前总统托马斯·杰斐逊在自己的蒙蒂塞洛庄园里种小扁豆。在第一次世界大战期间，一位传教士把小扁豆送给了华盛顿的一位农民；到了20世纪30年代，小扁豆成了华盛顿州和爱达荷州的重要作物。在20世纪70年代，加拿大西部的农民种植小扁豆用于出口。今天，印度人种植并食用50多种扁豆。每个印度人平均每年要吃掉约2.3千克小扁豆，而每个美国人平均每年吃掉的小扁豆不到113克。在印度，人们吃小扁豆的时候会放油、姜、红辣椒、香菜和小茴香。在印度南部，人们在庆祝丰收的欧南节时吃小扁豆、红糖、豆蔻、椰汁和黄油。在印度北部，人们在洒红节时吃小扁豆、洋葱和红辣椒。

延伸阅读

Albala, Ken. *Beans: A History*. Oxford: Berg, 2007.

Hughes, Meredith Sayles. *Spill the Beans and Pass the Peanuts: Legumes*. Minneapolis: Lerner Publications, 1999.

小 米

　　小米是一种一年生草本植物，常见于非洲和亚洲这两个大陆的干旱、半干旱地区。和其他谷物一样，小米也是禾本科的一员。小米实际上不是一个单一的物种，而是一系列由相关谷物组成的物种。小米的种类包括：农民种来当作食物的珍珠粟、黍和龙爪稷，当作牲畜饲料的饲用谷子和紫穗稗，以及其他一些次要的种类。非洲和亚洲的农民种植小米主要是为了将其当作粮食吃，而澳大利亚和美洲的农民则把它当作饲料喂牲畜。1753年，瑞典博物学家卡尔·林奈曾描述过两种小米。到了1950年，植物学家已经找到了100多种小米。小米的蛋白质含量在5.8%~20.9%之间，不亚于其他任何谷物的蛋白质含量。除了蛋白质，小米还含有纤维、淀粉、维生素B_1、维生素B_2、钙、磷、铁、锌、锰、钾、植酸盐、油酸、亚油酸、亚麻酸、硬脂酸、棕榈酸和棕榈油酸。小米是一种营养丰富的谷物，能为儿童和妊娠期、哺乳期的妇女提供营养。

温暖、干旱地区的食物

　　在气候温暖的地方，农民可以在春季或秋季播种小米，不过大多数人选择在春季播种。小米的根系发达，能从土壤中尽可能多地吸收水分和养分。小米在轻质土壤里的产量比在重黏土里的高，因为它的根在重黏土里很难扎深。小米可以在缺水、缺养分的沙质土壤甚至是其他作物无法生长的瘠土里生长得很好。当然，小米在肥土上最高产，但是这种好的土壤一般会留给价值更高的作物，比如玉米和水稻。在印度和非洲地区，农民在淋溶土[1]上种小米。小米能够耐受弱酸性到弱碱性之间的pH值6.2～7.7的土壤。小米生长所需的年降雨量最低只有254毫米，而高粱生长所需的年降雨量至少要达到355.6毫米。在干旱时期，小米会周期性地关闭气孔，这样能减少水分蒸发。尽管小米能够耐受非常低的降雨量，但零星的、微量的降雨会迅速蒸发，这可能导致土壤形成坚硬的外层。种子在这种坚硬的外层土下发的芽，可能会因无法穿破土层而不能露出地面。一般来说，外层土越硬，长出来的幼苗就越少。因为小米只需45天就可成熟，所以，如果其他作物歉收，农民就可以接着种小米。这一策略意味着，如果气候又热又干，那么农民可能会在晚些时候种小米，因为小米对环境的耐受性比其他作物的更好。

小米耐受的温度范围是10℃到46℃，和高粱一样，它在33℃到34℃长势最好。小米能够在盐分浓度适中的盐渍土中生长；如果土壤的盐分浓度过高，则小米不能耐受。小米对光敏感，需要8到12个小时的日照才能开花。尽管小米在日照时间为14到16个小时的情况下会晚开花，但是它在16个小时的日照时间下长势最好。小米需要很长的时间来形成分蘖[2]和叶子，正因如此，它在温带会比在热带生长得更好。

小米需要温暖的土壤，因此要比玉米晚种两到三个星期。在朝鲜，农民在4月30日前后播种小米。在印度的比卡内尔市，农民在

1　淋溶土：指上界在土表至125厘米范围内具有黏化层或黏磐的土壤，主要分布于冲积平原地区，是世界各农业生产重要地区的土壤之一。——编者注

2　分蘖：指禾本科作物在地下或近地面的茎基部节上产生的分枝。——编者注

7月中旬种小米，此时恰逢夏天雨季来临。在印度的哥印拜陀市，小米9月中旬才被种植。植物生长主要需要三种营养素——氮、磷和钾，而小米通常不需要施用钾肥。农民会在播种的同时施肥，第一次施肥用掉所有的磷肥和一半的氮肥，之后进行第二次施肥时把另一半氮肥用完。二次施肥的时候，农民把氮肥喷洒在叶子上，这种做法很古怪，要知道植物是通过根部来吸收氮肥的。单独施用磷肥不能增加产量，因此它必须与氮肥一起施用。每英亩[1]土地最高可以施用约83.9千克氮肥和24千克磷肥。即使超过此施肥量，小米的产量也不会再增加。考虑到这么多的小米在贫瘠的土地上生长，施肥是明智之举。

　　牧场主将小米作为干草[2]种植，其他人则在小米地里放牧。和水稻一样，小米也能重新生长，因此，牧场主可以把牲畜赶到其他地方，等小米成熟后再行收割。然而，小米地并不适合放牧，因为牲畜往往会在吃小米的时候将其连根拔起。小米除了被当作饲料喂牲畜，还被用来喂鸡（通常是用玉米和小米的混合物来喂）。研究表明，小米比大米和小麦更能给鸡提供营养。在美国，一些小米被用作鸟食。

　　科学家担心小米和其他作物一样，在遗传基因上已经趋于一致。为了提高多样性水平，科学家收集了野生的和其他不常见品种的小米。肯尼亚和尼日尔的国际热带半干旱地区作物研究所已经收集了超过1.6万个品种的小米。布基纳法索的热带农艺与粮食作物研究所从1961年开始收集种质。国际作物研究所从1971年开始扩充自己的基因库，联合国粮食及农业组织也从1981年开始收集小米

1　英亩：英美制地积单位，1英亩约为4046平方米。——编者注
2　干草：含水量在17%以下的牧草的通称。——编者注

的野生种和栽培种。科学家们于1981年在加纳采集了284个样本，于1989年在多哥采集了555个样本，于1991年在纳米比亚采集了1270个样本，于1992年在也门采集了682个样本。

起源与传播

对于小米起源于何时与何地，学界莫衷一是。甚至连小米起源于哪个大陆都有争议——一些权威人士认为小米起源于非洲，另一些人则认为它起源于亚洲。在非洲起源论的阵营中，有些人断言，因为小米在非洲的野生种最具多样性，所以非洲必定是小米的故乡。借助这一推理，苏联农学家尼古拉·瓦维洛夫在1949年和1950年将埃塞俄比亚认定为小米的发源地。还有一个学派认为，小米的驯化可以追溯到尼日尔河流域的曼德人，他们在公元前5000年到公元前4000年之间开始种植小米。另一些人则反对这一观点，因为尼日尔河流域当时气候潮湿，并不适合耐旱作物生长。1971年，美国农学家杰克·哈伦（Jack Harlan）提出，生活在苏丹西部和塞内加尔之间的农民驯化了小米。还有一种假说指出，在公元前3000年到公元前2000年之间，生活在撒哈拉高地南部边缘的农民驯化了小米。

有些人倾向于相信亚洲是小米种植的中心，他们指出，小米是一种历史悠久的亚洲作物。一些学者认为，东亚的农民早在公元前8000年就开始种小米，使之成为非常古老的栽培作物之一。还有一位权威人士相信，中国农民大约在公元前8300年就开始种小米。不过，另一位作者认为，中国农民在公元前6500年前后才开始种小米；即使这个时间与前面提到的几种说法相比较晚一些，它也可能早于东亚种植水稻、大麦和小麦的时间。小米早于其他作物被种植的事实可能意味着，史前时代的中国北方和朝鲜地区的人们吃的小米比大米多。小米对中国极其重要，早在公元前2700年，就有一篇文章把它列为五谷之一；中国人在公元前2000年就用小米做面条。那时，小米已经传播到亚洲的其他地区，比如，日本种植小米的时间可以追溯到公元前4000年，韩国种植小米的时间可以追溯到公元前3500年。

考虑到史前时代和古代的农民种植小米的地区的多样性，小米可能是随着时间的推移在几个地区被独立驯化的。无论起源于非洲还是亚洲，小米都向世界其他地区传播开去。根据亚洲起源学派的观点，到了公元前5000年，小米已经从中国传到黑海沿岸。那些主张小米起源于西非的人认为，到了公元1世纪，小米已经传到了东非、苏丹和印度。公元前3000年，欧洲人开始种植小米，不过它直到公元前1000年前后才开始在欧洲被广泛种植。在中世纪，人们吃小米粥和小米饼。当时的小米非常流行，人们吃小米可能比吃小麦都多。美国农民直到1849年才开始种小米，不过从未大规模地种植这一作物。小米在美国和在其他地方一样，都必须在干旱的土地上和高粱竞争耕种面积。生活在美国北达科他州、南达科他州、科罗拉多州和内布拉斯加州的人种植黍和粟来喂牲畜。而在美国东南部，人们在珍珠粟地里放养牲畜。

今天，从塞内加尔到埃塞俄比亚的农民，以及西班牙、印度北部、阿拉伯半岛南部、巴基斯坦、孟加拉国、阿根廷和美国等地区的农民都在种小米。南亚的几个国家包括印度、缅甸、斯里兰卡、泰国、老挝、柬埔寨、菲律宾和印度尼西亚，也种小米。事实上，南亚出产的小米占全亚洲的60%，而南亚绝大多数的小米都产自印度。墨西哥、巴西东北部和玻利维亚的小米产量较低。龙爪稷是一种特殊的小米，主要种植在乌干达、肯尼亚、埃塞俄比亚、坦桑尼亚、津巴布韦、印度和尼泊尔。

在各种小米中，珍珠粟的产量占世界小米总产量的一半。非洲和亚洲的农民在气候更加凉爽的高地种植龙爪稷。这些大陆上的人用龙爪稷做饭，并酿造啤酒。发展中国家生产了世界上94%的小米，其中绝大部分是非洲和亚洲的发展中国家做出的贡献。世界上几乎所有的小米都是小农户生产的，他们自己吃小米或者将其拿到当地市场上去卖。因此，小米更多的是一种自种自吃的作物，而不是一种经济作物。以通行标准来衡量的话，小米是一种次要作物。全世界耕种小米的土地仅占粮食用地很小的一部分。小米的产量在世界粮食产量中所占的比例也非常小。

2007年，印度是世界上出产小米最多的国家，其次是尼日利亚、尼日尔、中国和布基纳法索。美国不是主要的小米生产国。中国人喝小米粥。尼日尔人喝小米粥搭配炸洋葱。小米粥在俄罗斯和德国也很受欢迎。肯尼亚人用小米、牛奶、香蕉汁和糖来熬粥，并在早餐或午餐时趁热喝。尼日利亚人用小米、糖和盐熬粥。在印度，人们用小米和脱脂乳煮粥。印度人还会给小米搭配酱汁、木豆、泡菜、酸辣酱、脱脂乳、凝乳和蔬菜。与之类似的食谱需要的食材有小米、泡菜、酸辣酱、木豆和蔬菜调味汁。在一些国家（例如肯尼亚），人们把小米和牛奶搭配在一起作为谷物早餐。厨师还会把小米做成细条，然后油炸。在美国，松饼和杂粮面包中可能含有小米。俄罗斯人、印度人和肯尼亚人把小米、肉和蔬菜放在一起炖，埃塞俄比亚人不用小米，而是把豆类、肉和蔬菜放在一起炖。在印度，有两份关于小米的食谱：一份食谱需要用到的食材是小米、青菜、柠檬片或橙子片，而另一份食谱所需的食材包括小米、炸洋葱、炸大蒜、大米、鹰嘴豆、木豆、花生、盐、椰蓉和香菜。在西非，人们吃蒸粗麦粉，这是一种用小米、花生酱、秋葵、酱汁（或牛奶）和切碎的猴面包树果实混合而成的食物。在尼日利亚，有一份食谱包含了小米、豆饼、洋葱、西红柿、红辣椒、菠菜、盐和胡椒。俄国人喜欢喝加了牛奶和糖的小米粥。在苏丹，人们做小米煎饼，配上蔬菜、豆类、肉和汤一起吃。中国人吃小米的时候配豆类、甘薯和笋瓜。在中国台湾，人们用小米酿啤酒。在尼泊尔，人们把小米蒸馏成拉克希酒。在罗马尼亚和保加利亚，人们把发酵小米制成博萨（一种饮料）。有些人会在玉米饼、米汤和饼干里放小米。小米对非洲和亚洲的部分地区而言很重要，因此这种禾本科植物塑造了这些大陆的历史，并影响了人们的日常生活。

延伸阅读

Dendy, David A. V. *Sorghum and Millets: Chemistry and Technology*. Saint Paul, MN: American Association of Cereal Chemists, 1995.

Leslie, John F., ed. *Sorghum and Millets Diseases*. Ames: Iowa State Press, 2002.

Lupien, J. R. *Sorghum and Millets in Human Nutrition*. Rome: Food and Agriculture Organization, 1995.

Maiti, Ratikanta, and Pedro Wesche-Ebeling. *Pearl Millet Science*. Enfield, NH: Science Publishers, 1997.

The World Sorghum and Millet Economies: Facts, Trends and Outlook. International Crops Research Institute for the Semi-Arid Tropics and Food and Agriculture Organization, 1996.

燕 麦

燕麦是一年生草本植物，也是种植范围十分广泛的主要作物之一，位列玉米、大米、小麦、大麦和高粱之后。最初人们种植燕麦是为了食用，但燕麦更适合当饲料，所以现在农民种燕麦主要用来喂牲畜。燕麦的栽培品种中有四分之三属于燕麦属。按照谷粒颜色的不同，燕麦可以分为白燕麦和黄燕麦。农民在4月或5月种植白燕麦，7月或8月就可以收获。阿根廷的农民种植拜占庭燕麦——又名"红燕麦"。大多数燕麦在春天播种。因为燕麦不耐寒，因此只有在气候温和的地方它才作为一种冬季作物被种植。阿根廷的红燕麦就是冬燕麦。农民在北纬35度至50度之间的地区种植春燕麦，在纬度较低的北纬20度至40度之间的地区种植冬燕麦。

古代和中世纪的燕麦

有一种说法是，燕麦最早是在德国北部的小麦田和大麦田里像杂草一样生长的。另一种传说称，燕麦起源于地中海东部和近东地区，那里的农民在公元前2000年左右率先种植燕麦。第三种假设提出，考虑到燕麦的物种多样性，它应该起源于加那利群岛、地中海、中东或喜马拉雅山脉。第四种假设认为，燕麦起源于南太平洋的岛屿；不过，这个观点已经过时了。早在公元前8600年，叙利亚人就开始吃燕麦，不过，燕麦的栽培时间可能要比这晚一些。公元前7000年左右，约旦南部的人吃燕麦，并且也有可能种燕麦。在摩尔达维亚[1]和乌克兰，农民早在公元前4700年就已经种植燕麦。

---

1 摩尔达维亚：和摩尔多瓦是一个国家在不同历史时期的不同称呼。1940年6月被苏联划入其版图，8月成立摩尔达维亚苏维埃社会主义共和国，成为苏联加盟共和国。1991年5月改称"摩尔多瓦共和国"，8月27日宣布独立。——编者注

　　接近公元前2000年的时候，随着气候变冷变湿，燕麦已传遍欧洲。在古代的某个时候，燕麦肯定是从地中海东部的某个地方传到了埃及。在古代早期，燕麦从土耳其传到了希腊。公元前5世纪时，古希腊医学家希波克拉底（Hippocrates）对燕麦很熟悉，相信它有药用价值。公元前4世纪时，古希腊植物学家狄奥弗拉斯图斯（Theophrastus）说燕麦是"野生的或未经栽培的"作物，这令人认为他不知道燕麦是一种农作物。19世纪时，法裔瑞士植物学家阿尔逢斯·德·康多据此断言，希腊人在古代没有种植燕麦；不过，其他人并不认同这一观点。公元1世纪时，古希腊医学家迪奥斯科里斯（Dioscorides）认为，燕麦可以缓解咳嗽和干油性皮肤的状况。有少量证据表明，英国人最晚在公元前1000年开始种植燕麦——它们可能以杂草的形式出现在斯卑尔脱小麦的田地里。一名权威人士认为，英国的燕麦栽培历史可以追溯到公元前2世纪。而另一名学者认为，公元4世纪时，燕麦才随着汪达尔人[1]的入侵来到了英国，但史料的记载并不支持这个观点。到了公元前100年，德国、丹麦和瑞士的农民开始种植燕麦，并把它跟二粒小麦一起种植。公元1世纪时，北欧的农民在种植大豆、大麦和亚麻的同时种植燕麦。

　　在公元前2世纪时，古罗马农学家大加图没有把燕麦列为饲料作物，这让人怀疑罗马人是否充分利用了这种作物。公元前1世纪时，古罗马诗人维吉尔（Virgil）认为燕麦是一种杂草，这表明罗马人对燕麦的评价很低，至少精英阶层是这样的。公元1世纪时，古罗马农学家科卢梅拉在作品中提及燕麦，但篇幅不多。同一时期，古罗马作家大普林尼认识到燕麦有喂养牲畜的价值，但他错误地认为，大麦在潮湿的气候和土壤中可以转变成燕麦——大麦在土壤里

1　汪达尔人：日耳曼人的一支，曾在罗马帝国的末期入侵过罗马。——编者注

休眠太久，可能会像燕麦一样发芽。公元5世纪时，神学家圣·哲罗姆显然对燕麦不以为然，用"吃燕麦的人"来诋毁他的对手——英国学者贝拉基（Pelagius）。

从公元1世纪起，罗马人就在英国推广燕麦种植。农民在罗马军队的营地附近种植燕麦的事实表明，燕麦肯定是军粮和战马饲料。公元2世纪时，罗马帝国的两位皇帝图拉真（Trajan）和哈德良（Hadrian）都把燕麦从北欧引入英国给骑兵当粮食，这一事实让燕麦是军粮和战马饲料的说法更有分量了。图拉真和哈德良肯定采取了这种措施，因为英国的燕麦不能自给自足。同时，英国人也需要种植足够多的燕麦向罗马帝国进贡。

公元8世纪时，法国农民种植燕麦、斯卑尔脱小麦和大麦。到了公元13世纪，燕麦在丹麦已经成为排在黑麦和大麦之后的次要作物。丹麦人在远离村庄的、未施肥的土地上种植燕麦，因为他们认为燕麦只适合贫瘠的土壤。在北欧，农民把燕麦当作一种春季作物种植。一般而言，燕麦的产量比黑麦和大麦的少。而北欧的农民采取了丹麦人的做法——只在贫瘠的土地上种燕麦，于是燕麦产量更低。即便如此，燕麦依然是一种重要的农作物。公元12世纪时，佛兰德斯（Flanders）伯爵在遇到饥荒的时候会禁止用燕麦酿酒，从而把燕麦留给人吃。

有人估计，燕麦在中世纪时是被广泛种植的第四大作物，仅次于小麦、大麦和黑麦。在这一时期，燕麦成为苏格兰人的主食，从而改变了北欧的历史和生活。最晚在公元13世纪时，燕麦成了苏格兰的主要作物。苏格兰人不仅自己吃燕麦，还用它喂羊。在法国东北部，农民以三年轮作的方式种燕麦：第一年种燕麦，第二年种小麦，第三年休耕，如此循环。因为农民不给燕麦施肥，所以它的产量只有小麦的一半。在中世纪的英国，农民将燕麦与小麦或大麦轮作，然后休耕。在苏格兰，农民先种两年燕麦，然后种大麦。在其他地方，农民则把燕麦和给牲畜吃的牧草种在一起。

自公元1世纪起，北欧气候变冷，土壤酸性增强。种不了大麦和小麦的农民转而种燕麦。北欧的气候在公元9世纪和公元10世纪时潮湿寒冷，而在1250年到1300年之间又变得像夏季气候一样温暖；1300年以后，气温再次逐渐下降。在这种环境中，燕麦生长旺盛。公元14世纪时，英格兰苏塞克斯郡的种植园获得了大丰收。在肯特沼泽之类的贫瘠的土地上，农民种完燕麦后要休耕两年。农民会在贫瘠的土地上优先种燕麦而不是其他谷物。公元14世纪时，燕麦是肯特郡和东英吉利亚[1]地区的主要作物。中世纪英国的佃户用燕麦缴租，这和他们在罗马帝国统治下的做法一样。地主有宽敞的马厩，并用燕麦喂马，甚至连农民都有马，这一事实使种植燕麦变得至关重要。

在中世纪的英国，燕麦可能是种植范围最广泛的作物。对相距甚远的种植园的记载证实了这一观点。1211年，温彻斯特主教的一处庄园出产了数千公斤燕麦，以及数量相对较少的小麦和大麦。1296年，兰开斯特（Lancaster）伯爵的大萨顿庄园收获了数百公斤燕麦，以及数量相对较少的黑麦和小麦。在其他情况下，燕麦的收成比小麦的好得多，这表明燕麦的种植面积很大。在中世纪，农民主要种植黄燕麦，因为这种燕麦很容易去壳。当时人们对黄燕麦的需求肯定很强劲，因为黄燕麦的价格和小麦的一样。燕麦在最肥沃的土地上产量很大。1300年，英格兰罗姆尼湿地的燕麦产量达到了更高的水平；然而，与此同时，肯特郡东部的一座种植园的收成却很少。从1370年到1399年，英格兰拉灵顿庄园的燕麦每英亩产量

---

1 东英吉利亚：指英格兰东部地区，由诺福克郡、萨福克郡二郡及埃塞克斯郡和剑桥郡的一部分组成。——编者注

为数蒲式耳，而在 1376 年至 1393 年间，阿尔塞斯顿庄园的燕麦每英亩产量略低于前者。

燕麦并非在所有地方都是主要作物。在 1283 年到 1348 年间，温彻斯特主教的 14 处庄园的大麦产量就超过了燕麦和小麦的产量。气候波动对燕麦的影响似乎比对其他谷物的要小。1315 年和 1316 年时，温彻斯特主教发现其庄园的小麦产量下降，而燕麦产量保持稳定。在 1339 年和 1346 年，春季潮湿、夏季干燥的气候导致小麦产量下降，但燕麦产量似乎没有变化。在中世纪后期，燕麦产量增加，而小麦产量下降，这可能表明，农民将燕麦从贫瘠的土地转到了肥沃的土地上种植。在很早以前，英国人就根据颜色来区分燕麦。他们认为威斯特摩兰的黑燕麦只适合给马吃，红燕麦能做出最好的燕麦片，白燕麦可以用来做面包和炖浓汤。

然而，随着啤酒需求的增长，一些农民从种燕麦转向了种大麦。在某些情况下，农民在轮作时用三叶草和其他豆科作物取代燕麦。尽管如此，在法国阿图瓦，蒂埃里·德·希尔康（Thierry d' Hirecon）的庄园依然种着燕麦。13 世纪时，燕麦在那里是主要的春季作物。

燕麦在新大陆和其他地区的境遇

1516 年，西班牙人将燕麦引进伊斯帕尼奥拉岛，起初可能是为了用它来喂马。一名学者认为，英国殖民者于 1585 年至 1586 年间在罗厄诺克岛上种植了燕麦。1602 年，探险家巴塞洛缪·戈斯诺德（Bartholomew Gosnold）在玛莎葡萄园岛附近的卡蒂航克岛种植了燕麦。在 17 世纪的第一个十年里，英国殖民者在新罕布什尔和马萨诸塞种植燕麦。而早在 1622 年，纽芬兰的农民就开始种植燕麦。1626 年，在曼哈顿生活的荷兰人向荷兰出口燕麦。到了 17 世纪 40

年代，新英格兰¹各地的农民都在种植燕麦；不过对他们而言，燕麦不如玉米、小麦、大麦、豌豆和黑麦重要。到了1650年，燕麦遍布整个新英格兰地区。到了1660年，马里兰和弗吉尼亚也开始种植燕麦。1682年，农民在南卡罗来纳州查尔斯顿市附近的阿什利河沿岸种植燕麦。燕麦起初是一种春季作物，而到了18世纪50年代，美国农民也把燕麦当作冬季作物在秋天种植。1768年，弗吉尼亚向加勒比地区出口燕麦。在18世纪80年代，极具魄力的美国首任总统乔治·华盛顿种植了160～200公顷燕麦。19世纪初，西班牙人将燕麦带到了美国的太平洋沿岸，尽管在1840年以前，大多数燕麦都是在密西西比河以东种植的。1839年，弗吉尼亚州、肯塔基州和田纳西州生产的燕麦只占美国燕麦总产量的一小部分；而到了1860年，美国南方地区生产的燕麦甚至更少了。19世纪后期，美国西部和加拿大西部地区的农民种植了大量的燕麦。

在美国，最大的燕麦产区是艾奥瓦州、明尼苏达州、南达科他州和威斯康星州。今天，中亚、欧洲和北美都种燕麦。阿根廷、澳大利亚、新西兰、北非和南非种的燕麦相对较少。近年来，随着机械化程度的提高，燕麦在世界范围内的产量有所下降。另外，重视农作物产量的观念会对产量较低的燕麦不利。轮作一般会以一种或者少数几种农作物为重点，因此，一旦轮作，燕麦的处境就会变得比较糟糕。在20世纪早期，美国中西部的农民种植燕麦，不过现在他们更喜欢轮作玉米和大豆。美国农民在20世纪时陆续用大豆取代了燕麦。这一趋势的发展速度随着拖拉机的普及而加快：有了拖拉机，农民就放弃了马；由于不需要养马了，农民就不再种植作为饲

1　新英格兰：英国在北美洲的早期殖民地之一。它位于美国东北部，包括缅因州、新罕布什尔州、佛蒙特州、马萨诸塞州、罗得岛州和康涅狄格州。——编者注

料的燕麦。因此，燕麦的种植面积相应减少。在加拿大，农民一心扑在种植小麦、大麦和油菜籽等高价值作物上。由于可选择的作物非常多，他们对燕麦并不重视。燕麦产量从20世纪60年代的5400万吨下降到了2005年的2700万吨。燕麦产量虽然在美国和加拿大呈下降趋势，但在俄罗斯、澳大利亚、瑞典和芬兰却是不断增加的。

作为食物的燕麦

公元1世纪时，大普林尼写道，生活在德国和波罗的海欧内斯群岛的人以燕麦为食。燕麦在中世纪和现代的饮食中所占分量肯定很大。1800年，40%的英国人不吃小麦面包，而是以燕麦和其他谷物以及土豆为食。在小麦面包很贵的时候，整个欧洲的普通百姓只好吃燕麦面包或者大麦面包。1806年到1808年，兰开斯特镇进口了数千公斤的燕麦，而进口的小麦却少得多；由此我们不难推测，当时的人们更喜欢吃燕麦而不是小麦。一些城里人鄙视燕麦，认为它是"粗俗"且"粗劣"的，喜欢燕麦的人则认为它是吃苦耐劳的自耕农和户外劳动者喜爱的食物。事实上，在整个威尔士和奔宁庄园，人们更喜欢吃燕麦面包，而不是小麦面包。一些苏格兰人顿顿都吃燕麦片，每个星期共计消耗约6千克燕麦。在苏格兰和爱尔兰，人们吃燕麦粥、燕麦饼、由燕麦和肉汤做成的泡汤面包、饼干、布丁、松饼和面包。18世纪时，苏格兰人吃的燕麦增多了，吃的肉却减少了。18世纪时，苏格兰经济学家亚当·斯密（Adam Smith）曾警告人们不要吃燕麦，说吃燕麦会让人长得又瘦又丑。然而，苏格兰的实际情况是，不仅百姓吃燕麦的习惯根深蒂固，贵族也吃燕麦。在整个欧洲，寻常百姓都吃燕麦面包，穷人则依靠燕麦粥和燕麦汤维持生存。在1740年和1741年，由于爱尔兰土豆歉收，燕麦的价格翻了一番多。穷人被迫到施食处喝燕麦汤。在英国北方，人们吃燕麦、土豆，喝牛奶。1795年，英国威斯特摩兰的普通家庭要花掉大部分收入买燕麦。相比之下，这些普通家庭只花一丁点钱买肉，而花在买土豆上的钱略微多一点。在19世纪，贫穷的工厂工人以吃燕麦、土豆、小麦面包和奶酪维持生存。即使是富人也吃燕麦，不过他们只在早餐时吃燕麦，并配上鱼、鸡蛋和吐司，以及茶和咖啡。在爱尔兰土豆大饥荒期间[1]，英国地主从爱尔兰出口燕麦，给当地百姓造成了苦难。燕麦曾帮助爱尔兰百姓熬过了18世纪的危机，然而在这场19世纪40年代的大灾难中，爱尔兰的燕麦却被卖到了国外。19世纪时，人们食用燕麦的需求下降了。越来越多的城里人选择吃小麦面包而不是燕麦面包。自1850年后，小麦面包成为威尔士和英国北部的主食。自1875年后，即使是在苏格兰和爱尔兰，人们也普遍吃小麦面包。

在美洲，殖民者吃燕麦时会搭配牛奶和枫糖浆。19世纪的烹饪书里没有关于燕麦的食谱，这说明燕麦在当时并不受欢迎。1859年，《烹饪术》（*Cookery As It Should Be*）一书建议病人和体弱之人吃燕麦。正如这个建议所说，人们在药店比在杂货店更容易买到燕麦。到了19世纪末，这种情况开始改变。绰号"燕麦之王"的德国移民费迪南德·舒马赫（Ferdinand Schumacher），提倡在饮食中添加燕麦片。于是生产商开始在广告中宣传燕麦是一种健康的谷物早餐。消费者看重品牌，其中最受欢迎的是"桂格燕麦"。今天，燕麦片在美国是最受欢迎的谷物早餐。如今燕麦是婴儿食品、面食，甚至是意大利面中的一种常见原料。一些饮料把燕麦蛋白质当作添加剂。近年来，生产商热衷于宣传他们的产品对健康有好处，并且已经在面包中添加了燕麦。尽管燕麦的蛋白质含量相对较高，但它几乎不含能使生面团具有

1　1845—1849年因马铃薯（土豆）连年歉收而发生在爱尔兰的饥荒。又称马铃薯饥荒。

黏性的蛋白质——面筋蛋白，因此并不适合用来做面包。燕麦面包通常含有20%～30%的燕麦，而杂粮面包只有5%～15%的燕麦。除了燕麦面包和其他产品，格兰诺拉燕麦棒在日本也很受欢迎。

今天，营养学家鼓吹燕麦的价值。燕麦对健康有潜在好处的可能性，影响着全世界温带地区居民的饮食习惯。燕麦含有15%的蛋白质，这一含量比大麦、小麦、玉米和大米的蛋白质含量都多；它还是锰、镁、钙、锌和铜等矿物质的来源。此外，与各类营养素每日推荐摄入量相比，燕麦含有的维生素B_1达推荐量的14%，泛酸达推荐量的10%，其他维生素占推荐量的比例相对较小。自20世纪60年代以来，有研究称，食用燕麦能降低胆固醇水平。早期的一项研究表明，仅仅吃三个星期的燕麦就能使人体的胆固醇水平下降11%。然而，当实验对象恢复原来的饮食习惯时，他们的胆固醇水平又升高了。这个事实验证了这样一个观点：如果一个人想要从燕麦中长期受益，那么，燕麦应该成为他日常饮食的一部分。虽然一般的全麦燕麦可以降低胆固醇水平，但最有效的成分实际上来自燕麦麸皮。1980年至1993年，科学家针对燕麦麸皮降胆固醇的特性进行了37项研究，其中只有两项研究未能证明燕麦能够降低胆固醇水平。此外，燕麦还可以降低结肠癌的发病率。吃燕麦对糖尿病患者有益，因为与吃其他食物相比，吃燕麦片增加的血糖水平更低。燕麦能稳定血糖水平，从而帮助糖尿病患者减轻病痛。媒体充分介绍了燕麦的这些好处，于是有健康意识的消费者开始在饮食中添加燕麦。1984年到1988年间，荷兰人的燕麦消费量翻了一番。在1988年和1989年，美国人的燕麦摄入量增加了一倍多。

延伸阅读

Hughes, Meredith Sayles. *Glorious Grasses: The Grains*. Minneapolis:

Lerner Publications, 1999.

Marshall, H. G., and M. E. Sorrells, eds. *Oat Science and Technology*. Madison, WI: American Society of Agronomy, 1992.

Webster, Francis H., ed. *Oats: Chemistry and Technology*. St. Paul, MN: American Association of Cereal Chemists, 1986.

Welch, Robert W., ed. *The Oat Crop: Production and Utilization*. London: Chapman and Hall, 1995.

豌 豆

豌豆是一种一年生显花植物，也是在地理和气候分布上跨度最大的豆科作物——既能在亚热带生长，也能适应寒冷的环境。尽管豌豆的适应性很强，但它在凉爽的气候下产量最高。和其他豆科作物一样，豌豆也是豆科家族的一员。豌豆的名字"pea"来源于古英语"pease"；以该词为基础又衍生出"pease porridge"，意思是"豌豆粥"。尽管"pease"是一个单数名词，但由于单词末尾有字母"se"，英国人误认为它是复数名词。因此，去掉"se"后其单数形式就阴差阳错地变成了"pea"。农民和园丁种植豌豆大多是为了收获其种子，也有时候是为了收获豆荚。科学家培育出了豆荚可以食用的豌豆。这种豌豆在法语中被称为"mangetout"，意思是"各个部分都能吃"，即豆荚和种子都可以食用。糖荚豆和甜豌豆都属于这种豌豆，前者往往用爆炒的方式烹饪。糖荚豆要趁种子还没成熟的时候采摘和食用，而甜豌豆要等到种子成熟才能食用。除了菜豌豆，农民还种植饲料豌豆。饲料豌豆是一种紫花豌豆，可以喂牲畜。作为牲畜饲料，豌豆蛋白可以补充大豆蛋白。

豌豆自摘下后味道会逐渐变差。食品杂货店的人可能会宣称他们卖的豌豆很新鲜，实际上那些豌豆已经至少放了三天，早就过了口感最鲜嫩的时机。1900年左右，豌豆生产商开始做豌豆罐头，力求保住豌豆的风味。生产商会先把豌豆煮上20分钟，然后再装进罐头。不过，这种保存方法把豌豆变成了豌豆糊，而且寡然无味。更成功的做法是把豌豆冷冻起来——美国发明家克拉伦斯·伯兹艾（Clarence Birdseye）在1920年率先采用了这种方法。因为消费者想吃到风味最佳的豌豆，所以生产商在采摘豌豆后的3到4个小时之内就把它冷冻起来。冷冻的做法是：先把豌豆稍微煮一下以杀死寄生虫，然后放入约–18℃的环境中冷冻。冷冻豌豆基本保留了豌豆原本的颜色、质地和味道。20世纪50年代到70年代，美国人追求方便食品，而且有了自己的冰箱，因此他们对冷冻豌豆的需求迅速增长。生产商最早用冻鱼的冰柜来冷冻豌豆，于是海港成为行业的中心。随着冷冻豌豆的流行，人们对罐装豌豆的需求下降了，这种趋势自20世纪30年代起尤为明显。今天，生产商把65%的豌豆冷冻起来。和其他豆子一样，豌豆也很有营养。150毫升豌豆所包含的蛋白质总量相当于1个大鸡蛋含有的蛋白质。除了蛋白质之外，豌豆还含有维生素A、维生素B_1、维生素B_2、烟酸、泛酸、维生素B_6、叶酸、维生素C、钙、镁、磷、钾和锌。

起源和重要性

野生豌豆原产于地中海盆地和近东地区，不过，人们对野生豌豆是在哪里被人类驯化的存有争议。一个学派认为，中亚和埃塞俄比亚的农民最先栽培了豌豆。第二个学派认为，豌豆的发源地是印度。按照这种思路，是印度农民从现已绝迹的野生豌豆中选择并驯化了现在的豌豆。第三个学派认为，近东地区的农民在大约1万年前开始种植豌豆。如果这种设想无误的话，那么豌豆就是非常古老的农作物之一，大约与小扁豆、大麦和小麦在同一时期被驯化。新石器时代革命给人们带来了像豌豆和小扁豆这样可靠的蛋白质来源，以及像大麦和小麦这样的碳水化合物来源。

在古代和中世纪，豌豆是人们的主食。当时植物学家还没有培育出香豌豆，因此这个时代的豌豆是一种营养丰富却寡淡无味的食物。而导致豌豆味道不好的部分原因是，人们为了方便储存会把豌豆晾干了再吃。普通百姓买不起肉，只好通过豌豆和小扁豆摄取蛋白质。他们把豌豆做成汤和粥。"豌豆粥热，豌豆粥凉，豌豆粥在锅里煮了九天。"这句俗语充分说明了当时人们日复一日地吃豌豆的情形。每到谷物收成不好、面包价格上涨的时候，百姓对豌豆的依赖就会变得非常强烈。豌豆能让穷人在多数食物都涨价时有饭吃，因此影响了历史。对那些可能会挨饿的人来说，豌豆是一种帮助他们度过饥荒时期的重要食物。

罗马人吃豌豆粥。罗马贵族皮索家族［尤利乌斯·恺撒（Julius Caesar）的妻子卡尔布尔妮娅（Calpurnia）就属于皮索家族］的名字"Piso"就取自豌豆的英文名"pea"，该家族称其祖先是种豌豆的农民。人们可能会对富裕之家自称出身卑微这一点感到很奇怪，但要知道，罗马人崇尚节俭、自立、勤奋和虔诚等美德，而且相信这些价值观源于农村。皮索家族选择以豌豆作为出身的标志，表明其家族成员是崇尚这些朴素的价值观的。因此，豌豆是罗马帝国精神的象征，对其成功至关重要。罗马食谱提倡豌豆和肉相搭配。因为普通百姓很少吃肉，所以这些食谱实际上是建议富人吃豌豆。美食家马库斯·阿皮基乌斯（Marcus Apicius）设计了一份食谱，需要用到豌豆、香肠、肉丸、猪肉、胡椒、欧当归、牛至、莳萝、洋葱、香菜、鱼露和葡萄酒。中世纪的食谱则将豌豆与杏仁和各种香料组合在一起。斯堪的纳维亚人吃豌豆时配猪肉。豌豆汤在瑞典随处可见，被当地人叫作 "aertsoppa"；它还被丹麦人称为 "gula aerter"，被芬兰人称为 "harnekeitto"，被荷兰人称为 "arwtensoap"。瑞典国王埃里克十四世（Eric XIV）就喝豌豆汤，这一事实又一次说明富人也吃豌豆。1577年，埃里克的弟弟约翰（John）用在豌豆汤里放砒霜的方法杀死了他。

直到哥伦布在1493年将豌豆引入伊斯帕尼奥拉岛，美洲人才认识了豌豆。16世纪时，西班牙人把豌豆带到了墨西哥和佛罗里达。1608年，也就是殖民地建立1年后，殖民者在弗吉尼亚种植豌豆。1629年，可能有人从别的途径把豌豆引进马萨诸塞湾殖民地，并在那里展开种植。在17世纪70年代，卡罗来纳的食物匮乏导致了殖民者生活窘迫，每人每天只能吃约0.5升豌豆。这样的口粮虽然不多，却使人免于饿死。托马斯·杰斐逊自称最爱吃鲜豌豆，早在1767年他就在蒙蒂塞洛庄园种豌豆。杰斐逊种了30种不同品种的豌豆，他还和邻居们比赛，看谁最早收获豌豆。

17世纪时，一些美国人每天吃三顿豌豆。玛莎·华盛顿（Martha Washington）写的《烹饪手册》（*Booke of Cookery*）一书里收录了豌豆粥和薄荷豌豆汤的食谱。《弗吉尼亚家庭主妇指南》（*The Virginia House-Wife*）推荐用黄油和薄荷煮豌豆，还详细介绍了芹菜豌豆汤和猪肉豌豆布丁的食谱。1841年，萨拉·约瑟夫·黑尔（Sarah Josephe Hale）编辑的《好管家》（*The Good Housekeeper*）杂志介绍了菠菜豌豆汤，以及关于豌豆和生菜的食谱。新英格兰人吃豌豆时会搭配腌牛肉、百里香和墨角兰。厨师们会给老豌豆裹上珍珠灰以软化其种皮。豌豆的诸多做法中最不寻常、最让人倒胃口的或许来自阿梅莉亚·西蒙斯（Amelia Simmons）的《美国烹饪》（*American Cookery*，1796）一书，它建议面点师用豌豆来代替苹果及其他水果做馅饼。

豌豆和遗传学的兴起

19世纪时，奥地利遗传学家格雷戈尔·孟德尔用豌豆做实验，并据此创立了遗传学——豌豆就这样改变了世界。孟德尔一开始并没有选定豌豆，而是对许多物种进行了测交[1]。在最初的实验中，豌豆脱颖而出。造成这一结果的原因有很多，其中最重要的可能是用豌豆做实验得出来的结果非常清晰。例如，豌豆植株有高矮之分，而高茎豌豆与矮茎豌豆杂交产生的后代也非高即矮。在实验中，高茎豌豆与矮茎豌豆杂交后得到的子一代都是高茎豌豆，所以孟德尔很容易就能确定这些后代是从哪个亲本处获得这种特征的。为了强调这一现象的重要性，我们不妨考虑一下遗传在人类身上的模糊性。比如，一个个头高的男人与另一个个头矮的女人结合，他们的孩子通常既不高也不矮，而是中等个头。另外，人类还会表现出细微的两性异形[2]。这些事实让我们很难将一个人的身高归因于其父母的身高。双亲似乎都提供了一些遗传微粒（基因）来决定孩子的身高。这就是所谓的混合遗传——人类的肤色，可能还包括智商，都是相同类型的例子。不过严格来说，"混合遗传"这个词已经过时了。

1　测交：指杂交产生的子一代个体再与其隐性（或双隐性）亲本进行交配的方式，用于测验子一代个体的基因型。——编者注

2　两性异形：指同一物种不同性别之间的差别。对于雌雄异体的动物而言，其性状表现随性别而异。——编者注

　　作为一名严谨的实验主义者，孟德尔在1856年开始对豌豆进行杂交。值得注意的是，豌豆原本是一种自花授粉植物，因此，在每一轮杂交的过程中，孟德尔都必须先从指定的雄花中取出花粉，然后将其撒在指定的雌花的柱头上。英国乡绅安德鲁·奈特（Andrew Knight）在此之前就已经拿豌豆做过实验，而且他的研究似乎引起了孟德尔的兴趣；但孟德尔最终还是选择开创自己的道路。1856年，孟德尔购买了34种不同品种的豌豆。他对这些品种进行了测交实验，经过仔细观察后，发现有22个品种可以分离出简单性状。孟德尔随后又进行了一系列实验，试图追踪7种以上性状的遗传过程。其中最重要的一个性状是，杂交后代的种皮是光滑的还是皱的（即圆粒豌豆和皱粒豌豆之分）。今天，人们只吃圆粒豌豆，因为它的外形很有美感。第二个性状是，豌豆是绿色的还是黄色的。现在的市场一般只供应绿色豌豆。第三个性状是上文已经提及的植株高度。孟德尔发现，高茎豌豆和矮茎豌豆杂交后产生的后代都是高茎豌豆，他将其称为"子一代"（F_1）。矮茎性状似乎消失了。接下来，子一代自花授粉，产生了子二代（F_2），而先前消失的性状又在子二代中出现了。在这里，孟德尔对新生的遗传学做出了决定性的贡献。他用显性和隐性对性状进行了划分，如高茎为显性性状，矮茎为隐性性状。对植物而言，当显性基因与隐性基因配对时，显性性状总是会掩盖隐性性状。拥有一对显性基因的豌豆植株都表现为高茎，而拥有一对隐性基因的豌豆植株都表现为矮茎。我们在前文已经提及，杂合子植株（拥有一个显性基因和一个隐性基因的植株）都表现为高茎。通过研究，孟德尔得出了另外两个基本结论。其一，他提出了性状分离的概念。我们不妨考虑一下"Tt"杂合子的情况，"T"代表高茎显性性状，"t"代表矮茎隐性性状，这些性状是分离的，也就是说后代可以从一个亲本那里得到"T"，从另一个亲本那里得到

"t"。因此，有可能出现获得2个"T"的后代（TT），或获得2个"t"的后代（tt）。其二，孟德尔提出了自由组合定律，即每个性状的基因在遗传过程中都是相互独立的。严格说来，这一结论是不完全正确的。因为基因以染色体的形式成簇出现，而染色体并不是像基因那样独立排列的。1866年，孟德尔发表了他的研究成果，但他的研究超出了当时的人能够理解的范围。直到20世纪，才开始有大批生物学家研究这门新兴的科学。基因在豌豆的帮助下改变了世界，为杂交玉米革命、绿色革命和生物技术的兴起奠定了坚实的基础。有朝一日，人类可能会跨越伦理鸿沟克隆出一个人，虽然孟德尔绝对预见不到这样的未来，但他的豌豆实验的确为这些提供了帮助。

延伸阅读

Albala, Ken. *Beans: A History*. Oxford: Berg, 2007.

Hughes, Meredith Sayles. *Spill the Beans and Pass the Peanuts: Legumes*. Minneapolis: Lerner Publications, 1999.

Mayr, Ernst. *The Growth of Biological Thought: Diversity, Evolution, and Inheritance*. Cambridge, MA: Harvard University Press, 1982.

Sumner, Judith. *American Household Botany: A History of Useful Plants, 1620-1900*. Portland, OR: Timber Press, 2004.

土 豆

土豆即马铃薯，是一种一年四季皆可种植的多年生草本。说英语的国家的人又把土豆称为"白土豆"或"爱尔兰土豆"，以区别于甘薯。尽管这两者从表面上看很相似，但实际上它们的关系很远。秘鲁人把土豆叫作"papa"或"papus"，意思是"根"，因为他们错误地认为土豆的块茎是一种膨大的根。事实上，我们所吃的土豆是一种膨大的块状变态茎。西班牙人把"papa"和"batata"（甘薯）搞混了，于是产生了西班牙语的"patata"和英语的"potato"。土豆的英文名称"potato"作为名词时，既指植株又指块茎。欧洲人对土豆既好奇又小心，因为它跟谷物不一样，可食用的部分是长在地下的，类似于芜菁[1]和胡萝卜。欧洲人把重点放在土豆块茎的生长上是正确的，因为土豆能够有效地将阳光转化为生物量，而其块茎生成的生物量占总生物量的四分之三以上。相比之下，谷物的可食用部分生成的生物量只占整个植株的三分之一。

土豆是茄科植物的一员，它的叶子有毒。由于这个原因，人类或者牲畜都不能吃它的枝叶。一些野生土豆的块茎也有毒，这是一种适应性进化的表现，如此可以免于被吃。土豆的块茎暴露在阳光下会变绿，产生有毒的茄碱。人们如果要吃暴露在阳光下的土豆，就必须去除发绿的部分。作为茄科植物的一员，土豆与西红柿、辣椒、烟草、碧冬茄和有毒的颠茄有亲缘关系。

虽然土豆的蛋白质含量比谷物的少，但它提供的蛋白质的质量很高，并且含有全部的必需氨基酸。从蛋白质的质量方面来看，土豆仅次于鸡蛋蛋白。土豆提供的蛋白质甚至比大豆蛋白还要好，也比玉米和小麦提供的蛋白质好得多。与各类营养素每日推荐摄入量相比，1个中等大小的土豆所含的维生素C约达推荐量的50%，钾达推荐量的18%，维生素B_6达推荐量的10%。此外，土豆还含有维生素B_1、维生素B_2、烟酸、叶酸、镁、磷、铁、锌和纤维。土豆的

---

1 芜菁：别称"大头菜"，一种栽遍全球的蔬菜。——编者注

纤维可以降低罹患结肠癌和糖尿病的风险，还能降低人体内胆固醇和三酰甘油的水平。

土豆在欧洲的接受程度

早在16世纪30年代，西班牙人就在安第斯山脉遇到了土豆，但直到16世纪晚期，欧洲人才开始种土豆。即便如此，土豆在18世纪和19世纪才流行起来。人们对土豆的接受速度很缓慢，原因有很多。比如土豆属于茄科植物，因此欧洲人觉得它不可靠；又如因为土豆的形状很奇怪，人们一度以为它会导致麻风——这是一种很可怕的疾病，曾让欧洲穷人苦不堪言。此外，人们还认为土豆是一种催情剂，这种猜测兼有利弊。对情侣来说，土豆是一种不错的食物，但许多崇尚自我克制的新教教派则规劝教众不要吃土豆。另一些人贬低土豆，认为它太乏味，不愿意吃。还有一些吃面包长大的人认为，只有在没东西吃的时候才能把土豆当替代品吃。另外一个重要因素是，土豆在刚移植到欧洲的时候遇到了一些困难。尽管

卢瑟·伯班克（Luther Burbank）

卢瑟·伯班克出生于1849年，是美国著名的非专业植物学者。要说他是科学家，难免显得太过牵强，因为他反对达尔文主义，也缺乏正规的科学训练。不过在其职业生涯中，他曾接待过许多赶到加利福尼亚州来观摩他如何工作的美国人。美国石油大亨约翰·D.洛克菲勒（John D. Rockefeller）和美国汽车制造商亨利·福特（Henry Ford）都曾经前往伯班克的农场取经。在他50多年的职业生涯中，伯班克开发了800多个新的农作物品种。他对自己在木本果方面的研究特别自豪，但却是凭借"伯班克土豆"而声名大振的。这种土豆现在被称为"褐色伯班克土豆"或"爱达荷土豆"。这种土豆很长，外形圆润匀称，所以常被用来做炸薯条。可以说，伯班克土豆支撑着快餐行业。

来自美洲热带地区的土豆因海拔成为温带地区的优良作物，但它本质上是在一个全年每天都有12个小时光照的地区进化而来的植物。但是在北欧，夏季的白天要长得多，导致土豆叶子疯长，块茎却很小。只有精挑细选才能解决这个问题，而这需要时间。最终，土豆凭借其人口效应成为世界上重要的食物之一。

预防坏血病的食物

土豆在欧洲站稳了脚跟，后来又传到亚洲和非洲的寒冷地区，从很多方面改变了世界。远洋航行的水手由于饮食贫乏，经常会患上坏血病。人类尽管在20世纪早期之前一直不了解维生素，但是知道饮食中缺乏维生素C会导致坏血病。人们一直重点关注柑橘类水果和菠萝，并把它们当作预防坏血病的药物，但有此功效的不是只有它们。

1784年，一艘名为"中国皇后号"的美国私人船只离开纽约市前往中国，这是美国人所尝试过的最雄心勃勃的航行。它是第一艘抵达中国的美国船只。"中国皇后号"携带的食物至少够船员们吃

维生素C

人类似乎是唯一不能像利用阳光合成维生素D那样来合成维生素C的灵长类动物，这令人感到很奇怪。尽管几千年来维生素C对人类而言一直很重要，但是直到20世纪，人们才发现它。我们的祖先似乎在日常饮食中吃了富含维生素C的水果，因此失去了自己合成维生素C的能力。此后，维生素C的摄入就变得至关重要。如果没有摄入充足的维生素C，人类就会患上致命的坏血病。幸运的是，许多食物都富含维生素C。例如，1个中等大小的土豆所含的维生素C的量可达每日推荐摄入量的一半。其他富含维生素C的食物有菠萝、柑橘类水果和甘蓝。因为维生素是水溶性的，会随尿液排出，所以人类必须每天摄入维生素。

14个月。不过船上没有柑橘类水果和菠萝，直到抵达非洲海岸附近的佛得角群岛，船员们才采集了一些橙子。实际上他们的饮食分外单调，只有腌牛肉、腌猪肉、面包和土豆。那他们是如何避免患坏血病的呢？答案就是土豆。前面提到过，1个中等大小的土豆所含的维生素C的量可达每日推荐摄入量的一半，因此它是一种虽不为人知但很重要的预防坏血病的食物。跟柑橘类水果和菠萝一样，土豆使近代和更早时期的远洋航行变成可能。在这方面，土豆对于穿越温带地区的航海而言尤为重要。毕竟，船员们不能指望在格陵兰岛吃上只生长在热带地区的柑橘类水果或菠萝。

土豆与玉米

在土豆征服北欧的过程中，也许没有什么比它的营养价值更重要的了。许多欧洲人除了土豆之外几乎没有什么可以吃的食物，对穷人来说尤其如此，不过他们都很健康。到了18世纪中期，接近一半的爱尔兰人几乎仅以土豆为食，偶尔吃甘蓝、喝牛奶。尽管当时的爱尔兰人一贫如洗，但他们可能比今天的普通美国人要健康得多，因为这些美国人大多忍受着肥胖症、糖尿病和其他疾病的折磨。在同等面积的土地上，土豆出产的热量是所有谷物的4～5倍。欧洲人口革命的秘诀就在这里。土豆的营养价值非常高，因此它与玉米形成了鲜明的对比。一个人如果只吃玉米而不吃其他东西，就会患上因营养缺乏引发的糙皮病。20世纪初时，糙皮病在美国南部非常严重，因为当时许多穷人只能吃玉米，很少吃其他食物。科学家一直对这种疾病百思不得其解，直到美国农业部指出玉米是罪魁祸首。土豆和玉米的原产地都是美洲，在世界范围内都是很重要的食物，但毫无疑问的是土豆更有营养。

战争

土豆以自己的方式彻底改变了近代欧洲的战争。当时，似乎还不存在军队应该维持粮食补给线的观念。反之，士兵们靠山吃山，靠水吃水，这意味着他们得从附近的农民家里偷食物。于是农民一年的粮食收成可能都会被饥肠辘辘的掠夺者吃进肚里，留下农民一家人在冬天挨饿。在这种经常发生的情况下，战争对所有人而言都是灾难。而土豆改善了农民的命运，因为它的块茎长在地下，所以士兵们很少停下来花费时间去挖。农民家庭就算在战时失去了粮食，也还有土豆可以活命。

三十年战争[1]展示了土豆的价值。在17世纪末，穷兵黩武的普鲁士国王腓特烈·威廉一世（Frederick William I）命令所有的农民种植土豆，不然就割掉他们的耳朵和鼻子。18世纪时，普鲁士国王腓特烈·威廉二世（Frederick William II）延续了这一政策，并在全国分发免费的土豆种子。在七年战争[2]期间，土豆拯救了普鲁士，使之免遭灭亡。1778年，普鲁士和奥地利之间爆发了战争。双方军队都计划去破坏对方的土豆地，以此恐吓平民，打击敌军士气。土豆是如此重要，以至于这场战争又被称作"土豆战争"。在这之前几

1　三十年战争：指1618—1648年欧洲历史上第一次大规模的国际性战争，以德意志为主要战场。参战各国以德意志新教诸侯和丹麦、瑞典、法国为一方，得到了荷兰、英国、俄国的支持；以神圣罗马帝国皇帝、德意志天主教诸侯和西班牙为另一方，得到了教皇和波兰的支持。皇帝为加强权力，新旧诸侯要称雄割据、扩充领地，几个大国要乘机进行侵略，于是以新旧教之争为借口爆发了为期三十年的战争。——编者注

2　七年战争：指1756—1763年欧洲两个国家联盟间进行的战争。参战各国以英国、普鲁士为一方，以法国、俄国、奥地利、萨克森、瑞典、西班牙为另一方。战争起因是英、法争夺殖民地，以及普、奥争夺中欧霸权。战争范围包括欧洲、北美和印度。——编者注

年，随着西方世界的发展，叶卡捷琳娜大帝（Catherine the Great）认识到土豆在战争和饥荒中的重要性，于是下令让农民种土豆。波兰、荷兰、比利时和斯堪的纳维亚纷纷效仿。至此，土豆征服了北欧和东欧。欧洲人争斗得越激烈，土豆就越重要。

人口与灾难

土豆能够提供热量，并且富含营养，在一定程度上导致了欧洲人口激增。自1750年至1800年，欧洲人口从1.4亿增长到1.9亿。到了1850年，欧洲人口迅速增长到2.66亿，又在1900年达到4亿。人口膨胀在爱尔兰最为明显：在1600年，爱尔兰人口不到150万，却在1700年达到200万，在1800年达到500万，在1845年达到850万。

土豆和人类契合得很好，不仅因为气候和土壤对土豆有利，更因为当时的土地占有制存在着很大缺陷。英国地主控制着爱尔兰的土地，并收取非常高的谷物租金，使穷人要么在几乎所有土地上种谷物，要么将地用作牧场放养牲畜。他们只能留出一小块土地来种土豆，以此养家糊口。尽管这种制度不完善，但最初还行得通。两到三英亩的土豆足够养活一大家子人，还能剩下一些再喂一头猪。据记载，吃土豆的爱尔兰农民比主要吃面包的欧洲大陆[1]农民更健康。一名历史学家估计，爱尔兰的成年人平均每天吃大约4.5千克土豆。除了这种单调的伙食之外，爱尔兰人还会吃甘蓝、芜菁和牛奶当作补充；这样算来，爱尔兰人每天吃的食物差不多能提供约17千焦的热量，按照现在的标准来看这个数字是很高的。

1　欧洲大陆：指除岛屿外的欧洲主体大陆，在定义上不包括英国、爱尔兰、冰岛等国家。——编者注

1740年和1741年漫长而寒冷的冬季毁掉了土豆收成，人类历史上第一次出现了土地占有制难以维系的现象。据估计，这期间约有数十万人挨饿，英国地主只好表面上同意农民保留一些谷物（尤其是燕麦），以免更多人被饿死。从这场灾难和其他类似的事件中，英国牧师托马斯·马尔萨斯总结出一条规律：人口增长往往有超过食物供应的趋势。他认为，是土豆增加了爱尔兰和整个北欧的人口。多出的那些人在爱尔兰和其他国家不好找工作，因此导致了工资水平下降。许多人别无选择，只能做没有土地的劳工。土豆并没有提高人们的生活水平，只是让更多的人勉强活着。在1800年至1845年间，根据114个调查机构的报告，爱尔兰的穷人正处于饥饿的边缘，而英国并未采取任何措施来改善这些状况。到了19世纪初，带来灾难的最后一个先决条件出现了。当时，科学家培育出了一种新的土豆——拉姆珀土豆。这种土豆除了产量高，没有什么值得推荐的特点。它吃起来平淡无味，不如原先的那些品种有营养，而且它的植株容易生病。因为当时的爱尔兰人放弃了其他品种而专门种拉姆珀土豆，所以他们种的都是同一品种。一种病害只要能杀死一棵土豆植株，就能杀死更多棵土豆植株。

1843年，预兆出现了，当时一种真菌袭击了费城附近的土豆植株。1844年，这种真菌蔓延到了伊利湖和安大略湖附近的土地。1845年，范围扩大到了密西西比河流域。同年，这种真菌在欧洲传播到了比利时、丹麦、英国、法国、意大利北部、西班牙、挪威和瑞典。因此，这种真菌及其造成的灾害并非区域性事件。它不仅蔓延速度快，还能让抵抗力较差的植物感染。

在爱尔兰，1845年起初似乎是值得期待的一年。那一年，爱尔兰种植了数百万公顷土豆，种植面积比上一年增加了6%，预计收获数千万吨土豆。夏天明媚的阳光如往常一样照射着土豆植株，但到了9月，雨水和阴天为爱尔兰带来了一种真菌。正如人们对品种单一的作物所预料的那样，真菌席卷了土豆田地，仅用短短数周的时间就杀死了所有的作物。真菌让土豆植株变黑并枯萎。万分焦急的农民赶忙把地下的块茎挖出来，才发现它们都已经烂掉了。有的农民庆幸自己运气好，所种的土豆植株看起来完好无损，然而，实际上地下的块茎照烂不误。人们的庄稼全都没了。1846年，真菌又杀了个回马枪，爱尔兰的悲剧再度上演。没有土豆，穷人就没有了食物。有些人为了填饱肚子，只能吃橡子和树皮。

爱尔兰人本来可以吃一些自己种的谷物，但英国的地主把谷物都当成地租收上去了。地主自私的行为使危机进一步恶化。英国议会迟迟没有行动。1845年，英国议会的议员无动于衷，没有为爱尔兰人提供丝毫帮助。改革者最终站了出来，将矛头指向《谷物法》（Corn Laws）——他们认为问题的一部分就在于该法。《谷物法》规定对进口到不列颠群岛的谷物征收关税，这抬高了价格。因为进口谷物价格昂贵，所以国内种植者对它的定价高于其市场价值，结果穷人就买不起面包。1846年，英国议会废除了《谷物法》，因此爱尔兰得以进口更廉价的谷物。英国议会甚至从美国向爱尔兰运了一批谷物来赈济穷人，但这些措施还远远不够。在1845年至1849年间，爱尔兰约有100万人死亡，另有150万人离开，前往美国和加拿大。

科学家最初未能就这场灾难的起因达成一致意见。1845年，比利时牧师兼业余科学研究者爱德华·范·登·赫克（Edouard van den Hecke）开了一个好头，他用显微镜从病株叶片上鉴定出了一种真菌。植物学家勒内·范·奥耶（Rene van Oye）基于赫克的发现，认定就是这种真菌害死了土豆植株。英国外科医生艾尔弗雷德·斯米（Alfred Smee）不同意这种说法，反驳说这种真菌是从腐烂的植株中产生的。因此，真菌是这种病害的结果，而不是原因。另外一些人认为，造成土豆腐烂的原因是土壤中水分过多，而不是真菌。真菌假说的支持者面对这些批驳不为所动。1846年，牧师兼业余科学研究者迈尔斯·约瑟夫·伯克莱（Miles Joseph Berkeley）发表了一份针对这种真菌的详细报告，再次指出它就是罪魁祸首。最终，德国植物学家海因里希·安东·德巴里（Heinrich Anton de Bary）于1861年迈出了决定性的一步，他把真菌移植到健康的植株上，结果这些植株都死了，至此，真菌假说得以证实。德巴里将这种真菌命名为"致病疫霉"，该名沿用至今。德巴里的研究为新兴的植物病理学奠定了基础。从另一个角度来看，病害与死亡反而使土豆推动了科学的发展。

前往火星

21世纪时，美国国家航空航天局（NASA）开始探索在火箭和空间站上种植土豆的可能性。土豆植株可以为宇航员制造氧气，而且它的块茎富含多种维生素和矿物质，是理想的营养来源。尽管土豆的蛋白质含量不高，但质量是最好的。土豆和其他几种食物养活了好几代北欧人。现在，土豆可能已经准备好助力人类探索火星，实现美国前总统乔治·W.布什（George W. Bush）希望在2040年登陆火星的目标。诚然，火星是一个充满未知的星球。人类可能无法在火星的土地上种土豆，但土豆仍会具有重大价值。

延伸阅读

Donnelly, James S. Jr. *The Great Irish Potato Famine*. Gloucestershire, UK: Sutton Publishing, 2001.

Gallagher, Carole. *The Irish Potato Famine*. Philadelphia: Chelsea House Publishers, 2002.

Johnson, Sylvia A. *Tomatoes, Potatoes, Corn, and Beans: How the Foods of the Americas Changed Eating Around the World*. New York: Atheneum Books, 1997.

McNeill, William H. "How the Potato Changed the World's History." *Social Research* 66 (March 1999): 67–83.

Meltzer, Milton. *The Amazing Potato: A Story in Which the Incas, Conquistadors, Marie Antoinette, Thomas Jefferson, Wars, Famines, Immigrants, and French Fries All Play a Part*. New York: HarperCollins Publishers, 1992.

Reader, John. *Potato: A History of the Propitious Esculent*. New Haven, CT: Yale University Press, 2008.

Rodger, Ellen. *The Biography of Potatoes*. New York: Crabtree Publishing, 2007.

Salaman, Redcliffe. *The History and Social Influence of the Potato*. Cambridge: Cambridge University Press, 1985.

Schumann, Gail L. *Plant Diseases: Their Biology and Social Impact*. St. Paul, MN: APS Press, 1991.

大　米

今天，世界上有一半人口以大米为主要的营养来源。因为人们种植了很多水稻，所以它提供的热量比其他任何食物提供的都多。

农田用于种植水稻的比例大于种植其他任何作物的。跟玉米不一样的是，农民种植水稻主要是为了给人类提供食物。大米的重要性之高，以至于古代人认为它是神赐之物。大概是因为女性承担了种植水稻的大部分工作，所以人们认为的米神都是女神，比如大米女神（Rice Goddess）或大米母神（Rice Mother）。古代人认为，大米滋养着人类的身体，这一点非其他食物所能比拟。因为人类吃大米，所以它一定是身体和灵魂的组成部分。人们推测，水稻和人类一样也有灵魂。于是稻农花费心思通过举行仪式来讨好水稻的灵魂，以确保大丰收。大米含有碳水化合物、维生素B_1、维生素B_2、烟酸、维生素D、钙、铁和纤维，几乎不含脂肪和钠，也不含胆固醇和面筋蛋白。大米纤维可以预防癌症。此外，大米含有9种必需氨基酸中的8种。

亚洲

在人类于何时何地驯化了水稻这个问题上，权威人士们各执一词。有学者认为，公元前8000年左右，黄河流域的人类率先驯化了水稻。另一些学者则认为，公元前7000年左右，生活在印度东北部和中国西南部（大概就是现在的中印边界一带）的人类驯化了水稻。也有人认为，大约在同一时期，长江流域是水稻种植的摇篮。还有一种说法是，水稻种植起源于公元前6500年的印度——也有人说准确的时间是公元前4000年。根据一位学者的观点，到了公元前5000年，中国、印度和东南亚就已经种植水稻。人类最早在旱地里种水稻。在农民转而在水田里种植水稻之前，泰国、老挝、越南和中国西南地区盛行旱地农业。随着人类沿着湄公河和湄南河迁移，大米就被带到了中南半岛。人类把大米从雅鲁藏布江和恒河流域带到了印度腹地，又将它从印度穿过孟加拉湾传到了马来西亚和印度尼西亚。此后，大米从印度尼西亚传到菲律宾，又从菲律宾传到中国台湾和日本地区。大米在亚洲是主食：从西边的印度和斯里兰卡到东南亚和南亚的岛屿，再到北边的中国、朝鲜和日本，这些地区都有大米。到了公元1000年，以上所有地区的农民都在种水稻。在日本，农民以自己的稻田为荣，因而日本群岛有"生机勃勃的水稻之乡"的美誉。

在亚洲和其他地方，水在水稻栽培中起到两个作用：第一，水稻的根吸收水分——尽管所有的植物都离不开水，但水稻需要的水比其他谷物需要的都多；第二，水淹没土地可以遏制杂草。亚洲农民既种植依靠雨水的旱稻，也种植水稻。老挝和婆罗洲（即今加里曼丹岛）的少部分农民和印度的一半农民种植依靠雨水的旱稻，此外被种植的都是水稻。在某些情况下，人工灌溉可以为依靠雨水的旱稻补充水分，印度农民就是这样做的。

水稻是劳动密集型作物，需要整个社群付出努力来种植它。这种对劳动力的需求促使社群采用集中领导的方式，因为必须有人决定什么时候种植、除草和收割。社群聚合成更大的团体，由此诞生了文明。因此，大米使亚洲有可能形成等级森严的国家组织，例如中国出现了封建王朝的统治。不过，令人感到奇怪的是，中国的水稻扎根在南方，而封建王朝却在北方兴盛。因此，中国最早的一些朝代并没有将水稻种植的地位提升到类似传统礼仪活动的水平。尽管如此，如果没有足够养活南北方人民的水稻，这片土地上曾经的帝国是难以为继的。

中国南方地区的农民很早就把鱼卵放在稻田里。由这些卵发育而成的鱼以昆虫幼虫为食，减轻了昆虫对水稻的危害。基于这种做法，全亚洲的人都把华南地区称作"鱼米之乡"。中国和越南的创新促进了水稻种植。公元2世纪时，中国人开始用苗床育苗，待幼苗成熟后再移栽到田地里。这种做法尽管比简单地直接播种需要更多的劳动力，但能提高产量。在古代的某个时期，越南的农民培育出了一种能够快速成熟的栽培品种，从而让温带气候条件下的水稻一年多熟成为可能。11世纪时，中国农民种植了这一栽培品种——占城稻。在中越交界一带，农民每年种两季水稻和一季甘薯。在中国的长江下游地区，农民将水稻和小麦轮作。在柬埔寨的部分地区，农民每年最多能种植四季水稻；即使在气候温和的地区，一年也能收获两到三次水稻。数千年来，亚洲农民种植的水稻品种超过12万种，并且它们各具特色。快熟品种只需两个半月就能成熟，而全季品种则需9个月方可成熟。大米从一开始就是中国、东南亚和印度的文明基础。

非洲

一些非洲人相信，在神话时代，是雨神赐予了他们大米。尼日尔河流域可能是西非水稻种植的中心，那里的农民在公元前4500年到公元前3000年驯化了水稻。另一种说法认为，水稻栽培起源于公元前1500年的西非。如果人们推测的最早时期是正确的，那么

非洲稻

水稻有两种类型：一种原产于非洲，另一种原产于东亚和南亚。从本质上来看，两者很容易区分。亚洲稻的米粒光亮洁白，呈较长的圆柱形。非洲稻的米粒有两种形态：一种短而白，另一种长且红。大约在公元前4000年，西非人开始种植水稻。非洲稻在哥伦布大交换期间发挥了重要作用。到了17世纪晚期，非洲奴隶把非洲稻带到了南卡罗来纳，这实际上强化了北美洲的奴隶制，使水稻种植园主成为18世纪的北美洲最富有且最具影响力的人。

在公元前1700年到公元前800年，大米从尼日尔河流域传到了塞内加尔，又在公元9世纪传到了东非。除了尼日尔河流域的农民，几内亚湾沿岸的农民也在公元1000年至1200年间独立地驯化了水稻。不过，非洲稻并非亚洲稻的翻版，而是一个独立的亚种。非洲稻的米粒要么短而白，要么长而红。

早在公元前1000年，商人们就把各种各样的亚洲稻带到了马达加斯加岛，并从那里传向东非；或者，东非的商人们可能直接从南亚进口了大米。根据一种说法，阿拉伯人在公元6世纪到11世纪把亚洲稻带到了非洲。另一种说法认为，非洲人直到奴隶贸易时代才知道水稻。亚洲稻虽然有很多优势，但是它并没有在所有地方取代非洲稻，因为亚洲稻竞争不过非洲杂草。尽管如此，只要在农民灌溉过的地方，亚洲稻的产量就很高，而且它最终会取代那里的本地品种。然而，亚洲稻的传播速度非常缓慢。直到19世纪，亚洲稻才从莫桑比克传到刚果。农民在深水盆地、水洼、森林的水成土[1]、西非山区的旱地和几内亚湾的红树林湿地种植水稻，而且他们种的很可能是非洲品种。16世纪时，非洲农民开始在佛得角群岛种植水稻，北至摩洛哥的农民也种水稻。

在西非，农民实行三种耕作制度：旱地农业、内陆湿地的水田农业和河漫滩农业。最后，几内亚湾沿岸的农民利用了潮汐将淡水推在海水之前的特点，用这些淡水来灌溉种着水稻的低地。奴隶贸易的出现为非洲稻开辟了一个新市场：船长购买大米，在航行到中段的时候给奴隶吃。因为未经碾磨的大米更便宜，所以奴隶主就买这种大米，并让船上的女奴隶把这种大米碾磨好后煮熟，再给其余的奴隶当饭吃。非洲稻影响了卡罗来纳的水稻种植和奴隶制。

---

[1] 水成土：指地下水接近地表处或地表淹水处，土壤内外排水不良，受水影响较强而形成的土壤。——编者注

大米与绿色革命

或许唯有绿色革命这样的一系列科学突破，才能让大米成为世界性的主食，和其他食物一起养活全球70多亿人。多亏经过绿色革命改进的水稻，人类才能以科学的方式暂时避免马尔萨斯陷阱。绿色革命时期的印度一共种了1.25亿公顷的粮食，用地占全国耕地面积的四分之三。在这1.25亿公顷土地中，约三分之一种小麦和豆科作物，三分之一种水稻，剩下三分之一种高粱和小米。和南亚、东亚、东南亚的许多水稻一样，印度的大多数水稻也是水田水稻，而不是在非洲和美国部分地区获得一定成功的旱地品种。1970年，印度农民将15%的稻田用来种植高产品种（HYVs）。到了1980年，这一数字增加了一倍多，种植高产品种的稻田面积达到总面积的三分之一。在此期间，水稻产量迅速增长——每公顷水稻产量增加了1000至1300千克。然而，有些更细致的分析揭示了一些问题。从1961年到1976年，印度的水稻产量每年仅增长1.1%，因为60%的稻田是靠天然降水来灌溉的，所以往往会出现雨水分布不均匀、洪水与干旱交替发生的情况。

在某些方面，人口不断增长而土地有限的日本可谓是绿色革命的先驱。20世纪时，日本努力培育高产品种。在使用化肥方面，日本只取得了有限的成功，因为额外的氮会让植株的茎秆长得更高，而高茎秆则必将因沉甸甸的稻穗而倒伏。包括日本科学家在内的一些科学家很早就认识到了，矮秆稻对于任何想要防止茎秆倒伏的育种计划而言都是必需的。美国注意到了这些矮秆稻，于是买下其种子存到自己的种子库里。早在1911年，日本就与法国和意大利分享了关于这些矮秆稻的知识。日本还尝试用美国和韩国的水稻品种与这些矮秆稻进行杂交，其中一些杂交后代对绿色革命的发动起到了重要作用。

印度克塔克中央水稻研究所（Central Rice Research Institute）致力于培育高产的水稻品种，将日本的粳稻品种与印度的籼稻品种杂交，产生了每公顷产量为5至6吨的后代（籼稻品种每公顷产量不超过2吨）。20世纪60年代至90年代，马来西亚种植了这些杂交品种的后代。绿色革命水稻育种始于印度，随后向菲律宾和东南亚其他国家传播。1946年，联合国粮食及农业组织在印度克塔克建立了一个水稻育种中心，开始筛选矮秆稻的种质。科学家将日本的矮秆粳稻品种与适合生长在热带和亚热带地区的高秆籼稻品种进行杂交。育种的结果是得到了ADT-27和马苏里这两个品种的水稻，它们的产量都很高，被广泛种植在印度。ADT-27品种的水稻在印度尤其受到欢迎。1960年，福特基金会和洛克菲勒基金会资助菲律宾建立了国际水稻研究所（IRRI）。为了寻找新的基因，国际水稻研究所的科学家筛选了全球1万多个水稻品种。他们收集矮秆稻并利用其进行育种，就像美国农学家诺曼·布劳格（Norman Borlaug）研究小麦时做的那样。1962年，国际水稻研究所的育种专家彼得·詹宁斯（Peter Jennings）从种子库中选出38个品种进行杂交。第8次杂交是在矮秆的中国水稻品种低脚乌尖和高秆的印度尼西亚水稻品种皮泰之间进行的，培育出了单株就能产生130粒宝贵种子的水稻，这是IR8品种的基础。詹宁斯种下子一代，并对其后代进行杂交。四分之一的子二代表现为矮秆，这符合典型的单个隐性基因的孟德尔分离法则。这些子二代又经过了几轮杂交，最终，子五代中出现了一种颇有前景的水稻，即IR8品种。该品种能够在130天内成熟，而传统品种成熟需要160～170天。在不施化肥的情况下，该品种每公顷的产量为5吨，是传统品种平均产量的5倍。在施用化肥的情况下，IR8品种每公顷的产量为10吨。菲律宾总统在访问印度时考察了IR8品种的水稻，据推测，他把种子带回了国内。在巴基斯坦，

IR 8品种每公顷的产量为11吨。国际水稻研究所进一步将IR 8品种与其他13个品种进行杂交，得到了IR 36品种。IR 36品种能够在105天内成熟，并且具有抗病、抗虫的能力。1990年，IR 72品种的产量甚至超过了IR 8品种和IR 36品种的产量。仅仅在20世纪70年代和80年代，11个亚洲国家（主要是南亚和东南亚国家）的大米产量就提高了63%。到了1982年，拉丁美洲三分之一的稻田都种植高产品种。1992年，亚洲在1.4亿公顷的土地上生产了4.6亿吨水田水稻。其中三分之二的土地种植的是高产品种。91%的亚洲旱稻稻田都种植高产品种，以供27亿人食用。然而，国际农业研究磋商组织（CGIAR）承认，水稻的大部分收益都流向了富农。

黄金水稻

自从20世纪初发现维生素以来，科学家们一直渴望提高食物的营养价值，尤其是那些世界性主食的营养价值。举一个与维生素A相关的例子。首先要澄清一下，只有动物才有能力以食物为来源合成维生素A。植物不提供维生素A，而是提供β-胡萝卜素，后者可以在动物体内很容易地转化为维生素A。科学家们早就注意到了发展中国家的民众普遍严重缺乏维生素A的现象。在以大米为主食的地方，这种现象一直持续到了21世纪。大米的确含有β-胡萝卜素，但这种物质只存在于稻壳里。人们在碾磨大米的时候就把稻壳弃掉了，即使保留稻壳，也只会导致刚收获的大米迅速腐烂。缺乏维生素A会导致失明，儿童首当其冲。平均每年有25万人因缺乏维生素A而失明。此外，缺乏维生素A会加剧腹泻，使呼吸系统疾病和麻疹更加严重，这一切都会造成身体衰弱或者死亡。维生素A水平的提高，可能会使发展中国家的死亡率降低30%～50%。

2000年，瑞士苏黎世联邦理工学院的生物技术专家英戈·波特里库斯（Ingo Potrykus）注意到了维生素A的重要性，他通过基因工程（又名"基因拼接技术"）来研究水稻。这种技术改进了传统育种的研究。在传统育种过程中，人们对一个物种的各个品种进行杂交。而基因工程可以把一个物种的基因插入另一个物种的基因中，从而打破物种之间的界限。因为所有的水稻品种都不含有β–胡萝卜素，所以传统育种无法取得突破性进展。于是，波特里库斯将来自黄水仙和一种细菌的基因插入水稻基因中，培育出了含有高水平β–胡萝卜素的品种。波特里库斯进一步运用传统育种技术，将该品种与含铁量很高的水稻品种进行杂交，得到了所谓的"黄金水稻"——确切地说，应该是"黄金水稻1号"。

对转基因深恶痛绝的环保主义者从2001年开始发难，批判黄金水稻1号是"愚人金"。与此同时，设在菲律宾的国际水稻研究所，开始用黄金水稻1号与众多当地品种进行杂交，在全亚洲和非洲部分地区培育出了富含β–胡萝卜素和铁的水稻品种。在黄金水稻1号获得成功之后，波特里库斯又研发了β–胡萝卜素含量更高的黄金水稻2号。然而，批评的声音不断增多，促使许多国家的政府因为担忧无法向对转基因深怀恐惧的欧洲国家和美国出口大米而拒绝接受黄金水稻1号和黄金水稻2号。直到2012年和2013年，向黄金水稻2号的过渡才得以完成。波特里库斯可能会取得更进一步的成功，因为他的技术也适用于木薯，而木薯是非洲等地的另一种主食。

延伸阅读

Halford, Nigel G. *Genetically Modified Crops*. 2nd ed. Rothamsted, UK: Imperial College Press, 2012.

Hamilton, Roy W. *The Art of Rice: Spirit and Sustenance in Asia*. Los

Angeles: UCLA Fowler Museum of Cultural History, 2003.

Harlan, Jack R. *Crops and Man*. Madison, WI: American Society of Agronomy, 1992.

Schiebinger, Londa, and Claudia Swan, eds. *Colonial Botany: Science, Commerce, and Politics in the Early Modern World*. Philadelphia: University of Pennsylvania Press, 2007.

Sharma, S. D., ed. *Rice: Origin, Antiquity and History*. Enfield, NH: Science Publishers, 2010.

Smith, C. Wayne, and Robert H. Dilday, eds. *Rice: Origin, History, Technology, and Production*. Hoboken, NJ: John Wiley, 2003.

黑　麦

黑麦是一种一年生草本植物，属于禾本科，与玉米、大米、小麦、燕麦和大麦等谷物有亲缘关系。按照谷物产量多少排序，黑麦居于第八位，排在小麦、玉米、大米、大麦、高粱、燕麦和小米之后。人类用黑麦制作面包和威士忌，也用它喂牲畜。黑麦的大多数栽培品种在生物学分类上都属于黑麦（*Secale Cereale*）这一物种，不过亚洲西南部的农民还会种植野黑麦（*Secale fragile*），它是与黑麦有亲缘关系的另一个物种。

起源与传播

被驯化的黑麦的祖先，不是野生一年生草本植物瓦维洛夫黑麦就是多年生草本植物山地黑麦。瓦维洛夫黑麦原产于西南亚，而山地黑麦原产于南欧和中亚。因为黑麦似乎起源于西南亚，所以黑麦的祖先更有可能是瓦维洛夫黑麦。黑麦保留了其近缘野生种的两个特征：第一，黑麦和玉米一样是异花授粉植物，而小麦、大麦和燕麦等大多数谷物都是自花授粉植物；第二，黑麦可以裂壳，即黑麦会在成熟后自行播种。在没有人为干预的情况下，种子的传播是植物得以生存的基础。

　　黑麦和燕麦一样，最初也可能是以杂草的形式长在大麦和小麦的田地里的。人类很可能在驯化黑麦之前就收割过其果实，这种做法类似于对其他谷物的处理。人类可能观察到黑麦比小麦和大麦更能忍受极寒的气候和贫瘠的土壤，于是将其进行了驯化。进入现代，农民在小麦田或大麦田里种植黑麦，创造了作物混种的形式。即使小麦或大麦歉收，黑麦的播种也能保证收成。在这方面，黑麦可谓是一种饥荒作物。在叙利亚、伊拉克、伊朗、巴尔干半岛国家、土耳其、高加索和外高加索国家，农民把小麦和黑麦放到一块种，以防寒冷或干燥的天气毁掉小麦，颗粒无收。黑麦和小麦间作的方法在欧洲应用至今，那里的农民将混合种植小麦和黑麦的方式

美国农业部

　　美国的共和党在19世纪50年代崛起为全国性政党，承诺进行经济改革，包括改革应用科学以便解决美国农业问题。美国的民主党当时是保守的南方政党，反对经济改革的理念，但是该党在内战期间退出了国会两院，于是共和党可以放手将自己的议题合法化。其中一项就是在1862年成立了美国农业部。最初，美国农业部是一个信息交流中心，当时农民还接触不到最新的科学。它着眼于开展实验，对几种小麦和其他作物进行研究，并测试化肥以确保产品标签内容的真实性。随着时间的推移，美国农业部的工作范围扩大了很多，在遗传学、分子生物学、化学、动植物生理学、昆虫学、病理学和其他各个领域开发最新的农业应用，并推广给农民。

称作"马斯林"。从14世纪到17世纪，马斯林在欧洲非常普遍。

黑麦可能起源于土耳其东部和亚美尼亚，不过，目前最早的证据表明黑麦来自叙利亚北部；那里的科学家将黑麦的种植追溯到公元前8500年，而这可能太早了。这些黑麦麦粒是和一粒小麦一起被发现的，这表明那时野生黑麦和小麦是一起生长的，并一同被人类收割。还有科学家认为，黑麦的种植可以追溯到公元前6600年的土耳其，虽然在考古中发现的这些碳化的麦粒很可能来自野生黑麦。人类驯化黑麦的时间相对较晚，可能是在公元前4000年，由波兰和罗马尼亚的农民进行种植。后来，农民种的小麦和大麦渐渐多过黑麦，黑麦因此变成了一种次要作物。大约在公元前2000年，人类在土耳其驯化了黑麦，而发生在这里的驯化可能独立于发生在波兰和罗马尼亚的驯化。在公元前1800年到公元前1500年间，黑麦种植传播到了捷克和斯洛伐克。在公元前2000年末，伊朗农民开始种黑麦。后来，摩尔多瓦、乌克兰、德国、丹麦和克里米亚的农民把黑麦和小麦混合起来种植。罗马人在莱茵河与多瑙河流域、高卢和不列颠地区种植黑麦。古罗马作家大普林尼知道黑麦，但对其评价很低。他认为黑麦发苦，只适合在闹饥荒时吃。

尽管黑麦在西亚和北欧很常见，但它在古埃及、爱琴海、希腊、保加利亚和南斯拉夫地区却鲜为人知。南欧没有黑麦，这使人猜测黑麦应该不是从地中海地区传到欧洲的，而是越过高加索山脉传过去的。黑麦传播的一条路线可能是从土耳其向北传到俄罗斯，然后向西传到波兰和德国；另一条路线可能是从土耳其传到巴尔干半岛，然后进入北欧和中欧。

如果说黑麦在古代是一种次要作物，那么它的流行则始于中世纪。在中世纪的欧洲和西亚，农民把40%的谷物地用来种黑麦，这一比例远高于今天常见的比例。黑麦面包是农民和穷人的主食。在近代时期，农民平均每天要吃约 1.4 千克黑麦。相比之下，富裕的城里人吃小麦面包。在 16 世纪和 17 世纪，欧洲人把黑麦引入北美洲。例如，17 世纪的法国人在新斯科舍种植黑麦。新英格兰和弗吉尼亚的农民将黑麦跟燕麦、大麦或玉米间作。在 16 世纪和 17 世纪，黑麦从俄罗斯传向西伯利亚地区。在 19 世纪和 20 世纪，阿根廷、巴西南部、乌拉圭、澳大利亚和南非地区的农民开始种植黑麦。

现代黑麦与哥伦布大交换

大概在 17 世纪，英国人和荷兰人把黑麦带到北美洲。在 20 世纪早期，它是北美大平原和中西部地区的一种重要作物。例如，1930 年，仅明尼苏达州就种植了 290 万公顷黑麦；到了 1989 年，这一数字下降到 1.3 万公顷；同年，威斯康星州只种了 2400 公顷黑麦。尽管黑麦的种植面积下降，但其产量却增加了。在美国，每英亩黑麦的产量一直停留在 430 千克，而这一数字在 1989 年增长了一倍。美国产出的黑麦中只有不到一半供人类食用，剩下的则用来喂牲畜、出口或生产威士忌。美国中西部的黑麦通常被做成供人食用的面包。在这种情况下，黑麦经常与小麦粉混合使用。今天，全美 50 个州都种植黑麦。然而，它已经与加利福尼亚州的一种杂草发生了异型杂交，其后代现在是加利福尼亚州北部一种令人头疼的杂草。今天，加利福尼亚州北部和太平洋西北部地区是重要的黑麦种植区。现代农民种植玉米当饲料，种植小麦做面包，因此黑麦的产量下降了。如今的黑麦是一种次要作物，平均每 20 公顷土地中只有 1 公顷用于种植黑麦，其余的土地则用于种植小麦、大米和玉米。黑麦产量下降这一状况发生在包括美国在内的全球。尽管这些数字令人沮丧，但一位权威人士预测，黑麦在北美大平原上的种植面积将增加，那里的农民现在主要种植小麦和大麦。在美国各个州中,黑麦的主要产地是俄克拉荷马州、佐治亚州、北达他州和南达科他州。俄勒冈州的农民种植黑麦当饲料。作为饲料的黑麦,通常与野豌豆、三叶草一起种植。阿根廷的农民也把黑麦当作饲料来种植。在某些情况下,农民会在未成熟的黑麦种植地放牧牲畜。农民把牲畜牵走后,只等着黑麦成熟,在春天或夏天收割。加拿大是黑麦的主要出口国之一。

黑麦与麦角中毒

黑麦面临的最严重的病害莫过于麦角病,不是因为它侵害黑麦,而是因为食用染病的黑麦会使人类和牲畜中毒。黑麦和麦角中毒为欧洲和新英格兰地区的宗教冲击创造了条件。麦角病是由麦角菌引起的真菌病害,能侵染包括小黑麦、小麦和大麦在内的大约170种禾本科植物,但在黑麦中最常见,危害也最严重。麦角菌藏在这些植物的花中,因为小麦和许多其他禾本科植物都是自花授粉,所以它们的花很难接触到麦角菌的孢子。因此,它们的感染率很低。然而,黑麦是异花授粉,因此它成了麦角菌的攻击目标。麦角菌一旦渗透到一朵花里,就会被前来采蜜的昆虫沾到腿上,从而传染给其他花。一项研究表明,杂交黑麦比传统品种更容易染上麦角病。在这项研究的实验中,实验田里约有三分之一的杂交黑麦染上了麦角病。麦角菌一旦霸占了一朵花后,就会在麦粒上恣意生长,最终长出很容易辨认的紫色鸡距状物体。

麦角中毒是一种发生在寒冷地区的疾病,因此它可能从古代开始就在北欧普遍存在。在意识到麦角中毒的发作与吃被感染的黑麦有关系之前,人们对这种疾病束手无策。麦角中毒会损害人体的循环系统,引起坏疽,还可能使人产生幻觉、精神错乱和抽搐,最坏的情况是致人死亡。

人们起初并不知道麦角中毒的病因，于是将其称为"圣火"，相信它是上帝对罪孽的惩罚。该词第一次被提到是在公元8世纪，不过，这种疾病肯定在更早的时候就出现过。在公元857年，莱茵河流域暴发了一场麦角中毒，造成了数千人死亡，这很可能是麦角中毒的第一次流行。到了11世纪，圣安东尼修道院开办医院来治疗麦角中毒者，因此，这种疾病又被称作"圣安东尼之火"。1581年，德国出现了第一位麦角中毒患者。1722年，俄国沙皇彼得大帝（Peter the Great）的军队中有成千上万的士兵和战马因麦角中毒而死去，他被迫停止入侵土耳其。

1670年，一位法国医生将被感染的黑麦与麦角中毒联系起来。他观察到，富裕的城市居民没有感染这种疾病，而穷人和农村人却深受其害。这一事实激发了他的好奇心，于是，他去乡下走访了几户人家。他发现这些人家都有一大堆黑麦面包，就把注意力放到了农民地里种的黑麦上。他在地里看到一些黑麦的麦穗发紫，于是灵光乍现，意识到麦角中毒和被感染的黑麦有关系。1676年，法国人丹尼斯·多德特（Denis Dodert）发表了第一份以麦角中毒为主题的医学报告，但直到1807年，美国人才首次提到这种疾病。17世纪的美洲和欧洲有人把麦角中毒归咎于恶毒的女巫。一些学者认为，发生在马萨诸塞州塞勒姆镇的怪病就是由麦角中毒引起的[1]。

1　1692年1月，马萨诸塞州塞勒姆镇的一些小女孩突然得了一种怪病，时而昏睡，时而尖叫、乱扔东西，时而身体抽搐并发出痛苦的呻吟。当时的医生认为这些女孩受到了巫术的蛊惑。随后，当局成立了特别法庭以找出使用巫术的人。到了1692年5月，约有200人被指控为巫师嫌疑人。随着越来越多的人出现相同的症状，人们开始产生怀疑。1693年，最后一场巫师审判结束，所有的巫师嫌疑人都被释放。至此，这一事件共造成20多人死亡。这一事件史称"塞勒姆巫师审判案"。——译者注

从1640年开始，黑麦成了新英格兰的一种常见作物。1691年
的春天和夏天温暖而多雨，对于黑麦田里的麦角病来说，这是暴发
和传播的理想时节。殖民者种的是春黑麦而不是冬黑麦，这一情况
格外重要，因为春黑麦比冬黑麦更容易感染麦角病。此外，令人感
到奇怪的是，历史上感染麦角病中毒的女性似乎比男性更多，这或
许能解释为什么塞勒姆镇因得了怪病而发起指控的是8个女孩。她
们的行为与麦角中毒的症状相符——说话语无伦次，举止古怪，身
体抽搐。这些女孩自称有窒息、被咬、被掐和刺痛的感觉，其症状
都符合麦角中毒的表现。女孩们应该吃了于1961年11月脱粒的黑
麦，随后在12月发病——从时间上来看这是合理的。在巫师审判
中，证人证实有出现幻觉的情况，这是麦角中毒的另一个症状。当
时的人们认为，麦角中毒和巫术之间肯定有着紧密的联系。17世纪
时，法国官员和医生困惑于二者之间是否有因果关系，而德国牧师
怀疑人们是否错把麦角中毒当成中了巫术。然而，其他学者怀疑塞
勒姆巫师审判案的根源就是麦角中毒。他们注意到，同样吃了有毒
面包的一家人本应该无一例外地发生麦角中毒，但事实并非如此。

黑麦与法国大革命

面包通常是由小麦或黑麦制成的，只有这两种谷物含有足够的
能让面包师傅做出面团的面筋蛋白（一种蛋白质）。两者之中，小
麦对西亚人来说更为重要，而黑麦面包几百年来一直是欧洲人的主
食，因为它便宜，而且几乎没有替代品。这一事实将改变法国的历
史。在法国，小麦面包长期以来一直是只有精英阶层才负担得起的
奢侈品，而普通百姓只能靠吃黑麦面包填饱肚子。因此，在当时吃
黑麦面包就意味着社会地位和经济地位很低。尽管如此，只要百姓

买得起黑麦面包，就不会有大问题。不过，这种情况在18世纪80年代发生了变化，当时接二连三的歉收造成了小麦和黑麦短缺。小麦短缺并不是很重要，因为它本来就很贵，即使价格涨得再高，跟普通百姓也没什么关系。然而，黑麦面包的价格也飙升到普通百姓无法负担的地步了。假设法国人和爱尔兰人一样接纳土豆，那就可能会出现另一种情形了。可以肯定的是，尽管一些法国权威知道土豆营养丰富，并且能比小麦或黑麦提供更多的热量，但在18世纪80年代，土豆还没有成为普通百姓的主食。由于买不起面包，法国百姓在巴黎发起了暴动，就像后来俄国人所做的那样。法国皇室从不体恤百姓，拒绝改革。一个激进的新政府应运而生，它处决了国王和王后，实施恐怖统治。在此期间，许多法国人失去了生命，其中最著名的或许就是法国化学家安托万·拉瓦锡（Antoine Lavoisier）。时任将军的未来的法国皇帝拿破仑·波拿巴（Napoleon Bonaparte）在这场混乱中趁势崛起，将战火烧遍了全欧洲。激进的法国大革命为整个欧洲带来了痛苦和死亡。换言之，黑麦面包的匮乏将整个欧洲搅动得天翻地覆。

延伸阅读

Abdel-Aal, Elsayed, and Peter Wood. *Specialty Grains for Food and Feed*. St. Paul, MN: American Association of Cereal Chemists, 2005.

Bushuk, Walter, ed. *Rye: Production, Chemistry, and Technology*. St. Paul, MN: American Association of Cereal Chemists, 2001.

Carefoot, G. L., and E. R. Sprott. *Famine on the Wind: Plant Diseases and Human History*. London: Angus and Robertson, 1967.

Levack, Brian P. *Possession and Exorcism*. New York: Garland Publishing, 1992.

Martin, John H., Richard P. Waldren, and David L. Stamp. *Principles of Field Crop Production*. Upper Saddle River, NJ: Pearson, 2006.

Zohary, Daniel, and Maria Hopf. *Domestication of Plants in the Old World: The Origin and Spread of Cultivated Plants in West Asia, Europe and the Nile Valley*. Oxford: Oxford University Press, 2000.

高　粱

高粱是一年生草本植物，可四季生长，种植在那些对于玉米而言太过炎热且干燥的地区。高粱是世界第四大作物，位居玉米、水稻和小麦之后。[1]高粱和小米竞争非洲和亚洲的旱地，而比起小米美国农民更喜欢高粱。非洲人和亚洲人多是将高粱当作自己的食物来种植，美国人则用它喂牛、猪和家禽。高粱富含淀粉，具有与玉米几乎同等的饲料价值。在美国，牲畜饲料的份量能够超过高粱的只有玉米。高粱用途广泛，美国农民种它除了当饲料，还可以当干草和牧草。尽管高粱很重要，但与玉米相比，它在美国一直处于下风。玉米作为美洲本土作物，抵抗住了高粱这一外来物种的入侵。一杯[2]高粱能提供约10千焦的热量，并含有25克蛋白质、118克碳水化合物、18.5克水、3.4克灰分、24.7克纤维、24.7克淀粉、4.2

1　据中国农业大学出版社《农学通论》（2010年）一书，世界三大粮食分别为小麦、水稻、玉米，高粱是世界第四大作物的说法存疑。——编者注
2　杯是一个在欧美国家很常见的非正式计量单位，美国的"1杯"约为237毫升。

克脂肪、18.6国际单位 [1]β－胡萝卜素、0.5毫克维生素 B_1、0.4毫克维生素 B_2、7.2克烟酸、2.5毫克泛酸、0.5毫克维生素 B_6、2.2毫克维生素E、101微克叶酸、10微克维生素K、55.8毫克钙、0.8毫克铜、4.5毫克铁、204毫克镁、4.5毫克锰、632毫克磷、446毫克钾、60毫克硒、10毫克钠以及6.3毫克锌。

在旧大陆的起源与传播

高粱的祖先可能源于南亚，但高粱作为一种栽培作物是在非洲出现的。苏联农学家尼古拉·瓦维洛夫认为高粱最早是在非洲东北部种植的。苏丹的库邦尼亚干谷可能是早期种植高粱的地区之一，当时的人们在留有尼罗河洪水的潮湿的河床上种高粱。四处迁徙的人们往往在种下高粱后就去了其他地方，任凭高粱自己生长成熟，然后及时回来收割。尼日尔河流域的曼德人可能早在公元前5000年就种植了高粱。曼德人可能从别的民族那里引进了高粱，或者至少学会了开展农业活动。根据一个学派的观点，农业起源于西亚，并在公元前1.2万年到公元前7000年间随着人类迁徙传到了非洲。农业传到非洲后，在公元前1万年到公元前6000年间向西传播。当时，撒哈拉和萨赫勒地区气候湿润，随后，那里的气候逐渐变得干燥。随着撒哈拉沙漠的面积扩大，农民被迫南迁，并遇到了曼德人，而曼德人从他们那里学到了农业知识，开始种植高粱。有一种假设认为，人类早在公元前6100年就在撒哈拉的新月沃地种植高粱。如果按照这种说法，那么曼德人就不

1　国际单位（IU）：是用生物活性来表示某些生物活性物质的单位，如抗生素、激素、疫苗、血液制品、维生素及酶的量值。每1个国际单位的β－胡萝卜素为0.6微克。——编者注

可能是早期种植高粱的人。还有一种说法认为，埃塞俄比亚人可能是最早种植高粱的人之一。高粱从埃塞俄比亚向西传到乍得湖，然后传到尼日尔河，并在那里被曼德人种植。早期种植高粱的可能还有含米特人，他们是在公元前7000年左右迁移到非洲东北部的高加索人。含米特人收割了这个地区的野生高粱，并且在公元前1000年前就驯化了它。高粱在被驯化过程中，两个基因发生了突变。变异前的高粱能够自行散播种子，变异后的则不能。因为高粱再也不能自行散播种子，只能把种子留着，等待人类收割。种子不散落的性状让人类受益，于是人类更青睐这种变异高粱。到了公元前1000年，含米特人将高粱向南传播到了肯尼亚和坦桑尼亚。班图人肯定更早就种植了高粱，他们大约在公元元年之后带着高粱迁往刚果，然后继续向南迁移。到了公元500年，班图人抵达东非。随着一路迁徙，他们在非洲中部和南部种下了高粱。班图人在公元10世纪将高粱带到博茨瓦纳，又在公元14世纪将其带到津巴布韦。长期以来，高粱一直是非洲人的主食，由此塑造了非洲大陆的历史和人民的日常生活。

高粱从非洲传到了亚洲。印度可能早在公元前1500年就已经种植了高粱，不过人们尚不清楚印度的高粱是从哪里引进的。跨越印度洋在非洲和印度之间开展贸易的阿拉伯人，在航行途中就把高粱当作伙食。高粱可能就是在2000年前以船上储备粮的形式进入印度的。一位权威人士认为，印度在公元1世纪开始种植高粱。另一位学者主张，人类分别在印度和非洲独立地驯化了高粱。高粱从非洲传到了西亚。古代雕刻里的高粱形象表明，人类在亚述种植高粱的时间不晚于公元前700年。高粱从印度传到伊朗，不过具体的传播时期还不确定。在公元600年前后，中国种植了从阿拉伯或印度传过来的高粱。毫无疑问，在公元元年后的第一个千年里，非洲人、

印度人和阿拉伯人开展了高粱贸易。在公元60年前后，罗马人开始
种植高粱，公元1世纪的古罗马作家大普林尼首次描述了这种植物。
高粱在亚洲部分地区和地中海盆地具有突出地位，这进一步加强了
它对三大洲及其人民日常生活的影响。

高粱的特性及其对农业的主要作用

　　高粱的显著特性是耐旱。高粱的根系规模是玉米的两倍，因此
它能从土壤中吸收90%的水分和养分。有些高粱的根能扎入地下
约1.8米，从深处吸水。大多数高粱的根的长度都不到25厘米，从
上层土壤中汲取水分。在干旱期间，高粱会进入休眠状态，一旦下
雨，它就能恢复生长。每到雨水稀少的时候，高粱的叶子会卷起
来，以减少水分蒸发面积。此外，高粱的叶子和茎都有一层蜡状覆
盖层，能将水分流失降至最低水平。高粱的耐旱能力在种植后的20
天至40天之间最强。它在开花期间对水的需求较大，此时一株高粱
每天可以吸收5毫米的雨水。总的来说，高粱在年降雨量仅有380
毫米的环境中都能存活。其他所有谷物中，只有小米能应对降雨较
少的情况，不过高粱耐旱的时间更长。高粱凭借其耐旱的特性，成
了得克萨斯州和俄克拉荷马州干旱地区的一种作物。

　　高粱是一种热带作物，它不耐寒、对光敏感，在12个小时日
照条件下会开花。在海拔约3000米的地方高粱都可以生长。它在
10℃～35℃的环境下发芽（最佳生长温度是30℃），可以耐受38℃
以上的温度。高粱至少需要130天才能成熟，因此，它不能在纬度
高于45°的地区种植。高粱既能适应酸性土壤，也能适应碱性土壤，
可以耐受的pH值为6.2～7.8。在世界上大部分地区，农民将高粱种
在pH值为7～8.3的土壤（弱碱性土壤）里。不过，在农民灌溉高粱

的地方，土壤会盐碱化。跟甘蔗、大米和小米一样，高粱在被收割之后可以再生，不过第二茬的产量只有第一茬的一半。

高粱植株高大。不仅是非洲栽培品种的高度超过了2.4米，早期的美洲品种也很高。早期的高粱因为长得很高，所以有时候会倒伏。有一种说法是，美国农民只有站在马车上才能收割高粱。考虑到高粱的这一特性，非洲的大部分地区仍然实行手工收割的方式。高茎的栽培品种之所以在美国种植了很长时间，是因为种植在美国南部的高粱并未从19世纪流行于北部和西部的农业机械化中受益。科学家想实现机械化收割，因而培育了适合机器收割的矮茎品种。农民在20世纪40年代开始种植矮茎品种。1945年，得克萨斯州的农民用联合收割机收割了所有高粱。

高粱从土壤中摄取氮、磷、钾、硫、钙、镁、铁、锌、锰、铜、硼、钼和氯。与玉米相比，高粱吸收的氮、磷和锌更多，但钾和铁较少。农民在种植之前需要向土壤里添加钾和磷，种植时还要施以氮肥。通常来说，他们会在种植时先施用一半氮肥，在10到25天后再施用另一半。高粱能有效地从土壤中摄取养分，因此，农民进行轮作种植的话，必须在换种下一种作物前给土壤施肥，这样才能保证土壤有足够的养分。

在美国，许多农民将高粱和其他作物轮作。北美大平原的农民在种完高粱后会休耕，然后再换种小麦。在其他情况下，农民不休耕，而会在周期为2年的轮作中交替种植高粱和小麦。美国南方的农民则轮作高粱和棉花，这种做法在得克萨斯州很常见。因为高粱可以减少导致棉花根部腐烂和感染黄萎病的病原体数量，所以很适合与棉花轮作。在一些地区，农民将高粱和蔬菜、甜菜轮作，干旱地区的农民则种完高粱就休耕。美国北方的农民轮作冬小麦和高粱，而东南地区的农民间种高粱和冬季谷物。在其他情况下，东南地区的农民也将高粱和大豆、棉花或者花生轮作。美国中西部的农民也会轮作高粱和大豆，不过他们更愿意轮作玉米和大豆。在某些情况下，农民会放水淹没高粱地，在污泥里养小龙虾。

高粱是一种自花授粉的植物，不过也有4%～8%的可能性异花授粉。高粱适合杂交育种，因为它的每个圆锥花序就有2000多万个花粉粒，数量大到足够给整块田地的高粱授粉。尽管高粱能耐受高温，但温度过高会降低它的授粉率。人们发现一些高粱没有花粉，就将其用作杂交组合中的雌性系，从而研发出杂交高粱。农民很快就采用了杂交高粱，然而，早期的杂交品种容易遭受病虫害的侵袭。在20世纪70年代，科学家为良种系增添了抗虫和抗病能力。奇怪的是，那个十年却见证了高粱的失宠。俄亥俄州西部的农民本来已经种植了几十年高粱，最终还是转而种植大豆。

在苏丹、埃塞俄比亚、也门和尼日利亚，人们把高粱当成一种"面包"吃，这在埃塞俄比亚被叫作"injere"，在也门被叫作"rison"，在尼日利亚被叫作"masa"。埃塞俄比亚人将未成熟的高粱粒烤着吃。在印度、孟加拉国、中国、埃塞俄比亚、肯尼亚、博茨瓦纳和尼日利亚，人们将高粱煮着吃，做法跟煮大米差不多。印度人把膨化高粱粒当零食吃，就像美国人吃爆米花那样。在印度、博茨瓦纳、乌干达和尼日利亚，人们用高粱熬粥。印度人把高粱搭配肉和蔬菜一起煮着吃。印第安人吃膨化高粱粒时搭配糖浆、黄油、牛奶和糖。

1920年时，美国农民种植了数百万公顷高粱。在20世纪30年代，随着机器取代役畜，人们用高粱当饲料的需求变低，高粱的种植面积也逐渐减少。1940年之后，高粱的种植规模开始反弹，到了20世纪50年代，其种植面积又不断扩大。在20世纪80年代，高粱的种植面积变得更广，但是到了20世纪90年代却又再次缩小。美国联邦政府补贴农民，使其不必在贫瘠的土地上种庄稼，这无意中导致了高粱种植面积的缩减。另外，抗旱型杂交玉米的出现让种旱地的农民找到了高粱的替代品。

早在1935年，堪萨斯州、俄克拉荷马州和得克萨斯州就是美国高粱的主要产地，出产了美国绝大多数的高粱。到了1998年，美国几乎所有的高粱都产自上述三个州和内布拉斯加州、密苏里州。在产量上，堪萨斯州一马当先，其次是得克萨斯州和内布拉斯加州。从佐治亚州到加利福尼亚州，从得克萨斯州到南达科他州，农民都在种植高粱。2000年，美国是世界上最大的高粱生产国；除了美国之外，萨尔瓦多、墨西哥和尼加拉瓜也出产了数十万吨高粱。同年，南美洲出产高粱最多的国家是阿根廷，其次是巴西；非洲出产高粱最多的国家是尼日利亚，其次是苏丹、布基纳法索和埃塞俄比亚；亚洲超过90%的高粱产自中国和印度，巴基斯坦、沙特阿拉伯、泰国和也门也是亚洲的高粱生产国。

美国堪萨斯州巴特勒县的市民意识到高粱的重要性，于是在1911年开始举办一年一度的巴特勒县南非高粱嘉年华，这一活动连续举办了好几年。嘉年华的主办方还会组织征文大赛，以"高粱对当地经济的价值"为主题征集最佳散文。嘉年华的亮点是高粱拱门（上面亮着电灯，熠熠生辉），以及花车和汽车游行。问讯处有电话，这在美国农村是个新鲜事物。与中西部的玉米展类似，南非高粱嘉年华提升了市民的自豪感，宣传了农村生活的美德。

延伸阅读

Bennett, William F., Billy B. Tucker, and A. Bruce Maunder. *Modern Grain Sorghum Production*. Ames: Iowa State University Press, 1990.

Dendy, David A. V. *Sorghum and Millets: Chemistry and Technology.*

Saint Paul, MN: American Association of Cereal Chemists, 1995.

Doggett, Hugh. *Sorghum*. New York: Longman Scientific and Technical, 1988.

Leslie, John F., ed. *Sorghum and Millets Diseases*. Ames: Iowa State Press, 2002.

Lupien, J. R. S*orghum and Millets in Human Nutrition*. Rome: Food and Agriculture Organization, 1995.

Smith, C. Wayne. *Crop Production: Evolution, History, and Technology*. New York: John Wiley and Sons, 1995.

Smith, C. Wayne, and Richard A. Frederiksen. *Sorghum: Origin, History, Technology, and Production*. New York: John Wiley and Sons, 2000.

The World Sorghum and Millet Economies: Facts, Trends and Outlook. Rome: International Crops Research Institute for the Semi-Arid Tropics and Food and Agriculture Organization, 1996.

甘　薯

　　"甘薯"一词既指这种多年生的藤本植物，也指其膨大的根。尽管单从英文名字上看，甘薯（sweet potato）与土豆（potato）有一定的关系，但甘薯并非土豆。土豆是从地下茎长出来的，而甘薯是从根长出来的。有人会把甘薯和山药混为一谈，这也是不对的。甘薯和山药在生物学分类上属于不同的属，虽然二者表面相似，但关系并不密切。然而，美国的南方人坚持把甘薯叫作"山药"。美国农业部允许农民在市场上把甘薯叫作"甘薯山药"，这使情况变得更加复杂。在加勒比地区的阿拉瓦克语中，"batatas"的意思是"甘薯"，它是甘薯的种加词的来源。秘鲁的原住民根据水分含量把甘薯称为"apichu"或"kumara"。甘薯在巴拉圭被叫作"yety"，在委内瑞拉被叫作"chaco"，在玻利维亚、智利和厄瓜多尔被叫作"camote"，在乌拉圭被叫作"boniato"，在巴西被叫作"batata-douce"。中国人也把甘薯称为"红薯""红苕""白薯""山芋""红芋""地瓜""番薯"。非洲人把甘薯叫作"当地土豆"或"传统土豆"。甘薯是旋花科的一员，与牵牛花有亲缘关系。科学家把甘薯称为"*Ipomoea batatas*"，这是甘薯的学名。

甘薯的70%是水，30%是干物质。它的干物质占比高于其他作物。干物质的75%～90%是碳水化合物。对于注重健康的消费者来说，甘薯是一种理想的食物，因为它只有0.4%的脂肪，又含有β-胡萝卜素（维生素A的前体[1]）、维生素C、维生素B_2、维生素B_6、维生素E、钾、铜、锰和铁。橙色肉质的甘薯品种比白色肉质的甘薯品种含有更多的β-胡萝卜素。甘薯的蛋白质含量为1.5%～2.5%，比蔬菜和水果蛋白质含量高，但不如谷物和豆类。甘薯含硫和氨基酸，但含硫量较低。东南亚人把甘薯的叶子、叶柄和茎尖当成青菜吃。甘薯植株的这些部分含有维生素A和维生素C，并且含有比根更多的蛋白质。与土豆相比，甘薯含有更多的干物质、淀粉、糖、纤维和脂肪，但蛋白质较少。由于富含营养成分——特别是β-胡萝卜素——甘薯对民众普遍缺乏维生素A的发展中国家而言大有裨益。因此，甘薯这种块根作物塑造了历史，影响了人们的健康和日常生活。

1　前体：指在代谢过程中位于某一个化合物的一个代谢步骤或几个代谢步骤之前的一种化合物。——编者注

起源与传播

　　番薯属约有400种植物，其中大多数是二倍体，而甘薯是六倍体。科学家还不确定六倍体甘薯是如何由其二倍体的祖先转变而来的。甘薯是一种原产于新大陆的作物，可能起源于尤卡坦半岛和流经委内瑞拉、哥伦比亚的奥里诺科河之间的地区。巴拿马、南美洲北部和加勒比地区都有可能是甘薯的原产地。中美洲的甘薯品种最为多样，因此也可能是甘薯的发源地。三浅裂野牵牛与甘薯的亲缘关系最近，是生长在墨西哥的野生植物，因而墨西哥也可能是甘薯的原产地。甘薯的另一近亲——野生番薯，是加勒比地区的本土植物，这进一步强化了加勒比地区可能是甘薯故乡的主张。人们在秘鲁的一个洞穴里发现了公元前6000年的甘薯残存物，不过科学家不确定古代秘鲁人当时是否已经驯化了这种植物。最晚在5000年前，生活在美洲热带地区的人们就驯化了甘薯。在哥伦布发现美洲大陆之前，玛雅人在中美洲种植甘薯，印加人在秘鲁种植甘薯。

　　根据一种说法，早在公元1000年，新西兰的农民就开始种植甘薯了，用的根可能来自秘鲁或波利尼西亚地区。甘薯从中美洲传到了大洋洲，不过这可能与人类无关。巴布亚新几内亚的甘薯与秘鲁的甘薯不同，因而后者不可能是前者的祖先。1492年，哥伦布把甘薯从加勒比地区带到了西班牙。在公元600年左右，葡萄牙人把甘薯引入西非、东南亚和东印度群岛。后来，甘薯传到了印度、中国和日本，不过并不是所有人都认同甘薯这么晚才传到中国。在与欧洲人接触之前，菲律宾和波利尼西亚地区的农民就很可能已经种植甘薯了。一位权威人士认为，甘薯可能起源于菲律宾和波利尼西亚地区，不过这种说法很难与美洲很早就种甘薯的说法相调和。也有可能在欧洲人到来之前，移民者或者洋流的流动就已经把甘薯从中美洲和墨西哥地区带到了菲律宾，也将它从秘鲁带到了太平洋群岛。因为加勒比地区的甘薯和菲律宾、波利尼西亚地区的不一样，所以它们不可能源于加勒比群岛（西印度群岛的一部分）。另一种可能性是，西班牙人在16世纪时把甘薯从墨西哥带到了菲律宾。

美国

墨西哥和加勒比地区的探险家把甘薯带到了美洲殖民地。农民早在1648年就在弗吉尼亚种甘薯，1723年在卡罗来纳种甘薯，1764年在新英格兰种植。甘薯是一种南方作物，主要用于当地消费。18世纪时，农民在北卡罗来纳东部、南卡罗来纳和佐治亚地区种植甘薯。当时的产量为每英亩3500～7000升，不过也有农民说最高产量为每英亩35000升。在美国独立战争和内战期间，甘薯是一种主食——奴隶也吃甘薯。到了1909年，特拉华州、马里兰州、弗吉尼亚州和新泽西州成了甘薯种植中心。美国1920年的人均甘薯消费量约为14千克。在大萧条期间，甘薯成了一种保命的作物。从1930年到1937年，甘薯的种植面积增加了8万多公顷，但是农民没钱买化肥，结果产量反而下降了。因为大萧条期间的甘薯价格下跌了50%，所以那时美国的人均甘薯年消费量超11千克。在20世纪30年代，路易斯安那州建立了一个良种培育项目。自第二次世界大战以后，北卡罗来纳州、南卡罗来纳州、马里兰州、佐治亚州、密西西比州、弗吉尼亚州和俄克拉荷马州的科学家也开始培育甘薯。随着第二次世界大战后的全面复苏，美国人更愿意花钱买肉类和牛奶，而不再热衷于买甘薯，因此甘薯的生产和消费规模开始萎缩。在20世纪60年代，路易斯安那州和加利福尼亚州成了重要的甘薯产地。自20世纪70年代以来，美国的人均甘薯年消费量一直徘徊在2千克，与20世纪初相比大幅下降。在2000年至2003年间，美国的甘薯种植面积达数万公顷，年产量数十万吨，平均每英亩的产量为数十吨。2007年，美国主要的甘薯产地是北卡罗来纳州、路易斯安那州、密西西比州、加利福尼亚州、阿拉巴马州、阿肯色州、新泽西州和得克萨斯州。在美国，大部分甘薯是鲜食型的，其余的会被做成薯片、薯条、罐头和饲料。一些饼干和宠物食品中也含有甘薯粉。南方农民于8月收获甘薯，而新泽西州和加利福尼亚州农民分别于9月和10月收获甘薯。农民在第一次霜冻之前，或者在第一次霜冻刚一结束，就开始收割甘薯。虽然世界上大部分地区的甘薯都依赖降雨生长，但加利福尼亚州农民几乎给所有的甘薯作物灌溉。从佛罗里达州到加利福尼亚州的安大略南部地区，农民都种甘薯。

中国

据记载，在16世纪时，中国商人陈振龙把甘薯从菲律宾吕宋岛带回了中国福建。因为福建漳州港口的商人守口如瓶，所以他带回甘薯的具体日期至今仍不确定。陈振龙之子把甘薯献给了福建巡抚。将甘薯引入浙江、山东和河南等地的人，不是陈振龙就是他的儿子。甘薯应该在1594年之前就被引入中国，因为熟悉这种作物的福建巡抚命令农民种甘薯，以防止当年闹饥荒。有一种说法是，缅甸农民于1563年将甘薯带到了中国大理。还有一种说法是，甘薯于1582年从越南地区传到了中国东源一带。另一种可能是，甘薯从印度传到了中国，自南向北传经福建的泉州、莆田和长乐地区。

在20世纪50年代和60年代，中国的甘薯种植面积扩大，养活了日益增加的人口。1961年，甘薯种植面积创下了新的纪录。到了1985年，由于农民转而种植水稻、小麦和玉米，甘薯就种得少了。自1985年以来，甘薯种植面积一直稳定在数百万公顷。在中国，甘薯的收成仅次于大米、小麦、玉米和大豆，排在第五位。黄河流域和长江流域是中国的甘薯种植中心。中国甘薯的主要产地有四川、河南、安徽、广东和山东等省。养殖户用甘薯的茎和叶来喂猪、牛和羊。中国土壤缺磷的现象较为常见，为了确保丰收，农民需要给甘薯上肥。

非洲

在奴隶贸易时代，葡萄牙人把甘薯带到了非洲。西非农民最早在1520年左右就种植了甘薯。到了17世纪末，该地区已经广泛种植甘薯。那里的农民轮作甘薯、木薯和山药。甘薯在西非并不是最重要的作物，当地农民更喜欢种植山药、木薯、大米、豇豆、芋头和福尼奥米。西非和东非的甘薯产量占非洲甘薯总产量的大多数。在加纳，甘薯的种植面积排名第三，仅次于木薯和山药。加纳人会选择煮、炸或者烤甘薯。

撒哈拉以南的非洲农民从很早以前就开始种植甘薯，对他们来说，甘薯的种植优先级高于山药。甘薯在非洲的种植时间之长，使一些非洲人误以为它是一种本地作物。在2001年和2002年，非洲每英亩甘薯产量可达数吨。穷人在小型农场里种甘薯，自给自足。尽管农民能用在肥料和技术上的投资很少，但他们还是想方设法地提高甘薯产量，从而保证甘薯产量的增速高于其他作物。非洲农民在不超过海拔2300米的地方种甘薯。因为甘薯需要的劳动力和肥料比其他作物需要的更少，所以它在非洲是一种重要作物。在木薯和香蕉因遭受病害而产量有限的地区——尤其是维多利亚湖附近——种甘薯的收益很可观。农民经常在相邻的土地上种植甘薯和木薯。如果木薯歉收的话，就种上甘薯。在一些耕地减少的地方，农民会增加种甘薯的土地比例，以便最大限度地从土地获得热量和养分。

非洲各国政府出台政策，鼓励农民种植甘薯。殖民时代结束后，政府给种玉米的农民发放补贴，以鼓励自给性农业。但由于补贴成本太高，包括南非政府在内的各国政府在21世纪初终止了这一补贴政策，于是原本种玉米的农民为了养家糊口而种起了甘薯。因艾滋病流行非洲农村的人口减少，许多单亲家庭为了尽量减少劳动力付出和成本，也开始种甘薯。在资本不那么密集的地方，农民不再种咖啡和香蕉，转而种甘薯。甘薯在非洲成了一种饥荒食物，如果其他作物歉收，人们就会赶紧补种甘薯。

撒哈拉以南的23个国家几乎生产了全非洲所有的甘薯。乌干达和尼日利亚的甘薯产量占撒哈拉以南的非洲的甘薯总产量的三分之一。在乌干达和尼日利亚，人口最密集的地区种的甘薯最多。在乌干达、卢旺达、布隆迪和马拉维，甘薯的人均年产量为数百千克。甘薯产量最低的国家是刚果、埃塞俄比亚、南非、科特迪瓦、尼日尔和布

非洲

　　非洲大陆拥有众多的民族，气候多样，食物丰富。埃及和北非很早就生活着有地中海血统的人，埃及陵墓的壁画对此有所描绘。而在公元7世纪，阿拉伯人征服了该地区。撒哈拉沙漠以南的热带地区是非洲黑人的定居地，那里的饮食文化也很多样。有一种观点认为，由于撒哈拉沙漠以南的非洲地区缺乏粮食作物，人们只好大量种植通过哥伦布大交换得到的作物。因此，甘薯、木薯、玉米和花生在那里都很重要。

基纳法索。尽管非洲各国不如美国和中国高产，但撒哈拉以南的非洲地区每英亩甘薯产量也达到了1.8吨。在南非，富裕的农民会给甘薯灌溉和施肥，如此一来，每英亩可产出数吨甘薯。在非洲东部和南部一些地区，甘薯是次要作物，而玉米、香蕉和大蕉是主要作物。在非洲部分地区，农民会在种完谷物或者经济作物后再种甘薯。乌干达的农民把甘薯晒干以长期储存，这样的产品可以储存5个月。乌干达人还会把甘薯磨碎，用来煮一种名为"阿塔帕"的粥。在整个非洲，种甘薯的都是妇女——甘薯、妇女和贫穷三者由此联系到了一起。

印度

甘薯的产量在印度的块茎和块根作物产量中位居第三，排在土豆和木薯之后。除了查谟与克什米尔[1]地区、喜马偕尔邦和锡金邦以外，印度各地都种甘薯。从世界范围内看，印度甘薯的每英亩产量排名第五，总产量排名第八，种植面积排名第十二。在奥里萨邦、西孟加拉邦、北方邦、比哈尔邦和贾坎德邦，甘薯是一种依赖降雨的作物。这些邦的甘薯种植面积占印度甘薯种植总面积的绝大多数，其甘薯产量在印度甘薯总产量中所占的比例很高。在印度其他地区，一般的农场只有几公顷甘薯。比哈尔邦的农民一年到头都在种甘薯，其他地方的农民则在夏季和9月到次年1月的雨季种植甘薯。奥里萨邦和贾坎德邦的土壤贫瘠，甘薯产量很低；比哈尔邦的甘薯产量也不高。

印度的情况与美国的一样，随着收入增加，人们吃的甘薯也越来越少。因此，种甘薯的农民转而种谷物。在印度，大多数甘薯是

1　克什米尔是印度和巴基斯坦的纠纷地区。——编者注

鲜食型的，那里的人会烤、烘或者煮甘薯。许多印度人相信，餐食中加入甘薯和牛奶会更有营养，但只吃甘薯是不利于健康的。大部分甘薯藤被养殖户用来喂牲畜，剩下的留到下一年再种。比哈尔邦的农民将甘薯与玉米、小麦和洋葱轮作。奥里萨邦的农民在种完玉米或大米后接着种甘薯。西孟加拉邦的农民轮作绿豆、芋头和甘薯。安得拉邦的农民将甘薯放在玉米之后、蔬菜之前种植。在查蒂斯加尔邦、北方邦和马哈拉施特拉邦，农民轮作甘薯和豇豆。

南美洲

甘薯的产量在南美洲的块茎和块根作物产量中排名第三，仅次于木薯和土豆。在2005年至2007年间，甘薯产量在南美洲各国中排名第一的巴西，平均每年出产数十万吨甘薯；阿根廷排名第二，秘鲁第三，巴拉圭第四。在南美洲各国中，巴西的甘薯种植面积最大，阿根廷排名第二，巴拉圭第三，秘鲁第四。从每英亩产量来看，秘鲁的最高，圭亚那的最低。圭亚那的农民将甘薯与咖啡、柑橘及油梨间作。与很多发展中国家的情况不同的是，南美洲的农民种甘薯是提供给市场的。在南美洲，大多数甘薯都是鲜食型的，剩下少量的甘薯用于生产淀粉、面粉、罐头和薯片。2007年，南美洲农民共收获了数百万吨甘薯。南美洲的甘薯产量占到新大陆甘薯总产量的一半。因为甘薯需要的劳动力或成本很少，在贫瘠的土壤里产量也很高，而且耐受高温和干旱，所以南美洲的农民喜欢种甘薯。由于秘鲁中部海岸几乎没有牧场，那里的养殖户就用甘薯的根和藤蔓来喂牲畜。在阿根廷和乌拉圭，生产商用甘薯制作甜点。

整个南美洲的甘薯几乎都是由巴西、阿根廷、秘鲁、巴拉圭和乌拉圭出产的。在阿根廷、乌拉圭和智利，甘薯是产量仅次于土豆的块茎或块根作物。在巴拉圭和圭亚那，甘薯的产量仅次于木薯。巴西是南美洲最大的出口国，但也只是向外国买家出售了其农作物的一小部分。南美洲地区的人均甘薯消费量排在亚洲、非洲、大洋洲和加勒比地区之后。巴拉圭和乌拉圭是南美洲人均甘薯消费量最高的国家。在巴拉圭，甘薯和木薯都是主食；在乌拉圭和阿根廷，人们主要在冬天吃甘薯；在巴西，每当其他作物歉收时，人们就吃甘薯；在秘鲁的高温湿润气候带，甘薯和土豆不相上下，都是人们的主食。农村人吃的甘薯比城市人吃的多。

延伸阅读

Loebenstein, Gad, and George Thottappilly, eds. *The Sweetpotato*. Dordrecht, Netherlands: Springer, 2009.

Martin, John H., Richard P. Waldren, and David L. Stamp. *Principles of Field Crop Production*. Upper Saddle River, NJ: Pearson-Prentice Hall, 2006.

Onwueme, I. C. *The Tropical Tuber Crops: Yams, Cassava, Sweet Potato, and Cocoyams*. New York: John Wiley and Sons, 1978.

Rubatzky, Vincent E., and Mas Yamaguchi. *World Vegetables: Principles, Production, and Nutritive Values*. New York: Chapman and Hall, 1997.

Woolfe, Jennifer A. *Sweet Potato: An Untapped Food Resource*. Cambridge, UK: Cambridge University Press, 1992.

山 药

山药主要生长在热带和亚热带地区，是一种多年生块茎植物。

块茎会在雨季长出藤蔓，而藤蔓又会长出一个或多个新的块茎。雨季一结束，藤蔓就会枯死，把山药当成一年生植物的农民则在此时收割其块茎。而到了来年雨季，留在地下的块茎会再次长出新的藤蔓，这充分显示了山药的多年生习性。山药与土豆一样，会产生块茎，跟产生块根的甘薯和木薯不一样。很多美国人分不清山药和甘薯的区别，误以为甘薯就是山药。美国南方的"山药带"实际上是甘薯产区。世界各地都有人把山药与黄肉芋头、芋头（芋属）、野芋和竹芋混为一谈。有些人错误地认为黄肉芋头是山药的一种。印度的钟苞魔芋也不是山药，而是黄肉芋头的近亲。"豆薯"一词指的是一种豆科作物，同样不是山药。

"山药"一词仅适用于薯蓣科薯蓣属植物。根据种类不同，山药的水含量为63%～83%，相比之下，土豆的水含量为68%～82%，甘薯的水含量为58%～81%。山药富含碳水化合物，不过一些营养学家对它的评价不高。山药的碳水化合物含量为15%～38%，而土豆的碳水化合物含量为14%～27%，甘薯的碳水化合物含量为17%～43%。山药含有的碳水化合物中，有99%是淀粉。山药的脂肪含量很低，仅有0.03%～1.1%，相比之下，土豆的脂肪含量为0.02%～0.18%，甘薯的脂肪含量为0.18%～1.66%。山药的蛋白质含量不高，只有1.02%～2.78%，而土豆的蛋白质含量为1.14%～2.98%，甘薯的蛋白质含量为0.18%～1.66%。山药的蛋白质含量虽然很低，但还是比木薯的含量高。山药含有钙、铁和磷等矿物质。一些种类的山药每100克含有6毫克的维生素A，而其他种类不含维生素A。至于B族维生素，山药含有维生素B_1、维生素B_2和烟酸。每100克山药含有4.5～21.5毫克维生素C。参薯和三浅裂薯蓣存放几个星期后，就会损失一半以上的维生素C。圆形薯蓣放上4个月会损失20%的维生素C。维生素C在烹饪过程中很少流失。与各类营养素每日推荐摄入量相比，1千克山药提供的热量达推荐量的33%，蛋白质达推荐量的23%，钙达推荐量的19%，铁达推荐量的84%，维生素B_1达推荐量的84%，维生素B_2达推荐量的17%，烟酸达推荐量的33%，维生素C则高于推荐量。因为山药能提供足够的维生素C，所以坏血病在生产山药的国家很罕见。山药虽然是非洲、亚洲、南美洲和加勒比地区的人的主食，但它并不是被单独食用的。人们把它跟肉、鱼和蔬菜放在一起吃。

起源与历史

薯蓣属植物历史悠久。在白垩纪末期（6500万年前），薯蓣属植物已经广泛分布于世界各地。到了中新世（2300万年前），非洲和亚洲的山药已经分化为不同的谱系。虽然薯蓣属有500多种，但只有大约60种可以食用，其中只有10种被广泛种植。1886年，法裔瑞士植物学家阿尔逢斯·德·康多认为，薯蓣和日本薯蓣起源于中国，参薯起源于印度尼西亚。他怀疑加勒比地区有本地种的山药，认为当地种的是从欧洲进口的山药。一名权威人士断言，几内亚薯蓣、圆形薯蓣和灌丛薯蓣起源于西非，参薯、五叶薯蓣、甘薯和黄独起源于东南亚，薯蓣和日本薯蓣起源于中国南方地区，三浅裂薯蓣起源于加勒比地区。

有学派提出，在公元前3000年左右，东南亚地区、中国南方地区、非洲西部、加勒比地区和南美洲各自独立地驯化了山药。还有一种假说认为，山药起源于印度和缅甸，在公元前100年左右传到了包括印度尼西亚和泰国在内的东南亚地区，随后又从印度尼西亚传到了巴布亚新几内亚、所罗门群岛、斐济、萨摩亚、波利尼西亚和其他热带太平洋地区。山药在新西兰未能立足，因为那里在赤道以南较远的位置。一名权威人士认为，山药最早的种植中心是缅甸和泰国。至少在2000年前，甚至可能在史前时期，东南亚人就种植了山药。根据推测，渔民会为了丰富食物种类而采集野生山药，而那些他们没有吃掉的发了芽的山药则会被种在地里。20世纪的苏联农学家尼古拉·瓦维洛夫认为，亚洲大陆普遍栽有山药，而参薯、刺薯蓣、白薯莨、五叶薯蓣、黄独、薯蓣和日本薯蓣起源于亚洲的几个地区。按照阿尔逢斯·德·康多的观点，中国人在公元前2000年前就已经将山药入药。公元3世纪，中国人开始种植刺薯蓣。公元600年左右，一部印度文献提到了农民在恒河流域种植山药。当时山药的块茎作为一种食物广泛流传。在亚洲，猪在觅食的时候会用鼻子拱土，以吃到埋得较浅的山药。迫于这种压力，薯蓣进化出了在土壤深处生长块茎的习性。

如果亚洲是最早的山药起源地，那么山药肯定在史前时代就传到了非洲。一种假说认为，前往马达加斯加定居的马来西亚人把山药从亚洲带到了非洲。不过，在公元1世纪或2世纪马来西亚人到来之前，马达加斯加人就已经种植了本地种山药。山药从岛上传到东非，然后穿过热带地区向西传播。然而，在东非生长的山药起源于非洲而不是亚洲，这一事实让上述假设变得更不可信。另一种假说提出，来自东南亚的"黑人"走陆路穿过伊朗和阿拉伯，把山药带到了非洲，尽管这些地区并没有山药。这一假说认为，人们把中国的薯蓣带到了非洲，虽然它在非洲很少被种植。

西非人可能会收割野生山药的块茎。人类注意到这种植物具有在被采摘处长出新块茎的能力，因此会过段时间再来造访以便收获新果实。为了保护山药免受损害，人类把它移植到自己的花园里，这标志着非洲人开始种植山药。非洲人既种植亚洲栽培种参薯，也种植非洲本地种几内亚薯蓣和圆形薯蓣。在部分非洲地区，农民只用木制工具来种植山药，这表明人类在铁器时代之前就已种植山药，时间大约可以追溯到2000年前。中美洲、南美洲和加勒比地区各自独立地种植山药。生活在加勒比地区的人，在哥伦布到达新大陆之前就已种植山药。美洲印第安人可能在玛雅人崛起之前就开始种植山药了。他们种植本地的三浅裂薯蓣，就是欧洲人和非洲人在定居加勒比地区时种植的山药。

非洲人可能在公元前5000年左右开始种植山药。尽管山药很早就被种在非洲，但古埃及人似乎不种它。生活在美索不达米亚和近东地区的人似乎也是如此。由于地中海盆地的冬天过于寒冷，那里的人并不知道山药，它对阿拉伯人而言也是陌生的。16世纪时，葡萄牙探险家帕切科·佩雷拉（Pacheco Pereira）在几内亚地区、加纳西部和尼日利亚东部发现有人种植山药。

葡萄牙人了解到，印度人和马来西亚人航海时会在船上储备山药，于是借鉴了这种做法，把山药引入加纳的埃尔米纳和巴西的圣托美。满载山药的葡萄牙船只在非洲靠岸，装载新物资。为了给新物资腾出地方，葡萄牙人扔掉原先的山药，而这些山药极有可能已经发芽，于是被非洲人拿来种植。因为山药是非洲人吃的食物，所以奴隶主就带上山药当作口粮。加勒比地区的人把剩余的圆形薯蓣和几内亚薯蓣拿来种植，从而获得更多的食物。早在1522年，加勒比地区的美洲印第安人可能就种植了非洲本地种山药。到了17世纪中叶，亚洲栽培种参薯在美洲得到了广泛的种植。欧洲人肯定把刺薯蓣带到了加勒比地区，即使它不好储存，也不适合远洋运输。葡萄牙人把三浅裂薯蓣从美洲带到了斯里兰卡，而斯里兰卡在16世纪和17世纪就种有这种山药。到了19世纪，日本人将薯蓣和日本薯蓣引入夏威夷，不过山药在那里一直默默无闻。澳大利亚的昆士兰州曾经种过参薯，但种植范围有限。

哥伦布大交换把土豆、甘薯、木薯和芋头等原产自美洲的食物带到了旧大陆，与山药竞争。在非洲和亚洲的许多地方，甘薯取代了山药；在其他地区，可可取代了山药。到了19世纪末，木薯在非洲和亚洲向山药发起了挑战。木薯比山药更便宜，也更容易养活。山药作为一种世界性食物，已经改变了全球的历史和全人类的生活。

重要性

西非人会为种植和收获山药举行庆祝活动。新山药节标志着丰收，也是一些西非村庄一年之中最盛大的庆祝活动。祭司、官员或村中长老负责筹备节日。人们会在节日当天从神圣的土地上收获山药，并把它献给神明。祭祀完成之后，人们就会吃掉这些山药。西非人认为，在向神明献祭之前吃山药是一种罪孽，因此他们会先行禁食。根据一位权威人士的说法，一些人宁肯饿死，也不愿意在节前吃山药。形成节前禁食山药这样的习俗，可能是因为几千年前的山药在还没成熟时有毒，人们必须等待其成熟后才可以吃。另一种解释是，这么做可能是为了避免过早收获块茎而伤及幼苗。

尼日利亚的伊博人崇拜阿祖库吉（Ajokuji），即"山药神"。阿祖库吉的祭司决定何时种植和收获山药。山药对非洲人来说特别重要，以至于非洲父母把它当作喂养婴儿的首选食物。在伊博人眼里，偷山药的罪行比偷其他物品的更为严重。在山药地里通奸是刑事犯罪，而在其他地方通奸只构成民事违法行为；伊博人相信通奸会污染土壤，导致作物歉收。如果发生了这样的事，阿祖库吉可能会降临灾祸，以示对亵渎山药地者的惩罚。马来西亚人和印度尼西亚人认为五叶薯蓣非常神圣；一些马来西亚人会在起名仪式中给婴儿喂山药汁。

延伸阅读

Coursey, D. G. *Yams: An Account of the Nature, Origins, Cultivation and Utilisation of the Useful Members of the Dioscoreaceae*. London: Longmans, 1967.

Rubatzky, Vincent E., and Mas Yamaguchi. *World Vegetables: Principles, Production, and Nutritive Values*. New York: Chapman and Hall, 1997.

大豆及大豆制品

　　大豆是重要的世界性农作物之一，也是人类和家畜的食物。大豆是豆科作物的种子，就此而言，它是地地道道的豆子。不过，西方人更常吃各种营养丰富的菜豆，对大豆并不熟悉。大豆和豌豆、鹰嘴豆、小扁豆、豇豆、花生等其他豆子一样，都属于豆科作物。关于这类独一无二的植物，我们之后会给出定义。西方人主要用大豆来喂牲畜，作为牲畜饲料的蛋白质添加剂。在亚洲和非洲的部分地区，各种各样的大豆都是主食。在这里，我们应该补充一点：美国的大豆制品市场正在日益扩大。即便如此，以亚洲的标准来衡量的话，美国的大豆市场仍不成熟。

美国的大豆和大豆制品

　　大豆并非源于美国，而似乎是在18世纪以欧洲为跳板，从中国传进美国的，然后它很快就体现出作为饲料喂牲畜的价值。与如今的做法不同的是，当时的人把大豆当作干草喂牲畜。换言之，牲畜会把整个大豆植株都吃掉。因为豆子本身并不像大豆植株那样有价值，所以牧场主不需要能结出大粒豆子的植株。不过，这种情况在19世纪末开始发生变化。1898年，美国农业部有史以来第一次派出一支由科学家组成的考察队前往日本和中国，目的是收集豆荚和豆粒都很大的大豆。后来，美国以这些植株为基础，培育出了豆粒更大的大豆。到了第二次世界大战时，大豆的大粒品种已经取代了干草品种。由此，大豆在美国的前景得到了保障。

在美国中西部的玉米带，大豆迅速发展成为玉米的重要补充作物。大豆的价值在于它是一种豆科作物。和所有的豆科作物一样，它也长有特殊的根瘤。这些很小的空间吸引了固氮细菌，并成为它们的庇护所。这是一种共生的关系，大豆的根为这些细菌提供了安全的栖息地，而细菌将空气中的氮、氧和氢转化成重要的离子，如硝酸根离子和铵离子。植物的根无法直接吸收气态的氮、氧和氢，但可以很容易地吸收这些离子。简而言之，大豆的根，本身就是一座属于自己的

半矮秆大豆

绿色革命表明，小麦和水稻的矮秆（半矮秆）栽培品种与高秆品种相比能结更多的谷粒。这一发现促使科学家将这些育种技术应用于其他作物，其中就有大豆。从营养的角度来看，无论是高秆品种还是矮秆品种，大豆及其产品的特性都是一样的。在20世纪80年代，美国农业部的农学家理查德·库珀（Richard Cooper）培育出了几种半矮秆大豆，并给它们取了小精灵、小仙子、小矮人等古怪的名字。这些品种在实验农场里的产量很高，但对栽培方法的要求也很高。从耕作的角度来看，大豆的好处在于它们的播种间距与玉米（玉米粒）的相同，不用更换新的播种设备；但是半矮秆大豆的播种间隔很小，无法使用传统的播种机。而且，该品种长出的大豆（种子）离地面太近，因此农民很难用机器收割。半矮秆大豆从来都不适合在美国中西部的玉米和大豆主产区种植，如今已经从人们的视线中消失了。

化肥厂。不仅大豆能从中受益，而且跟在大豆后面轮作的玉米也能获得遗留的含氮离子。在这种情况下，大豆让玉米带的出现成为可能，从而改变了世界。假设没有玉米和大豆，整个畜牧业就不可能是现在这个样子。要是没有大豆，美国西部的生活将变得迥然不同。

大豆不仅支撑起了玉米带，还成为北美人的食物。在墨西哥、美国和加拿大，人们对大豆制品的需求并不大，但需求量仍保持每人每年30%的涨幅。具有健康意识的消费者越来越多，他们成为下一场食物革命的驱动力。豆奶（有时是香草味豆奶）在北美各地都有销售。素食主义者选择吃豆腐。大豆酸奶、冷冻大豆食品和大豆"奶酪"（尽管不是真正的奶酪）都在市场上占有一席之地。一些面包也含有大豆粉，而它也不算是真正的面粉。经过加工的大豆粉的蛋白质含量有70%～90%，适合添加到烘焙食品、掼奶油、午餐肉、牛肉末、谷物早餐、减肥药和所谓的能量棒中，也适合在制作乳制品和肉类替代品的时候添加。或许这些用法成效甚好，因为在不知不觉中，许多美国人吃的食物里都添加了大豆蛋白。如此说来，大豆的消费量肯定比大多数美国人想象的还要大，甚至连婴儿食品也含有大豆蛋白。在某种意义上，这些都是新的进展和趋势。不过，美国汽车制造商亨利·福特颇具先见之明，很早就聘请科学家来研发类似汉堡、牛排、鸡肉、热狗、香肠和培根的大豆制品。

东亚成为大豆制品的主要消费地区

大豆的故事实际上始于中国。在古代某个时候，野大豆演化成了栽培大豆。野大豆在中国、日本、朝鲜和俄罗斯的部分地区自然生长，未经人类干预就从多年生植物转变为一年生植物。大豆在中国的北方地区被驯化，这大约发生在公元前2800年，晚于谷物被驯

1898年科考

在1898年，为了把大豆变成美国的一种重要作物，美国农业部派出了两位科学家到中国和日本去收集不同的大豆品种，他们是查尔斯·派珀（Charles Piper）和威廉·莫尔斯（William Morse）。他们搜寻到的大部分品种适合喂牲畜，但其中约有40个品种能结出很大的豆粒，这构成了美国大豆育种计划的基础。目前所有的美国大豆品种都可以追溯到这40个品种。与此同时，大豆在美国许多地区，以及整个美洲的其他地区变得越来越重要。在美国，中西部地区已成为玉米和大豆的主产区。

化的时间。公元前2207年，一位著述颇多的中国农学家就写过关于大豆种植的文章。在商周时期，中国各地都有人种植大豆。公元前11世纪的一部中国诗集提到了大豆及其用途，其中一首诗描述人们把大豆煮熟了再吃；另一首诗暗示中国人把大豆叶子当作蔬菜吃，并且还用它喂牲畜。公元前5世纪的一部中国文献将大豆列为五谷之一，尽管大豆实际上是一种豆科作物。虽然有这些文字证据，但一处考古遗址表明，大豆的种植活动只能追溯到公元前700年；另一处考古遗址则将种植大豆的时间推后至公元前300年。

公元1世纪时，大豆传到中国东北和朝鲜地区。公元1世纪到15世纪，大豆沿着陆地和海洋两种贸易路线传入日本、印度尼西亚、菲律宾、越南、泰国、马来西亚、缅甸、尼泊尔和印度。亚洲的农民种植大豆和水稻，这种组合很有营养。因为大米能提供碳水化合物，而大豆能提供氨基酸和油，使人们摄取的营养更均衡。亚欧大陆的农民同样将谷物和豆类组合种植，他们种植小麦和豌豆，而美洲的农民也种植玉米和大豆。

至此，我们不难发现，大豆几千年来一直是东亚人和东南亚人饮食的重要组成部分。日本人吃豆荚里未成熟的大豆，就像美国人吃青菜豆那样。因为未成熟的豆子和豆荚很嫩，所以它们都可以被食用。日本人还吃黄豆芽，即刚发芽的大豆。这些大豆在不见光的地方发芽，长出很脆、很嫩的茎。中国人和日本人把大豆磨碎，然后添水煮熟，制成豆浆，豆浆还需要过滤才算真正做好。中国人和日本人像世界上很多地方的人喝可口可乐那样喝豆浆，不过豆浆并不含二氧化碳。豆浆在加热后，表面会形成一层薄薄的蛋白质膜，即"豆皮"。被捞起后，豆皮会被按张卖给高档餐厅。中国人和日本人视豆皮为美味佳肴。豆腐也源自豆浆，人们把豆浆加热，形成凝乳后点上卤水，就做成了豆腐。豆腐的吃法有很多，可以冷冻、冻干、油炸或烧烤，每种成品的质地和风味都各不相同。不同的吃法对营养物质的数量和质量有不同的影响。过滤豆浆后剩下的固体叫作"豆渣"，人们有时也会腌制豆渣。在其他情况下，豆渣与肉一起煮，可以制成一道营养丰富的炖菜。烤大豆是一种大豆坚果[1]，可以当成零食，就像美国人在看棒球比赛的时候吃的花生。中国人和日本人还会把大豆磨成粉，然后添加到糕点里。在日本和印度尼西亚，人们按照古老的传统，把大豆与大米搭配在一起吃。

　　亚洲人还发明了经过发酵的大豆制品和大豆饮料，这些食物带有酒精的刺激性味道。发酵后的豆腐被称为"豆腐乳"或"中国奶酪"，不过正如我们所看到的，这种所谓的奶酪并不是用奶做成的。豆渣也可以发酵，发酵不仅会产生酒精，还会使产品中营养成分的含量和质量都变得很高。因为发酵后的大豆制品里含有酒精，会杀死有害的微生物，所以它们的保质期往往很长。正如人们所期望的那样，发酵改善了大豆制品的味道。有时候，东亚人会把大豆与小

1　大豆坚果（soy nut）：一种坚果的替代品，由大豆用水浸泡，滤干，然后烘烤而成。——译者注

麦、大麦或者大米放在一起发酵。酱油是大豆和小麦发酵后的产物。它是一种调味品，能让许多食物变得更加可口。大豆整粒发酵后的产品叫作"豆豉"，虽然豆豉的英文名"salted black bean"包含黑豆的英文名"black bean"，但是严格来说，黑豆原产于美洲而非亚洲。在这种情况下，语言反而造成了混淆。大豆制成的一种"豆糕"在印度尼西亚很流行，不过它和西方定义的蛋糕完全不一样。豆糕富含 B 族维生素。日本人经常在早餐或晚餐时吃用酱油、芥末和大米制成的发酵食品。

联合国粮食及农业组织最近公布了有关蛋白质的消费数据。蛋白质人均消费量排名靠前的是朝鲜、日本、印度尼西亚、韩国和中国。虽然利比亚、乌干达、尼日利亚和哥斯达黎加公布的数据看起来并不是很高，但是这些国家的人摄入的大豆蛋白相比以前明显增多了。美国对蛋白质的消费量虽然不大，但目前增长迅速。我们在此要强调一下大豆蛋白，因为它是一种比牛肉、猪肉和鸡肉更优秀的蛋白质来源。数千年来，大豆塑造着东亚和东南亚的文明。此外，大豆蛋白可能是避免马尔萨斯陷阱的好办法之一。在这个意义上，大豆注定要在未来发挥更大的作用。

大豆油也很重要。纯天然大豆油所含的是不饱和脂肪，所以它有益于健康。不过，令人遗憾的是，由于纯天然大豆油的储存时间较短，化学家对其进行了氢化，而经过加工的大豆油远远不如纯天然大豆油那样健康。大豆油和大豆蛋白一样，存在于各种各样的食物中：汤、谷物早餐、香肠、冰淇淋等。事实上，食物的加工程度越高，就越有可能含有某种植物油，其中最常用的就是大豆油——虽然严格来说大豆不是像蔬菜那样的植物。大豆油还有许多工业用途。众多产品里都含有大豆油，化妆品和油漆只是其中两种。

延伸阅读

Boerma, H. Roger, and James E. Specht, eds. *Soybeans: Improvement, Production and Uses*. Madison, WI: American Society of Agronomy, 2004.

Du Bois, Christine M., Chee-Beng Tan, and Sidney W. Mintz, eds. *The World of Soy*. Urbana: University of Illinois Press, 2008.

Gunstone, Frank D. *Oils and Fats in the Food Industry*. Oxford: Wiley-Blackstone, 2008.

Heatherly, Larry G., and Harry F. Hodges, eds. *Soybean Production in the Midsouth*. Boca Raton, FL: CRC Press, 1999.

Liu, KeShun. *Soybeans: Chemistry, Technology, and Utilization*. New York: Chapman and Hall, 1997.

Smith, C. Wayne. *Crop Production: Evolution, History, and Technology*. New York: Wiley, 1995.

第二章

三亩青蔬了盘箸

果蔬 —— 11 种

苹　果

　　苹果一直是一种重要的水果，先出现在中亚，然后出现在欧洲和美洲。如今，苹果的品种可能有几千种，但能在超市里买到的只有大约20种。人类吃掉的苹果中，90%是这些能买到的品种，其余的可能来自后院的果园。苹果的芳香和风味曾经使它与众不同，不过到了今天，苹果的这些特点似乎不如它易于存储这一特点重要了；可以说，苹果和西红柿命运相仿。不成熟的西红柿经得起摔打，而且很好储存，因此，一些超市会卖这种寡味且营养价值较低的西红柿。如此说来，杂货商卖给人们的东西是他们自己想卖的，而不是消费者真正想要的。现代苹果是资本主义及其搭档农业综合经营[1]的产物。作为蔷薇科的一员，苹果的起源可追溯到410万年前的中亚。因此，蔷薇科植物很可能是早期的显花植物之一。尽管显花植物或被子植物一直极为繁荣，但是从地质学的角度来看，它们不过是最新加入世界植物群的成员。

禁果

　　禁果指犹太教、基督教故事中上帝禁止亚当及其妻夏娃采集的果子。《圣经·创世纪》载，上帝将人类始祖亚当、夏娃安置在伊甸园中，告诉他们园中所有的果子都可以吃，唯有"知善恶树"上结的果子不能吃。亚当、夏娃受蛇的引诱，吃了禁果，被逐出伊甸园。相关人士对禁果进行了大量而详细的研究，认为无花果、香蕉和苹果都有可能是禁果。

1　农业综合经营：指以农业生产为中心，把农业生产同产前部门（农业生产资料的制造和供应部门）和产后部门（农副产品加工、贮存和销售部门）组成一体，综合进行生产经营活动的一种方式。——编者注

苹果与进化论

1859年，英国博物学家查理·达尔文发表了《物种起源》（*On the Origin of Species*），引发了一场大辩论。在美国，尽管进化论的痕迹似乎无处不在，但是人们对此至今依然莫衷一是。苹果就是一个很好的例子。在进化的早期阶段，苹果以芳香可口的特点，诱惑食草动物将它吃得一点不剩。动物在吃苹果的时候将种子也一起吞到肚子里，但是胃酸并不能对种子造成损害。然后，动物继续四处觅食，大约一天过后便会排出这些种子；对于鸟类而言，排泄的周期甚至不到一天。这些种子裹在粪便里，可以说是自带肥料。胃酸刺激种子，使其发芽。就这样，鸟类和哺乳动物充当了传播苹果种子的工具，而苹果则和它们一起进化。苹果本身就是一种传播种子的"套装"，利用其香味吸引来许多鸟类和哺乳动物为它播种。就这样，苹果繁衍有道，而且以这种方式说明了生物进化是如何进行的。

苹果征服世界

在20世纪20年代，苏联农学家尼古拉·瓦维洛夫首次精确指出中亚是苹果的发源地。但遗憾的是，瓦维洛夫与苏联领导人约瑟夫·斯大林（Joseph Stalin）之间存在嫌隙，因为他最初是受到列夫·托洛茨基（Leon Trotsky）的提拔而崭露头角的。托洛茨基是斯大林的政治对手，他逃出苏联后，于1940年在墨西哥被暗杀。同年，斯大林下令囚禁了瓦维洛夫。可能由于饥饿和寒冷，瓦维洛夫3年后在狱中身故。苏联解体后，西方科学家才了解到瓦维洛夫的研究，证实了他关于苹果起源于中亚的洞见。

最早的苹果可能跟今天的苹果品种区别不是很大。最早的苹果又小又酸，很像今天的花红。不过，异花传粉促成了遗传多样性，这使不同品种的苹果大小不一。从一开始，人类就根据大小、口味和香味对苹果进行选育。然而，这些特征是很难控制的，因为异花传粉会导致品种多样，如果用科学术语来说，就像人类远系繁殖导致人种变得多样一样。直到古罗马时代，人类才找到了解决办法：把最茁壮的苹果枝嫁接到苹果树或同类果树的砧木[1]上，就能确保得到最好的苹果。苹果树无疑是早期被广泛嫁接的植物之一。多亏了苹果，人类才推动了年轻的园艺学的大发展。

早在古代，苹果就逐渐传播到中亚诸国、中国、西亚的部分地区，甚至可能传入希腊、罗马和埃及。古埃及法老拉美西斯二世（Ramses II）曾声称自己的果园里种着苹果树，但这一说法一直受到质疑——因为埃及的冬天不够冷，苹果树无法完成休眠。伊特鲁里亚人和罗马人对苹果树的种植情有独钟，在他们看来，没有苹果树的果园就不是完整的果园。罗马人将苹果的种植范围扩展至整个欧洲，人们或许会认为罗马帝国构建了一个横跨欧洲、北非和西亚的大型农业网络，而苹果在罗马文明向三大洲的传播中扮演了重要角色。

在古代和中世纪，欧洲人发现苹果还有一个重要的新用途。和所有的水果——葡萄就是一个典型的例子——一样，苹果可以发酵酿酒，因为苹果皮上天然带有酵母。用这种工艺酿成的酒即苹果酒。因为发酵是自然发生的，所以任何一个苹果都可以酿出苹果酒。直到20世纪，人们发明了冷藏技术，苹果才能被制出纯粹的果汁；这是因为冷藏工艺中止了发酵过程，使苹果果汁可以保持不变。

---

1 砧木：指嫁接繁殖时承受接穗的植株。它可以是整株果树，也可以是树体的根段或枝段。——编者注

因此，我们必须区分含酒精的苹果酒和不含酒精的苹果汁。当然，这种区分在古代和中世纪用不上。即便在美洲的殖民地，苹果酒也很受欢迎。与葡萄酒相比，殖民者更喜欢喝苹果酒。在温带地区，苹果酒至今依然是一种重要的饮料。

在哥伦布大交换时期，苹果逐渐传播到温带美洲的大部分地区，如今加拿大及美洲其他地区均有苹果树种植。除了哥伦布大交换，荷兰人也在南美洲种植苹果树，英国人则将苹果树种到了澳大利亚、新西兰。20世纪，美国的苹果品种传入中国、朝鲜、日本、印度和巴基斯坦。时至今日，中国和美国已是苹果种植大国；印度的苹果收成是英国苹果收成的两倍；阿根廷、巴西和智利成为重要的苹果出口国。今天，美国的大部分苹果是在华盛顿州、纽约州和密歇根州生产的。

延伸阅读

Browning, Frank. *Apples*. New York: North Point Press, 1998.

Ferree, D. C., and I. J. Warrington, eds. *Apples: Botany, Production and Uses*. Cambridge, MA: CABI, 2003.

Hughes, Meredith Sayles. *Tall and Tasty: Fruit Trees*. Minneapolis: Lerner, 2000.

Janik, Erika. *Apple: A Global History*. London: Reaktion Books, 2011.

Morgan, Joan, and Alison Richards. *The Book of Apples*. London: Ebury Press, 1993.

Seabrook, John. "Annals of Agriculture: Crunch," *The New Yorker*, November 21, 2011, 54–64.

香 蕉

　　普通人认为香蕉是一种树，但植物学家把它归类为多年生草本植物。香蕉是世界上最高大的草本植物，可以长到9米多。它也是世界第一大水果作物，还是仅次于小麦、水稻和玉米的全球第四大作物。香蕉是热带作物，在高纬度地区不能生长。美国佛罗里达州[1]的农民可以种植香蕉，但可能因为纬度问题，无法开展大规模种植。而在东亚、东南亚、西亚、非洲、加勒比和中南美洲地区，以及太平洋的一些岛屿，农民可以大规模种植香蕉。东南亚是香蕉的原产地之一；16世纪时，哥伦布大交换把香蕉带到了美洲。在亚洲、非洲和太平洋的大部分地区，小农场主种植香蕉供本地人食用，而加勒比和中南美洲地区的种植者则将大部分香蕉出口到美国、加拿大和欧洲国家。美国和其他发达国家的人把香蕉当作甜点，而发展中国家的人将香蕉当作主食。一棵香蕉植株一生可以结3到4次果实。香蕉植株开花半年后，它的果实就可以成熟。总的来说，香蕉植株从幼苗到成熟需要8到10个月。只要还留在香蕉植株上，香蕉就是嫩绿色的，自被采摘下来的那一刻起香蕉开始成熟。在成熟过程中，它们把淀粉转化成果糖。绿香蕉的含糖量为1%，而熟香蕉的含糖量为80%。香蕉一旦被摘下就会释放气体乙烯，这是一种具有加速成熟功效的化学物质。香蕉含有碳水化合物、钾、维生素C和维生素B_6。在世界上的一些地区，生产商会把香蕉制成香蕉片、香蕉粉和香蕉泥。

1　佛罗里达州：在北纬24度到31度之间，南部属热带气候，北部属亚热带气候。——编者注

起源和传播

在亚洲和非洲，人们用神话来描述香蕉的起源和重要性。在印度，香蕉具有宗教意义。印度神秘主义者在香蕉树下冥想。根据一种传统说法，香蕉是吉祥天女（Lakshmi）的化身，她是财富、美貌和智慧的女神。在印度婚礼上，新郎会送给新娘一根香蕉作为生育的象征。在印度，香蕉是印度教艺术的主题。在吠陀经典中，香蕉园是猴神哈奴曼（Hanuman）的家园。印度的香蕉年产量约为1700万吨，占全球香蕉总产量的20%，是第二大生产国厄瓜多尔的香蕉年产量的三倍。印度种植香蕉以供当地消费，而厄瓜多尔出产的香蕉专供出口——厄瓜多尔人吃掉的香蕉不足全国香蕉产量的2%。在印度，香蕉片是最受欢迎的零食。印度人甚至搭配着黑眼豌豆[1]吃炸香蕉皮。他们还把香蕉做成调味酱，这在西方人看来可能没什么吸引力。在非洲，一个创世神话中提到了香蕉。金图[2]是第一个人类，娶了创造之神古鲁（Gulu）的女儿南碧（Nambi）。南碧的哥哥因为她嫁给了一个凡人而不高兴，便把他们俩逐出了伊甸园。离开时，金图和南碧带上了一截香蕉根，可能是为了在流浪途中种植。一些学者认为乌干达是非洲的伊甸园。香蕉对乌干达人非常重要，人们有时把它当钱用，例如，农民可以用香蕉来还债。乌干达人在双胞胎出生时吃一种特定的香蕉，在亲人去世时吃另一种香蕉。丈夫或者妻子会吃一种特别的香蕉，以鼓励他们的配偶保持忠诚。乌干达人相信，有一种香蕉可以增加精子数量。乌干达的香蕉年产量为1100万吨，据此推测，当地人的香蕉人均年消费量约为227公

1　黑眼豌豆：实际上是一种豇豆，属于豇豆属。——编者注

2　金图（Kintu）：出自乌干达故事《金图的选择》。在原稿中，金图是个普通人，在中国的版本中他变成了神仙，被附加了神话色彩。——编者注

斤，这是美国人均年消费香蕉量的20倍。在乌干达的一些村庄，平均每个农民每年能生产约440公斤香蕉。尽管这个数字似乎庞大到足以鼓励出口的地步，但是乌干达农民种植的香蕉是供当地消费的。

在乌干达，香蕉在食物概念中占据核心位置，因此"matoke"这个单词既指"香蕉"，又指"食物"。香蕉在萨摩亚被叫作"mei'a"，在新西兰和复活节岛被叫作"maike"，在夏威夷被叫作"mai'a"，在印度尼西亚、菲律宾、马来西亚和巴布亚新几内亚被叫作"pisang"，在巴布亚岛被叫作"pudi"和"fud"，在所罗门群岛被叫作"buti"，在斐济被叫作"vud"，在汤加被叫作"feta'u"，在塔希提岛被叫作"fe'i"。印度教徒把香蕉称为"kalpatharu"，意思是"有德行的植物"。香蕉的英文单词源自阿拉伯语的"banan"，意为"手指"，因为一把香蕉中的每一根都像手指。

香蕉源于东南亚。野生香蕉不可食，人们不禁好奇为什么古人会选择驯化它。那些对野生香蕉感兴趣的人，按照无籽和口味标准对其进行挑选。野生香蕉出现在中国的南方地区和东南亚地区。早在公元前7000年，巴布亚人就以香蕉为食，并且可能是最早种植香蕉的人。公元前5000年左右，东南亚各地的人开始种这种植物。在古代，香蕉传播到萨摩亚、新西兰、夏威夷、复活节岛、印度尼西亚、菲律宾、马来西亚、印度、中国和婆罗洲。大约在公元300年，香蕉被印度尼西亚人带到马达加斯加，接下来又从那里传到东非。许多非洲香蕉都是太平洋香蕉品种的后代，这一事实意味着香蕉的第二次引进。公元650年，阿拉伯人把香蕉带到中东。起初，欧洲探险者不知道香蕉是什么，常常把香蕉和大蕉相混淆。1350年，一名欧洲探险者在斯里兰卡发现了香蕉。1482年，葡萄牙人在塞拉利昂、利比里亚和冈比亚发现了香蕉。1500年左右，葡萄牙人在加那利群岛种植香蕉。16世纪晚期，旅行者在尼科巴群岛和印度地区发现了香蕉。

　　一些学者推测，香蕉在哥伦布航海之前就传到了美洲。有一种观点认为，香蕉从西非传到美洲的时间早于热那亚[1]探险家哥伦布到达美洲的时间。另一种观点认为，经过长途跋涉，人们渡过太平洋，把香蕉传到了南美洲西海岸。美洲的相关记载中，第一次提到香蕉是在1516年，当时西班牙传教士托马斯·德·贝兰加（Tomás de Berlanga）将香蕉引入圣多明各（今属多米尼加），这标志着在加勒比地区，甚至可能在整个美洲，都出现了种植香蕉的文化。香蕉从圣多明各扩展到加勒比的其他地区以及中南美洲地区。在中美洲，特别是在厄瓜多尔、哥伦比亚、洪都拉斯、危地马拉、哥斯达黎加和巴拿马，种植园主建立了大型种植园。

　　加勒比地区的人从16世纪开始种植香蕉，直到19世纪香蕉才成为出口产品。19世纪60年代，美国开始从牙买加进口香蕉。种植园主察觉到了获利机会，就把废弃的甘蔗园改成了香蕉园。20世纪时，联合果品公司垄断了从加勒比地区到美国的香蕉运输业务。在圣卢西亚，农民们在丘陵地带种香蕉而不再种甘蔗。多米尼加共和国种有香蕉和咖啡。在格林纳达，农民种植香蕉和肉豆蔻。1902年，马提尼克岛上的培雷火山爆发，火山灰覆盖了当地的甘蔗种植园，一些农民因此改种香蕉。1987年至2002年间，马提尼克岛的香蕉出口量从191140吨增加到341720吨，后者占马提尼克岛出口总量的40%。马提尼克岛的大部分香蕉被运往法国、意大利和英国。自1950年以来，香蕉一直是圣文森特岛的主要出口商品；1981年，香蕉出口量占全岛出口总量的72%。20世纪90年代，瓜德罗

1　热那亚：意大利著名古城，也是航海家哥伦布的诞生地。——编者注

普岛的香蕉产量不断增加：1991年增加了30%，1992年又增加了13%。1992年，瓜德罗普岛收获163470吨香蕉，其中122430吨用于出口。2002年，干旱加剧了2000年飓风黛比的影响，瓜德罗普岛的香蕉产量下降到127320吨。

在中非，人们把香蕉发酵后酿成啤酒。在乌干达，姆比德（Mbidde）品种的香蕉被用于酿造啤酒。在扎伊尔，用于酿造啤酒的是马坎迪利（Makandili）品种的香蕉；这里的农民除了香蕉还种咖啡。在布隆迪，种植者将香蕉与芋头、豆类和甘蓝间作。在卢旺达，农民种植香蕉和甘薯。香蕉在卢旺达是如此重要，以至于成为20法郎（约合23元人民币）硬币的图案。在一些地区，农民把香蕉和可可间作。通过间作，在可可还没成熟的四五年中，香蕉可以提供收入。当可可成熟，农民就会把香蕉树砍下来做盖料。今天，喀麦隆、科特迪瓦、加那利群岛和以色列都向欧洲出口香蕉。菲律宾采用拉丁美洲的香蕉品种，从20世纪70年代开始出口香蕉，现在出口到中国、日本和中东国家。在菲律宾、多米尼克、格林纳达、圣卢西亚、圣文森特、马提尼克和瓜德罗普，香蕉的出口额占商品出口总额的一半。

香蕉贸易与帝国主义

随着美国经济体系向拉美扩展，美国开始通过香蕉来创造财富。在这个背景下，香蕉塑造了美洲历史，并成就了美国资本主义和帝国主义的突出地位。1885年，波士顿果品公司，即今天的金吉达公司成立了，将香蕉从加勒比地区运往美国。香蕉易坏，这使波士顿果品公司成了第一家用冷藏舱运输香蕉的公司。在新奥尔良成立的标准果品公司，为美国的南方供应香蕉。波士顿果品公司与标准果品公司依靠销量获益，所以它们的香蕉定价低廉。19世纪时，香蕉价格是苹果价格的一半——1900年前后，美国人花25美分就能买一打香蕉，但这些钱只够买两个苹果。香蕉价格很便宜，这就鼓励了美国人争相购买。于是，香蕉消费量从1900年的1500万串上升到1910年的4000万串。尽管这一数字在20世纪40年代有所下降，但自从1970年以来，美国的人均香蕉消费量上升了43%。美国从整个拉丁美洲和加勒比地区进口香蕉，但其大部分香蕉是从厄瓜多尔进口的。

在中美洲，牧场主迈纳·C. 基思（Minor C. Keith）在巴拿马、危地马拉、洪都拉斯、尼加拉瓜、哥伦比亚和厄瓜多尔修建铁路线的时候，沿着铁道种植香蕉。最初，香蕉是给铁路工人吃的，但基思逐渐意识到，他可以将多余的香蕉运往美国，供应到美国西南部。1899年，基思的企业与波士顿果品公司合并，成立了联合果品公司。这个集团所拥有的香蕉种植园的面积，相当于康涅狄格州的大小。联合果品公司是古巴香蕉的早期投资者，拥有12万公顷香蕉和甘蔗种植园。随着联合果品公司的规模不断增大、财富不断增长，它在加勒比地区、中美洲地区、南美洲地区以及美国获得了影响力。如果接到请求，美国会动用武力，迫使原本不愿意的他国政府接受联合果品公司的投标。1912年，美国入侵洪都拉斯，逼迫洪都拉斯政府承认联合果品公司有权修建铁路和种植香蕉。联合果品公司离不开廉价劳动力，却与劳工激进主义水火不容。1918年，在联合果品公司的请求下，美国出兵镇压了巴拿马、哥伦比亚和危地马拉的香蕉工人罢工运动。1925年，美国军队又镇压了危地马拉的另一场罢工运动。联合果品公司对竞争对手同样无情——要么收购对手，要么压价销售以搞垮对手。到20世纪20年代末，联合果品公司的价值超过1亿美元，它拥有6.7万名工人和65万公顷土地，其香蕉园遍及32个国家。然而，该公司的工人却从未分享过它的成功。在旺季，工人先收香蕉，再装船，如此连续工作72个小时并且几乎没有休息。他们不能上厕所，不能成立工会。他们的工资很少以现金形式发放，而常常是手写的工资白条，只能在联合果品公司的商店里兑换商品。这些商品来自美国而非当地，价格还很高。为了增加销量，联合果品公司雇医生鼓吹喂婴儿吃香蕉的做法，因为他们知道一般是妈妈们去杂货店买东西。联合果品公司用广告宣传"玉米片加香蕉片是理想的早餐"的理念，并将免费香蕉的优惠券放在麦片盒里，而优惠券是麦片生产商买下来的。

联合果品公司在哥伦比亚的所作所为引发了"香蕉惨案"。该公司在1899年，也就是创立的那一年，在哥伦比亚收购了第一家香蕉种植园。令公司沮丧的是，劳工在20世纪初变得难以驾驭。在1928年10月，为了获得更好的工作条件，3.2万名香蕉工人开始罢工。他们的要求并不过分，他们想要医疗保健，想要厕所使用权，想要现金而不是白条。他们想要被归类为雇员而不是独立的承包商，这样他们就能享受哥伦比亚劳动法的保护，尽管哥伦比亚劳动法的保护力很弱。联合果品公司没有进行谈判，不承认工人处境恶劣；罢工的工人也不肯妥协。1928年12月5日，哥伦比亚政府想必是迫于联合果品公司的压力宣布戒严。星期天，在工人参加完天主教弥撒后，政府军队开枪，杀死了1000多人。

危地马拉的境况也不让人安心。在20世纪初，联合果品公司在这里建立了它的第一家香蕉种植园，并且似乎很早就控制了弱势的危地马拉政府。政府要求百姓每年在香蕉园里劳作100天，这种强制劳动制度在美洲很常见。联合果品公司不仅轻视工人，而且对政府也同样不屑一顾——占据广大的土地，却从不缴税。20世纪时，危地马拉的中产阶级逐渐成长起来，自主意识提高。他们受过教育，明白联合果品公司在剥削自己的祖国。联合果品公司把危地马拉整个国家当成自己的一个香蕉种植园来经营，这种事实让中产阶级愤怒不已。事实上，各家香蕉公司占地1.6万平方千米，占危地马拉耕地的70%。1944年，学校教师举行罢工。政府摇摇欲坠，只好宣布工会合法，但是禁止香蕉工人加入工会。随后政府倒台，哈科沃·阿本斯（Jacobo Arbenz）崛起，组建了自由政府。阿本斯要求联合果品公司缴税并放弃部分土地，使危地马拉人民能够按照自己的意愿进行耕作。但中央情报局在危地马拉散布假消息，制造混乱。危地马拉军方领导人认为败局已定，拒绝集结军队对抗中央情报局。最终，阿本斯逃离危地马拉，联合果品公司巩固了自己的香蕉王国。

延伸阅读

Charrier, Andre, Michel Jacquot, Serge Hamon, and Dominique Nicolas, eds. *Tropical Plant Breeding*. Enfield, New Hampshire: Science Publishers, 2001.

Eagen, Rachel. *The Biography of Bananas*. New York: Crabtree Publishing, 2006.

Grossman, Lawrence S. *The Political Ecology of Bananas: Contract Farming, Peasants, and Agrarian Change in the Eastern Caribbean*. Chapel Hill: University of North Carolina Press, 1998.

Jenkins, Virginia Scott. *Bananas: An American History*. Washington, DC: Smithsonian Institution Press, 2000.

Koeppel, Dan. *Banana: The Fate of the Fruit that Changed the World*. New York: Hudson Street Press, 2008.

Roche, Julian. *The International Banana Trade*. Boca Raton, FL: CRC Press, 1998.

Wiley, James. *The Banana: Empires, Trade Wars, and Globalization*. Lincoln: University of Nebraska Press, 2008.

椰　子

椰子（学名"*Cocos nucifera*"）生长在亚洲、太平洋岛屿、非洲和拉丁美洲。它是棕榈科的一员，在北纬20度至南纬20度之间的区域被广泛种植。在赤道附近，农民们能将椰子树种到海拔约910米的地方，不过他们很少在海拔超过270米的地方大量种植。在牙买加，种植椰子树的地区海拔不超过110米。椰子树可以活100多年，其生产力可保持60年。传统品种在被种植后的第五年或者第六年开始开花。椰子长在椰子树上，需要1年的时间才能成熟。"椰子"这个词源于葡萄牙语中的"猴子"，因为葡萄牙人认为椰子跟猴子的脑袋相似。因为椰子树非常重要，所以它又被称作"生命之树""丰饶之树""天堂之树"。每80克椰子含有约1184焦耳的热量、37.6克水、2.7克蛋白质、12.2克碳水化合物、7.2克纤维、285毫克钾、90.4毫克磷、25.6毫克镁和11.2毫克钙。椰奶和椰汁也很有营养，而椰子油只有热量，缺乏营养。

起源与传播

一名专家认为椰子起源不明，不过其他一些科学家很快就按耐不住地提出了一些假设。在19世纪，一些学者推测椰子起源于中美洲或者南美洲。而当今流行的似乎是"椰子起源于旧大陆"这类假设。一些权威人士倾向于认为椰子的发源地是马来西亚或者印度尼西亚，还有很多专家提出椰子起源于印度和美拉尼西亚。一块距今1500万年至4000万年的椰子状化石可能表明，椰子的发源地是印度拉贾斯坦邦的沙漠。然而，一些科学家质疑这一说法。美拉尼西

美拉尼西亚

美拉尼西亚是太平洋南部群岛，位于经度180°以西，赤道同南回归线之间。主要包括俾斯麦群岛、布干维尔岛、所罗门群岛等。一些学者认为，在大约3万年前，之前在澳大利亚定居的人来到美拉尼西亚，在岛上定居了一段时间之后，他们开始收割椰子。因此，椰子可能诞生于美拉尼西亚。

亚是一个可能的发源地，因为根据一位科学家的说法，那里有着大量以椰子为食的昆虫，这说明椰子长期以来一直是岛上植物群的一个组成部分。最初的椰子可以追溯到公元前3400年的美拉尼西亚，比人类来此定居的时间还早。如果椰子不是起源于美拉尼西亚，就必须援引某种机制来解释它是如何上岛的。新西兰有一块1500万年前的化石，说明这里也有可能是椰子的发源地。椰子源于马来西亚的假说清楚地表明，椰子可能起源于东南亚。一块始新世[1]的椰子化石（Cocos sahnii）使得人们推测，椰子可能起源于西印度洋。巴布亚新几内亚北部海岸有一些化石，表明椰子可能源自那里。考古学家已经发现了一块和人类头骨放在一起的椰子化石，由此可以推断，在公元前4500年，人类就已经在巴布亚新几内亚使用椰子了，而这个时间很可能早于开始种植椰子的时间。一位学者认为，椰子在1500万年前起源于冈瓦纳古陆[2]的豪勋爵海隆到诺福克岛海岭之间的区域。

无论起源于何处，椰子已经向西扩展到遥远的塞舌尔群岛，向东扩展到莱恩群岛。人们还不清楚椰子是怎么传到这些地区的。一

---

1 始新世：古近纪的第二个世。起讫时间为5600万年前到3390万年前。——编者注

2 冈瓦纳古陆：大陆漂移假说中的南部古陆，又称"南方古陆"。它的名称源自印度地名。它可能形成于前寒武纪，其上发育有特殊动植物。——编者注

些权威人士断言，洋流不可能把椰子带到这么远的地方，因为它如果在水里浸泡时间过长，就没法发芽。既然椰子不能随着洋流扩散，那么肯定是人类把椰子带到了自己的所到之处。根据这一假说，有研究指出波利尼西亚人、泰米尔人和阿拉伯人把椰子传播到整个旧大陆的热带地区。当欧洲人移民到热带地区时，他们也成了传播椰子的媒介。1499 至 1549 年，葡萄牙人将椰子从好望角周围的印度洋运到了佛得角群岛，又从那里将其运到加勒比地区和巴西。1650 年后，西班牙人把椰子从菲律宾带到了中美洲和南美洲地区。

另一些权威人士将洋流作为椰子的传播机制，指出椰子壳吸收海水后必然会使椰子休眠。椰子在海水里发芽很慢，而浸在淡水里就会更快发芽。椰子外壳很厚，最适合在海上漂浮，因此椰子可以在太平洋和印度洋上长距离漂流。假设椰子起源于亚洲或太平洋岛屿，那么它可能随着洋流传播到澳洲、非洲和美洲，虽然它似乎很难在没有人类辅助的情况下穿越这么遥远的距离。

椰子农业和椰子的用途

早期人类肯定格外看重椰子，将它视作无须工具或者挖掘就能获得的水源。随着椰子被海浪冲上岸，沿海岸居住的人们就能收集椰子，而这种行为的出现时间肯定比种椰子的时间要早。早在公元前 1000 年，人们就在印度的马拉巴尔海岸（现属喀拉拉邦）种植椰子，因而此地被称为"椰子之乡"。后来，斯里兰卡人也开始种植椰子。由此可知，椰子农业的发端要晚于农业在新旧大陆的兴起。今天，大部分椰子是由菲律宾、印度、斯里兰卡、马来西亚、印度尼西亚和其他太平洋岛国等距赤道 1600 千米之内的热带国家生产的。椰子是热带地区的人用来养家糊口的食物，因此也改变了他们的历史和日常生活。

在热带许多地区，椰子长期以来一直是小型农户种植的作物，被他们种在离家不远的地方和花园里。在这一点上，椰子促进了农业的发展，从而改变了当地的经济状况。在菲律宾，小型农户的椰子种植面积占比超过了80%，平均每户拥有2公顷的椰子种植园。在印度，每户的椰子平均种植面积不到0.4公顷。为了减少对单一作物的依赖，农民们除了种椰子之外，还种甘薯、木薯、玉米、向日葵和南瓜。在牙买加，农民种植椰子和香蕉；在塞舌尔群岛，农民种植椰子、肉桂和香草。小型农户把椰子当作经济作物和粮食。椰子树全身都是宝：椰子叶可以用来糊屋顶、墙，也可以制成地垫和床垫；树干可以用来造家具；椰子肉可以当饭吃，可以喂牲畜，还可以榨油；椰子饼——榨完椰子油后剩下的干椰子肉——可以用来喂牛和鸡；椰子汁可以用来制含糖制品和醋；椰子外皮可以搓成绳子；椰子壳可以当作木炭；其树根可以用作染料，也可以入药；椰子油可以用来生产润滑剂、肥皂、洗衣粉、人造黄油和植脂奶油，还可以点燃照明或用作燃料。大多数椰子油都可以用于烹饪。在19世纪，美国和欧洲用椰子榨油和生产肥皂。到了1900年，椰子被用于制造人造黄油。由于对干椰子肉的需求刺激了出口，从1910年到1925年，干椰子肉的出口量从38.5万吨增加到了80万吨，于1935年超过了100万吨；但此后增速有所放缓，直到1975年，出口量才达到了150万吨。在菲律宾、印度尼西亚、巴布亚新几内亚、斯里兰卡、印度和马来西亚，椰子和椰子油是很受欢迎的食品和食用油。

椰子油虽然很重要，但是它面临着与大豆油和棕榈油的竞争。20世纪，美国和南美洲的大豆种植面积迅速扩大，提高了大豆油的供应量，导致大豆油价格降低。棕榈油方面也是这种情况，因为马来西亚和印度尼西亚在20世纪时扩种了油棕，所以棕榈油价格降低了。根据世界银行的统计，菲律宾生产1吨椰子油的成本为320美元至400美元，而印度尼西亚生产1吨棕榈油的成本为200美元至220美元。在这样的现实条件下，消费者更愿意使用其他植物油而不是椰子油，于是，对椰子油的需求就停滞了。自1980年以来，椰子油消费量的年增长率不足1%。菲律宾出口了世界上75%的椰子油，满足了人们对椰子油的需求。该国也是干椰子肉和椰子油的最大生产国，其三分之一的人口——1800万人——依靠椰子创收。

延伸阅读

Banzon, Julian A., Olympia N. Gonzalez, Sonia Y. de Leon, and Priscilla C. Sanchez. *Coconut as Food*. Quezon City, Philippines: Philippine Coconut Research and Development Foundation, 1990.

Green, Alan H., ed. *Coconut Production: Present Status and Priorities for Research*. Washington, DC: The World Bank, 1991.

Piggott, C. J. *Coconut Growing*. London: Oxford University Press, 1964.

海 枣

海枣（学名"*Phoenix dactylifera*"）是一种能结出含糖果实的棕榈树，也是古老的栽培树种之一。以色列人和阿拉伯人把海枣叫作"tamar"，葡萄牙人据此给它取名"tamara"。海枣的英语名是"date"，法语名是"datte"，德语名是"dattel"，西班牙语名是"datel"，意大利语名是"dattile"，以上诸词词源都相同。海枣归海枣属，其属名*"Phoenix"*可能来自希腊语"phoinix"，意思就是"海枣树"。希腊人可能把海枣和生产海枣的腓尼基文明联系在一起，而"phoenix"就是从腓尼基的名字"Phoenicia"衍生而来的。海枣的种加词是拉丁语*"dactylifera"*，意为"手指状"，这明显是指海枣与手指相似。海枣属有12种。成熟的海枣的含糖量为60%，因而被古人用来酿酒。海枣的蛋白质和脂肪含量很少，各占2%。海枣含有铁、镁、钾、磷、钙、铜、硼、钴、氟、锰、硒、锌等元素，以及少量的维生素A、维生素B_1、维生素B_2、维生素D和纤维。海枣树的叶子曾被人们用来做篮子、屋顶、垫子和绳子——埃及人至今仍然用海枣树的叶子编绳子。海枣树的木材被人们用来建房子。由此而论，海枣树及其果实以多种方式塑造了人类历史。

海枣树及其果实

海枣在中东和北非是主粮，就像大米、小麦和土豆是世界上其他地区的主粮一样。海枣树是雌雄异株的，不同的树上分别长有雄花和雌花。如果种下一些海枣种子，它们就会如人们所预料的那样，长出来一半雄树、一半雌树。对于种植者来说，这是一种浪费，因为只有一半海枣树（即雌树）能够结果，而雄树会脱落大量花粉，数量远超雌树受粉所需。在20世纪70年代，种植者会按照1棵雄树配40或50棵雌树的比例种植海枣树。今天，这一比例是1∶100。有些种植者甚至不种雄树，而是年年用买来的花粉给雌树授粉。

海枣树在春天开出小小的花簇——因为不需要吸引昆虫授粉，所以这些花并不显眼。风可以为海枣树授粉，不过自古以来人类就通过人工授粉的方法来增加海枣产量。海枣成熟于夏末初秋。在加利福尼亚州，海枣的收获季节可以从当年11月持续到来年2月。如果栽下海枣树的嫩枝，那么它们需要4年才能结果；如果种下海枣种子，则需要8到10年才能成熟。海枣树可以长到30米高，存活200年。若要采集其嫩枝，种植者得去除树上的果实。若想果实大丰收，种植者就得去除一些嫩枝（如果把嫩枝全部去除，那么随后几年这棵树将长不出新的嫩枝）。一颗海枣树无法同时长出硕果和嫩枝。

海枣树是一种沙漠植物，对盐碱地有非同寻常的耐受力。雨水会破坏海枣，所以干旱的气候最适合它。海枣树需要充足的日照和干燥的环境，但它并不耐旱。人类自古以来就通过修水渠或挖井抽取地下水的方式取水灌溉海枣树。灌溉需要使海枣很早以前就成了一种劳动密集型的作物。种植该树也非常耗费人力。种植者得从一棵好树上挑出一个萌蘖芽[1]或者一根嫩枝，这样做能使种植者确定新植株的特征和性别。种植者一般会挖一个2.4米深的坑，然后填上一层1.5米厚的松土和肥料的混合物，再把嫩枝植入现在只剩下0.9米深的坑里，接着就可以等海枣树从这半阴之处生长出来了。等到海枣树嫩枝长高，就用土把剩下的坑填至与地面平齐。

海枣有数百种，分为软枣、半硬枣和硬枣。一棵海枣树每年能结出45千克到136千克的果实。海枣树虽然是沙漠之树，但它也能忍受冰点以下的低温环境。美洲人和欧洲人把海枣当成一种甜点，并从中东和北非进口海枣。2007年，全世界的海枣总产量为760万吨，埃及以140万吨的产量遥遥领先，伊朗以110万吨的产量位居第二，沙特阿拉伯以100万吨的产量位居第三，阿联酋以83.2万吨

1　萌蘖芽：指从棕榈藤植株基部萌蘖形成的芽。——编者注

的产量排在第四，巴基斯坦以61.4万吨的产量排在第五。美国不是主要的海枣生产国。

古代人认为海枣有益健康。公元1世纪的古罗马作家大普林尼认为，海枣可以治疗胸痛和咳嗽，而且能够让因长期患病而身体虚弱的人变得强壮。还有一些古代人用海枣治疗焦虑、肾病和胃病。阿拉伯人认为，海枣能够治疗发热、阳痿和其他疾病。海枣种子里的油可以用来制作肥皂和化妆品。

起源和历史

人类很早就驯化了海枣。在地中海盆地发现的海枣树化石可以追溯到始新世。当今世界并没有野生海枣树存在，这表明海枣树的培育历史悠久。野生海枣树曾经在死海地区生长，而那里是半咸水[1]地区，别无其他植物生长。根据一位权威人士的观点，人类可能是在古苏美尔的底格里斯河和幼发拉底河的下游流域第一次见到海枣树的。海枣树的栽培可追溯到公元前4000年的苏美尔。另一位权威人士则认为，人类最早于公元前6000年左右开始在阿拉伯半岛培育海枣树，还将海枣从那里传播到了美索不达米亚。古代的耶利哥有许多海枣树，因此得名"海枣树之城"。在古巴比伦，土地所有者将海枣树连带着土地一起租给佃农，收其一半收成当作租金。古巴比伦人以每英亩50棵的密度种植海枣树。在公元前18世纪，古巴比伦国王汉谟拉比（Hammurabi）颁布的法典规定，砍1棵海枣树的罚款为15盎司银币，这样的惩罚力度对普通人来说肯定难以承受。巴比伦人将海枣树与芝麻、谷物和三叶草间种。今天，底格里斯河

---

1 半咸水：生态学术语，指含盐量在0.5～18g/L之间的水。——编者注

和幼发拉底河的三角洲仍有500万棵海枣树,堪称海枣树的家园。值得一提的是,在战争中,胜利者会砍伐被征服者的海枣树,亚述人(一个西亚民族)尤是如此。

海枣从美索不达米亚传往北非。公元前3000年,埃及人开始种植海枣。古埃及的艺术作品,描绘了第十八王朝的法老图特摩斯一世(Thutmose I)向众神敬献海枣的场景。今天,埃及约有1000万棵海枣树。北非人曾在撒哈拉沙漠种植海枣,并将其称为"沙漠面包",穿越沙漠的旅行者会带着一袋海枣,把它当作人和骆驼的干粮。在阿尔及利亚,农民将海枣与柑橘、杏、坚果和蔬菜间作。海枣还从美索不达米亚传到了希腊和罗马,约2000年前,罗马人已在西班牙种植海枣,后来,海枣树在西班牙逐渐被广泛种植。

1513年,西班牙人试图在古巴种植海枣树,但种下的树都被美洲印第安人砍光了。西班牙军人罗德里戈·德·塔马约(Rodrigo de Tamayo)不为所动,他创建了达蒂尔小镇,并在那里种海枣树和烟草,而"达蒂尔"的意思就是"海枣"。海枣树在古巴的种植规模没有壮大起来,因此古巴现在不是主要的海枣生产国。16世纪时,西班牙探险家埃尔南·科尔特斯将海枣树引入墨西哥。西班牙人还试图在佛罗里达州种植海枣树,但那里的气候太潮湿了。18世纪时,西班牙传教士得到了从墨西哥运来的海枣树,并把它种在加利福尼亚州的圣迭戈市附近。19世纪时,农民再次尝试在佛罗里达州种植海枣树,但直到19世纪30年代,这些努力都没有成功。1857年,农场主J.R.沃尔夫斯基尔(J. R. Wolfskill)在加利福尼亚州萨克拉门托河谷种下海枣树;1877年,这些树开始结果。19世纪60年代,农民们开始在亚利桑那州尤马县种植海枣树;19世纪80年代,这些树开始结海枣果实。1890年,美国农业部从埃及、阿尔及利亚和阿拉伯半岛采集了海枣树嫩枝,然后将它们种在新墨西哥州、亚利桑那州和加利福尼亚州。1900年，美国农业部第二次向亚利桑那州投放海枣树。在1903年和1907年，农场主伯纳德·约翰逊（Bernard Johnson）把海枣树引入加利福尼亚州的科切拉山谷。1912年，约翰逊又在亚利桑那州的尤马县种下了更多的海枣树。至此，亚利桑那州的海枣树比加利福尼亚州的还多。1913年至1923年，美国农场主派遣植物探索家到中东和北非寻找最好的海枣树品种。1913年以后，科切拉山谷的海枣树一派繁盛，使加利福尼亚州成为美国头号海枣产地。自1921年以来，科切拉山谷在每年的2月都要举办一届海枣节，吸引了25万名来自美国和加拿大的游客。

20世纪时，海枣在加利福尼亚州非常流行，商人开始出售海枣奶昔和海枣冰淇淋。然而，在20世纪60年代，一些海枣种植者把他们的土地卖给了房地产开发商。还有一些种植者为了拓展收入来源，开始种植柑橘类水果。勉强坚持下来的种植者只能努力满足消费者对天然食品的渴望。这些种植者宣传说他们不对海枣树用杀虫剂和合成肥料，也不对海枣添加防腐剂，因为海枣在低温下可以保存好几个月。到了20世纪70年代，科切拉山谷有22万棵海枣树，总种植面积为17.8平方千米；美国其他地方还有总面积约1平方千米的海枣树种植地。2004年，加利福尼亚州总共有18平方千米的海枣树种植地，而美国其他地方种植海枣的总面积不到1.8平方千米。

延伸阅读

Barreveld, W. H. *Date Palm Products*. Rome: Food and Agriculture Organization, 1993.

Popenoe, Paul. *The Date Palm*. Miami, FL: Field Research Projects, 1973.

Simon, Hilda. *The Date Palm: Bread of the Desert*. New York: Dodd, Mead and Company, 1978.

Zaid, Abdelouahhab, ed. *Date Palm Cultivation*. Rome: Food and Agriculture Organization, 2002.

菠　萝

菠萝是多年生草本植物，常见于热带和亚热带地区。美国人将这种水果与夏威夷联系在一起，不过夏威夷的菠萝产量已经过了出产菠萝的鼎盛时期。南美洲的图皮-瓜拉尼人把菠萝叫作"nana"，意思是"极好的水果"。"nana"是凤梨属属名"*Ananas*"和西班牙语"anana"的词根。菠萝是凤梨科的一员，所有菠萝都不外乎两个属：凤梨属和拟凤梨属。凤梨属包括5个物种：红苞凤梨（*Ananas bracteatus*）、富兹凤梨（*Ananas fritzmuelleri*）、菠萝（*Ananas comosus*）、立叶凤梨（*Ananas erectifolius*）和苏德凤梨（*Ananas ananassoides*）。拟凤梨属只有一种，即拟凤梨（*Pseudananas sagenarius*）。菠萝含有80%～85%的水、0.4%的蛋白质、0.5%的灰分、0.1%的脂肪和12%～15%的糖——其中5.9%～12%是蔗糖，1%～3.2%是葡萄糖，0.6%～2.3%是果糖。每100克菠萝含有69～125毫克维生素B_1、20～88毫克维生素B_2、200～280毫克烟酸、75～165毫克泛酸、10～140毫克维生素B_6、2.5～4.8毫克叶酸、0.02～0.04毫克维生素A，以及10～25毫克的维生素C。除了这些营养成分，菠萝还含有具有消炎作用的菠萝蛋白酶。

菠萝的美洲起源与欧洲对菠萝帝国的追求

菠萝可能起源于赤道附近今属巴西的地区。这个地区也生长可可树和古柯树[1]，这两种植物在世界范围内都很重要，不过古柯并不值得称道。在欧洲人征服美洲之前，菠萝就已经从巴西传到了圭亚那、哥伦比亚，以及中美洲和加勒比海的许多地方。事实上，哥伦布于1493年在今天的加勒比海瓜德罗普岛首次遇到了菠萝，该岛与法国之间的渊源比与西班牙的更为久远。瓜德罗普岛的当地人吃新鲜的菠萝或者烤菠萝。这些人甚至用菠萝汁酿造一种果酒，这让西班牙人感到惊讶，因为他们认为果酒只能用葡萄酿。跟随哥伦布而来的西班牙人很喜欢吃菠萝，并且以菠萝为主题撰写文章，给渴望了解美洲动植物的欧洲大众看。在这种背景下，菠萝作为一种迷人的水果、异国情调的象征塑造了历史。不过令人感到困惑的是，起初欧洲人似乎没有意识到：菠萝不耐霜冻，因此无法在欧洲或北美洲种植。

随着哥伦布大交换的进行，菠萝传到了全球热带地区：夏威夷群岛和太平洋的其他热带岛屿、大西洋的热带岛屿、亚洲和非洲。在整个热带地区，菠萝常与甘蔗一起种植。糖常被用来增加菠萝的甜度，尽管从菠萝的含糖量来看，此举纯属多余。虽然糖是延长菠萝存放时间的一种重要成分，但是菠萝并不需要额外的甜味剂。

菠萝最初是一种奢侈品，因为在大航海时代，将它从热带地区运到欧洲成本高昂。在这方面菠萝跟糖很像，它们一开始都是一种特权商品，后来才变成大众商品。菠萝作为一种奢侈品的地位让英

1　古柯树：一种常绿灌木，原产于南美洲的哥伦比亚、厄瓜多尔、秘鲁、玻利维亚和巴西。其干燥的叶子叫"古柯叶"，可以作为局部麻醉药使用。从古柯叶中提取出来的一种生物碱，叫"古柯碱"，又名"可卡因"。——译者注

国哲学家大卫·休谟(David Hume)很恼火,他哀叹自己尝不到菠萝,因而无法对菠萝发表看法。从一开始,菠萝就与苹果和许多其他水果一样,是一种餐后水果。

欧洲人一感觉到大众对菠萝有需求,就像以前对甘蔗和咖啡所做的那样,也开始在美洲热带地区建立菠萝种植园。他们很快就发现,适合甘蔗生长的土地同样适合种菠萝。如此说来,菠萝象征着帝国的征服、财富和异国情调,从而改变了历史。菠萝是殖民主义的产物。葡萄牙、法国、荷兰和英国都试图在美洲热带地区开办菠萝种植园。南美洲、中美洲和加勒比地区都是菠萝帝国的初创之地。到了1700年,欧洲人对建立菠萝帝国的渴望,使菠萝遍及全世界的热带地区成为现实。

夏威夷的水果皇后与菠萝资本主义的兴起

有一种观点认为,可能是英国船长詹姆斯·库克把菠萝带到了夏威夷群岛,另一种观点则认为,菠萝是西班牙人后来带过去的。到了19世纪,甘蔗和排在其后的菠萝成为经济作物。美国人最初尝试在佛罗里达南部种植菠萝,但并不成功;后来他们转向夏威夷群岛,因为那里的气候很理想,火山土壤很肥沃,非常适合菠萝生长。美国迫不及待地想要依靠糖和菠萝发财,所以在19世纪80年代于珍珠港建立了一个海军基地。1893年,美国推翻了夏威夷政府,并于1898年吞并了夏威夷。当时美国就在建立自己的菠萝帝国。似乎同样重要的是,美国在美西战争[1]期间和之后,控制了适合

---

1 美西战争:指1898年后崛起的帝国主义国家美国与老牌殖民主义国家西班牙为重新瓜分势力范围而进行的战争。美国作为战胜国夺取了西班牙的殖民地古巴、波多黎各和菲律宾,并在战争期间完成了对夏威夷的兼并。——编者注

夏威夷群岛

　　早在公元前1500年，来自塔希提岛和附近岛屿的波利尼西亚人就已经在夏威夷群岛定居了（来自塔希提岛的人可能相对晚来）约500年。1778年，英国探险家詹姆斯·库克（James Cook）是第一个抵达夏威夷群岛的欧洲人，不过他不太走运，大约在1年后死在了一座大岛上。在整个19世纪，夏威夷群岛的影响力不断扩大。1898年，美国宣布夏威夷群岛为美国领土。无论过去还是现在，糖和菠萝对夏威夷群岛的经济而言都很重要。

种菠萝的菲律宾群岛。夏威夷向加利福尼亚州供应菠萝，尤其是在使该地人口膨胀的淘金热[1]过后。

　　1900年，美国企业家詹姆斯·都乐最初考虑在夏威夷种咖啡树，后来决定种利润丰厚的菠萝。同年，他成立了夏威夷菠萝公司，即现在的都乐食品公司，在瓦胡岛上开辟了一座巨大的种植园。他的主要创新是把菠萝做成罐头，这使菠萝可以被任何消费者随时享用。都乐还在瓦希阿瓦建立了一家罐头工厂，这样就可以把菠萝出口到全世界。为了降低成本，他付给工人的月薪只有12美元，而当时福特汽车公司工人的日薪是5美元。通过如此苛刻的工资待遇，确实降低了在佛罗里达州种植菠萝的成本。到了1921年，都乐已经是夏威夷最大、最富有的地主。而当劳动力成本上升时，他就把业务转移到了菲律宾。到了2000年，夏威夷不再是菠萝种植中心，它的菠萝产量仅占全球菠萝总产量的2%。如今，农民将菠萝种遍热带和亚热带地区：泰国、菲律宾、中国、巴西、印度、美国、越南、墨西哥、印度尼西亚、南非、哥伦比亚、马来西亚、肯

1　淘金热：指自1848年加利福尼亚发现金矿以后，美国东部想发大财的人横穿北美大陆涌向西海岸的浪潮。——编者注

尼亚、哥斯达黎加、新加坡、加纳、科特迪瓦和刚果（金）等。泰
国、菲律宾和巴西是主要的菠萝生产国。

菠萝财阀投资开展集约种植[1]，却支付给工人很低的工资，他们
采用的这种商业模式让美国资本主义在世界范围内获得了成功。因
此，菠萝为美国和世界其他国家指明了现代全球经济的方向。在此
背景之下，全球的工资水平和工作环境都呈现出下降和恶化趋势。
菠萝使全球经济紧密连接成为可能，从而改变了世界。

菠萝与坏血病

今天很少有人会想起坏血病，但它曾经是一种致命疾病。凡是
在水果和蔬菜匮乏的地方，坏血病就会威胁到人们的生命。柑橘类
水果在防治坏血病中发挥的历史作用，已经引起了广泛关注。柑橘
类水果理应享有这样的声誉，而菠萝与柑橘类水果一样，也是一种
富含维生素C的热带水果，能预防坏血病；但相比之下，人们对菠
萝的关注较少。在18世纪，包括英国探险家詹姆斯·库克在内的很
多欧洲水手，都意识到了菠萝在水手饮食中的重要性。这些水手在
热带地区的港口附近栽下菠萝新枝，使菠萝的收获和储存变得更容
易。因为菠萝和柑橘类水果一样易坏，所以在穿越热带地区的航行
之中，船往往需要停靠好几次，以便保证有足够的新鲜菠萝供水手
吃。在这种情况下，菠萝的重要性仅能发挥在热带地区。在温带地
区航行的时候，水手就不能指望沿途收获菠萝了，因为菠萝不耐霜
冻。幸运的是，在温带地区的航行中，水手可以吃土豆，因为它也
是维生素C的重要来源。

1　集约种植：指在单位面积土地上集中投入较多生产资料、劳力和新农业技术
　　措施，进行精耕细作以提高作物单产和经济效益的种植方式。——编者注

延伸阅读

Bartholomew, D. P., R. E. Paull, and K. G. Rohrbach, eds. *The Pineapple: Botany, Production, and Uses*. Honolulu: University of Hawaii at Manoa, 2002.

Beauman, Fran. *The Pineapple: King of Fruits*. London: Chatto and Windus, 2005.

O'Connor, Kaori. *Pineapple: A Global History*. London: Reaktion Books, 2013.

Okihiro, Gary Y. *Pineapple Culture: A History of the Tropical and Temperate Zones*. Berkeley, CA: University of California Press, 2009.

Salunkhe, D. K., and S. S. Kadam. *Handbook of Fruit Science and Technology: Production, Composition, Storage, and Processing*. New York: Marcel Dekker, 1995.

西　瓜

　　西瓜（学名"*Citrullus lanatus*"）是一年生藤本植物，因水分含量高达92%而得名（西瓜的英文名"watermelon"中含有"水"的英文名"water"）。除了水分之外，西瓜还含有14%的维生素C，6%的糖，4%的泛酸，3%的维生素A、维生素B_1、维生素B_6和镁，2%的铁、磷和钾，以及1%的维生素B_2、烟酸、叶酸、钙和锌。每100克西瓜只含有约125焦耳的热量、0.4克纤维、0.15克脂肪和0.61克蛋白质。西瓜含有的番茄红素比包括番茄在内的任何水果或蔬菜的都多，而番茄红素是一种可以预防癌症的抗氧化剂。非洲南部喀拉哈里沙漠的布须曼人把西瓜叫作"tsamma"。西瓜属于葫芦科。关于西瓜到底是水果还是蔬菜的问题，一直存在争议。2007年，美国俄克拉荷马州将西瓜定为该州"州菜"，就此引发了围绕西瓜身份的一场辩论。事实上，一些专门讲蔬菜的书确实将西瓜列为其中的一个叙述对象。在美国，有44个州生产西瓜，佐治亚州、佛罗里达州、得克萨斯州、加利福尼亚州和亚利桑那州是西瓜的主要产地。中国人把西瓜籽烤干后加上盐当零食吃，就像美国人吃花生那样。越南人过年的时候也吃西瓜籽。

起源与历史

在19世纪50年代，英国探险家大卫·利文斯通（David Livingstone）在喀拉哈里沙漠发现了野生西瓜。他发现这些野生西瓜不如现代人工栽培的西瓜甜，但他的发现还是让其他人认为西瓜起源于这片贫瘠的土地。西瓜这种如此依赖水的植物竟然起源于沙漠，这不禁让人感到奇怪，但事实是，西瓜藤即使只能吸收哪怕很少的水分，厚实的果皮也能最大程度地减少水分蒸发。1882年，或许出于对亲水植物西瓜起源于沙漠这一说法的怀疑，法裔瑞士植物学家阿尔逢斯·德·康多提出，西瓜的故乡是非洲热带地区。如果这个假设是正确的，那么西瓜是从热带地区朝南北两个方向传播的。然而，另一些法国探险家提出了第三种可能性。他们发现，美洲原住民在密西西比河流域种植西瓜，从而认为西瓜起源于新大陆。当然，还有一种可能性是，西瓜在欧洲人殖民美洲之前就已经传遍了新大陆，这样的话，美洲原住民栽培的就是原产于非洲的西瓜，而不是美洲本土的西瓜。

埃及人可能是最早栽培西瓜的人，这符合西瓜起源于非洲热带地区并向北迁移的假设。另外，西瓜也有可能从喀拉哈里沙漠向北传播。在古代，西瓜从新大陆传播到埃及的可能性相对更小。人们对埃及人何时开始栽培西瓜存有争议。一种观点认为，埃及人早在公元前3000年就开始栽培西瓜；另一种观点认为，埃及人最早在公元前2000年就开始栽培西瓜；而第三种观点认为，西瓜是在公元前2000年到公元前1000年间的某个时间被初次栽培的。之所以只能推测出时间范围，是因为人们很难确认古代西瓜的遗迹。一名权威人士指出，古代的西瓜籽与黄瓜籽很像，鉴定起来非常复杂。一些学者认为，埃及人在公元前14世纪的图坦卡蒙法老（Tutankhamun）的陵墓里放了西瓜籽，也有人怀疑这些种子是黄瓜籽。

西瓜从埃及传向中东国家、希腊、罗马、印度和中国，而后两个地区分别在公元800年和公元1000年才开始广泛种植西瓜。人们不好确定希腊和罗马是否很早就种有西瓜。罗马人种西瓜的猜想可能立不住脚，因为古希腊文献和拉丁文献都没有提及西瓜，而且古代西瓜似乎并没有在地中海盆地被广泛传播。阿拉伯人、北非的柏柏尔人和西班牙的摩尔人种的西瓜无疑是从埃及传来的。在中世纪时，西瓜从西班牙传向整个地中海地区。

西瓜被引入新大陆的功劳，很大程度上属于西班牙人、英国人和非洲人。最早行动的可能是西班牙人，他们在16世纪左右把西瓜带到了美洲。差不多在同一时期，迁移到新大陆的奴隶也带来了西瓜。1628年，英国人把西瓜带到了马萨诸塞湾殖民地，此后，西瓜从那里传播到了弗吉尼亚和佛罗里达。在18世纪，西班牙传教士弗朗西斯科·加尔斯（Francisco Garces）把西瓜带给了科罗拉多河下游的美洲印第安人。美洲印第安人对西瓜好生欢喜，又将其从科罗拉多河流域传到太平洋沿岸。19世纪时，西瓜跨过太平洋到达夏威夷。

在美国南方，非裔美国人把西瓜当成一种美食。西瓜的流行程度丝毫不减，时至今日，非裔美国人仍然在佛罗里达州奥基乔比湖附近摆摊卖西瓜。俄罗斯人会从中亚进口西瓜，还会用西瓜酿造啤酒。

今天的西瓜

有的西瓜是有2组染色体的二倍体，有的西瓜是有3组染色体的三倍体，还有的西瓜是有4组染色体的四倍体。四倍体雌花和二倍体雄花杂交，可产生三倍体无籽西瓜。无籽西瓜有可育的雌花，但没有花粉，因此不能完成自花授粉（西瓜植株上既有雄花，又有雌花，雄花和雌花的比例为13∶1，但不足以自花授粉）。因为这种不育的西瓜没有籽，所以它比有籽西瓜更受消费者喜欢。不育的三倍体西瓜不能产生花粉，必须用带花粉的传统栽培品种给它授粉才能结出果实，因此，农民或园丁必须将三倍体西瓜与二倍体或四倍体西瓜同时种植，才能种出无籽西瓜。可育与不育的西瓜植株比例应为1∶3，以保证产生足够的花粉。西瓜主要靠蜜蜂和大黄蜂传粉。自20世纪80年代末以来，美国广泛种植Tri-X 313西瓜。该品种是三倍体，瓜皮坚硬，果实较小，藤蔓繁茂，抗病性强，不容易变质。现在，北美、欧洲国家和以色列都在种植Tri-X 313西瓜。

"星月"是一个自由授粉的西瓜品种，起源不可考。来自俄罗斯的门诺派教徒移民可能在19世纪时把它带到了美国。人们明显对它知之甚少，直到1926年，美国纽约的彼得·亨德森种子公司自称培育出了该品种。星月西瓜因为很圆，不好堆放，所以在20世纪早期并不受欢迎。它非常有名，但也非常罕见，于是种子保存者交换中心决心要找到它。经过一番搜寻，该组织从密苏里州梅肯市的园艺家默尔·范多伦（Merle Van Doren）那里找到了一点种子，并保存了下来。这个品种的西瓜因外皮点缀着星星状的小斑点、月亮状的大黄斑而得名"星月"。

"响尾蛇"也是自由授粉的西瓜品种,又名"南方响尾蛇"和"椭圆吉卜赛"。从"椭圆吉卜赛"这个名字可以看出,这种西瓜是椭圆形的,在卡车和火车的车厢里很容易堆放。这个品种的历史可以追溯到19世纪30年代的佐治亚州。它的瓜皮有深绿色条纹,一些园艺家将其比作响尾蛇,其他人则认为它的条纹像老虎身上的条纹。这个品种的西瓜在种植90天后成熟,结出的果实重达20千克。

1881年,伯比种子公司推出了自由授粉的品种"古巴皇后"。它具有许多西瓜品种共有的特点——藤蔓很长。它结出的果实瓜瓤鲜红,重量超过30千克。

"冰淇淋"是19世纪出现的自由授粉西瓜品种,因其白色的种子和瓜瓤看起来像香草冰淇淋而得名。冰淇淋西瓜成熟需要82天,适合生长季节较短的北方,虽然一般来说,北方的西瓜不如温暖地区的西瓜甜。在1876年庆祝独立100周年的活动上,美国人吃到了各种名为"冰淇淋"的西瓜。然而,它们的瓜瓤是粉红色的,种子是黑色的,因此,它们并不是真正的冰淇淋西瓜。事实上,人们现在很难找到真正的冰淇淋西瓜的种子。

1940年左右,美国农业部的园艺家查尔斯·安德鲁斯(Charles Andrus)培育了广受欢迎的"灰色查尔斯顿"。这个品种的西瓜能抗病害,不容易枯萎、碰伤、开裂和变质。因为它是椭圆形的而不是圆形的,所以很容易堆放。许多品种的西瓜都有灰色查尔斯顿西瓜的血统。

随着家庭规模越来越小,美国人越来越喜欢小个头的西瓜,而培育者就迎合了这种偏好。伯比种子公司推出了名为"福特胡克"的杂交西瓜,其果实能达五六千克重。伯比种子公司还培育出了一种更小的西瓜,重三四千克,名为"糖械"。为了满足顾客买小个头西瓜的偏好，杂货店也做出了调整，开始售卖半个、四分之一个西瓜，甚至还卖一片西瓜。

在过去的25年里，西瓜的杂交品种已经取代了自由授粉品种，目前只有少数爱好者才种后者。尽管杂交品种的种子比自由授粉品种的种子更贵，但农民发现前者能种出更多西瓜，的确物有所值。杂交西瓜改变了西瓜的种植方式。因为自由授粉品种的种子很便宜，所以农民不用担心晚霜。如果西瓜植株因霜冻而死，农民大不了就再种一遍。而考虑到杂交品种种子高昂的价格，农民就不愿去冒晚霜的风险。农民选择在温室里播下杂交品种的种子，而不是在受天气影响的户外田地里播种；当霜冻的危险过去后，他们才会把幼苗移植到户外的田地里。杂交品种西瓜一般比自由授粉品种西瓜重40%~60%，而且在体型上更加均匀一致。在中国，西瓜种植面积为200万公顷，种的基本上全是杂交西瓜。日本和韩国的西瓜种植面积也很大。美国的育种项目几乎全部集中在杂交品种上。

延伸阅读

Coulter, Lynn. *Gardening with Heirloom Seeds: Tried-and-True Flowers, Fruits, and Vegetables for a New Generation*. Chapel Hill: University of North Carolina Press, 2006.

McNamee, Gregory. *Movable Feasts: The History, Science, and Lore of Food*. Westport, CT: Praeger, 2007.

Singh, P. K., S. K. Dasgupta, and S. K. Tripathi, eds. *Hybrid Vegetable Development*. Binghamton, NY: Food Products Press, 2004.

西红柿

　　西红柿属于茄科，是一种多年生藤本植物，不过它在温带地区是一年生的。西红柿与土豆、胡椒、茄子、烟草和有毒的颠茄有亲缘关系。西红柿的叶子有毒，人畜都不能吃。欧洲人曾相信西红柿有毒，这种观念持续了几百年，但事实是西红柿吃起来很安全。西红柿非但无毒，而且比欧洲评论家所认为的更有营养。参照各类营养素每日推荐摄入量，每100毫克西红柿含有的维生素C达推荐量的40%，维生素A达推荐量的30%。此外，西红柿还含有钾、钙、铁、维生素B_1和维生素B_2。关于西红柿是水果还是蔬菜的争论很早就出现了。这场争论曾在19世纪90年代达到高潮，后来又在1981年掀起第二轮高潮。在第二轮高潮中，时任美国总统的罗纳德·里根（Ronald Reagan）说服国会削减了学校午餐的经费。为了确保学校不在蔬菜方面显得吝啬，里根命令美国农业部将番茄酱归类为蔬菜。毕竟，炸薯条和番茄酱也有营养。在20世纪和21世纪，西红柿成为家庭菜园里最受欢迎的作物。市场上指导如何种植西红柿的园艺书一时间洛阳纸贵。有人甚至愿意以每粒25美分的价格购买原种西红柿的种子，其中一些品种的血统可以追溯到19世纪。一位园艺家开玩笑地写道，他花了64美元来种一株西红柿。另外一些人则手拿铁锹，用树叶、碎草、松针和其他有机物质来给土壤上肥。所有这些努力和花销都是值得的，因为种出来的西红柿格外鲜美。

美洲起源

　　野生西红柿生长在秘鲁、厄瓜多尔、玻利维亚、智利和哥伦比亚，这表明西红柿起源于南美洲。当地人的语言中没有表示西红柿的词语，说明他们显然没有注意到西红柿。可能是鸟类把西红柿带到了厄瓜多尔的加拉帕戈斯群岛、中美洲和墨西哥地区。生活在墨西哥南部和危地马拉的玛雅人在史前的某个时期驯化了西红柿。玛雅人把这种植物命名为"xtomatl"或"tomatl"，西红柿的英文名"tomato"就是由此而来的。玛雅人根据西红柿的大小和味道进行选择，他们的选择决定了西红柿的尺寸和颜色。通过刀耕火种的方式，玛雅人在空地上种下西红柿种子。可能每个玛雅家庭都在自家的花园里种有西红柿。玛雅人把红辣椒和西红柿一起种，而其后裔似乎更喜欢黄色西红柿，他们把这种西红柿卖给了阿兹特克人。就这样，阿兹特克人也开始种植这种植物。

令人感到奇怪的是，西红柿并没有像人们希望的那样，从中美洲向北传到北美洲。更确切地说，西红柿和土豆以及火鸡一样，在传播过程中两次跨越大西洋：第一次从美洲向东传到欧洲，第二次从欧洲向西传到当时被西班牙和英国殖民的北美洲。1710年，生活在卡罗来纳的人开始种植西红柿。同年，有一份书面报告首次提到了北美洲的西红柿。不过，被西班牙控制的佛罗里达并没有率先接受西红柿，这一点似乎有些奇怪。美国第三任总统托马斯·杰斐逊也是一位很有能力的园艺家，他认为医生约翰·德·塞奎拉（John de Sequayra）于1750年左右种下了北美洲的第一株西红柿。然而，生活在卡罗来纳的人有可能在杰斐逊所说的日期的40年前就种了这种植物。马萨诸塞州历史学会的会员玛丽·E. 卡特勒（Mary E. Cutler）主张，一名来自百慕大的男子在1802年种下了北美洲的第一株西红柿，这一时间比杰斐逊所说的还晚。而加勒比地区似乎很早就种有西红柿。既是奴隶又是厨师的非洲妇女让她们的主人注意到了西红柿。18世纪时，西班牙人在加利福尼亚种西红柿，后来又在墨西哥的部分地区种西红柿；与此同时，法国人在阿拉巴马和路易斯安那种西红柿。在18世纪60年代，著名的水稻种植园主、奴隶主亨利·劳伦斯（Henry Laurens）在他的南卡罗来纳种植园里种西红柿，而杰斐逊在他的私家花园里种西红柿——当然，真正干活的都是奴隶。

西红柿改变了世界美食和科学

如果把西红柿看作一种蔬菜，那么它在全世界的消费量是仅次于土豆的。这种说法可能不准确，因为西红柿和土豆都不是真正的蔬菜——植物学家早就认识到，西红柿是一种水果，而土豆是一种块茎。西红柿到了近代才被普及开来。西班牙人是最早接触西红柿的欧洲人，受到很多因素的影响，他们刚开始并不吃西红柿。历史学家马德莱娜·费里埃（Madeleine Ferrieres）认为，西班牙人在很多方面鲁莽又大胆，但在食物方面很保守。她认为，像西红柿这样的新大陆食物可能令西班牙人心生畏惧。

意大利人可能是旧大陆上最早接受西红柿的人。毫无疑问，是西班牙人将西红柿传入意大利的，当时西班牙占领了意大利南部的

西红柿汤

西红柿汤有很多种吃法，既可以热着吃，也可以凉着吃。西红柿汤可能质感细滑，也可能含有切成小块的西红柿。汤里还可以放鸡肉块或者蔬菜。在美国和波兰，西红柿汤至今仍然很受欢迎。西红柿汤的做法可能在1872年前后确定，而到了1897年，美国企业家约瑟夫·A.坎贝尔（Joseph A. Campbell）将其浓缩并制成罐头后，西红柿汤才真正流行起来。它是美国首屈一指的罐头生产商金宝汤公司的主打产品。

部分地区，而那里非常适合种西红柿。为了便于讨论，我们不妨把西红柿大致分为两类：一类成熟后呈鲜艳的红色，另一类成熟后呈金黄色。西红柿还有其他颜色的品种，但这些品种并未被广泛种植。在16世纪和17世纪，意大利人似乎更喜欢黄色西红柿。他们仿照茄子和蘑菇的做法，简单地烹饪西红柿。他们把西红柿切成片，油炸（用到的油可能是全球通用的橄榄油），然后撒上盐和胡椒粉。到了17世纪，意大利人在做沙拉时会放生西红柿，或者摘下来后就直接吃。或许就是在这个世纪，意大利人发明了番茄沙司，这是一种用途广泛的世界性商品。意大利人用番茄沙司给肉和鱼调味，后来也用来给比萨和意大利面调味。很有意思的是，意大利人一开始就用西红柿片做比萨，就像在汉堡里夹一片西红柿那样，而并没有直接用番茄沙司给比萨调味。直到19世纪，番茄沙司才开始取代比萨上的西红柿片，虽然现在有西红柿片的比萨也并不罕见。毫无疑问，西红柿是不可或缺的，人们无法想象没有番茄沙司的意大利面——尤其是意大利肉丸面——会是什么样子，比萨也是如此。在一些意大利人和意大利裔美国人的家庭里，亲友会根据制作美味番茄沙司的能力来评判女主人。并非只有意大利大陆地区的人才用西红柿来做饭，西西里人发明的番茄沙司就与半岛上的不一样，这让西西里人引以为傲。如何使用西红柿是西西里岛象征性地独立于意大利半岛的一种标志。西西里人说自己才是最正宗的意大利人，而西红柿就能佐证这一点。西西里人可能是最早在番茄沙司里放罗勒[1]的。

到了18世纪，西红柿肯定传到了北欧——即使还未被广泛接受——因为瑞典博物学家卡尔·林奈知道西红柿是可以食用的。他

---

1 罗勒：药食两用芳香植物，原产非洲、美洲及亚热带地区，味似茴香，又称"九层塔叶"，也叫"鱼香菜"。——编者注

可能根据颜色和形状把西红柿比作一种桃子，不过两者之间的联系并不紧密，就连林奈也知道这一点。然而，因为西红柿容易腐烂，而且经不住运输过程中的摔打，所以并不是所有的北欧人都能吃上它。而且，也不是所有北欧人都想吃西红柿，因为当时的西红柿是南欧的一种食物，而北欧人认为南欧非常落后。情况在18世纪晚期发生了变化，巴黎等法国城市的时尚餐厅推出了用西红柿做的几道菜。这些餐厅很高端，菜品定价高昂，说明西红柿对富人极具吸引力。巴黎的上流社会肯定影响了时任驻法大使的托马斯·杰斐逊，他让厨师用西红柿做菜，回到弗吉尼亚的蒙蒂塞洛庄园后还命人在他广阔的花园里种西红柿。西红柿在法国流行的时候，恰好是土豆令王公贵族为之倾心的时候。人们不禁会把西红柿和土豆联系起来，因为它们是近亲，同属茄科。法国人效仿意大利人做番茄沙司，还把西红柿切碎烧汤和米饭一起吃，或者把西红柿当配菜吃，甚至还会做西红柿酿肉。

令人惊讶的是，在这种情况下，原产于南美洲的西红柿却在北美洲发展缓慢。美国南部——或西南部——是北美洲最早种植西红柿的地区。在19世纪早期，生活在路易斯安那的人率先用西红柿做番茄酱。在此之前，人们吃的是一种鱼酱，它是番茄酱的原型。到了19世纪晚期，西红柿的重要程度更高了，以至于美国最高法院不得不制定相关法规来保护它。但这涉及一个问题，即西红柿是水果还是蔬菜。西红柿种植者希望法院宣判西红柿是一种蔬菜，这样它就可以在与从墨西哥进口的廉价西红柿的竞争中享受关税保护。尽管西红柿在植物学家看来是一种水果，但法院宣判西红柿是一种蔬菜。这一裁决是法院从经济角度而不是科学角度做出的，西红柿种植者为此欢欣鼓舞。即使在今天，也还是有很多人认为西红柿是蔬菜。

西红柿一直是科学发展的一个重要主题，它也因此塑造了历史。它是第一批杂交作物，还先于杂交玉米取得了巨大成功。在1920年前后，种子商卖出了第一批杂交西红柿的种子，尽管西红柿并不是最适合杂交的作物，但这仍是一种进步。与杂交育种的典范——玉米不同，西红柿的花完美无缺。也就是说，西红柿的每一朵花都有雄性和雌性两个部分。科学家必须指定一朵花为雄花，从中取出含有花粉的花药。在此过程中，科学家必须使用镊子，因为这些花药非常小，并且与雌蕊靠得很近。接下来，科学家需要从这些花药中收集花粉，把它们撒在"雌花"的雌蕊上，从而创造出杂交品种。为了获得最大优势，科学家应在两个不同品种的西红柿之间进行杂交，以保证得到杂种优势或杂种活力。

在第二次世界大战后，西红柿催生温室产业出现在美国北部和欧洲部分地区，使人们一年四季都能吃上西红柿。餐馆大量购买这种西红柿，温室产业也一直运行良好。不过，到了20世纪70年代初，能源危机导致天然气价格飙升；温室种植者买不起天然气，到了冬天就无法给温室供暖。在这种情况下，美国的温室产业一度崩盘。然而，法国90%的西红柿都是在温室里长出来的。

另一个问题聚焦在所谓的风味危机上。超市里的西红柿几乎没有味道。或许其他水果都没有表现出如此悬殊的差异——超市里的西红柿的确在味道上跟新鲜的、自然成熟的西红柿有着天壤之别。为什么西红柿的风味差异如此明显？答案藏在工业式农业的做法当中。一方面，因为自然成熟的西红柿经不起磕碰挤压，而且容易腐烂，所以超市不能也不愿购买这种西红柿。另一方面，从方便运输的角度出发，种植者希望水果能长期储存，往往不等西红柿成熟就摘下来，然后给青色的西红柿喷洒乙烯气体来人工催熟。因为这些西红柿不是自然成熟的，所以在味道方面和营养方面都与真正的西红柿有着很大的差距，而最终为农业综合经营的弊端买单的是消费者。在20世纪90年代，美国卡尔京公司试图解决这个问题，通过生物工程技术得到一种名为"佳味"（Flavr Savr）的转基因西红柿。这种西红柿在藤蔓上成熟，但保质期比自然成熟的传统西红柿要长，可以在超市里存放更久。消费者喜爱转基因西红柿的情形并未如愿出现，卡尔京公司与成功失之交臂。无论过去还是现在，美国人都不欢迎转基因食品。显然，转基因玉米可以拿来喂猪，但是人不能吃转基因西红柿。

不同于在美国遇到重重阻碍，西红柿在世界上其他地区发展得相对顺利。马里人（俄罗斯伏尔加河上游的居民）认为西红柿象征着生育能力，夫妻会在备孕期间分享一个西红柿。

延伸阅读

Alexander, William. *The $64 Tomato*. Chapel Hill, NC: Algonquin Books of Chapel Hill, 2006.

Bloch-Dano, Evelyne. *Vegetables: A Biography*. Chicago and London: The University of Chicago Press, 2008.

Culter, Karen Davis. *Tantalizing Tomatoes: Smart Tips and Tasty Picks for Gardeners Everywhere*. Brooklyn, NY: Brooklyn Botanical Garden, 1997.

Foster, Nelson, and Linda S. Cordell, eds. *Chilies to Chocolate: Food the Americas Gave the World*. Tucson and London: The University of Arizona Press, 1992.

Goodman, Amy. *The Heirloom Tomato: From Garden to Table*. New York: Bloomsbury, 2008.

Johnson, Sylvia A. *Tomatoes, Potatoes, Corn, and Beans: How the Food of the Americas Changed Eating around the World*. New York: Atheneum

Books, 1997.

    Smith, Andrew F. *Souper Tomatoes: The Story of America's Favorite Food*. New Brunswick, NJ: Rutgers University Press, 2000.

    Smith, Andrew F. *The Tomato in America: Early History, Culture, and Cookery*. Urbana: University of Illinois Press, 2001.

芜 菁

    植物最简单的定义或许是"有根有芽的有机体"。根是植物的地下部分，芽是植物的地上部分。根从土壤中吸收水分和养分。在某些情况下，根也可以储存养分，比如甘薯、木薯、胡萝卜和芜菁的根。这些养分需要空间，于是造成根部膨大。这一过程应该是一种适应性进化，即营养匮乏的时候，地上的芽可以使用地下根存储的营养维持生存。一提到芜菁，我们总是会想到它的块根，但不应该忽略它的芽，尤其是茎和叶。芜菁叶可以食用，并且营养丰富。因为芜菁植株的所有部分几乎都是可食用的，所以它是一种重要的植物。相较而言，西红柿植株的果实可以吃，但它的叶子有毒不能吃；土豆植株也是如此，它的块茎营养非常丰富，但叶子有毒。在十字花科中，芜菁与芜菁甘蓝有亲缘关系，后者是芜菁和甘蓝的杂交产物。芜菁作为两年生植物，在第一年长出下胚轴[1]（许多人误以为它的下胚轴是根），在第二年开花、结籽；而它有时会被当成一年生植物种植。种植者可以在第一个生长季节结束时收获芜菁

---

[1] 下胚轴：子叶着生处至根之间的部分。——编者注

根，不过这样的话，就不能在第二个生长季节享受吃芜菁叶的乐趣了。芜菁是百姓在饥荒时期的食物，它借此塑造了人类历史和社会生活。在土豆传到欧洲之前，一旦谷物作物歉收，农民就会缺少食物。此时，百姓赖以生存的食物屈指可数，芜菁就是其中之一。豌豆也是这样的作物。畜牧业为人类提供肉制品，而芜菁作为一种饲料是其中的重要组成部分。

芜菁叶

芜菁叶是芜菁植株的叶子。它的钙含量很高，所以吃起来味道有点苦。事实上，在同等质量的条件下，芜菁叶的含钙量是其近亲甘蓝的4倍。即使是以含钙量高而著称的芥菜叶，其含钙量也只有芜菁叶的一半。科学家一心想培育出叶片不那么苦的芜菁，但这必然会降低芜菁叶的含钙量。从营养角度来说，这种取舍可能意义不大。芜菁是十字花科植物，同属于该科的植物还有甘蓝、羽衣甘蓝、芥菜、花椰菜和西兰花等，而芜菁叶在营养方面跟它们相比有过之而无不及。芜菁叶含有硫代葡萄糖苷，人们认为这种化学物质可以预防某些癌症。一杯芜菁叶只能提供约121焦耳的热量，但与各类营养素每日推荐摄入量相比，它含有的维生素K几乎是推荐量的6倍，β-胡萝卜素（维生素A的前体）是推荐量的61%，维生素C是推荐量的53%，叶酸是推荐量的42%，铜是推荐量的40%，锰是推荐量的25%，钙是推荐量的20%，维生素E是推荐量的18%；此外，芜菁叶还含有少量的维生素B_1、维生素B_2、维生素B_3、维生素B_6、泛酸、钾、磷、镁和铁。芜菁叶甚至含有少量的蛋白质和ω-3脂肪酸（鱼也含有这种脂肪酸），这些能让饮食更健康。芜菁叶还含有纤维，不过它似乎不含维生素D，而维生素D是科学研究和媒体报道的焦点。

芜菁根

有学者认为，芜菁可能是在地中海盆地、阿富汗东部和巴基斯坦等地自然生长的。也有作家认为，它在公元前2000年左右起源于欧洲或者西亚。第三种观点指出，芜菁的起源地是欧洲东北部或亚洲。土耳其、伊朗和外高加索地区可能是其第二大起源地。在俄罗斯、西伯利亚和斯堪的纳维亚都可以找到野生芜菁。凯尔特人和日耳曼人可能是最早栽培芜菁的人。公元元年之后，希腊人和罗马人开始种植芜菁。与胡萝卜相比，罗马人更喜欢芜菁的味道。相传，一位罗马将军拒绝把他的芜菁饭卖给敌人，哪怕对方出价一袋金币。罗马人把芜菁引入英国和法国。在哥伦布大交换把土豆带到欧洲之前，芜菁曾是那些地方的主食，特别是在中世纪。因为平民百姓都吃芜菁，所以富人认为芜菁只适合平民百姓吃。尽管许多贵族拒绝吃芜菁，在1690年法国的奥尔良公爵（Duke of Orleans）还是用芜菁招待了客人。自欧洲开始种植土豆之后，芜菁就成了一种饥荒食物。因为芜菁让人联想到艰难的日子和贫穷，所以它也被称作"穷人的食物"。

在史前时代，芜菁根可能采摘自野生芜菁，因为人类似乎直到公元前2000年才开始栽培芜菁。西亚和欧洲都有野生芜菁的事实表明，芜菁要么是在其中一个地方先被驯化，然后传到另一个地方，要么就是在这两个地方分别被驯化。对此，有人认为驯化先发生在欧洲，因为希腊人和罗马人是这种作物的坚定支持者。很久以前，人类就偏爱芜菁根，它不仅可以让人类填饱肚子，还可以喂养提供肉类的牲畜。芜菁很有可能提高了肉类的可得性，并以这种方式塑造了人类历史和社会生活。因为早期牧场主往往放养牲畜，所以我们很难知道牲畜吃芜菁的普遍程度。

欧洲人——包括大普林尼——把芜菁根列为蔬菜。芜菁叶可以被定义为蔬菜，但芜菁根并不适合。按照定义，芜菁根与胡萝卜、甘薯、木薯一样，是一种块根作物。在哥伦布大交换之前，欧洲人不知道甘薯、木薯等美洲块根作物。而在此之后，甘薯和木薯在亚洲和非洲的重要性也超过其在欧洲的重要性。大普林尼喜欢吃芜菁，认为它是罗马人的主要食物之一。他提出，芜菁的重要性堪比谷物和蚕豆（蚕豆与美洲菜豆并无亲缘关系）。芜菁在凉爽的气候条件下长势最好，这一习性和土豆的一样。然而，到了18世纪，芜菁已经在局部地区衰落了。尽管它在中世纪时曾是主食，但在北欧和美国北部都无法与原产于美洲的土豆抗衡。即便如此，美国南部居民仍然在早春或者晚秋种植芜菁。南欧人似乎至今还把芜菁当作一种冬季作物来种植。

到了18世纪，绰号"芜菁"的英国农学家查尔斯·汤森（Charles Townshend）仍然对芜菁抱有希望。他琢磨起了养殖户的做法。他发现，由于干草很贵，养殖户在冬天只能养很少的牲畜。因此，他们会在秋天宰杀大部分牲畜。而那时候还没有冰箱，无法冷藏，导致生肉就这样白白烂掉了。汤森认为这样实在太浪费，于是建议养殖户在冬天用芜菁喂牲畜。很多人赞同他的想法，自此芜菁又有了新的用武之地。今天，养殖户仍然用芜菁喂牲畜，如英国养殖户会用芜菁喂羊和猪。此外，芜菁一直是人类的食物。在英国、德国、波兰、俄罗斯和捷克，人们至今依然吃芜菁。他们把芜菁和土豆搭配着吃，或者用芜菁烧汤、炖菜。另外，芜菁可以烤着吃，也可以用于制作砂锅菜、沙拉，或做成一道配菜。

哥伦布大交换不仅把土豆带到了欧洲，还把芜菁带到了美洲。芜菁在1540年被引入加拿大，在1586年被引入墨西哥，在1610年被引入弗吉尼亚，在1628年被引入新英格兰。诚然，芜菁在美国并不怎么受欢迎，不过南方人很爱吃芜菁叶。尽管美国、英国和日本已经收集了大量的芜菁品种，但这些国家并不重视培育新的栽培品种。来自日本的杂交芜菁在美国步履维艰。值得一提的是，杂交芜菁的下胚轴很大，叶片也很繁茂。

一般而言，大多数品种的芜菁的根部都很小，主根的末端又细又长，只有少数品种的根部很大。嫩嫩的小根可以供人类食用，而纤维含量较多的大根可以喂牲畜。由于芜菁与其他十字花科植物关系密切，它可以同甘蓝杂交产生芜菁甘蓝。芜菁甘蓝在美国被叫作"黄芜菁"，在英国和北欧其他地方也被叫作"瑞典芜菁"。

延伸阅读

Coulter, Lynn. *Gardening with Heirloom Seeds: Tried-And-True Flowers, Fruits, and Vegetables for a New Generation*. Chapel Hill: University of North Carolina Press, 2006.

Hughes, Meredith Sayles, and Tom Hughes. *Buried Treasure: Roots and Tubers*. Minneapolis: Lerner Publications, 1998.

Kalloo, G., and B. O. Bergh. *Genetic Improvement of Vegetable Crops*. Oxford: Pergamon Press, 1993.

Singh, P. K., S. K. Dasgupta, and S. K. Tripathi, eds. *Hybrid Vegetable Development*. Binghamton, NY: Food Products Press, 2004.

蘑 菇

蘑菇的英文名"mushroom"来源于法语"mousseron"。在1526年的《格雷特草本志》(*Grete Herball*)中，科学家彼得·特里弗里斯（Peter Treveris）将蘑菇翻译成"musherom"。在西方，科学家和哲学家曾认为蘑菇是植物，这种观点存在了好几个世纪。古人知道蘑菇没有根，但这并没有阻止他们把蘑菇归类为植物。古希腊人和古罗马人知道蘑菇没有种子，这也不妨碍他们把蘑菇定性为植物。公元前4世纪时，古希腊哲学家亚里士多德（Aristotle）将蘑菇划入植物界。18世纪时，瑞典博物学家卡尔·林奈可能受到亚里士多德的误导，也将蘑菇归类为植物。在东方，这种错误的观点成为农业和科学的教条。1313年，中国学者王祯在《农书》（*Book of Agriculture*）中专门用一章篇幅来介绍蘑菇。不过，不是所有人都认为蘑菇是植物。墨西哥米却肯的美洲印第安人知晓蘑菇不是植物，而且这种看法在当地颇为流行。蘑菇缺少根、茎、叶和叶绿素，因而不能被纳入植物界。科学家现在把蘑菇归为真菌，并将所有的真菌组合成了真菌界。然而，蘑菇和植物并没有完全断开联系。蘑菇的细胞壁类似于植物的细胞壁。有两位真菌学家认为，"蘑菇学"是农学的一个分支。的确，农业语言在蘑菇培育中无处不在。养蘑菇的人被叫作"农民"，而养真菌的场所是农场。更广泛地说，人类养蘑菇作为食物这一事实，就将蘑菇与农业联系了起来。直到1941年，康奈尔大学园艺学家利伯蒂·海德·贝利（Liberty Hyde Bailey）还把蘑菇列为一种栽培植物。最近还有一位学者写道，真菌和所谓的蘑菇是"一大群植物"。蘑菇与植物之间的联系，使它成为栽培植物百科全书中的一个应有条目。

民间传说、起源和历史

在欧洲，迷信的人一直把蘑菇与仙女、女巫联系在一起。欧洲人把蘑菇称为"仙女聚集地""仙女的凳子""女巫的黄油""女巫的唾液"。在印度和阿富汗，人们把蘑菇称为"仙女帽"。欧洲民间传说赋予蘑菇魔力，也许是因为一些蘑菇能使人产生幻觉。在美洲，蘑菇是民间传说的一部分。伯利兹、洪都拉斯和圭亚那的人相信，森林里住着小精灵。如果晚上下雨，这些小精灵就会撑起雨伞以防淋湿。小精灵们在早晨消失，任谁都发现不了它们，只留下小雨伞作为它们曾经存在的标志。这个故事解答了人们很多的困惑：为什么蘑菇是小伞形状的？为什么蘑菇出现在潮湿的地方？为什么蘑菇那么快就能冒出来？在非洲的部分地区，人们相信蘑菇里藏着逝者的灵魂。西伯利亚的奥罗奇人[1]认为，逝者会在月球上重生为蘑菇。一些美洲印第安人和欧洲人相信，流星坠落的地方会长出蘑菇。希腊人、罗马人、玛雅人和菲律宾人都相信，闪电击中的地方会长出蘑菇。就像人们认为蘑菇是小精灵的雨伞一样，流星和闪电能创造蘑菇的想法解释了蘑菇为什么会突然长出来。根据一个希腊神话，科林斯城邦的建立者西西弗斯（Sisyphus），让这座城市住满从蘑菇里长出来的人。

　　根据一种定义，蘑菇是"大型真菌"，它的体形使它能被人们看到并且用手捡拾起来。蘑菇的祖先出现在4.38亿年前，而3亿年前的化石中也有蘑菇的踪迹。真菌学家已经鉴定了1.4万种蘑菇，不过，实际存在的蘑菇种类的数量可能是这个数字的10倍。猩猩也吃蘑菇的事实可能表明，吃蘑菇是灵长类动物生活方式的一部分。包括拉斯科洞穴在内的几处克罗马农人遗址所在的地区都盛产蘑菇，这一事实可能表明，人类从很早的时候就基于各种原因开始采集蘑菇。这些早期人类可能把它作为食物、药物、致幻剂和引火物采集。事实上，被人们在意大利境内的阿尔卑斯山脉发现的死于

1　奥罗奇人：俄罗斯一个说奥罗奇语的族群，西伯利亚人数较少的土著民族之一。——编著注

5000年前的男性——奥茨（Otzi），去世时就带着蕨类、蘑菇；其中一种蘑菇在火柴出现之前被欧洲人用来生火，另外两种蘑菇则可能是用来治病的。

中国人吃蘑菇的历史已经有7000年了，而日本人吃蘑菇的历史有2000年。在这种背景下，蘑菇塑造了历史，影响了人们的烹饪方式和日常生活。到了公元前3000年，东亚人采集野生蘑菇而并不养蘑菇。最早的关于蘑菇的文字记载可以追溯到公元前3世纪的中国。公元600年左右，中国人最先开始养蘑菇。中国人率先在圆木头上培育出了木耳。公元800年左右，中国人开始培育金针菇；公元1000年左右，中国人又培育了香菇。今天亚洲人养的蘑菇主要是香菇。中国和日本将蘑菇出口到欧美。他们对蘑菇十分着迷，中国人甚至将它称为"长生不老药"。除了中国人以外，古代的希腊人、罗马人、埃及人和墨西哥人也把蘑菇当作美味佳肴，并将它们用作药物。希腊人相信蘑菇能给士兵带来力量。法老们看重蘑菇的味道和口感。罗马人在节日吃蘑菇。在罗马，蘑菇是精英们的食物。罗马帝国皇帝尼禄宣称蘑菇是"众神之食"。在被赞扬的蘑菇中有一种备受珍视，名为"恺撒的蘑菇"。阿兹特克人也吃蘑菇。中美洲人会因其具有致幻效果而吃蘑菇。墨西哥的奇南特克人和马萨特克人在马粪上养蘑菇。一些美洲印第安人把石头雕刻成蘑菇状，然后放在坟墓里。一些印度人认为蘑菇对健康没有好处，所以他们不吃蘑菇。总体而言，从很久以前起，蘑菇就是一种全球性食物。

中世纪的烹饪书里涵盖蘑菇食谱，尽管13世纪的德国神学家阿尔伯图斯·马格努斯（Albertus Magnus）发现了毒蝇鹅膏菌（一种蘑菇）的新用途——杀死苍蝇。在文艺复兴时期，人们对蘑菇越来越感兴趣。1564年，荷兰医生哈德里安·德·扬赫（Hadrian de Janghe）写了第一本关于蘑菇的小册子，共有13页。1597年，英国草药学家约翰·杰拉德（John Gerard）可能意识到一些蘑菇有毒，于是警告人们不要吃这些蘑菇。1601年，荷兰医生兼植物学家卡罗勒斯·克拉西斯（Carolus Clusius）发表了第一部关于蘑菇的专著《潘诺尼亚真菌简史》（*A Brief Inquiry into Fungi Found in Pannonia*），书中描述了25种蘑菇。18世纪时，意大利科学家彼得罗·安东尼奥·米凯利（Pietro Antonio Micheli）发现蘑菇是由孢子产生的，这一发现解答了长期困扰人们的问题，即蘑菇究竟是如何繁殖的。米凯利证明了没有孢子就长不出蘑菇——蘑菇总是在有孢子的情况下才能生长出来。这项研究是对蘑菇自然发生说[1]的早期批判。

欧洲人吃蘑菇，虽然有权威人士称，英国人和荷兰人并不怎么喜欢吃蘑菇。意大利人偏爱平菇。希腊人渐渐认为蘑菇只适合普通百姓吃，因此蘑菇在希腊不再享有盛名。东欧人和俄罗斯人认为蘑菇是穷人的肉食替代品。蘑菇生长在斯洛伐克、波兰、匈牙利、立陶宛、爱沙尼亚、拉脱维亚和芬兰等国。法国人和意大利人吃炸蘑菇、烤蘑菇，也将它炖煮食用。欧洲人吃鹿花菌罐头，尽管一些人对这种蘑菇过敏。在西方，人们用蘑菇给主菜调味。在东南亚国家和日本，人们每天都吃蘑菇。不过，在拉丁美洲的一些地区蘑菇并不流行，或许是因为西班牙人和葡萄牙人的后裔不喜欢蘑菇；然而，这些地区的美洲印第安人会吃蘑菇。

1993年，美国科学家米切尔·索金（Mitchell Sogin）撰文称，蘑菇与人类的关系比植物与人类的关系更为密切，这引起了一时轰动。蘑菇和人类都依赖植物来维持生命，而植物则自己产生养分。

1　自然发生说：主张生物体可自发地由非生命物质产生，这种主张在路易斯·巴斯德（Louis Pasteur）著名的灭菌实验后不再流行。——编者注

营养、药性和毒性

蘑菇含有蛋白质、脂类、磷、钾、钠、钙、镁、铜、锌、铁、锰、钼、镉、维生素B_1、维生素B_2、烟酸和维生素C。这些营养成分无疑是有益于食用者的健康的。蘑菇的脂肪含量为0.6%～3.1%，其中超过70%是不饱和脂肪，因此蘑菇成为健康食品的一个选择。蘑菇的蛋白质含量仅为1.75%～3.63%，远远低于菜豆或其他豆类的，甚至还低于谷物的。然而，蘑菇的蛋白质含量是芦笋和甘蓝的2倍，是橙子的4倍，是苹果的12倍。蘑菇所含有的蛋白质的质量很高，弥补了数量上的不足。许多蘑菇都含有9种必需氨基酸。相比之下，大多数豆类和谷物都至少缺少一种必需氨基酸。

几千年来，中国人一直把蘑菇当作药物。元朝医药学家吴瑞写道，冬菇能增强体力，治感冒，改善血液循环，降血压。大约有700种蘑菇具备药用价值。蘑菇中的多糖——大约660种蘑菇含有这些复合物——可以抗癌并激活免疫系统。香菇可以预防流感，还可以降低胆固醇水平，减轻化疗和放疗的副作用，以及缓解化疗病人的疼痛和脱发症状。1994年，药用蘑菇的市场总值达到了几十亿美元，这一数字在1999年还有所上升。在波希米亚，伐木工人听取蘑菇可以预防癌症的建议，都会食用蘑菇。亚洲和欧洲几乎占据了整个药用蘑菇市场，而北美的市场份额非常少。

有些蘑菇不仅没有营养，还有毒。幸运的是，毒蘑菇非常少，但其中一些蘑菇是有致命危险的。古希腊剧作家欧里庇得斯（Euripides）和古希腊医学家希波克拉底都知晓有的蘑菇有毒。古希腊植物学家狄奥弗拉斯图斯、古罗马作家大普林尼、古希腊医师盖伦和迪奥斯科里斯都区分了可食用蘑菇和毒蘑菇。罗马人可能曾用毒蘑菇害人——罗马帝国皇帝克劳狄乌斯可能就死于蘑菇中毒。如果事实果

小阿格丽品娜

　　小阿格丽品娜是一位富有的罗马女性，她是罗马帝国第一位皇帝奥古斯都（Augustus）的重孙女、第四位皇帝克劳狄乌斯的第四任妻子、第五位皇帝尼禄的母亲。她风姿绰约，众多男人爱慕她。不过她生性残忍，不辨是非，为人刻薄。罗马帝国第三位皇帝卡利古拉（Caligula）就是很早领教到她的乖戾性情的人之一，而且他本来很可能会以叛国罪将她处死。小阿格丽品娜得以幸存，在很大程度上要归功于卡利古拉遇刺身亡。她虽然与克劳狄乌斯成婚，但从未爱过自己的丈夫。小阿格丽品娜一心想让她的儿子尼禄出人头地，于是像害死卡利古拉一样策划了克劳狄乌斯的死亡。关于此事的记载各不相同，但有一种传统说法认为，小阿格丽品娜在公元54年用毒蘑菇毒死了克劳狄乌斯，从而使尼禄登基。公元59年，尼禄企图淹死他的母亲，未能得手，便让士兵处决了她。而后，元老院宣判尼禄死刑，最终尼禄自杀了。

真如此的话，那么蘑菇就改变了历史，将冷酷暴虐且不可理喻的尼禄推上了皇位，而他是一个比克劳狄乌斯还穷凶极恶的皇帝。在中世纪，阿拉伯医生阿维森纳（Avicenna）错误地认为蘑菇中毒是可以被治愈的。有些人忽视了吃毒蘑菇的危害，结果丢掉了性命。1767年，法国风琴手兼大提琴手约翰·朔贝特（Johann Schobert）与一位医生朋友结伴去乡下采蘑菇。这位医生挑选了几种蘑菇，并向朔贝特保证它们都能吃。采摘回来后，两人把这些蘑菇带给一位厨师，请他将它们做成佳肴；但是厨师不答应，说蘑菇有毒。朔贝特和医生又去求助别的厨师，但得到了同样的反馈。两人越想越生气，就去朔贝特的家里自己动手煮蘑菇汤。然而，厨师们没说错，朔贝特煮的蘑菇汤害死了他自己、他的妻子、他的几个孩子和医生，最后只有一个孩子幸存。

延伸阅读

Chang, Shu-Ting, and Philip G. Miles. *Mushrooms: Cultivation,*

Nutritional Value, Medicinal Effect, and Environmental Impact. Boca Raton, FL: CRC Press, 2004.

Flegg, P. B., D. M. Spencer, and D. A. Wood. *The Biology and Technology of the Cultivated Mushroom.* New York: John Wiley and Sons, 1985.

Kaul, T. N. *Biology and Conservation of Mushrooms.* Enfield, NH: Science Publishers, 2002.

Schaechter, Elio. *In the Company of Mushrooms: A Biologist's Tale.* Cambridge, MA: Harvard University Press, 1997.

Singer, Rolf, and Bob Harris. *Mushrooms and Truffles: Botany, Cultivation, and Utilization.* Koenigstein, Germany: Koeltz Scientific Books, 1987.

Stamets, Paul. *Mycelium Running: How Mushrooms Can Help Save the World.* Berkeley, CA: Ten Speed Press, 2005.

Stamets, Paul, and J. S. Chilton. *The Mushroom Cultivator: A Practical Guide to Growing Mushrooms at Home.* Olympia, WA: Agarikon Press, 1983.

洋 葱

洋葱是一种多年生鳞茎[1]植物，每年生长一次，属于百合科葱属，与大蒜、韭葱、胡葱和细香葱有亲缘关系。洋葱的学名"Allium cepa"可能源于拉丁语"cepa"或"caepa"，意为"洋葱"。它还有可能源自凯尔特语"cep"，意思是"头"，可能指洋葱鳞茎的形状。从拉丁语或凯尔特语衍生出了波兰语"cebula"、

---

1 鳞茎：指由许多肥厚的肉质鳞叶包围的扁平或圆盘状的地下茎，如洋葱、百合和大蒜的茎。——编者注

西班牙语"cebolla"、意大利语"cipolla"、捷克语"cibula";苏格兰语"sybo"也可能由此而来。公元1世纪时,古罗马农业作家科卢梅拉将洋葱称作"unionem",该词源于法语"oigam"和英语"onion"。荷兰人把洋葱叫作"ui",而德国人将其称为"zwiebel"。中文"洋葱"的意思是"外国的葱",这可能是说洋葱并不是中国土生土长的植物。希腊人把洋葱叫作"bolbos",由此衍生出"bulb"一词,意思是"鳞茎"。罗马人从"bolbos"衍生出"bulbus"。因此,罗马人用两个词表示洋葱:"unionen"和"bulbus"。洋葱的含水量为86%,碳水化合物含量为11%,蛋白质含量为1.4%,纤维和脂肪含量分别为0.8%和0.2%,它还含有维生素A、维生素B_1、维生素B_2、烟酸、维生素C和钙。洋葱作为调味品,地位仅次于黄油、盐和胡椒。洋葱生长在全球的亚热带和温带地区。除了普通洋葱外,园丁还种窄叶洋葱、分蘖洋葱和红葱。

起源与历史

洋葱的野生祖先早已灭绝,这表明洋葱的栽培历史非常悠久。一位权威人士认为,如今已经无法确定洋葱的起源。也有人认为,洋葱起源于伊朗、巴基斯坦、乌兹别克斯坦和蒙古地区。洋葱作为一种食用植物已经存在很长时间了,人类可能早在公元前5000年就已经栽培它。大约在公元前3200年,埃及人开始种植洋葱。公元前5世纪时,古希腊历史学家希罗多德(Herodotus)提到,埃及人花1600塔兰特[1]的银币(相当于今天的3万美元)来购买洋葱、大蒜和萝卜,以供建造金字塔的人食用。埃及精英的宴席上都有洋葱。埃

---

[1] 塔兰特:指古代(主要是古希腊和古罗马)的一种计量单位,可以用来记录质量或作为货币单位使用。——译者注

及人认为洋葱是一种神圣的植物，公元前2800年时，他们在葬礼上会为逝者献上洋葱。古希腊医学家希波克拉底（公元前460—公元前377年）知道洋葱，不过，如果古希腊征服者亚历山大大帝的军队真的直到公元4世纪中叶才把洋葱从埃及引入希腊，那么希波克拉底对洋葱的了解就可能是间接获得的。亚历山大接受了埃及人的看法，认为洋葱能给人力量和勇气，因此他让自己的军队吃洋葱。公元1世纪的古希腊医学家迪奥斯科里斯和公元5世纪的爱尔兰牧师帕拉弟乌斯（Palladius）对洋葱也很熟悉。

到了15世纪90年代，哥伦布把洋葱引入加勒比小镇伊莎贝拉。继西班牙人之后，欧洲移民把各种各样的洋葱带到了新大陆。在17世纪，易洛魁人在纽约种植洋葱。1634年，美国作家威廉·伍德（William Wood）写道，生活在马萨诸塞的人种植了洋葱。在美国内战期间，洋葱脱水技术实现了大规模的商业应用，于是催生了洋葱片、洋葱粉、洋葱盐、洋葱圈和洋葱酱。生产商在速溶汤粉、番茄沙司和番茄酱中添加洋葱。巴西人把洋葱当作调料，洪都拉斯人把它当草药。在美洲以外的地区，菲律宾人和许多其他民族一样，用洋葱来给食物调味。在非洲，人们认为洋葱能有效地对付飞蛾和蚊子，还用它来驱虫。

健康

洋葱跟燕麦和大蒜一样，都因其日益凸显的营养价值而影响着人们的饮食习惯。公元1世纪的印度医典《遮罗迦本集》（*Caraka-Samhita*）推荐将洋葱作为利尿剂。据作者说，洋葱能促进消化，改善眼睛和心脏的功能，治疗风湿病。古代人用洋葱治疗咳嗽、感冒、哮吼、创伤、疖子、丘疹、溃疡、疮肿、痔疮、风湿病、痛风、癫痫、蠕虫、哮喘、肺结核和其他疾病。16世纪时，英国草药学家约翰·杰拉德重申了以上用法中的几种。他还认为洋葱可以治疗肥胖症和脱发，建议脱发的人应该站在阳光下，用洋葱汁擦拭头皮以刺激毛囊。他无比热情地写道："在菜园里，它（洋葱）到处都是，得到精心打理。"然而，杰拉德冷静之后又抱怨洋葱会引起头痛和肠胃气胀，伤害眼睛，让人头昏眼花。我们很难评估他的这些说法对英国人产生了怎样的影响。洋葱在英国显然供不应求，于是英国只好从西班牙进口洋葱。1877年，美国处方药品局指出，洋葱油对消化有帮助，可治疗支气管炎，并有利尿功效。

希腊人认为洋葱能催情，这种想法在英国一直延续到近代。在欧洲东南部的古代色雷斯，参加婚礼的宾客会给新娘和新郎送洋葱，以此祝福他们早生贵子。有些人认为洋葱可以祛斑。智利人认为洋葱是一种兴奋剂。在巴哈马群岛，人们将洋葱汁抹在胸部以疏散淤血。还有一种说法是，往鞋里放上洋葱可以治疗感冒。在特立尼达岛，人们用水煮洋葱，吸入蒸汽以治疗咳嗽、感冒和肺结核。在尤卡坦半岛，人们用捣碎的洋葱糊来治疗蝎子和蜘蛛造成的伤口。在库拉索岛，人们把洋葱头的顶部塞在耳朵里治疗耳痛和耳鸣，还用洋葱皮给房间消毒。中国人食用花生油炸制的去皮洋葱，以缓解便秘；他们用洋葱汁治疗蜘蛛咬伤，还用它保护庄稼不生病。一位草药医师认为，洋葱能刺激食欲，也有助于晚上入眠。草药医师也会用洋葱治疗支气管炎。据说洋葱汤可以治疗胸部感染。在家庭疗法中，洋葱被用来治疗贫血、肠胃感染和尿路感染，还可以将碾碎的洋葱抹在关节上以治疗风湿病。如果被虫子咬了，擦洋葱可以减轻疼痛和炎症。除了有这些公认的好处，洋葱也可能会引起胃灼热。

延伸阅读

Brewster, James L. *Onions and Other Vegetable Alliums*. Wallingford, UK: CABI, 2008.

Comin, Donald. *Onion Production.* New York: Judd, 1946.

Coonse, Marian. *Onions, Leeks, and Garlic: A Handbook for Gardeners.* College Station: Texas A&M University, 1995.

Griffith, Linda, and Fred Griffith. *Onions, Onions, Onions.* Shelburne, VT: Chapters Publishers, 1994.

Jones, Henry A., and Louis K. Mann. *Onions and Their Allies: Botany, Cultivation, and Utilization.* New York: Interscience Publishers, 1963.

Moon, Rosemary. *Onions, Onions, Onions.* Buffalo, NY: Firefly Books, 2000.

Platt, Ellen Spector. *Garlic, Onion, and Other Alliums.* Mechanicsburg, PA: Stackpole Books, 2003.

Rabinowitch, Haim D., and James L. Brewster, eds. *Onions and Allied Crops*. Boca Raton, FL: CRC Press, 1990.

Rogers, Mara Reid. *Onions: A Celebration of the Onion through Recipes, Lore, and History*. Reading, MA: Addison-Wesley, 1995.

柑橘类水果

柑橘类水果是全世界公认的优质维生素C来源，也是人类早期用来对抗坏血病的食物之一。柑橘类水果具有的这种功效使远洋航海成为可能；否则，远洋航海要么到不了目的地，要么在人员上损失惨重，还不如不启航。因此，柑橘类水果促进了散居在世界各地的人之间的商业贸易。能带来这些好处的不只是柑橘类水果，土豆、菠萝和甘蓝等也是很有价值的维生素C来源。柑橘类水果也具有很大的经济价值。美国佛罗里达州南部、加利福尼亚州和巴西部分地区都是旧大陆作物的新大陆接受者，每年从柑橘产业中获利数十亿美元。

起源和经济重要性

柑橘类水果原产于旧大陆的热带和亚热带地区。它们大多生长在高约9米的树上，也有的生长在较矮的树上。一棵多产的树能开出6万朵花，但只有大约600朵会结果。由于不耐干旱也不耐霜冻，柑橘类水果和甘蔗一样，需要全年处于热带气候条件下。印度是早期栽培柑橘类水果（除了产于新大陆的葡萄柚）的国家之一。大约在公元前4000年，波斯人就已经种植了柑橘和柠檬。公元前300年之前，古希腊征服者亚历山大大帝就在波斯各地发现了这些树。虽然后来亚历山大命丧西亚，但他的军队可能带着柑橘和柠檬的种子或幼苗返回了古希腊。到了公元前200年，巴勒斯坦人开始种植柑橘类水果。柑橘类果树从地中海东部开始，传遍整个盆地的其他地区，而这些地区温暖的气候都有利于果树生长。古希腊植物学家狄奥弗拉斯图斯、古希腊医学家迪奥斯科里斯、古罗马诗人维吉尔（Virgil）和古罗马作家大普林尼都提到了希腊和罗马世界的柑橘文化。这些情况说明，柑橘类水果似乎在古代亚洲地区和欧洲地中海地区都扮演了重要角色。

然而，真正的"柑橘帝国"是在美洲而不是旧大陆形成的。1640年左右，西班牙人把柑橘和枸橼带到了波多黎各，后来又将它

新奇士

　　新奇士公司在加利福尼亚州和亚利桑那州有6000名柑橘果农。与美国其他合作社的产能相比，新奇士公司种出的柑橘类水果更多，尤其是橙子。作为一个企业集团，新奇士公司拥有的土地几乎比加利福尼亚州任何其他土地所有者的都多。新奇士因提供新鲜的果品而自豪，它是美国最大的柑橘类新鲜水果销售商；相比较而言，佛罗里达州的大部分橙子都是用来榨汁的。新奇士的起源几乎可以追溯到加利福尼亚州开始栽培柑橘的时候。在19世纪80年代，种植者开始自发地组织形成合作社。南加州水果合作社于1893年开始活跃，于1908年发展成为新奇士公司。新奇士以标志性的新奇士品牌橙子而闻名，多年来一直与其他大型农业综合企业合作。

们带到了佛罗里达州的圣奥古斯丁。18世纪时，西班牙人在当时的墨西哥西北部（即今天的加利福尼亚州南部）造柑橘林。到了19世纪80年代，这一地区的柑橘林的数量已经非常多。很早就改种柑橘的巴西也是重要的柑橘种植国。就像佛罗里达州南部的情况一样，巴西的柑橘主要用于制作橙汁——一种世界性的饮料；而加利福尼亚州的柑橘类作物是供人们直接食用的。可口可乐、麦当劳、新奇士（Sunkist）、佛罗里达果品、联合果品和苏科斯特里科[1]等公司在加利福尼亚州、亚利桑那州、佛罗里达州或巴西部分地区都有自己的柑橘园。美国和巴西都是种植柑橘的主要地区。在全球范围内，热带和亚热带地区有10亿株柑橘类果树。这些地区的柑橘类水果年产量大约为1亿吨；出产的水果中，只有10%被直接食用。仅仅在佛罗里达州，柑橘类水果及果汁的年销售额就高达90亿美元。每个美国人每年会喝掉大约23升橙汁。为了追求甜味，一些生产商向橙

1　苏科斯特里科（Sucocitrico）：巴西的一家果品公司。它是全球橙汁市场的大参与者之一，在圣保罗州拥有巨大的柑橘种植园，同时也出口大量的鲜橙。——编者注

汁中添加玉米糖浆、果葡糖浆或甜菜糖。这种做法在巴西很常见，不过，隐藏这些成分是非法的；而生产商想隐藏这些成分是为了让消费者相信橙汁是100%纯天然的。

柑橘类水果和坏血病

我们生活在一个战胜了坏血病的时代，因此很少考虑这样一个事实：坏血病曾经流行肆虐，极其恐怖。其症状包括全身乏力、疼痛和敏感，皮肤出现紫色斑点（这些斑点在腰部以下最明显），牙龈肿胀，牙齿松动。不接受治疗的话，患者必死无疑。过去，饮食缺陷使这种疾病无处不在，现在，这种病的成因仍未改变。一个人如果很少吃水果蔬菜，就会患坏血病。在大航海时代，船上普遍存在这种饮食缺陷情况。航程越长，船员们就越受折磨。当时，坏血病是很常见的，一个典型的例子是1740年英国人进行的环球航海。这次航海行动与16世纪时西班牙水手费迪南德·麦哲伦（Ferdinand Magellan）所做的一样，麦哲伦本人在航行中牺牲了，并没有成功，但幸存的船员完成了旅程。出发时，英国的船队有6艘船、2000名船员。7个月后，坏血病暴发了。因为这种疾病削弱了船员的力量，所以其中的2艘船还没绕过非洲南端就返回了，第三艘船在海上失踪了。在剩下的3艘船上，961名船员中的626人在抵达非洲之前死于坏血病。到了1744年返回英国的时候，超过90%的船员死于这种疾病。不胜枚举的远航活动遭遇了相似的悲剧。

在这样的背景下，英国仍愿意承受如此惨烈的损失难免令人吃惊。早在公元1500年左右，阿拉伯和葡萄牙的水手就可能率先把柑橘类水果（此处所指的柑橘类水果不包括葡萄柚，因为它直到18世纪在加勒比地区经过偶然杂交才出现）作为预防和治疗坏血病的

葡萄柚

　　葡萄柚是哥伦布大交换促成的一种偶然产物。葡萄柚的亲本可能是甜橙和柚子，而它们都是旧大陆的古老水果。欧洲人在加勒比地区种植了这两种植物。甜橙一直比柚子更受欢迎，许多人认为柚子太酸。很明显，在牙买加，这两个品种在没有人类干预的情况下杂交产生了葡萄柚——这是唯一一种被认为起源于新大陆的柑橘类水果。葡萄柚现在是佛罗里达州和加利福尼亚州的重要水果。

食物。这个发现是基于经验得出的，当时没有人知道为什么柑橘类水果有这种功效。直到 20 世纪，人们才找出个中原因。应当注意的是，用柑橘类水果来防治坏血病只在热带地区的航行中才切实有效。和许多其他食物一样，柑橘类水果容易腐烂。在温带地区，即使一个人在扬帆起航的时候带着柑橘类水果，这些水果也会在旅途中耗尽，而且没有重新补给的希望，因为柑橘类果树不在温带地区生长——它们不耐霜冻。然而，他如果带上土豆这种温带块茎作物的话，就有可能在温带地区进行长距离航行。1 个中等大小的土豆含有人体半天所需的维生素 C——这是一种抗坏血病的物质。因为柑橘类水果容易腐烂，所以船在热带地区必须定期停靠，以便补充新的柑橘、柠檬、枸橼、酸橙等。这种需求催生了在热带地区的港口附近种植柑橘树的做法，该做法能减轻收割和储存柑橘类水果的负担。尽管人们坚信柑橘类水果是最好的抗坏血病的食物，但它们其实并不是唯一的选择，即使在热带地区也不是。菠萝、土豆、甘蓝和其他水果蔬菜都含有大量的维生素 C。

　　在水手中，葡萄牙探险家瓦斯科·达·伽马（Vasco da Gama）可能是第一个给自己的船队供应柑橘类水果的名人。到了 17 世纪，柠檬和柑橘已经成为荷兰水手日常饮食的一部分。在那个世纪，至少有一位英国船长每天给水手们喝两勺柠檬汁，这种做法效果很好。在如此情况下，英国海军迟钝地领悟到柑橘类水果的好处就显得有些奇怪。直到18世纪，由于缺乏柑橘类水果，英国船只的水手仍然面临着50%的死亡率。在同一个世纪，主持《百科全书》（*Encyclopédie*）编纂工作的法国知识分子德尼·狄德罗（Denis Diderot）指出，早在古希腊哲学家柏拉图生活的时代，古希腊学者就已经知道了柑橘类水果的好处。英国之所以在这方面落后，部分原因可能在于葡萄牙渴望保持相对于其他国家的竞争优势，而没有与对手分享关于柑橘类水果的知识。直到18世纪，英国皇家海军医生詹姆斯·林德证实柑橘类水果可以预防坏血病，英国人才开始有所察觉。1747年，詹姆斯·林德在船上进行了一项经典的临床实验：每天给一组水手1个柠檬和2个柑橘，而另一组水手则没有这种营养补充。有柑橘类水果补给的实验组水手保持健康，而另一组水手则患上了坏血病。即便如此，英国海军依然拖拖拉拉的，直到1795年才要求舰船每天给水手定量供应酸橙汁。由此，英国水手又被称为"英国佬"（其英文"limeys"中含有酸橙的名字"lime"）。1780年，皇家海军医院接收了1500名坏血病患者，而到了1806年，患者数量骤降至2名。

人们对柑橘类水果效用的认同，激发了科学家展开相关研究。在英国海军开始强制要求饮用酸橙汁后的一个多世纪里，他们都没有找到答案。科学家最先关注的是从柑橘类水果的果皮里提取出的化学成分，这是误入歧途。以柠檬酸为重点的路子实际上走不通。直到1927年，匈牙利教授艾伯特·森特－哲尔吉（Albert Szent-Györgyi）才从柑橘、柠檬和甘蓝中提取出了他称为"格罗宁根还原剂"的物质。森特－哲尔吉将他的研究成果寄给了一家期刊社，而期刊编辑将这种化学物质重新命名为"己糖醛酸"，以表明它含有

6个碳原子（这种排列方式在有机分子中很常见）。欧洲科学家对柑橘类水果的研究似乎到此为止。接着，美国科学家崭露头角。在20世纪的第二个十年间，威斯康星州农业科学家埃尔默·V. 麦科勒姆（Elmer V. Mccollum）率先发现并公布了维生素的存在，这堪称科学史上的一个里程碑。其他科学家也加入了寻找更多维生素的行动。美国人很务实，他们知道，只要发现了抗坏血病的物质，就能获得诺贝尔奖——要么是诺贝尔化学奖，要么是诺贝尔生理学或医学奖。结果证明，两个奖项都能获得。1931年，匹兹堡大学教授查尔斯·格伦·金（Charles Glen King）发现并命名了维生素C，并把它作为抗坏血病的物质。他证明了维生素C就是期刊编辑所说的己糖醛酸。

1932年，金在世界前沿科学期刊《科学》（Science）上发表了自己的研究成果。金无视森特-哲尔吉对这一发现所做出的贡献，这一有违职业道德的行为触怒了森特-哲尔吉，于是他迅速在英国著名科学期刊《自然》（Nature）上重新发表了他的研究成果。1933年，森特-哲尔吉将这种分子改名为"抗坏血酸"，这个名称一直沿用至今。1937年，诺贝尔生理学或医学奖颁给了森特-哲尔吉，因为他的研究比金的更早，就像英国博物学家查理·达尔文的研究早于英国博物学家阿尔弗雷德·拉塞尔·华莱士（Alfred Russell Wallace）的，所以科学界承认达尔文是自然选择进化论的创始人一样。金失去了追求一生的荣誉。第二个与此有关的诺贝尔奖是化学奖，它被授予给另外两位研究者，以表彰他们对维生素C分子结构的描述。

还有一个谜团待解。自从发现维生素C以来，科学家已经了解到，许多动物都可以在体内合成维生素，因此不需要外部来源。这种情况类似于这样一个事实，充分暴露在阳光下的人不需要维生素

D的外部来源，因为人体在阳光下可以自行合成维生素D。然而，令人不解的是，人类是少数几个不能自行合成维生素C的物种之一。也许这个问题的答案与人类进化的环境密切相关。正如达尔文所理解的那样，人类是从非洲进化而来的，而那个地区显然盛产浆果和其他富含维生素C的水果，尽管柑橘类水果并非这些早期水果中的一员。在一个富含维生素C的地区，原始人类自行合成维生素C的能力在生物进化上想必没有选择优势。

延伸阅读

Carpenter, Kenneth J. *The History of Scurvy and Vitamin C*. Cambridge: Cambridge University Press, 1986.

Laszlo, Pierre. *Citrus: A History*. Chicago and London: The University of Chicago Press, 2007.

第三章

沙晴草软羔羊肥

肉及肉制品 ——— 8 种

牛　肉

　　牛肉历史悠久，与人类进化的步调紧密相连。而在现代社会，牛肉已经成为一种商品。当然，它不仅仅是一种商品，可能还是美国例外论[1]的象征，也是现代全球经济的重要组成部分。如今，雇主与雇员之间的紧张关系显而易见，而这种紧张关系也存在于包括汉堡摊位在内的工厂制[2]中。

牛肉与人类进化

　　在畜牧业兴起之前的那个时代，人类的祖先猎取原始野牛，或者捡食它们的肉。这种牛肉——或者说是原始牛肉——以必需脂肪酸[3]的形式为人类提供了不可或缺的营养和热量。我们的祖先似乎正是在脑容量增加的过程中越来越多地从事这种猎食牛肉的活动的。牛肉提供的营养的确能够扩大需要很多热量和养分的原始人类的大脑。因此，人类的进化很可能是喜欢吃牛肉的结果。据记载，在大约300万年前，南方古猿开始吃牛肉。在埃塞俄比亚，牛和早期人类的交集并非巧合——正是因为早期人类吃这些牛，所以埃塞俄比

1　美国例外论：指美国在历史起源、政治传统、社会文化等方面与其他国家有显著的不同。它是美国政治中反复出现的一个主题，也是美国人自我形象和身份认同的核心。这种思想尤其强调美国在道德和制度上的优越性，认为美国肩负着拯救世界、建造一个完美社会的重要使命。——编者注

2　工厂制：指资产的运营或经营活动主要以工厂为基本单位的企业组织制度或组织形式。第一次工业革命用机器代替手工劳动，从而确立了现代工厂制。——编者注

3　必需脂肪酸：指不能在人体内自行合成，而必须由膳食供给的多不饱和脂肪酸。——编者注

亚才有可能成为人类的发源地。时间流逝，埃塞俄比亚的境况却几乎没有变化。马赛人继续放牛和吃牛肉，相信神给了他们牛，并教会他们吃牛肉。事实上，马赛人还相信，神希望他们掌握全世界的牛。从人类的起源来看，人类似乎天生就渴望牛肉，并且觉得牛肉比供应稳定的食用植物更令人满足。也许是进化让我们对牛肉垂涎欲滴，毕竟，在食物匮乏的世界，牛肉是一种高热量食物。

牛肉和游牧民族

在农业和畜牧业诞生之初，农民自己养牛。随着牧群的扩大，农民不得不将更多的土地用于放牧。然而，牧群仍在进一步扩大，牧场主只得赶着牲畜在夏季和冬季的牧场间迁徙。渐渐地，农民的住所趋于稳定，而牧场主则成了游牧民族。游牧民族不为食物发愁——牛就是他们的食物，而且他们开始依靠牛来获得牛肉、牛奶和奶酪。这些游牧民族借助马在欧亚大草原上放牧。杰出的骑手把他们的牧群当作补给线，这种做法使游牧民有可能成为凶猛的战士。有时候，这些战士会联合起来组建一支迅猛而强大的军队。牛肉因此影响了战争。这些游牧战士在一定程度上造成了罗马帝国的衰落，而游牧民族最著名的功绩，或许是蒙古人横扫包括俄罗斯在内的亚洲和东欧的大部分地区。蒙古人并不是一味地破坏，他们的统一带来了一段相对和平的时期，这种和平促进了丝绸之路的繁荣。正是得益于这样的和平，马可·波罗（Marco Polo）才可以畅行无阻地从意大利来到中国。可以说，蒙古人建立了一个在一定程度上以牛肉为基础的帝国。

美洲和西方的牛肉

牛肉无所不在，这似乎从根本上改变了西方世界。在美洲，殖民新大陆的欧洲人采取了一些政策来保障牛肉的充足供应。这些欧洲人带来了大量牲畜，而这些牲畜迅速繁殖，欧洲人及其后代很快就失去了对它们的控制。牛变得野性十足，在阿根廷各地和美国西部占领了大片草地。于是，宰杀并吃掉富余的牛成了一种责任和工作，所以牛肉一开始很便宜。有这样一句名言：我们可以推断，牛肉让人们免于营养不良的苦恼，不过高热量的牛肉很容易被看作西方肥胖人群越来越壮大的一个诱因。尽管自动化设备和办公室工作只需人们消耗较少的热量，但美国人吃的牛肉并未减少。这样的结果就是一些人所说的"肥胖症大流行"。这种情况引发了公共健康问题，而这一问题在热量摄入过剩的环境中很难解决——它在一定程度上与生理有关。早期人类选择在食物匮乏的环境里吃牛肉是明智的，但是这种策略在久坐不动、热量过剩的条件下就失效了。现代人类在生理上仍更适合食物匮乏的环境，而非食物丰盈的环境。

牛肉产业和政府角色

19世纪时，人类对牛肉和猪肉的需求不断增长，促成了肉类加工业的诞生。这个行业——先是在辛辛那提，后来在更接近北美大平原牧场的芝加哥——发展到十分庞大的规模。肉类加工商沿袭了美国乃至全球几乎不给工人发工资的传统。美国作家厄普顿·辛克莱（Upton Sinclair）是一名社会主义者，他用自己的钱和其他社会主义者的资助，在1905年对肉类加工业展开了调查。他的调查为他最重要且最受欢迎的小说《屠场》（*The Jungle*）奠定了基础。辛克莱希望这本书可以促使美国人为工人伸张正义，而他对肮脏的肉类加工厂的刻画确实刺激了人们奋起而为。甚至美国前总统西奥多·罗斯福（Theodore Roosevelt）都有可能读过此书。在共和党倡导改革之际，总统和国会要求有关方面采取行动，成果是在1906年通过了《肉类检验法》（*Meat Inspection Act*）和《纯净食品与药品法》（*Pure Food and Drug Act*）。无意之中，牛肉强化了联邦政府的作用。

牛肉和玉米带

19世纪时，在北美大平原牧场放牛是司空见惯的事情。然而到了20世纪，牧民开始依赖廉价的玉米。牧民意识到，给牛喂玉米要比放养更省钱，所以他们开始只给不到1岁的小牛犊吃草。从那以后，牧民就把牛送到饲养场里吃玉米，这样养的牛有可能比吃草（严格地说，玉米也是一种草，但此处的草指的是常见的草，即郊区人眼里的杂草）的牛的个头还大。给牛吃玉米增加了人们对玉米的需求，这是中西部农民专门种玉米（现在种玉米和大豆）的一个重要因素——玉米带便应运而生。

汉堡

得克萨斯州、威斯康星州、纽约州和康涅狄格州都说自己是汉堡的诞生地，而汉堡大约诞生于1880年。事实并非如此，而且实际情况更复杂。直到18世纪60年代，英国人和法国人还在吃牛肉三明治。这些三明治不是汉堡，所用的肉是薄薄的牛排切片。英国知名历史学家爱德华·吉本爱吃牛肉三明治，还写下了自己于1762年初次见到牛肉三明治的情形。到了1800年左右，美国人也开始吃牛肉三明治。美国茶室出售各种三明治，其中包括牛肉三明治。然而，在牙口不好的时候，人们想要一种更容易咀嚼的食物，能满足这种需求的就是用搅碎的牛肉做的牛肉饼。德国汉堡和其他任何地方一样，都有充分的理由宣称自己拥有这种牛肉饼的发明权。19世纪时，来自德国汉堡的移民把汉堡介绍给了美国人。就算不是美国人发明了汉堡，他们也知道如何推广它。就这样，汉堡促使美国走上了商业化、大规模生产和大规模消费的道路，而这些特征正是肉类加工业和汽车制造业的属性。事实上，它们也是美国经验的特征。随着新技术和广告的介入，美国人的生活节奏加快了，而汉堡在其中发挥了助推作用。在这个层面上，汉堡影响了美国的特征，也同样影响了它所处的工业时代。它在工厂制中寻觅到了自己的位置，成为工人在其短暂午休中的便捷之选。除了午休时间很短之外，很多工人还面临离家太远而不可能回家吃午饭的困境。他们只好就地吃点东西，而汉堡似乎是完美的解决方案。

汉堡具有大规模供应、大规模消费和易于制作的潜力，堪萨斯州的J.沃尔特·安德森（J. Walter Anderson）对此深信不疑，于是在1916年将一家鞋店改成了汉堡店。他别出心裁地把所有的汉堡都做成同样大小，并缩短烹饪时间，还提前制订了一份单一的制作说明。因此，他可以用很低的薪水雇用任何毫无经验的新手。麦当劳当然不会忽视这些优势，于是，经济奠基的标准化和科学管理的圭臬由此产生。所有的汉堡都是一样的复制品，如同所有的T型车[1]都是一样的复制品。汉堡助推了标准化的诞生，同时也有利于将标准化应用到整个经济领域。安德森的模式打造了白色城堡（White

---

[1] T型车：福特汽车公司于1908—1927年推出的一款汽车产品。该车开创了以流水装配线大规模作业代替传统个体手工制作的先河。——编者注

Castle）。这家汉堡店简化了菜单，使顾客免于选择困难。这种模式还能引导员工按照顾客的要求迅速提供服务，在送走上一名顾客后，立马为下一位顾客腾出地方。利润与销售量挂钩，这是资本主义经典的派生品。

白色城堡设定了标准。1937年，理查德·麦克唐纳（Richard McDonald）和莫里斯·麦克唐纳（Maurice McDonald）兄弟建立了一家餐厅；1940年，这家店变成了麦当劳兄弟免下车餐厅；再后来，它成了广受欢迎的麦当劳特许经营餐厅。兄弟俩发现，80%的销售额来自汉堡，于是他们就简化菜单，并且开始面向家庭而不是面向被他们认为有暴力倾向的青少年做广告。为了避免玻璃容器被打碎造成的损失，兄弟俩把玻璃容器换成了塑料容器。他们尽可能地实现自动化，支付给工人的工资也很低。实际上，低工资已经成为全球经济的标准。麦当劳拒绝与工会代表谈判，就这样压榨工人，还反对提高最低工资，反对完善工人福利。就这样，麦当劳为全球经济铺平了道路。低水平的工资和恶劣的工作条件造就了高营业额。员工走马灯一样地离职在麦当劳实属常见，一份工作每年换6个人来做也并不是稀罕事。

延伸阅读

Edge, John T. *Hamburgers and Fries: An American Story*. New York: G. F. Putnam's Books, 2005.

Rimas, Andrew, and Evan D. G. Fraser. *Beef: The Untold Story of How Milk, Meat, and Muscle Shaped the World*. New York: William Morrow, 2008.

Smith, Andrew F. *Hamburger: A Global History*. London: Reaktion Books, 2008.

鸡 肉

在过去的 1.2 万年里，鸡肉一直是一种重要的食物。同时，鸡也是一种宗教象征，这种情况可能发源于东南亚，也有可能发源于西南亚，然后传到非洲，并且通过奴隶贸易传到美洲。无论是在烹饪方面还是在宗教方面，非洲人在现代鸡肉的发展过程中都发挥着重要作用。人们常常把美国人哈莱德·桑德斯（Harland Sanders）视为"炸鸡之王"，但其实在桑德斯的炸鸡秘方出现之前，炸鸡已经是非裔美国人的家常菜。尽管医生和营养师常常吹捧烤鸡的营养价值，但是炸鸡的营养价值存在争议。鸡肉似乎是健美爱好者和其他运动员的首选食物。

食物起源

人们并不十分清楚鸡的进化根源。英国博物学家查理·达尔文将鸡的祖先追溯到东南亚的红色原鸡。一些人认同这一观点，他们准确指出，在东南亚，鸡是在公元前 7500 年到公元前 5000 年之间被驯化的。然而，另一种更古老的说法认为，早在公元前 1 万年，西南亚的鸡就被驯化了。第三种观点认为，各个地区的鸡是分别被独立驯化的，并且认为亚洲西南部的鸡最早被驯化。希腊人格外喜爱最后一种设想，认为波斯是鸡的发源地。因此，希腊人称鸡为"波斯鸟"。鸡对波斯很重要，波斯太阳神密特拉（Mithras）在希腊-罗马世界的神秘崇拜领域具有非常大的影响力，他是鸡的保护人。古代波斯帝国的国教琐罗亚斯德教（也称"拜火教"）认为鸡是一种神圣的动物，可以保护人们免遭邪恶的侵害；该教的一些教徒把鸡比喻为天使。大约公元1世纪或者2世纪时，埃及人开始吃鸡肉。那时候，埃及还是罗马帝国的一部分，这一事实令人好奇埃及的鸡是不是来自罗马。一些学者认为，在更早的时候埃及人就开始吃鸡了。在埃及人眼里，鸡并非什么神圣的鸟，它只适合被吃。对于建造金字塔的人来说，鸡肉是报酬的一部分。古代埃及人每年吃掉的鸡可能约有2000万只。

古希腊人可能是最早从科学角度对鸡展开研究的人，他们创立了养禽学，而这一学科影响了美国。美国农业部、州立大学和农业实验站都对鸡进行了研究，其目的是培育一种胸脯更大的鸡。古希腊哲学家柏拉图对鸡的两足运动很感兴趣，并将之与人类的两足行进相比较。他的学生亚里士多德是研究鸡胚胎的先驱。古罗马人的鸡可能来自北部的伊特鲁里亚（今意大利）。像希腊人、波斯人和许多其他古代人一样，古罗马人相信鸡是神圣的。古罗马人可能开创了"如愿骨"这一传统：两人各执叉形骨[1]的一端，发力折断，得到更长骨段的人被认为能够获得好运。无论在鸡的驯化中扮演着什么样的角色，东南亚人都认为鸡是神圣的。他们认为鸡能够预测未来，原因可能是鸡会宣告黎明的到来。阿拉伯人、希腊人、腓尼基人和罗马人都喜欢吃鸡肉。鸡作为一种食物和文化符号对世界文明进程产生重要影响。然而，"鸡是很神圣的"这种想法并不完全符合这样一个事实：它们会被人杀死，或死于各种各样的原因。

非洲人和非裔美国人的情况

非洲人和非裔美国人的鸡肉饮食方式，可能与其传统的油炸烹

1　叉形骨：一般是火鸡、鸭子或小鸡等禽类的胸骨上方的锁骨。

任方法密不可分。非洲人在来到美洲之前可能就有吃鸡肉的传统，并且这种传统在与欧洲人接触之前或许就已经是西非传统的一部分了，非洲人把这种西非传统带到了新大陆。阿拉伯人可能先于欧洲人在某个时候把鸡引入西非，而欧洲人中最早接触非洲的是葡萄牙人，他们在近代时期来到了撒哈拉以南的非洲地区。自古以来，北非就是地中海贸易的一环，其命运与撒哈拉以南的非洲不同。似乎是来自北非的阿拉伯人把鸡带到了南方，引入时间可以追溯到大约公元1000年。在西非和美洲，吃炸鸡是一种社会活动，也是证明自己具有非洲血统的方式。

西非人以鸡为主题编出了神话故事，比如尼日利亚的约鲁巴人相信，奥杜杜瓦[1]（Oduduwa）通过鸡向人类传递信息。与欧洲人和亚洲人不同，西非人对斗鸡不感兴趣，因为他们认为斗鸡的行为贬低了这种具有重要象征意义的动物的价值。西非人也喜欢其他鸟禽，但它们无一能与鸡比肩。鸡的形象被用于装饰建筑物，如同18世纪法国的土豆花一样，都成了一种艺术。西非人用鸡来祭祀他们的神，这种习俗几乎无处不在；而在美洲，人们起初则是用活人献祭的。达官贵人有鸡，所以他们掌握了平头百姓无法企及的更"高级"的智慧来源。通过鸡，达官贵人可以直通神明，而百姓却享受不到这种好处。

在烹饪方面，西非人喜欢鸡肉与大米的组合。有人认为水稻是亚洲的一种植物，但请记住，还有一种仅产于非洲的水稻亚种，而非洲人食用的正是这种水稻。炸鸡在西非仍然很重要。事实上，西非可能是炸鸡的发源地，因为此地盛产多种植物油。然而，至少在

---

1 奥杜杜瓦：传说他是上帝奥洛朗的小儿子，被上帝派往人间管理人间事务。在约鲁巴人眼中他是代表其祖先的英雄人物，围绕其的传说故事和历史争辩颇具神秘色彩和解释张力。

非裔美国人的圈子里，鸡肉往往是用猪油而不是植物油炸制的，这让人无法确定炸鸡与西非的联系。事实上，直到20世纪70年代，用猪油来做炸鸡仍然是非裔美国人的传统。很难说鸡肉是精英阶层的食物，因为每个西非家庭都养鸡，就像19世纪的每个爱尔兰家庭都养猪（也有可能养奶牛）一样。爱尔兰人也养鸡。

20世纪时，非裔美国人来到北方从事工业方面的工作。他们在城市安家，可是鸡肉在城市里不太常见，所以按理说他们吃的鸡肉可能会减少，但事实并非如此。非裔美国人找街头小贩购买炸鸡，就像许多美国人找街头小贩购买汉堡和热狗一样。卖炸鸡的小贩通常是黑人，其顾客则是不同种族的人。非裔美国人开的饭馆供应炸鸡，而如果白人银行家愿意向黑人提供贷款的话，黑人开的饭馆肯定会更多。这种不公平至今依然存在。这些饭馆按照传统将炸鸡作为星期天的特色菜。黑人教堂也在募捐活动时供应炸鸡，就像意大利天主教教会在募捐活动中提供意面一样。一些非裔美国人的饭馆以擅长做炸鸡而名扬四方：西雅图的伊泽尔餐厅、休斯敦的法式餐厅、洛杉矶的金鸟餐厅和芝加哥的哈罗德餐厅。芝加哥和西雅图等北方城市表现尤为突出。亚裔美国人和拉丁美洲人也喜欢炸鸡。炸鸡最初只是非裔美国人的传统食物，如今它已成为美国的一道招牌菜。

延伸阅读

Miller, Adrian. *Soul Food: The Surprising Story of an American Cuisine, One Plate at a Time*. Chapel Hill: The University of North Carolina Press, 2003.

Percy, Pam. *The Complete Chicken: An Entertaining History of Chickens*. New York: Crestline, 2011.

Smith, Page, and Charles Daniel. *The Chicken Book*. Athens: The University of Georgia Press, 2000.

鸭　肉

人类吃鸭肉的历史可能至少有6000年了。可能是中国人驯化了鸭子这种水禽，不过也有证据表明是埃及人驯化了它。鸭肉不是低热量食物，部分原因在于它的饲养方式。作为一种家禽，鸭子的脂肪含量高得令人吃惊，在产出瘦肉方面它比鸡或火鸡差远了。鸭肉的影响范围主要涉及东亚，它在那里是一种重要的蛋白质来源，虽然数百年来它一直是富人的食物。鸭肉在西方的重要性远不如在亚洲的，因为牛肉、猪肉、鸡肉、火鸡和鱼才是西方国家重要的蛋白质来源。

起源与驯化

野鸭是当今几乎所有品种的家鸭的祖先。跟鸡和火鸡不同，鸭子是水禽。因此，鸭子的脚趾间有蹼，这无疑是在进化过程中形成的对水上生活的适应性特征。家鸭太笨重，所以飞不起来，许多家鸭甚至根本就不会飞。人类驯化家鸭的问题也没有定论。虽然公元前4000年左右的中国人做出了鸭子形象的泥塑——鸭肉作为一种食物，对中国人来说肯定很重要——但这一点并不能证明是中国人驯化了鸭子。不过，即使当时的中国人并未驯化鸭子，他们也进行过捕猎活动。无论是哪种情况，都说明鸭肉很早就成了中国人的菜肴。还有人提出鸭子是古埃及人驯化的。公元前14世纪的一件雕刻品上描绘了阿肯那顿法老（Akhenaten）——一位很有胆识的改革者——用鸭子祭神的场景。假设的确是埃及人驯化了鸭子，如果不是为了食用，他们为什么要驯化鸭子？

东南亚人肯定是另一批先行者，他们在公元前500年之前就开始吃鸭肉了。罗马人紧随其后，他们也很热衷于吃鸭肉。公元1世纪，古罗马农业作家科卢梅拉鼓励农民养鸭子，因为鸭子不仅可以自己吃，还能拿到当地市场上卖。所以，对科卢梅拉来说，鸭子既是食物，也是一种收入来源。除了科卢梅拉之外，直到公元9世纪时才有其他欧洲农业作家提到鸭子。在那个时候，鸭子是一种刚需食品，也是佃户交地租的一种形式。在西方，鸭子的受欢迎程度在家禽中排名第三。大多数欧洲人和美洲人更喜欢鸡和火鸡。在成本方面，鸭子竞争不过鸡或火鸡。东亚人从古至今都喜欢吃鸭肉。尽管鸡肉一直是一种重要的食物，但好多亚洲人更喜欢吃鸭肉。

商业和餐饮中的鸭肉

鸭腿比鸭胸更美味，火鸡也是大致如此。2007年，全球生产了近400万吨鸭肉，总量的84%来自亚洲，其中83%来自中国。越南人和印度尼西亚人养鸭子主要是为了收获鸭蛋。的确，母鸭可以和母鸡一样下很多蛋。鸭蛋重逾90克，比鸡蛋重得多——鸡蛋很少有超过65克的。鸭蛋中大约50%是蛋清，35%是蛋黄，15%是蛋壳。鸭蛋营养丰富，含有多种维生素，尤其是维生素A和维生素D。人们重视维生素D让鸭蛋的名气更大。然而，鸭蛋缺乏维生素C。还有一个坏消息是，鸭蛋的胆固醇含量是鸡蛋的两倍多。所有的胆固醇都存在于蛋黄中，其他鸟蛋莫不如此。

鸭肉的营养作用

鸭肉是很好的蛋白质来源，它也是亚洲部分地区的主要蛋白质来源。在这样的背景下，鸭肉改变了人类的历史和生活。它的缺点是脂肪含量太高，比鱼肉、鸡肉或火鸡肉更容易令人发胖。按质量计算，鸭肉的脂肪含量为39%，蛋白质含量为12%，含水量为9%。而人们常吃的几种鱼肉要么不含脂肪，要么脂肪含量仅为1%；与之相比，鸭肉的脂肪含量极高，这在很大程度上是由鸭子的繁殖技术和饲养过程导致的。科学家一心想要培育出迅速生长的鸭子，使之在几个星期内达到屠宰标准。这些鸭子被迅速催肥，尽管体型庞大，但仍是幼鸭。如此养育的幼鸭保留着大量的"婴儿肥"，胸脯早早就完全发育。这种所谓的科学魔法毫无益处，生产出的鸭肉根本就不是消费者想要的。消费者想要的是小巧、精瘦、胸脯丰满的鸭子，而不是科学家和养殖户养出来的又大又肥、胸脯瘦小的鸭子。擅长培育肥鸭的科学家们也开始正视批评，并且试着培育出一种胸脯丰满、体型精瘦的鸭子。但是，这样的鸭子可能需要更长的生长周期，并且价格更高。消费者最终能得到他们想要的东西吗？

北京鸭还是北京烤鸭？

与鸭子有关的术语有些混乱。例如，"北京鸭"（Pekin duck）和"北京烤鸭"（Peking duck）不是一回事。北京鸭是鸭子的一个品种，很可能起源于中国。作为食物，它是最受西方人欢迎的一种鸭子，通常会被配上梅子酱食用。而北京烤鸭是一道中国菜，其名取自中国的首都北京。因为北京是中国多个朝代的都城，所以能被冠以"北京"二字的北京烤鸭一定是一道特别的菜。最初，只有皇帝和大臣才有吃北京烤鸭的特权。北京烤鸭是将烤鸭配着薄饼、面酱和葱丝一起吃的。按照传统，厨师会给鸭肉包上一层或者多层薄饼。中国人可能在13世纪或14世纪，即元朝时期，发明了北京烤鸭。16世纪时，最早供应北京烤鸭的中餐馆开业了。因为餐馆依靠众多的菜品盈利，所以人们猜测当时北京烤鸭已经成了一种大众商品，但实际情况似乎并非如此。到了18世纪，北京烤鸭仍然是上层人士和文人墨客的美食。中国人喜欢将鸭肉和猪肉结合在一起吃，罗马人也是这样。1926年，北京有9家专卖北京烤鸭的餐馆。在今天的北京，全聚德饭店可能是世界上最大的北京烤鸭店，每天可以供应5000份北京烤鸭。

鸭肉在美国和澳大利亚

美国人每年吃掉的鸭肉超过4.5万吨，对于一个并不以吃鸭肉闻名的国家来说，这个数字令人印象深刻。印第安纳州是美国最大的鸭肉产地，其后是加利福尼亚州、宾夕法尼亚州、威斯康星州和纽约州。美国每年饲养近400万只鸭子以供国内消费。得克萨斯州似乎在1845年并入美国时开始出产鸭肉，不过直到20世纪产量才有所扩大。最初，鸭子和鸡一样，都是小农场的标配。人们养鸭子是为了自己吃，有多余的才会拿到当地市场出售。到了1890年，人们依然不重视鸭子，比如在得克萨斯州，人们饲养的鸡、火鸡和鹅都比鸭子多。

烹饪鸭肉在亚洲有着悠久的历史。相比之下，澳大利亚是一个后来者，但其发展迅速。直到二十世纪七八十年代，澳大利亚的鸭肉产量才开始飙升。澳大利亚人用烘焙、炖煮或者烧烤的方式烹饪鸭肉，就像美国人做牛肉一样。澳大利亚每年饲养的鸭子超过800万只，消费鸭肉大约1.8万吨。澳大利亚生产的鸭肉中有95%供应国内市场，其余的则出口到亚洲。

延伸阅读

Damron, W. Stephen. *Introduction to Animal Science: Global, Biological, Social, and Industry Perspectives*. 5th ed. Boston: Pearson, 2013.

Scanes, Colin. *Fundamentals of Animal Science*. Australia: Delmar, 2011.

鹅　肉

鹅这种动物不易分类。一些权威人士对于将鹅归为何种类别有着不同的意见，但这个问题似乎更符合分类学范畴，而非生物学范畴。严格来说，一个物种是指能够繁殖出具有生育能力的后代的所有生物。两种动物如果能繁殖，但其后代不具有生育能力，那么在定义上就是不同的物种。马和驴之间的关系就是一个很好的例子。这两种动物可以异种交配生出骡子，但是骡子不能生育，所以马和驴是完全不同的两个物种。另一个不太令人愉快的例子与尼安德特人有关。现代人往往将尼安德特人与原始特征画等号，然而，基因证据表明，现代人拥有尼安德特人的DNA。这只有在现代人与尼安德特人繁殖出具有生育能力的后代的情况下才能实现。严格地说，现代人并不是独立于尼安德特人的另一个物种。鹅同样如此。但凡可以繁殖出具有生育能力的后代的物种，就不是生物学上的不同物种。

起源与驯化

鹅是一种很有趣的生物，它在哥伦布大交换之前就栖息在除南极洲之外的各个大陆上。人们似乎无法确切地知晓鹅源于何地。鹅遍布世界各地，与其他物种形成鲜明对照。例如，大豆在传到欧洲之前仅生长于中国，后来才随着哥伦布大交换传到美洲。在哥伦布大交换之前，美洲人不知牛、羊、猪和鸡为何物，而火鸡在旧大陆不为人所知。我们还可以举出很多例子，但关键是，鹅在没有人类辅助的情况下就迁移到了世界各地，这令人称奇。

根据一种论点，鹅可能在狗和绵羊之后被人类驯化，是早期被驯化的动物之一。然而，似乎没有什么证据可以支持这种猜测。如果把古代埃及人驯化鹅的时间定在公元前1000年左右，那么必定会得出这样的结论：鹅是一个后来者，在狗、绵羊、猪、牛、山羊和鸡这些物种之后被驯化。另一些人认为，埃及人在公元前3000年驯化了鹅。但我们只要考察一下古代畜牧业的历史就知道，即便如此，鹅被驯化的时间也不算早。在家禽中，鹅似乎从来没有像鸡、火鸡或鸭子那样在世界范围内那么重要。即使并非处在食物等级体系的顶端，鹅作为食物至少也有3000年的历史了，因此，它改变了人类的历史和生活。

无论气候寒冷还是炎热，鹅都能生活，因此，人们可能会认为世界各地都有人专门养鹅。但历史上，养鹅的地区主要是亚洲和欧洲。亚洲和欧洲有可能各自独立地驯化了鹅。如果这是真的，埃及独立驯化鹅也是真的，就有三个地方分别独立地驯化了鹅。欧洲的鹅起源于野生灰雁，而亚洲的鹅的血统可追溯到鸿雁。同样，这些种类的鹅都可以繁殖出具有生育能力的后代。加拿大、美国、埃及、印度、澳大利亚、巴布亚新几内亚以及南美洲、中亚国家的人都吃本地品种的鹅。部分非洲地区的人可能也是如此，但他们吃鹅的传统可能源于埃及。仅仅在中国，人们吃的鹅就有20多种。

鹅对罗马人来说很重要，他们吃鹅肉，并把鹅祭献给主神朱庇特（Jupiter）的妻子——朱诺（Juno）。在古罗马时代，大普林尼和诗人贺拉斯（Horatius）收集了鹅的食谱，并给出了如何饲养鹅以供家庭使用和用于销售的建议。19世纪时，法兰克国王查理曼（Charlemagne）命令所有的农民和养殖户养鹅，以维持生计并供应市场。这样的命令看起来不过是古罗马政策的延续。

选择育种的作用

在19世纪，英国博物学家查理·达尔文呼吁人们重视选择育种[1]在培育家畜和种植农作物方面的作用。当然，选择育种对于鹅来说同样重要。几乎可以肯定这一点，人类一开始就像捕猎野生的牛和猪那样捕猎鹅。在某一天（尽管这个时间有争议）——可能是在埃及——人类把鹅关进笼子或者某种类型的围栏里。正如农业历史上的大部分情况那样，埃及人并不满足于养鹅和吃鹅，他们想要更大、更肥的鹅。于是，带着这种想法，他们让最大的公鹅和最大的母鹅交配，以生出体型更大的后代。通过这种方式，埃及人立马获得了两种好处。首先，他们能吃上更肥美、热量更高的鹅。鹅肉是一种高热量的肉，因为它与鸭肉类似，含有大量脂肪。这种脂肪不是在肉里，而是在皮下，因此鹅的脂肪可以被去除。不过，许多古人或许并不愿为这道额外的工序费劲；同时由于生活艰辛，人们乐于吃热量更高的食物来补充体内被燃烧掉的热量。其次，鹅可以凭借更大的体型威慑捕食者，从而不用太费心就能保护好自己；但鸡就不是这样了。而且，鹅与火鸡和家鸭不同，它虽然体型大，但依然飞得起来。

1　选择育种：指从现有的种质资源群体中，选出优良的自然变异个体，根据育种对象的不同繁殖方式，采用不同的选择方法育成新品种的一类育种方法。——编者注

美国

直到19世纪，一些美国人在节假日仍然更愿意吃鹅而不是火鸡。但19世纪以后，鹅就失宠了。在美国，鹅并不是人们主要的营养来源。美国生产的鸡、火鸡和鸭子比鹅多得多。为了更好地理解鹅的比例，我们不妨参考中国的情况：中国每年大约生产40亿只鹅，生产的鹅蛋也很多。相比之下，美国每年仅生产17.8万只鹅——得克萨斯州以每年超过1.4万只鹅的产量遥遥领先，明尼苏达州、南达科他州、威斯康星州和密歇根州也是重要的鹅产地。一些权威人士也将加利福尼亚州列为重要的鹅产地，但由于缺乏数据，我们很难知道该州排在第几。根据美国农业部的统计，美国人平均每年吃的鹅肉不到150克。

发展中国家

在部分发展中国家，小型农户饲养鹅并将之作为获取蛋白质的主要来源之一。在这种情况下，鹅维系着他们的日常生活。这些农民喜欢养鹅，因为养鹅不需要太费心，而且鹅占用的空间相对较小，它们甚至可以自己觅食。在某些情况下，鹅为本就贫困的农民提供了重要的经济来源。鹅在发展中国家也很受欢迎，因为正如上文提到的，它体型很大，可以吓退捕食者。另外，鹅需要的照料比鸡需要的少，它也可以适应圈养。当然，它的缺点是脂肪含量高。人可以通过烤制这一烹饪方法减少鹅的脂肪含量，因为烤鹅就像烤鸭一样，可以让一些脂肪从鹅身上滴下来。在中国的南方地区，农民往往倾向于种植或养殖两种必需品：大米和鹅。尽管鹅有厚厚的皮下脂肪，但鹅肉本身还是比较瘦的。人们可以去除脂肪，但剩下的瘦肉就会少些风味，让很多人觉得不太好吃。

延伸阅读

Scanes, Colin. *Fundamentals of Animal Science*. Australia: Delmar, 2011.

猪 肉

在史前和有史以来的大部分时间里，猪肉都含有大量脂肪，因为随着年龄的增长，猪会积累脂肪。然而，近几十年来，消费者要求猪肉更加精瘦。这种饮食习惯上的变化，很大程度上要归功于汽车、省力设备、健康意识，以及畜牧养殖科学。

猪肉与人口

人类吃猪肉至少已经有7000年的历史了。最早食用猪肉的似乎是西亚人和中国人。这两个地方的人可能是各自独立地形成食用猪肉的习惯的，而非从对方那里学来的。猪肉由此发展为如今消费最广泛的肉类，甚至连牛肉都相形见绌。因此，猪肉推动了上一个世纪或上两个世纪的人口激增，并据此改变了世界。事实上，多亏了猪肉和其他食物，人类才不至于陷入绝境。当全球人口达到700万时，许多科学家担心无法增加粮食供应量来养活更多人口。18世纪时，英国经济学家托马斯·马尔萨斯是第一个就这些危险发出警告的人。因为马尔萨斯预见性地提出了这一理论，所以人类人口超出粮食供应承受范围的现象被称作"马尔萨斯陷阱"。

猪肉可以被制作成一系列食物，包括里脊、猪排、火腿，以及可能最受人们欢迎的培根。在西方，火腿可以与火鸡肉相媲美，作为过节时必吃的肉；不过，严格来说，火鸡肉是禽肉，属于白肉而不是猪肉所属的红肉。有些家庭在过感恩节和圣诞节的时候既吃火腿也吃火鸡，以此强调他们家餐桌上的食物很丰盛。

猪肉与玉米带的崛起

猪肉在美国中西部尤为重要。自殖民地时期起，猪就是美国家庭农场里常见的动物。因为猪什么东西都愿意吃，甚至吃人类和其他动物的粪便，所以它特别好养活。到了19世纪，猪和猪肉的生产开始向中西部地区聚集。这个地区是理想的养猪之地，因为这里产出了美国大部分的玉米。这时候，恰好许多美国人正在减少他们的玉米消费量，尽管确实也有许多非裔美国人仍然吃以玉米为主料的几道菜。考虑到这些情况，掌握着大量玉米的中西部人会怎么做呢？答案是用玉米喂猪。随着数百万头猪开始吃玉米，农民种的玉米越来越多，中西部地区就变成了人们所说的"玉米带"。直到今天，中西部地区还保留着这一称号，尽管在玉米带的许多地方，大豆和玉米一样重要。就这样，猪肉把玉米带的形成变为可能。

猪肉与肉品生产的工业化

随着人们对猪肉的需求高涨，美国人不得不想办法屠宰猪，并把切好的猪肉运到美国各地和其他国家。因为玉米带是猪肉王国，所以地理位置的选择至关重要。19世纪时，俄亥俄州西部和南部地区是猪肉王国的重要组成部分，而辛辛那提市具有与这些地区交通便利的位置优势。于是，到了1840年，它发展成为美国的猪肉生产中心，并获得了"猪肉之都"的称号。然而，这座城市的辉煌只是昙花一现。到了19世纪60年代，芝加哥凭借伊利诺伊州和艾奥瓦州庞大的养猪规模，成为新的"猪肉之都"。早在美国汽车制造商亨利·福特之前，芝加哥的屠夫就发明了流水线——不是装配线，而是拆卸线。这种流水线不需要工人走来走去，而是将猪逐次移动到每一个工人面前。一头猪被放到拆卸线开端的时候还有一具完整的躯体，到了最后它就变成了一具骨架。因为任务分解成各个部分，每个工人只负责其中一个，所以他们不需要特殊的技能。事实上，这使工人看起来更像是机器人而不是人类。任何经过训练的人都可以完成单一的工作，这样工人就没什么价值了。于是肉类加工商只给工人发少得可怜的工资——19世纪的资本家以此解决自己遇到的一切商业难题，这种思路甚至至今依然盛行。1905年，低工资和糟糕的工作环境促使美国作家厄普顿·辛克莱着手调查芝加哥的肉类加工业。辛克莱把调查结果写成了《屠场》一书，得到了广泛关注。尽管辛克莱希望《屠场》能唤醒美国人，帮助他们认识到工人正在遭受的苦难，但读者读出的却是肉类加工业的肮脏和弊病。人们要求政府必须采取措施，保证猪肉和其他肉类可以安全食用。因此，在1906年，时任总统罗斯福在国会通过后，签署了《纯净食品与药品法》和《肉类检验法》。猪肉给了联邦政府提升地位的机会。此外，亨利·福特参观了拆卸线，据此设计出了装配线。人们不禁猜测，要是没有猪肉，T型车可能就不会问世。

猪肉太肥腻

长期以来，猪肉一直以脂肪含量高而闻名。在过去几百年里，消费者对这种情况很满意，因为正是脂肪让猪肉更好吃。然而，到了20世纪30年代和40年代，情况开始发生变化。与祖辈相比，现代美国人的活动量太少了。他们很少步行，更很少骑自行车。汽车可以把他们带到任何想去的地方，省力的设备开始减轻家务活的负担，机械化把农场和工厂的劳作变得越来越轻松。简而言之，与祖辈相比，现代美国人消耗的热量更少了。在这些情况下，美国人将目光瞄准了猪肉。猪肉的脂肪曾经对人们有好处，可到了现在，它的高热量特点变成了一种缺点。消费者开始要求猪肉更瘦，于是，政府再次找到了解决办法。联邦政府和州政府拨款，激励美国农业部、州立大学和农业实验站的牲畜研究员行动起来。通常，相关的机构或人员之间都有合作关系。人们起初的努力成果之一，是在俄亥俄州哥伦布市建立了一个生猪改良中心，这里在1940年前后聚集了来自俄亥俄州立大学和俄亥俄州农业实验站（今天的俄亥俄州农业研究与发展中心）的科学家。科学家在人工授精方面取得了进展，这是育种成功的关键。他们从最瘦的公猪身上采集精子，让最瘦的母猪受精。他们将这个过程在好几代猪身上重复，获得了快速的进展。现在，人们随便进入一家沃尔玛超市，都能买到脂肪含量仅3%的火腿。这个例子说明，与其说猪肉改变了世界，不如说世

巴克夏猪

　　巴克夏猪起源于英国。直到19世纪，它一直是典型的家猪品种，有着一层厚厚的皮下脂肪。由于有了这样的脂肪，猪肉会呈现出大理石纹。也正是脂肪赋予了这种猪肉极佳的风味，让它在欧洲各国和美国广受欢迎。英国和澳大利亚仍然在饲养巴克夏猪，但它的肉不再是人们的首选猪肉。曾广泛用于肉类加工业的巴克夏猪，本身也成为工业的受害者。随着机器时代的到来，尤其是汽车的发明与普及，疏于运动的人们开始要求吃更瘦的猪肉，而巴克夏猪难以满足这种要求。于是科学家转而研究其他品种的猪，通过杂交培育出肉质更瘦的猪，因此，如今一头普通猪的脂肪含量甚至低于一个普通美国人身体的脂肪含量占比。

界改变了猪肉。然而，事情没有那么容易得到解决。美国人在消费瘦猪肉的同时，还在寻找富含脂肪的食物，结果垃圾食品的消费量大幅增长。美国人可能一边吃瘦肉火腿，一边沉溺于吃让人发胖的比萨、薯片、炸薯条、巧克力曲奇，以及许多其他不该吃——至少不应该吃那么多——的食物。

再谈猪肉与脂肪

虽然美国人说他们想要吃瘦猪肉，但他们还是沉溺于吃其他不太健康的食物。猪肉通常是热狗和其他香肠的主要原料。这些产品一直很受欢迎。谁去看棒球比赛时不吃热狗？在美国独立纪念日野餐的时候，主食就是各种类型的香肠。消费者似乎并不知道到底是猪的哪些部分成了热狗和香肠原料，而他们似乎也并不在意答案。猪身上没有被做成热狗和香肠的部分通常被用来做狗粮。事实证明，人类在饮食方面和狗区别不大。在美洲、欧洲、亚洲和非洲的部分地区，人们仍然用猪油来煎炸其他食物。显而易见，吃低脂肪食物的冲动可能没有人们想象得那么强烈。在中国，人们似乎尤其喜欢用猪油做菜。这个事实是出人意料的，因为中国人似乎吃了很多猪油，但整体来看他们比美国人更瘦。

猪肉的最大化供应

在现代社会，人们一般不用担心食品的稳定供应，虽然考虑到马尔萨斯陷阱，人们应该为此感到焦虑。早期的食物供应是多种多样的，猪肉也是如此。在这种情况下，人们想方设法地让猪肉供应最大化。如果猪的数量有限，那么能够提供的猪肉当然也是有限的。一群人如果不能立马吃完一次屠宰后得到的所有猪肉，就需要把剩下的存起来，留到收成不好的时候再吃。猪肉和鱼肉一样，是人类早期腌制的食物之一。这个策略很奏效，因为盐可以吸收水分，猪肉变干就不易腐烂。不过，当时的人们可能并不知道，把盐当作防腐剂意味着人们吃的猪肉和其他腌制食物含盐过多。虽然这不能只怪猪肉，但很明显，许多人摄入了过量的盐。根据一种说法，美国的盐人均年摄入量是 5 千克，而实际上不到 0.5 千克的摄入量就已经足够满足人体所需了。即使到了现代，由于人们在保存和处理猪肉时采取的各种办法，猪肉仍然含有非常多的盐，这增加了高血压和心血管疾病的发病率。人类终究要为吃腌猪肉和其他很咸的食物付出代价。从很早以前开始，人类就会通过烘干和熏制等方法来增加猪肉的供应量。即使在今天，保存猪肉的方法仍然很重要。在世界范围内，只有不到三分之一的猪肉是作为鲜肉烹制的。其余的则经过加工，腌制成火腿、培根或者热狗和香肠的馅料。

猪肉与身份

几百年来，猪肉一直是身份地位的一种体现。精英人士吃最佳部位的猪肉，而普通百姓只好凑合着吃剩下部位的猪肉。加勒比地区的非洲人和欧洲人就是一个典型的例子。在哥伦布之后，欧洲人来到加勒比地区，建立了甘蔗种植园和咖啡种植园。当其他劳动力资源不充足的时候，欧洲人就奴役非洲人，强迫他们在美洲热带地区辛苦劳作。奴隶主往往指派一名黑人妇女当厨师，她要为奴隶主一家准备最好的猪肉，而即使把饭做好，她也没有资格吃。通常情况下，她和其他奴隶只能将就着吃点比猪鼻子好不到哪里去的东西。由于吃不上猪肉，还普遍缺乏营养，奴隶们备受其苦。奴隶主通常都很残忍，"既不让马儿吃饱，又想让马儿快跑"，结果就是奴隶慢慢被饿死。因此，猪肉加深了奴隶和奴隶主之间的鸿沟。

延伸阅读

Rogers, Katharine M. *Pork: A Global History*. London: Reaktion Books, 2012.

火鸡肉

火鸡的祖先是2300万年前生活在中美洲和北美洲的一种野生鸟类。美洲印第安人驯化了它，并赋予它许多用途。后来，火鸡成了欧洲人庆祝重大节日——尤其是圣诞节和感恩节——的主菜。在欧洲人中，英国人似乎特别喜欢火鸡。无论是过去还是现在，火鸡作为经济的重要组成部分一直是科学研究的对象。火鸡在家禽数量排名上位居第二，仅次于鸡。火鸡的英文名"turkey"可能会让人感到困惑，因为土耳其的英文名也是"Turkey"；但火鸡和这个西亚国家之间可能毫无关联。

火鸡

火鸡是一种不寻常的鸟，表现出几种达尔文主义的特征。值得注意的是，雄性火鸡比雌性火鸡体格大，意味着雌性更喜欢与体型硕大的雄性交配，这是一些其他鸟类和包括人类在内的许多哺乳动物所共有的特征。雄性的色彩也比雌性的更花哨，表明雌性倾向于寻找羽毛色彩缤纷的雄性。英国博物学家查理·达尔文将这些特征和行为称为"性选择的产物"，而性选择是自然选择的一部分，甚至是自然选择的延伸。在进化的早期阶段，野生火鸡可以飞行；而驯化抹杀了这种能力，因为人类选择了体型更大的火鸡。事实上，20世纪80年代的科学育种曾给火鸡造成了麻烦。考虑到消费者希望火鸡的胸脯越大越好，科学家繁育出来的火鸡胸脯过于硕大，以至于该品种的火鸡根本站不起来。这项研究不仅涉及传统遗传学，还涉及人工授精。该品种的火鸡无法承受过重的胸脯，因而连走路这个简单的动作都会使它们折断腿。包括美国农业实验站在内的各机构的科学家或许想缩小火鸡的体格，培育出腿部更粗壮、腿骨更健硕的火鸡。结果却培育出了体型更大的火鸡，但它至少负担得起自己的体重。人类从渡渡鸟[1]身上吸取经验，似乎已经明白：如果人类还想吃火鸡，就必须让这种不会飞的体型硕大的鸟长存下去。

新大陆起源

如上文所述，火鸡起源于美洲，历史悠久。200万年前的玛雅人在中美洲驯化了火鸡，而在此之前，它作为生物群的一部分已经存在了2300万年。火鸡从中美洲向北传到墨西哥，成了阿兹特克人的主食。火鸡的起源还没有定论，除了上述说法，也有人认为美洲印第安人在最近2500年里才驯化了中美洲的火鸡。美洲印第安人认为火鸡能带来好运，甚至认为火鸡很神圣，还相信火鸡最起码是

---

1 渡渡鸟：一种不能飞的大鸟。原产于毛里求斯，但因人类捕猎过滥，于1681年灭绝。——编者注

人类和诸神之间的沟通桥梁。美洲印第安人会用火鸡羽毛来装饰自己，并且吃火鸡的肉和蛋。

节日传统的形成

西班牙人从墨西哥向欧洲出口火鸡。英国人误认为它是"土耳其鸡"，"火鸡"的英文名就是这样流传开来的。还有人猜测土耳其确实从美洲进口了火鸡，不过这一观点至今没有得到证实。英国人可能是最早将圣诞节等节日与火鸡相联系的人。英国的传统圣诞大餐有火鸡、栗子、香肠、馅料、肉汁、土豆、抱子甘蓝和胡萝卜。英国人在殖民北美洲之前似乎就已经形成了这个传统。早在16世纪，英国的酒馆就供应火鸡；而家庭主妇几乎每天都会烹调火鸡，不仅是在节日期间才这么做。英国国王亨利八世（Henry VIII）也在圣诞节吃火鸡。到了维多利亚时代[1]后期，作为节日食品，火鸡的重要性甚至超过了鹅的重要性。在澳大利亚，火鸡也是圣诞大餐的首选。

重返美洲

英国人在殖民北美时带来了火鸡，这可以说是一种反向的哥伦布大交换，他们可能并不知道，火鸡原本就是在新大陆被驯化的。感恩节大餐如果首创于美洲的话，那么可能出现在1619年的弗吉尼亚或1621年的马萨诸塞。这个故事是具有神话色彩的。值得注意的是，

---

1 维多利亚时代：指1837年至1901年英国女王维多利亚在位统治的60余年。维多利亚时代是英国历史上非常繁盛的时代之一，工业革命带动了英国经济、政治、文化、社会等领域的一系列变革。——编者注

感恩节

感恩节是美国人的一个重要节日，起源于17世纪英国殖民者和美洲原住民之间的一次聚餐。我们很难知道当时的人们吃了什么，甚至不知道这次聚餐是否真的发生过。似乎从很早开始，火鸡在人们的印象里就是主菜，实际上并非如此。1789年，美国前总统乔治·华盛顿宣布感恩节为全国性节日，但直到亚伯拉罕·林肯（Abraham Lincoln）担任总统期间，它才真正成为全国性节日。感恩节吃火鸡的传统似乎流行全美。在这个意义上，火鸡是美国的国鸟，而博学多才的美国人本杰明·富兰克林（Benjamin Flanklin）似乎很早以前就想把火鸡定为国鸟。

由于英国人吃火鸡已经有百余年的历史，他们对火鸡肯定不陌生。他们可能给原本很朴素的饭菜加上火鸡，使之看起来更加丰富，也更具英国烹饪风格。第一批欧洲移民肯定需要美洲印第安人的帮助。由于大多数欧洲移民都不是农民，所以他们对美洲原住民的耕作方法和农作物知之甚少。一些美洲印第安人可能为英国人提供了帮助，双方甚至可能偶尔聚餐，而火鸡就是其中一道菜。然而，我们很难确定是谁最早提出设置感恩节的想法的，因为直到19世纪60年代，时任美国总统的亚伯拉罕·林肯才把它确立为一个全国性节日。感恩节的故事可能会告诉人们更多关于火鸡在英国最早殖民北美洲过程中具有象征意义的信息。如果事实的确如此，那么当时的英国人和美洲印第安人肯定是和平共处的。可惜这种说法是错误的。来到美洲的欧洲人有意无意地向新大陆传播了疾病，这些疾病可能杀死了90%的美洲原住民——他们对旧大陆的疾病没有免疫力。欧洲人似乎还对美洲印第安人施暴，有资料证实，的确存在欧洲男人强暴美洲印第安女人的情况。在这方面，感恩节吃火鸡的行为反映了一种对美洲历史进行的如田园诗般的美化，却并不符合事实。

有一种说法是，美国国父本杰明·富兰克林是唯一反对将白头海雕定为美国国鸟的人。与白头海雕相比，他更喜欢火鸡。富兰克林宣称，火鸡会攻击任何胆敢擅闯美国农场的英国士兵，但这种说法可能有些夸张。由于感恩节要吃火鸡，许多美国人就把这个节日叫作"火鸡节"。美国人的感恩节大餐经历了更新迭代，目前包括火鸡、馅料、土豆泥、甘薯、肉汁、蔓越莓酱、玉米、笋瓜和南瓜派。如此看来，感恩节是一个与火鸡和其他美洲食物有关的欧洲人和美洲印第安人的节日。这起源于新旧大陆的烹饪习俗和文化传统，为欧洲人在新大陆的未来指明了道路。

火鸡成为农业综合经营的一部分

美国的火鸡年产量表明，火鸡不再仅仅是一种节日食品。美国人一年之中在各种场合都吃火鸡。人们越来越青睐火鸡的部分原因是火鸡很有营养。营养学家很看重火鸡，因为火鸡肉不仅低脂，而且富含蛋白质。就此而言，它在饮食里的作用与鸡、鱼一样。但这并不是说火鸡的热量低。在同等质量条件下，火鸡胸肉含有的热量最少，而火鸡腿肉含有大量的碳水化合物，其来源是火鸡活着的时候在腿部储存的糖原。消费者如果想买整只火鸡，那么通常有两种选择：一是体重为6～8千克的雌性火鸡，这种火鸡最合消费者的心意，因为其大小适合一般家庭享用；二是体重为12～15千克的雄性火鸡，这种火鸡适合大型聚餐时食用。如上所述，由于两性异形现象的存在，雄性火鸡天生就比雌性火鸡大；雄性火鸡如果不整只销售，就会被分解，然后加工成不同的产品。尽管阿肯色州仍然是火鸡的重要产地，但目前大多数火鸡产自弗吉尼亚州、南卡罗来纳州和北卡罗来纳州。美国人平均每年吃掉大约360吨火鸡，不过并非都是按只吃掉的，因为一只火鸡会被做成不同的产品。用火鸡肉做成的产品有博洛尼亚火鸡大红肠、火鸡肉馅、火鸡香肠、火鸡培根等，这些都可以在市场上买到。

延伸阅读

Chaline, Eric. *Fifty Animals that Changed the Course of History.* Buffalo, NY: Firefly Books, 2011.

Damron, W. Stephen. *Introduction to Animal Science: Global, Biological, Social, and Industry Perspectives.* 5th ed. Boston: Pearson, 2013.

Scanes, Colin. *Fundamentals of Animal Science.* Australia: Delmar, 2011.

午餐肉

美国肉类加工商乔治·荷美尔公司（现在的荷美尔食品公司）在大萧条时期发明了午餐肉。当时，午餐肉是穷人和失业者的食物。在第二次世界大战期间，起初很不起眼的午餐肉逐渐成为美国及其盟国的军用食品。战后，由于美国的军事部署遍布全球，午餐肉成了一种世界性食物，在亚洲的部分地区尤其受欢迎。这些地区的人对午餐肉的接受程度超过了美国人，因为美国人认为午餐肉是穷人和土里土气的人才吃的食物。至少在美国，人们一提到午餐肉，就会想到大萧条和第二次世界大战导致的物资匮乏状况，可以说午餐肉从未摆脱这种联系。午餐肉在第二次世界大战期间起到了重要作用，苏联领导人尼基塔·赫鲁晓夫（Nikita khrushchev）认为午餐肉功德无量，让他的军队免于饿毙。在这个意义上，可以说午餐肉确保了同盟国战胜纳粹主义、法西斯主义和日本帝国主义，由此改变了历史。

战时食品

在第二次世界大战期间，午餐肉从所有美国食品中脱颖而出。战争期间，荷美尔食品公司生产的包括午餐肉在内的90%的肉类罐头都被美军采购。午餐肉的英文名"spam"是"spiced ham"的缩写，意思是"五香火腿"。不过，它实际上只有一部分是火腿，其余部分则是猪肩肉，所以它是一种混合的肉制品。荷美尔食品公司在广告中将午餐肉称作"荷美尔全新的神奇肉罐头"。当然，午餐肉一点也不神奇，它跟100年来荷美尔食品公司和其他肉类加工商生产的肉制品差不多。在战争期间和战争结束后不久，荷美尔食品公司扩充了午餐肉产品系列，其中包括用午餐肉做的油炸馅饼、汤、三明治、沙拉、炖菜、肉丸、炒杂烩、午餐肉通心粉、蛋粉午餐肉和脱水土豆午餐肉。这些产品肯定很有吸引力，因为第二次世界大战期间，荷美尔食品公司的午餐肉和其他产品的年均销量超过了4.5万吨。午餐肉的油脂可以润滑枪，滋润皮肤，还可以用来制作蜡烛。装午餐肉的锡罐可以被制成壶、平底锅，以及蒸馏威士忌和其他烈性饮料的蒸馏器。人们不再把当兵的人叫作"山姆大叔"（Uncle Sam），而叫他们"斯帕姆大叔"（Uncle Spam）。在英国，平民也吃午餐肉。在法国，餐馆会供应午餐肉。值得一提的是，法国人误以为午餐肉的英文名"Spam"是"specially prepared American meat"的首字母缩写，意思是"美国特制肉制品"。战时，苏联军队借助午餐肉一路前进。战后，红十字会给大批饥饿的难民发放午餐肉。赫鲁晓夫在回忆战争时提到，要不是有午餐肉，苏联军队就得忍饥挨饿。可以说，午餐肉是第二次世界大战中必不可少的物资，它作为一种食物立下了汗马功劳，协助同盟国战胜了德国、意大利和日本，从而影响了历史。战争期间，不仅美国军人吃午餐肉，美国平民也依靠午餐肉生活。对于许多经历了第二次世界大战时期的美国人来说，午餐肉难免会让他们联想到大萧条和第二次世界大战时期缺衣少食的光景。因此，许多美国人对午餐肉很反感。

西方的午餐肉

西方人往往把午餐肉等同于垃圾食品，但事实上，它比薯片、甜甜圈、夹心面包等真正的垃圾食品更有营养。1937年，明尼苏达州的肉类加工商荷美尔食品公司在美国推出了午餐肉。这种食品价格不贵，因此在经济大萧条时期肯定吸引了很多美国穷人。荷美尔食品公司机智地设计了一种把人类天生就爱吃的盐、糖和脂肪都囊括在内的产品。午餐肉可以被比作一种罐装的烘肉卷。除了有盐味，午餐肉没什么其他味道——大多数美国消费者都认同这一点。迫于营养学家和医生的施压，荷美尔食品公司于1986年推出了一款含盐量不太高的午餐肉，不过同时继续销售最初的高盐产品。该公司1992年推出的清淡午餐肉所含的热量比最初产品的要少。1999年，荷美尔食品公司推出了一款用火鸡肉做的产品，但是也把它当成午餐肉进行市场推广。

第二次世界大战结束后，美国取消了战时限制。由于美国人渴望吃上更好的牛肉和猪肉，午餐肉在美国的销量便一路下滑。同时，军方对午餐肉的采购量也变得更少了。自第二次世界大战以来，但凡美国卷入战争，午餐肉就是肉类食品的首选（或者说人们别无选择）。对许多美国人来说，午餐肉是一种粗劣的食物，不优雅也不高级。例如，美国人在举行婚礼的时候绝对不会给客人吃午餐肉。然而，另一些美国人认为，午餐肉是蕴含美国文化的地道食物，是20世纪美国历史不可或缺的一部分。尽管如此，美国历史教科书却对午餐肉只字不提。美国的大学毕业生可能对古希腊哲学家柏拉图的对话录、德国作曲家巴赫（Bach）的音乐、俄国作家费奥多尔·陀思妥耶夫斯基（Fyodor Dostoyevsky）的小说略知一二，但对午餐肉却一无所知。午餐肉可能更大程度上是一种流行文化，而不是历史。一些五六十岁的美国人回忆道，午餐肉是他们童年的食物，但成年后就不再吃了。按照这种思路，午餐肉不符合成年人的口味。一些美国人把午餐肉和拉面相提并论，认为它们都是穷人的食物。其他人则认为，午餐肉是一种加工食品，根本不值得被贴上"肉类"的标签。总之，午餐肉渴望被正名，成为一种与众不同的肉制品——而它并非如此。或许值得称赞的是，荷美尔食品公司并没有对午餐肉夸大宣传。尽管如此，午餐肉通常仍是火腿的一种替代品。

菲律宾等亚太地区的午餐肉

自1937年以来，荷美尔食品公司已经在全球各地销售了几十亿罐午餐肉。该公司希望在21世纪第一个十年内实现销售额超过70亿美元的目标。其在美国、澳大利亚、丹麦、英国、日本、菲律宾、韩国和中国生产午餐肉，全球超过50个国家从这些工厂进口午餐肉。几乎没有美国食品能像午餐肉这样主宰菲律宾市场。在第二次世界大战结束时，美国军队向菲律宾平民发放午餐肉罐头，于是这种食物很快就变得广为人知。午餐肉在菲律宾和东南亚其他岛屿的受欢迎程度让美国人吃惊，要知道，美国人往往是不把午餐肉当回事的。午餐肉是东亚和太平洋地区蓬勃发展的快餐行业的一部分。从这个意义上来说，午餐肉是现代社会成功的食物之一。全世界的人都知道，这种350毫升的锡罐里有肉。这种食物价格低廉，保质期长，能被用于各种食谱——这些特征都让它大获成功。午餐肉超越了国家和经济的界限，是真正的大众食品。因为无须冷藏，所以它在电力尚未普及的发展中国家是人们理想的蛋白质来源。它可以就着罐头盒直接加热，也可以凉着吃，取决于消费者的喜好。它的用途也非常广泛，可以作为主菜、配菜或者是一份精致菜肴的配料。此外，人们在早餐、午餐、晚餐都可以吃午餐肉，还可以把它当零食吃。因为几乎不用准备，所以它食用起来很方便。

午餐肉一直保持着同军方的联系。美军在哪里驻扎，午餐肉就在哪里流行，例如关岛、冲绳，又如韩国和菲律宾，而且不只在士兵中间流行。一般来说，亚洲人比美国人更喜欢午餐肉，菲律宾人就对午餐肉有一种依恋。对他们来说，午餐肉就是真正的肉。菲律宾人普遍喜欢午餐肉，那里的午餐肉与西方的不同，与贫穷和土里土气没有关联。菲律宾人把午餐肉和大米搭配着吃，从午餐肉里获取蛋白质，从大米里获取碳水化合物。菲律宾还有一种名为"梅里恩达"（merienda）的传统午后点心，原料就包含一罐午餐肉。菲律宾人通常像吃三明治那样配着番茄酱和蛋黄酱吃这种点心，不可否认的是，这种吃法摄入的脂肪太多了。菲律宾人还经常油炸午餐肉，这种做法同样增加了脂肪含量。他们把午餐肉当美食，使当地的午餐肉的销量超过了沙丁鱼和咸牛肉的销量。午餐肉非常受欢迎，单位质量的午餐肉与火腿的价格是差不多的。菲律宾人甚至把午餐肉当成礼物相互赠送。他们如果有亲人从海外返乡，团聚时就会吃午餐肉。

延伸阅读

Civitello, Linda. *Cuisine and Culture: A History of Food and People.*

Hoboken, NJ: John Wiley and Sons, 2011.

Williams-Forson, Psyche, and Carole Counihan, eds. *Taking Food Public: Redefining Foodways in a Changing World*. New York and London: Routledge, 2012.

羊肉和羔羊肉

羊肉是成年羊的产品，而羔羊肉则来自羔羊。美国农业部将2岁以上的羊归为成年羊，羔羊则指尚未成年的、年龄不超过2岁的羊。美国农业部进一步将羔羊分为三类：第一类是不足3个月的冬羔，体重不到27千克；第二类是3个月到7个月大的春羔；第三类是7个月到2岁大的成熟羔羊，体重在50～59千克之间。美国农业部将羔羊肉分为四级：极佳、优选、上等和实用。

羊肉和羔羊肉的食用历史

在史前时代，人类在驯化羊之前肯定是靠捕猎获得它们的。因为羊在西亚地区数量很多，所以它们必定很早就成了蛋白质和热量的重要来源，而这些蛋白质和热量是石器时代狩猎采集者维持高强度体力活动所必需的。作为食物，羊肉和羔羊肉在史前时代、古代和中世纪的旧大陆占很大比重，而美洲则是另一番情况。因为美洲在哥伦布大交换之前并没有羊，所以美洲印第安人不吃羊肉和羔羊肉。人类先驯化了狗，然后又驯化了羊，因此，人类可以稳定地获取羊肉和羔羊肉。这些食物对史前时代和古代的西亚及地中海盆地的经济状况而言至关重要。在以色列和希腊的文化中，羊肉和羔羊肉扮演着很重要的饮食角色。而在古罗马，尽管羊肉和羔羊肉也很重要，但猪肉才是首选肉类。吃羊肉和羔羊肉在一定程度上让人类有可能定居在村庄，并最终形成早期文明。如此说来，羊肉和羔羊肉多方面地塑造了历史。

为了获得羊肉和羔羊肉，人类驯化了羊。人们对于羊的驯化至今仍争论不休。有一种观点认为，人类早在公元前9000年就已经驯化了羊。另一种观点认为，人类只是在这个时间开始驯化羊，而并未完成对羊的驯化；他们认为，人花了数千年时间，直到公元前7000年才真正完成对羊的驯化。在完成对羊的驯化后，人类才开始饲养更多的羊，也就是说，人类想要获得更多的羊肉和羔羊肉。到了公元前3000年左右，欧洲、北非、西亚和地中海地区的人都能吃上羊肉和羔羊肉。

迈向现代

在16世纪，西班牙人把羊——包括羊肉和羔羊肉——引进南美洲和中美洲。英国人、法国人和荷兰人把羊肉和羔羊肉带到了北美洲，不过，也有可能是西班牙人把这些食物带到了墨西哥，而英国人、法国人和荷兰人把它们带到了今天的美国和加拿大地区。羊群规模在草原上像气球一样膨胀，比如在阿根廷的潘帕斯草原就是如此。欧洲人和阿根廷人猎杀这些羊，肆意吃羊肉和羔羊肉。美洲人向西迁移的同时，也把羊带到了北美大平原。人们对羊肉和羔羊肉的渴望与农民想把北美大平原变成广阔的小麦产区的愿望相冲突。问题是，这种对羊肉和羔羊肉的渴望迅速引发了一场危机：因为羊吃草的时候将其连根拔起，所以光秃秃的小块土地随处可见；而在缺少植被稳固土壤的情况下，北美大平原走到了濒临生态灾难的边缘。再加上20世纪30年代降雨不足，直接导致了当时沙尘暴肆虐。对羊肉和羔羊肉的渴望造成了美国历史上的一大灾难——黑色风暴事件。

今天，羊肉和羔羊肉在澳大利亚、新西兰、印度以及加勒比群岛和伊斯兰国家都很受欢迎。然而，在与牛肉、猪肉和鸡肉的竞争中，羊肉和羔羊肉表现不佳，因此，它们在世界范围内的表现每况愈下。2006年，全世界生产了大约1400万吨羊肉和羔羊肉。这一数字虽然看起来很大，但与同一年牛肉的全球生产总量6100万吨放在一起，就相形见绌了。2006年，中国的羊肉和羔羊肉产量约为500万吨。印度、澳大利亚、巴基斯坦、伊朗、新西兰、英国、苏丹、土耳其和西班牙出产的羊肉和羔羊肉也很多，不过都远远少于中国的。1906年时，美国拥有多达5000万只羊，但这一数字在2006年下降到600万。一直以来，美国牧场主养羊是为了羊肉，后来才开始重视羊毛；由此可见，羊的数量下降是美国人对羊肉消费越来越少造成的。到了2006年，在美国人消费的肉类中，羊肉和羔羊肉所占比例不到5%。如今还在养羊的农户几乎把养羊当作一种爱好，他们的大部分收入是去附近城镇上班得来的。美国生产这两种肉的主要地区是得克萨斯州和加利福尼亚州，北美大平原和西部地区总体上仍然是重要的羊肉和羔羊肉生产区。在今天的美国，羊肉和羔羊肉位列牛肉、猪肉、鸡肉、金枪鱼罐头之后。在世界范围内，羊肉和羔羊肉可能同样不如牛肉和猪肉那般重要。在美国，羊肉和羔羊肉给农场带来的收入不到收入总额的1%。美国的羊肉、羔羊肉和羊毛年创收4.6亿美元。由于美国农业部将三者一同统计，所以我们很难从总数中剥离出羊肉和羔羊肉创造的价值。羔羊肉的人均年消费量不足450克，很难想象美国人曾那样大规模地消费羊肉。事实上，美国的羊肉和羔羊肉市场可有可无，因为美国仅仅通过进口就可以满足国内对这些肉类的少量需求。就人们的饮食而言，羊肉和羔羊肉在发展中国家比在发达国家更为重要。发展中国家的牧场主养的羊比较少，所以能卖的羊肉和羔羊肉也不多，但这些收入可能足以让他们摆脱贫困。

延伸阅读

Chaline, Eric. *Fifty Animals that Changed the Course of History*. Buffalo, NY: Firefly Books, 2011.

Damron, W. Stephen. *Introduction to Animal Science: Global, Biological, Social, and Industry Perspectives*. 5th ed. Boston: Pearson, 2013.

Scanes, Colin. *Fundamentals of Animal Science*. Australia: Delmar, 2011.

第四章

落地花生，葵花向阳

油及油料作物 ——— 3 种

棕榈油

棕榈油来自油棕。油棕是一种生长在赤道地区的树木，很少被种在北纬10度以北和南纬10度以南的地区。这种树很高产，是植物区系中非常好的油源之一。事实上，从单产方面进行比较的话，其他任何作物都比不过油棕。棕榈油通常被归类为植物油，这里的"植物"是一个所指宽泛的词。严格地说，棕榈油不是来自油棕像蔬菜的一部分，而是来自油棕的果实。同样，大豆油也不是来自大豆植株像蔬菜的那一部分，而是来自种子。油棕是一种很罕见的树，能产生两种油：棕榈油和棕榈仁油。棕榈油既含有饱和脂肪酸，又含有不饱和脂肪酸，这可能是它独一无二的特点。营养学家警告人们不要摄入过多的饱和脂肪酸。棕榈油因用途广泛而备受赞誉，它可以被用来制造肥皂、蜡烛、人造黄油、起酥油、食用油、沙拉酱、咖啡奶精和其他各种产品。面包、饼干、糖果、甜点、墨水和化妆品里都可能含有棕榈油。棕榈油并不是只能提供热量，它还含有维生素A和维生素E，而前者在种植油棕的发展中国家是普遍缺乏的。如果饮食中有棕榈油，人体就会吸收其中的维生素A、维生素E和维生素D等脂溶性维生素。

油棕

出产棕榈油的油棕是旧大陆热带地区的一种树。东南亚种有大量的油棕。一般来说，适合橡胶树生长的土地也适合油棕生长。小型农户通常会种植油棕，因为这样可以使收入多样化，而且在某些情况下，农民的大部分现金收入都是通过油棕实现的。就此而言，油棕是一种经济作物，不过农民一般还是倾向于以大米营生。一些权威人士认为油棕很环保，因为这种树可以吸收大量二氧化碳并释放氧气。

关于人造黄油的争议

人造黄油是一种较晚出现的食品。几千年来，人类一直把黄油当作主要的膳食脂肪。随着20世纪初人造黄油的出现，以销售黄油为生计的一部分奶农遭遇了一场危机。人造黄油不像黄油或酥油那样是动物脂肪，而是一种植物油混合物。棕榈油很适合被用来制造人造黄油，因此它很早以前就常被人们如此使用了。因为人造黄油在接受度上不如黄油，于是人造黄油的生产商试图用人造黄油来冒充黄油，这引起了奶农的反对。他们坚持要给人造黄油贴上明确的标签，这样消费者就能很容易地分辨出黄油和人造黄油。在很多情况下，人造黄油的生产商都很乐意遵守此规定，并指出黄油是纯饱和脂肪，而用棕榈油做的人造黄油则含有不饱和脂肪。此外，正如上文提到的，棕榈油含有重要的营养成分，不过，人们也可能如此介绍黄油或酥油。用棕榈油生产人造黄油的生产商希望强调的重点是——棕榈油在营养方面绝不逊于黄油或酥油。

棕榈油和大豆油之间的关系

棕榈油不仅与黄油和酥油竞争，而且还与大豆油在两个截然不同的世界里激烈角逐。在同等面积的土地上，油棕产出的油大约是大豆的10倍，因此，棕榈油的产量更大，在热带地区尤其如此。棕榈油是非洲和亚洲热带地区的产物，不过，哥伦布大交换加深了它在美洲热带地区的受欢迎程度。而大豆油是温带地区的产物，常见于发达国家，像美国这样的国家从大豆油中持续获得巨额利润。大豆作物本身就是美国中西部农民建立玉米带的一大支柱。棕榈油和大豆油来自世界上的不同地区，拥有不同的特质，却不得不在全球经济中争夺市场份额。看起来棕榈油更具优势，因为它不需要像大豆油那样必须经过氢化处理来延长保质期。因此，棕榈油的保质期一般比大豆油的长。

棕榈油只是垃圾食品的又一个借口吗？

世界上大约90%的棕榈油被加工成食用脂肪。棕榈油是煎炸用油的基本成分，常被用来煎炸土豆、玉米、玉米片、薄脆饼干、曲奇、甜点、甜甜圈、薯条，以及一些面条。它也可以被添加在冰淇淋和蛋黄酱中。棕榈油是一种理想的煎炸用油，因为它能承受油炸食品所必需的高温。用棕榈油煎炸的薯片可以在出售前存放半年。作为一种煎炸用油，棕榈油有时与葵花子油混合使用。棕榈油可以被添加到鲜奶油和特制人造黄油之中，用它做的起酥油适合用来制作面包和其他烘焙食品——人们禁不住要问：为什么小麦胚芽本身含有的油在不添加额外热量容纳物的条件下不足以制作面包？棕榈油还被用来制作植物酥油。在西亚各国、印度和巴基斯坦，植物酥油是主要的膳食脂肪之一，也是酥油的竞争对手；而经过氢化处理的棕榈油（即植物酥油）所提供的脂肪不能说是最有营养的。植物酥油在37℃～39℃之间会熔化，这恰好是棕榈油的熔点。棕榈油还与可可脂竞争，而它们都是生长在赤道地区的树木的产物。

长盛不衰的薯片和其他高热量食物正在改变人类历史，然而，它们发挥的并不是积极作用。发达国家普遍存在一个问题，即太多的人吃了太多应该被贴上垃圾食品标签的高热量食物。与此同时，发达国家的居民依赖汽车和其他省力设备来减轻生活负担，并在这个过程中变得越来越不愿运动。一项调查显示，只有大约

3%的美国人每周锻炼3次，每次时长20分钟。吃了这么多的高热量食物，运动消耗却这么少，这当然会引发健康危机。心脏病、糖尿病和肥胖症已经损害了许多人的健康。当然，人们不能把所有的过错都归于棕榈油，但被广泛用于制作垃圾食品的棕榈油也难辞其咎。

21世纪的棕榈油

2007年，棕榈油的主要生产国有马来西亚、印度尼西亚、尼日利亚、科特迪瓦、哥伦比亚、泰国、巴布亚新几内亚和厄瓜多尔。马来西亚和印度尼西亚的棕榈油产量加起来占全球棕榈油总产量的80%。作为一种食用油，棕榈油的使用量甚至超过了大豆油。在同等面积的土地上，油棕产出的油是椰子的3倍，是大豆的10倍。就像橄榄油是地中海盆地常用的膳食脂肪一样，棕榈油是非洲和东南亚常用的膳食脂肪。

棕榈油曾因含有饱和脂肪而受到质疑，如今却被看作健康的膳食脂肪的一种食物来源。棕榈油可以帮助人体吸收维生素D、维生素E、维生素K，以及钙元素和镁元素。棕榈油既不含反式脂肪，也不含胆固醇，可以预防心脏病、癌症（包括乳腺癌）和早衰，还可以降低血压和动脉硬化的发病率。

根据一名权威人士的说法，棕榈油可以改善血液循环，稳定血糖水平，对抗糖尿病。它还有强健骨骼和牙齿，强化肺部、免疫系统、眼睛和肝脏的功能。棕榈油还可以改善大脑功能，从而预防阿尔茨海默病（俗称"老年性痴呆"）。除了抗氧化剂之外，棕榈油还含有许多维生素E和β-胡萝卜素。

延伸阅读

Charrier, Andre, Michel Jacquot, Serge Hamon, and Dominique Nicolas. *Tropical Plant Breeding*. Enfield, NH: Science Publishers, 2001.

Fife, Bruce. *The Palm Oil Miracle*. Colorado Springs, CO: Piccadilly Books, 2007.

Gunstone, Frank D. *Oils and Fats in the Food Industry*. Oxford: Wiley-Blackwell, 2008.

Gunstone, Frank D., ed. *Vegetable Oils in Food Technology: Composition, Properties, and Uses*. Boca Raton, FL: CRC Press, 2011.

Hartley, C. W. S. *The Oil Palm*. New York: Longman Scientific and Technical, 1988.

Piggott, C. J. *Growing Oil Palms: An Illustrated Guide*. Kuala Lumpur, Malaysia: Incorporated Society of Planters, 1990.

花　生

花生既不是豌豆也不是坚果，而是一种一年生豆科作物，与豌豆、鹰嘴豆、小扁豆、菜豆、紫花苜蓿和三叶草有亲缘关系。花生有好几个名字。印加人把花生叫作"ynchia"或"inchia"。伊斯帕尼奥拉岛的泰诺人把花生叫作"mani"，这个名字是从西班牙语中借鉴而来的。西非的格达人把花生叫作"nguba"，俚语"goober"可能就是在该词的基础上形成的。另一种传统说法认为，"goober"来自班图语的"nguber"。阿兹特克人称花生为"tlalacachuafl"，意思是"长在地里的巧克力豆"。花生和巧克力之间的这种联系，意味着阿兹特克人把它们混在一起吃。前哥伦布时代的巴西人把花生叫作"manobi"。17世纪时，荷兰医生威廉·皮索（Willem Piso）把花生叫作"mandubi"，他可能是从美洲印第安人那里借用了这个词。花生是豆科作物，也被称作"迷你坚果""花生米""落花生""马尼拉坚果"。在美国方言中，"pinder"和"pinda"也指花生。因为花生在地下成熟，所以有些人把花生叫作"groundnut"和"earth nut"，意思就是"长在地下的坚果"。科学家将花生命名为"*Arachis hypogaea*"，这是它的学名。

科学家认为，花生的祖先原本在地面上结出荚果，但可能在进化中产生了在地下结果的习性，因为如此可以避免荚果被蚱蜢、蝗虫和其他捕食者吃掉。现存的花生植株在茎的下部开花，一旦受精，这些花就会在名为"果针"的茎上结出荚果。果针贴近地面，扎进土里，荚果就在这里慢慢成熟。花生的含油量为43%～52%，蛋白质含量为25%～32%。作为一种高热量食物，450克花生的热量相当于900克牛肉的、680克切达干酪[1]的或36个鸡蛋的热量。花生营养丰富，含有蛋白质、油、烟酸、维生素E、叶酸、纤维、镁、锰和磷，还含有少量的钙和铜。

美洲起源

花生原产于南美洲，那里是29种豆科作物的故乡。有一种假说认为，花生起源于野生物种数量最多的玻利维亚；另一种假说认为，花生起源于巴西、玻利维亚和巴拉圭三者交界的地区。大约在公元前3000年，生活在巴西和加勒比地区的人开始种植花生。公元

---

1 切达干酪：一种很受欢迎的硬质全脂奶酪，色泽发白或金黄，组织细腻，口感柔和。它的原产地为英国萨默塞特郡切达村。——译者注

前1800年到公元前1200年，秘鲁人也开始种植花生。古代的秘鲁人和今天的美国人一样，把花生当零食吃。公元700年左右，生活在秘鲁的奇穆人在陶器上画花生图案，这表明他们肯定在此之前就开始种植这种作物了。生活在秘鲁的纳斯卡人也在陶器上画花生图案。前哥伦布时代的秘鲁人用花生随葬，可能是把它当作逝者的食物。在公元后的第二个千年间，印加人和巴哈马人开始种植花生。阿兹特克人也种花生，并且可能用它来治疗重龈。美洲人在向中美洲、南美洲各地和北美洲墨西哥地区迁移的时候，就随身携带着花生；他们还有可能从事花生贸易。从最初开始，花生就作为一种廉价的蛋白质来源养活了普通百姓，它的功能与美洲的豆子以及旧大陆的鹰嘴豆、小扁豆和豌豆的相同。就这样，花生改变了人类的历史和生活。

16世纪早期，在伊斯帕尼奥拉岛工作的西班牙牧师巴托洛梅·德·拉斯·卡萨斯（Bartolomé de Las Casas）见到了花生。他可能是第一个接触到花生的欧洲人，也是最早用文字描述花生的欧洲人。

传入非洲和亚洲

16世纪早期，葡萄牙人将花生从巴西带到非洲。西非是花生传播的重要一站，因为这里也是往新大陆种植甘蔗、咖啡、大米、木兰属植物、烟草和棉花等作物的种植园输送奴隶的源头。到了16世纪60年代，花生在西非随处可见。在不到100年的时间里，非洲到处都在种植花生，许多非洲人甚至忘记了花生并非本地物种的事实。由于花生易于栽种且具有营养价值，所以非洲人很喜欢花生——虽然人们对这一点尚存争议。

花生在非洲和在美洲一样，对于普通百姓来说都是一种廉价的蛋白质来源。就这样，花生改变了非洲的历史和非洲居民的生活。加纳人将花生、木薯、山药和大蕉（香蕉的近亲）混着吃。马里人吃花生炸糕，用花生炖菜，配菜包括鸡肉、秋葵、西红柿和甘薯——花生、西红柿和甘薯都是从美洲引进非洲的作物。津巴布韦人和美国人一样，将花生烤着吃，并加入盐调味。埃塞俄比亚人用花生和红辣椒炖菜，搭配着米饭或小米糕一起吃。肯尼亚人用花生和豆子炖菜，再配上玉米布丁一起吃。马拉维人和赞比亚人用花生和西红柿做菜，这两种食材都是原产于美洲的农作物。莫桑比克人用花生、蛋黄和糖做甜点，他们往往把这种食物当成布丁吃。印度尼西亚人在吃肉和米饭的时候会配上花生酱，他们用花生、人参、辣椒、大蒜、酸橙、虾和胡葱来制作这种花生酱。

葡萄牙人把花生引入印度。1530年，西班牙人把花生从秘鲁带到西班牙和马来西亚，又在1565年将其引进菲律宾。印度尼西亚、中国和日本都欣然接纳了花生。东南亚人把花生磨碎做成酱料配大米、肉和蔬菜。他们吃花生时也会配辣椒或椰汁、酸橙汁，以及各种蔬菜。1690年，荷兰人把花生引进印度尼西亚。17世纪时，中国人也开始种花生。花生很快就成了大众食物，不过它的成功让伊斯帕尼奥拉岛的总督贡萨洛·费尔南德斯·德·奥维多-巴尔德斯（Gonzalo Fernández de Oviedo y Valdés）感到不安，他说花生只适合奴隶、儿童和平民吃，贬低花生"味道一般"，并且说"没有品位的人"才吃花生。在东南亚，印度尼西亚人和泰国人会给肉串涂上花生酱。印度尼西亚人还会在煮熟的蔬菜沙拉里加入花生酱调味。在印度尼西亚最大的岛屿爪哇岛上，人们把花生和米饭放在一起炒，他们在吃米饭的时候也放花生粉和椰子肉。南印度人在咖喱酱里加入花生粉，也像美国人那样吃整粒的花生，不过，印度人似乎没有把花生当零食的概念。印度尼西亚人的花生吃法比较丰富：既可以把花生碎做成薄脆饼，也可以配着辣椒酱吃煮花生，还可以在沙拉里放花生碎。马来西亚人用花生和椰汁做酱汁，然后浇在蔬菜上。泰国人用烤花生和木瓜做沙拉，还会在另外几道菜里放花生碎。越南人把花生和根类蔬菜混合在一起做菜，越南儿童早餐时会吃煮花生。中国人用花生油炒菜，还用花生油炸花生；他们把花生、辣椒和其他蔬菜混合爆炒，有时也把花生煮熟后用来炒菜吃，还会用花生粉和糖做糖果。印度人吃用花生和其他豆子做成的什锦干果，还用花生做咖喱、炖菜和烧汤。

在整个非洲和亚洲，花生油是首选食用油。花生油几乎不含饱和脂肪，相对而言比较健康。不过，花生油为菜肴带来了更多热量，对于久坐不动的人，尤其是发达国家的人来说，这会造成困扰。相比之下，美国人很少使用花生油，原因可能是它不方便储存。

回到美洲

1600年之后，非洲奴隶把花生带到北美洲。这条迂回又奇特的花生传播路线实质上代表着两次哥伦布大交换：第一次是从美洲传到非洲和亚洲；第二次是从非洲传到北美洲，也就是后来的美国南方地区。这种传播令人费解，因为它暗示花生并没有从南美洲直接传到北美洲。即使假设这一论点是正确的，也缺乏证据证实它，因为花生并不像玉米那样有从南美洲传入北美洲的明确路线可循。花生和豆子是贩奴船上的口粮，但并不是每个人都同意"美洲—非洲—美洲"这一花生传播路线。另外，如果没有奴隶贸易，花生就有可能从加勒比地区直接传入北美洲。作为一种世界性作物，花生为许多国家的美食增添了风味。秘鲁、玻利维亚和厄瓜多尔的人把花生和鸡蛋、奶酪、橄榄、辣椒、香料混在一起做酱汁，用来给土豆调味。巴西人吃炖鸡肉时会配上花生和椰汁调味。美国有关于花生汤、花生脆糖和花生脆饼的食谱，他们还用盐水煮带壳的花生。

美国

人们对花生的热情曾引发过一场危机。在第一次世界大战结束后，美国重新与南美洲、亚洲和非洲进行花生贸易。1920年，美国进口商品泛滥，花生价格下跌。花生种植者万分心急，只好求助国会。阿拉巴马州的农业化学家乔治·华盛顿·卡弗（George Washington Carver）也在请愿者之列，他的证词促使国会通过对进口花生征收关税的法案。卡弗对花生的态度转变并非无端突然发生的。卡弗认为是一位白人妇女激发了他对豆类作物的兴趣。这位妇女种了几千公顷的棉花，但棉铃象甲[1]引发的虫害导致棉花歉收。她向卡弗寻求其他生路，并请他帮忙推销花生。因此，卡弗把注意力转向了花生，并进行了一系列用花生作为猪饲料的实验。这些实验并不是革命性的，因为饲养员多年来一直用花生喂猪。然而，这项研究标志着卡弗职业生涯中的一个重要阶段，在这个阶段，他敏锐地选择了一种被全美上下都逐渐意识到其重要性的作物来研究。南方那些原本用棉籽榨油的油坊现在转而用花生榨油了；佃农把花生当作经济作物和食物来种植；白人雇佣黑人采摘花生，并且把黑人招进工厂生产花生酱。卡弗的研究让整个美国南方地区获益良多，也让非裔美国人得到了好处。在卡弗漫长而成果丰富的职业生涯中，他为花生开发了300多种用法，其中包括做面粉、蛋糕、饲料、鞋油、泡菜、橡胶、咖啡、醋、潘趣酒、止咳糖浆和面霜。卡

---

1 棉铃象甲：北美洲造成损害最严重的棉花害虫，几乎遍见于北美洲各棉区。据说正是棉铃象甲危害让农民认识到作物必须多样化，不能仅种植棉花。

弗不遗余力地推广花生，甚至吹嘘花生能治小儿麻痹症。然而，美国医学协会并不支持这种说法，卡弗也承认自己并未证实花生有治疗小儿麻痹症的功效。相比之下，卡弗鼓励农民种植花生的行为更恰当。因为，作为一种豆科作物，花生可以固定土壤中的氮，从而帮助农民对抗危害美国农业的恶魔——土壤耗竭[1]。

1941年，也就是美国加入第二次世界大战的那一年，联邦政府宣布花生为基本作物。为了满足战时的需求，美国花生产量在1940年至1945年间急剧增长。根据在20世纪逐渐形成的联邦农场计划，农民把一部分花生卖给联邦政府，再把剩下的大部分花生出口，最后一部分花生则用来满足国内需求。1990年，美国人把大部分花生都做成了花生酱。在当时收获的全部花生中，25%的花生被整粒食用或腌制后食用，略多于20%的花生被做成糖果。目前，每年收获的绝大部分花生都被美国人吃掉了，剩下的花生则被用来榨油、留作种子或者喂牲畜。如今，佐治亚州的花生产量占美国花生总产量的一半。佐治亚州出产的花生中，有75%被用来制作花生酱。花生为该州农民创收数百万美元。美国前总统吉米·卡特（Jimmy Carter）之所以声名显赫，部分归功于他花生种植者的身份，因为这让美国人相信，他具备勤劳、节俭、虔诚和诚实的农村价值观。

花生在20世纪的大部分时间里都很受欢迎，但在20世纪90年代遇到了挫折。因为许多美国人怪罪花生让人发胖，所以人们对花生的需求下降了。还有相关报道说吃花生会引发过敏，甚至可能引发死亡，这使管理人员高度紧张，于是他们减少或剔除了学校午餐中的花生和花生酱。从1982年到2002年，随着人们对花生需求的

---

1 土壤耗竭：指土壤由于超负荷耕种或受自然条件的破坏，养分大量消耗，肥力减退，难以支持植物生长的贫瘠化过程。——编者注

减少，来自廉价进口食品的竞争加剧，加之越来越多的农场合并到少数人手里，美国种植花生的农民减少了一半。然而，花生正在再次流行。慧俪轻体健康减重咨询机构和美国糖尿病协会都在大力宣传花生的营养价值。2002年，平均每个美国人吃几千克花生，这一数字比许多其他国家的年人均消费量都要多。

花生和巧克力的结合融合了咸味和甜味，令很多人难以抗拒。锐滋牌花生酱杯是一种早期的花生糖，在1928年，每个售价是1美分。随后出现了一些其他花生糖，比如贝比鲁斯和士力架这两个品牌的产品。1991年正值海湾战争，玛氏公司在感恩节时给所有美国士兵都配送了一块士力架。在万圣节前夕，锐滋、贝比鲁斯、士力架等品牌的花生糖是孩子们的最爱。在美国，糖果生产商用掉了四分之一的花生。今天，花生无处不在。无论是看棒球赛，还是搭乘航班飞往达拉斯、辛辛那提或其他数百个目的地时，人们都会吃花生。

绅士坚果与巧克力公司

定居在宾夕法尼亚州的意大利移民阿梅迪奥·奥比奇（Amedeo Obici）的职业生涯始于卖水果，后来他买了一个花生烘焙机，把花生也纳入自己的生意体系中。起初他四处奔波，只为给花生寻找最好的销路。奥比奇自称花生专家，在1906年与另一位意大利移民马里奥·佩鲁齐（Mario Peruzzi）联手创办了绅士坚果公司。1908年，公司更名为"绅士坚果与巧克力公司"。1960年，一家小公司收购了它，该公司后来又与纳贝斯克公司[1]合并。2000年，卡夫食品公司收购了绅士坚果与巧克力公司。

1　纳贝斯克公司（Nabisco）：卡夫食品公司的子公司。旗下品牌包括奥利奥、趣多多、鬼脸嘟嘟等。——译者注

延伸阅读

Hughes, Meredith Sayles. *Spill the Beans and Pass the Peanuts: Legumes*. Minneapolis: Lerner Publications, 1999.

Johnson, Sylvia A. *Tomatoes, Potatoes, Corn, and Beans: How the Foods of the Americas Changed Eating around the World*. New York: Atheneum Books, 1997.

Krishna, K. R. *Peanut Agroecosystem: Nutrient Dynamics and Productivity*. Oxford: Alpha Science International, 2008.

Smart, J. *The Groundnut Crop: A Scientific Basis for Improvement*. London: Chapman and Hall, 1994.

Smith, Andrew F. *Peanuts: The Illustrious History of the Goober Pea*. Urbana: University of Illinois Press, 2002.

Smith, C. Wayne. *Crop Production: Evolution, History, and Technology*. New York: John Wiley and Sons, 1995.

橄榄和橄榄油

橄榄和橄榄油在古代地中海和西亚地区非常重要。古希腊和古罗马的辉煌主要靠三大支柱：橄榄油、葡萄酒和面包。许多古罗马贵族将自己的财富和权力归功于橄榄。军事和政治领袖尤利乌斯·恺撒就特别喜欢橄榄油，后来成为罗马帝国皇帝的塞普提米乌斯·塞维鲁斯（Septimius Severus）及其家族就是依靠橄榄油发家的。在现代，人们也没有忘记橄榄油的重要性。时髦的地中海饮食以橄榄油为核心，正在改变人类的饮食方式和观念。

橄榄和橄榄油的特征

橄榄油是全世界唯一一种从果实中而不是种子中提取的食用油，这种果实就是橄榄。相比之下，作为另一种全球性产品的大豆油则来自大豆——可以说是世界上最重要的豆科作物的种子。一般而言，橄榄油比植物籽油更容易提炼，因为人们只需压榨橄榄就能出油，而用种子榨油则离不开耗时费力的化学工艺——大豆油的提炼就是如此，不过在过去大豆也得靠压榨出油。

橄榄油源自橄榄，橄榄是一种树或者灌木的果实，原产于地中海盆地和西亚地区。橄榄树是地中海文明的重要贡献之一，它可以在其他许多重要的树木——比如柑橘类果树——都无法生存的炎热的、半干旱环境中茁壮成长。橄榄树有两种繁殖方式：第一种，橄榄树长出吸芽，而这些吸芽长大后就成了一棵新树，菠萝的繁殖就属于这种情况。因为吸芽长成的是无性繁殖的植株，所以具有遗传单一性的风险。我们不妨看看爱尔兰土豆大饥荒的例子，就能明白遗传单一性的危害了。第二种，橄榄树结出的种子会长成一棵新树。一枚橄榄含有一粒种子，因此，橄榄和樱桃、杏、李子、桃、油桃一样属于核果。如此看来，橄榄里面的油可能是一种适应性进化的结果——引诱食草动物将橄榄连同种子一起吃掉。动物排泄时将裹在粪便里的橄榄种子一并排出，而粪便可以成为橄榄种子的肥料，于是种子就具备了发芽的条件。吸芽或种子都能实现橄榄树的繁殖，不过，只有通过种子繁殖才能保证遗传多样性。像橄榄树这样的显花植物非常重要，因为它们影响了人类对繁殖方式和种子传播方式的科学研究。

起源与早期食用方法

人类最早可能在旧石器时代开始吃野生橄榄，直到新石器时代才开始驯化橄榄树。在很早的时候，西班牙、南高卢（今法国境内地中海地区）、希腊、巴勒斯坦和北非地区到处都种有橄榄树。古罗马人吹嘘橄榄是他们送给地中海盆地的礼物，而事实上，在古罗马崛起之前，当地人就已经普遍种植橄榄了。古罗马人所做的是扩大了橄榄的种植规模，尤其是在北非。地中海文明的三大支柱是古罗马辉煌的基础。根据古罗马人的记载，尤利乌斯·恺撒酷爱橄榄油，他在赴宴的时候要追加一份橄榄油，以此来感谢女主人的盛情款待。在地中海地区，橄榄油是人们饮食的主要膳食脂肪来源，一顿饭要是没有橄榄油就不完整。考虑到它在饮食中的重要性，人们会为橄榄油起初只是被当成润肤露，后来却开始被食用而感到奇怪。

通过人类在育种上的选择，橄榄树结出了含油量高的橄榄。尽管古希腊和古罗马是重要的橄榄产区，但是巴勒斯坦可能才是橄榄种植的早期中心。埃及人在很早的时候就在陵墓里放上橄榄油——他们可能认为逝者在来生需要橄榄油。古埃及法老拉美西斯大帝吹嘘埃及境内到处都种有橄榄树。

橄榄油用途广泛，古希腊人除了食用橄榄油之外，还把它用作燃料、护肤油、避孕药、清洁剂、防腐剂、杀虫剂和香水，并在几种药方中使用它。在古代的地中海盆地，正如古希腊的例子所强调的那样，橄榄油的重要性堪比如今石油在世界范围内的重要性。古希腊哲学家柏拉图在橄榄树林里办学，那可能是有史以来第一所高等学府。柏拉图的弟子亚里士多德认为，不管是谁砍倒橄榄树，都应该被处死。古希腊剧作家索福克勒斯（Sophocles）认同古希腊人视橄榄为神赐礼物的观点。人们还认为，雅典娜女神（Athena）在雅典种下了第一棵橄榄树。雅典法律规定，全体公民每年砍伐的橄榄树不得超过两棵，出口橄榄油所获得的收入为斯巴达军队添油炽薪，把战争变得更加残酷。

现代的橄榄和橄榄油

今天，希腊平均每人每年消费21升橄榄油，这一数字比其他国家的都多。希腊克里特岛上的居民每年消费大约50升橄榄油。意大利以平均每人每年13升橄榄油的消费量远远落后于希腊，位列第二。尽管近年来人们普遍认为橄榄油是一种营养丰富的膳食脂肪，但美国平均每人每年消费的橄榄油还不到1升；不过，自20世纪80年代以来，这一数字一直在上升。橄榄曾经是和平的象征，现在却成了经济战争的工具。在21世纪，特别是在2005年以后，以色列士兵在约旦河西岸砍掉了数百万棵橄榄树，使成千上万的巴勒斯坦人失去了生计。在这种情况下，犹太人和巴勒斯坦人之间充满敌意还令人吃惊吗？因此，橄榄在黎凡特一直扮演着武器的角色，而且在这个层面上，它影响着这个世界上极度敏感的地带。

和古代一样，如今橄榄和橄榄油仍是人们的聚宝盆。如果说塞普提米乌斯·塞维鲁斯凭借家族的橄榄油生意积聚财富，从而黄袍加身，那么现代的工业式农业则把橄榄和橄榄油视为能够创造巨额财富的利润女王。来自意大利的橄榄油似乎有着神奇的诱惑力，令全世界的人垂涎不已，在这一点上，其他植物油望尘莫及。不过严格来说，橄榄是一种果实，而不是蔬菜，所以它的油或许算不上植物油。通过橄榄，人们可以窥见几个世纪以来地中海盆地橄榄油与北欧猪油之间的冲突。在这个问题上，橄榄又一次扮演了冲突之

源。如今，橄榄油随处可见，沃尔玛超市出售的橄榄油就出自好几
个品牌。

橄榄油与地中海饮食

橄榄油可能在改变世界的饮食革命中起到了一定作用。第二次
世界大战后，美国流行病学家、医生安塞尔·基斯（Ancel Keys）发
现，吃橄榄油的人与爱吃猪油的美国人相比，患心血管疾病的概率
较低。令人惊讶的是，即使地中海人比美国人摄入更多的脂肪，以
上医学发现依然成立。橄榄油因为不含饱和脂肪或胆固醇，所以是
一种健康的膳食脂肪。基斯发起了一场运动，力图说服美国人和北
欧人采用地中海饮食方式——多吃橄榄油、鱼、面包、水果、蔬菜
和意大利面，并配以乳制品和葡萄酒。然而，基斯恰好在不合适的
时机提出了这样的观点。20世纪70年代，美国国会和农业部向膳食
脂肪宣战，不论什么形式的脂肪都是打击对象，橄榄油也难免受到
指摘。然而，许多科学家并没有让步，坚称橄榄油是一种健康的
膳食脂肪。更重要的是，科学家已经证明膳食脂肪与心脏病、癌
症和肥胖症的关联并不大。膳食脂肪与肥胖症的关系似乎违反了
人们的直觉，因为同等质量的脂肪含有的热量是碳水化合物或蛋白
质的两倍。

基斯的研究是今天以橄榄油为核心的地中海饮食的起源。令人
感到奇怪的是，所谓的地中海饮食实际上可能并不是地中海地区的
标准饮食方式，因为地中海地区的人并不是同一个民族，各族有各
自的烹饪传统。事实上，包括土耳其在内的地中海东部伊斯兰地区
的人，以及包括利比亚在内的北非地区的人，吃掉的动物脂肪比橄
榄油更多。今天的营养学家所称的地中海饮食只与希腊、意大利和

西班牙有关。如果说橄榄油获得了成功，那么它成功的原因就是：有益的膳食脂肪和有害的膳食脂肪是对立的。橄榄油属于有益的膳食脂肪，而猪油、黄油、奶酪和全脂牛奶都属于有害的膳食脂肪。一旦膳食脂肪被以这种方式打上烙印，胜利就属于橄榄油。20世纪80年代，西红柿也加入进来，成为地中海饮食的一部分。回顾过往，这种联系没有在更早的时候建立起来，似乎有些令人惊讶。人们应该留意到，地中海饮食以植物而不是肉为基础。在地中海饮食中，鱼似乎是蛋白质的主要来源。橄榄不仅对心血管有益，还是维生素E的来源，因此它在地中海饮食中也格外重要。橄榄和橄榄油在美国人饮食中的分量逐年上升。从1982年到1994年，美国的橄榄油消费量几乎增长了三倍。

延伸阅读

Bartolini, Giorgio, and Raffaella Petruccelli. *Classification, Origin, Diffusion and History of the Olive*. Rome: Food and Agriculture Organization, 2002.

Bitting, K. G. *The Olive*. Chicago: Glass Container Association of America, 1920.

Food and Agriculture Organization. *Modern Olive Production*. Rome: Food and Agriculture Organization, 1977.

Lanza, Fabrizio. *Olive: A Global History*. London: Reaktion Books, 2011.

Mueller, Tom. *Extra Virginity: The Sublime and Scandalous World of Olive Oil*. New York and London: W. W. Norton, 2012.

Train, John. *The Olive Tree of Civilization*. Woodbridge: Antique Collectors' Club, 2004.

第五章

少时青葱老来红

调味料 ——— 8 种

大　蒜

大蒜是人类栽培的古老的作物之一，它能长出由蒜瓣构成的鳞茎。蒜瓣是一种膨大的叶。大蒜很少开花，也很少结出能繁育后代的种子，可能是因为在人类选择育种后这些特征就消失了。在现实中，农民或园丁通过种蒜瓣来繁殖大蒜。一般来说，蒜瓣越大，长出来的鳞茎就越大。18世纪时，瑞典博物学家卡尔·林奈将大蒜命名为 "*Allium sativum*"。"*Allium*" 在拉丁语中是 "大蒜" 的意思，而 "*sativum*" 的意思是 "栽培的"。大蒜的英文名 "garlic" 源于两个盎格鲁-撒克逊单词："gar"——"长矛"，"leac"——"草本植物"。与名字的内涵一致，大蒜是一种带瓣的草本植物，叶子形似标枪或长矛。大蒜与洋葱、韭葱、胡葱和细香葱有亲缘关系。虽然大象蒜的名字里有 "蒜" 这个字，但它属于一种韭葱而非真正的大蒜。

民间传说和神话

把大蒜用作护身符以抵御吸血鬼的做法兴起于罗马尼亚。在爱尔兰作家布拉姆·斯托克（Bram Stoker）的小说《德古拉》（*Dracula*）中，医生亚伯拉罕·凡·赫尔辛（Abraham Van Helsing）要保护脆弱的露西·韦斯特拉（Lucy Westera）免受德古拉（Dracula）之害。遵照罗马尼亚民间传说，露西戴上由大蒜做成的项链来震慑德古拉，赫尔辛则用大蒜擦拭露西房间的门窗，以防止德古拉进入。要不是她母亲的干涉，露西本来可以安然无事——露西的母亲闻不惯大蒜的气味，就把大蒜扔掉了，于是德古拉得逞，杀害了露西母

德古拉

根据罗马尼亚的传说，爱尔兰作家布拉姆·斯托克以历史人物弗拉德·泰佩什斯（Vlad Tepes）王子为原型创造了吸血鬼之王德古拉——一个只以吸血为乐事的不死之人。故事一开头，英国律师乔纳森·哈克（Jonathan Harker）前往特兰西瓦尼亚与德古拉伯爵敲定地产交易。哈克在城堡里遇到了德古拉伯爵，并在被囚禁期间目睹了伯爵的怪异之举后吓得失魂落魄。哈克脱身后回到伦敦，但德古拉伯爵抢先一步到了伦敦，还喝了哈克的朋友露西·韦斯特拉的血。露西从坟墓里爬出来变成了吸血鬼，亚伯拉罕·凡·赫尔辛不得不说服哈克和他的朋友们刺穿露西的心脏并将她斩首。处理完露西后，他们转而去对付德古拉伯爵，在将他赶回特兰西瓦尼亚的过程中杀死了他。自1897年出版以来，《德古拉》一直保持着经典恐怖小说的地位。根据这部小说拍出了无数电影，不过这些电影很多都与斯托克的故事情节不符。

女。赫尔辛确认德古拉把露西变成了吸血鬼，于是趁她晚上出来找血的时候，把大蒜塞进她的嘴里，然后割下了她的头颅。德古拉被大蒜驱逐，不能再控制她。在罗马尼亚，迷信的人如果怀疑尸体会变成吸血鬼，就会把大蒜放进尸体的嘴里，以确保他们不会从坟墓里爬出来。还有一种民间信仰是，在棺材里放上大蒜，就能确保尸体腐烂，而不会变成吸血鬼。在这种背景下，大蒜成了现代文学的一个标志性符号。

希腊人秉持的信仰与罗马尼亚的传说类似，他们戴大蒜项链以驱逐邪恶，还会在门口放上蒜头，以防恶魔进入家门。公元前9世纪的希腊诗人荷马认为，大蒜保护了希腊国王奥德修斯（Odysseus）不受巫术女神喀耳刻（Circe）侵害。因为奥德修斯的船员们没有大蒜护身，所以喀耳刻把他们变成了猪。埃及人相信大蒜可以避灾，也许是出于这个原因，埃及人在法老图坦卡蒙的陵墓里放置了6头大蒜。欧洲民间有一种信仰，认为马吃了大蒜就不会做噩梦，迷信的人会把大蒜项链套在马的脖子上，以威慑妖魔、防止马受到伤害。同样，人们也相信大蒜项链可以保护奶牛，驱逐偷牛奶的妖怪。迷信的人还会把大蒜放在蛇洞洞口附近来防止蛇出洞。一些人认为，戴上大蒜项链可以让人免受女巫、狼人、魔鬼和邪恶之眼[1]的伤害。迷信的父母把大蒜挂在婴儿床上，防止妖魔偷走孩子。根据传统，祖母会给刚出生的婴儿送大蒜，以保护他们免受邪灵的侵害。

起源与历史

大蒜原产于中亚南部，在天山山脉和帕米尔−阿赖山脉一带自然生长。大蒜的起源地属极端气候地带，因此它能耐高温，在炎热干燥的夏季和寒冷的冬季都能存活。为了避免炎热天气对植物产生的恶劣影响，从融化的雪水中汲取养分的大蒜在晚春成熟，在夏季休眠，并有很厚的外皮可以保持水分。在1万多年前，以狩猎、采集为生的游牧民族可能种植了大蒜。大蒜因为很轻且易于保存，所以可能是游牧民族的一种物资储备。很早以前，人们就用大蒜给其他食物调味，还用它来保存肉类和蔬菜——大蒜具有抗菌的特性，有助于长期储存食物。因为大蒜的味道很冲，所以能掩盖臭肉和臭鱼的味道。中亚的游牧民族可能与印度、埃及和地中海盆地的其他地区的人交易了大蒜，使这些地区的人养成了种植大蒜的习惯。埃及人非常重视大蒜，6.8千克大蒜的价值与1个奴隶的价值相当。早在5000多年前，埃及人就用黏土制作大蒜模型并放入陵墓。在另一些情况下，埃及人直接在陵墓里放真的大蒜，显然，不只图坦卡蒙法老享有这样的待遇。埃及监工还让建造金字塔的劳工吃大蒜，以

---

1 邪恶之眼：一种迷信的说法认为，邪恶之眼恶毒的一瞥就能够带来不幸、疾病甚至死亡。相信邪恶之眼存在的人认为儿童最容易遭到其攻击，所以主要用护身符——如大蒜、三叶草等——来防御。——译者注

保持体力。

有一个学派的观点认为，中国人从汉朝开始种大蒜，而19世纪的法裔瑞士植物学家阿尔逢斯·德·康多则认为中国人在此之前就已经种植大蒜了。中国传统历法夏历在4000年前就提到了大蒜，内容似乎与大蒜鳞茎有关。古希腊剧作家阿里斯托芬（Aristophanes）也提到了大蒜。如前所述，罗马贵族不喜欢大蒜，但士兵和劳工吃大蒜，因为它能提升人的力量、耐力和勇气。考古学家已经在庞贝古城找到了大蒜，这是罗马人吃大蒜的证据。

14世纪时，卡斯蒂利亚王国国王阿方索十一世（Alfonso XI）对大蒜的评价明显很低，因为他禁止骑士吃大蒜；15世纪时，卡斯蒂利亚女王伊莎贝拉（Isabella）非常不喜欢大蒜，甚至不吃在大蒜附近生长的植物。英国人对大蒜不感兴趣，认为它只适合地中海人食用；而其他人对大蒜的看法可不这么消极。到了16世纪，大蒜的普及度比较高，以至于人们用"吃大蒜的人"来指代平常百姓——至少在平民中是这样的。芬兰人、冰岛人、爱尔兰人、挪威人和苏格兰人都用大蒜给黄油调味。

在非洲，人们认为大蒜可以防止蚊虫叮咬，并保护人们免受鳄鱼的攻击。中东人把大蒜当作一种催情剂，新郎会在衣服的翻领上钉一瓣蒜，以确保和新娘共享云雨之欢。太平洋西北部的美洲印第安人相信，大蒜可以帮助人们甩掉不想要的情人：一个人如果想摆脱自己的情人，就会给一个蒜头插上一些针，然后把它放在两条路的交叉口，情人走过去后就会对这个人失去兴趣。

健康

三瓣大蒜只有约54焦耳的热量，不含脂肪和胆固醇，却含有维生素、氨基酸、酶和矿物质等200多种物质。大蒜中含有维生素A、维生素C和复合维生素B，还含有钙、镁、钾、锌、铁、硒、锗和硫。在一项研究中，吃大蒜的人的胆固醇水平降低了28%。此外，大蒜可以降低血压。因为大蒜有抗菌特性，所以可以防止肺部感染。研究还表明，大蒜可以预防胃癌、结肠癌和皮肤癌。大蒜也可能对治疗心脏病有效，可以延缓血小板在血管中的聚集。

可以追溯到公元前1550年的埃及医典《埃伯斯纸莎草书》（*Codex Ebers*）中，列出了20种大蒜疗法，如治疗头痛、咽喉瘤等多种疾病。根据公元1世纪的印度医典，大蒜可以改善眼睛、心脏、关节和肌肉的功能。公元前4世纪的古希腊哲学家亚里士多德认为，大蒜是一种兴奋剂。公元1世纪的古希腊医学家迪奥斯科里斯认为，大蒜可治疗诸多疾病。古罗马皇帝马可·奥勒留的御医盖伦，盛赞大蒜"包治百病"。在1665年瘟疫期间，人们佩戴大蒜项链来防止自己被传染。医生们的口袋里也装着大蒜，因为他们相信大蒜可以抵消被认为是瘟疫源头的污浊空气的影响。根据一种说法，在1772年，法国马赛的窃贼在盗墓的时候挖出染疫逝者的尸体，盗取其陪葬品。事毕，他们将大蒜和醋混合起来清洗自己的身体，并在家里四处喷洒这种溶液；就这样，他们都不曾染病。1858年，法国科学家路易斯·巴斯德证明了大蒜具有抗菌特性。在第一次世界大战期间，医生巧用大蒜，给伤口涂抹蒜汁以防感染。

在尼泊尔，人们用大蒜油治疗咳嗽和肺炎。印度人把蒜汁和蜂蜜混合起来治疗支气管炎。在阿曼，人们把大蒜捣碎，用它按摩头皮以去除头皮屑，也用大蒜治疗绞痛、腹泻和糖尿病，还通过水煮大蒜、吸入蒸汽来治疗结核病。在墨西哥，孕妇吃大蒜助产。中国人用大蒜治疗咬伤、疖、感冒、痢疾、铅中毒、鼻出血和百日咳。委内瑞拉人吃大蒜来缓解心悸，刺激肝脏、肾脏和膀胱的功能，治疗痔疮、头痛、神经痛、抑郁、癔症、失眠和静脉曲张，减轻便秘、风湿病和痛风症状，降低体内尿酸含量。

延伸阅读

Coonse, Marian. *Onions, Leeks, and Garlic: A Handbook for Gardeners.* College Station: Texas A&M University, 1995.

Engeland, Ron L. *Growing Great Garlic: The Definitive Guide for Organic Gardeners and Small Farmers.* Okanogan, WA: Filaree Productions, 1998.

Meredith, Ted Jordan. *The Complete Book of Garlic: A Guide for Gardeners, Growers, and Serious Cooks.* Portland, OR: Timber Press, 2008.

Midgley, John. *The Goodness of Garlic.* New York: Random House, 1992.

Thacker, Emily. *The Garlic Book.* Canton, OH: Tresco Publishers, 1994.

Woodward, Penny. *Garlic and Friends: The History, Growth and Use of Edible Alliums.* Cincinnati, OH: Hyland House, 1996.

肉　桂

肉桂是一种古老的香料，在其漫长的历史中一直是人们梦寐以求的食材。它可以被添加到面包卷、饼干、布丁、馅饼、速制（发酵）糕饼、酸辣酱、炖菜和咖喱中。在美国和欧洲，肉桂的销量仅次于胡椒的。鉴于肉桂的重要性，人们称其为"生活的调味品"。肉桂属于樟科植物，是锡兰肉桂树的内层树皮干燥后的产物。虽然美国人喜欢把肉桂和桂皮混为一谈，但两者并不相同。事实上，桂皮在美国的销量超过了肉桂的销量。

肉桂由于长期以来与斯里兰卡相关联，所以被称作"锡兰肉桂"（锡兰就是今天的斯里兰卡）或"斯里兰卡肉桂"。肉桂属于樟属，其属名"*Cinnamomum*"源自希腊语"kinnamon"或"kinnamomon"，意思是"甜木"；这个名字恰如其分，因为肉桂来自肉桂树的树皮。肉桂的希腊名可能又来源于希伯来语"quinamom"。马来语和印尼语的"kayamanis"同样指"甜木"，而该词可能是上述希腊名词和希伯来名词的源头。荷兰语的"kaneel"、法语和意大利语的"canella"，以及西班牙语的"canela"都起源于拉丁语"canella"，意为"小管"或"管"，指的是卷成管状的肉桂。"肉桂"这个词由于历史悠久且被普遍使用，因此出现在许多种语言中。

起源与历史

肉桂是香料贸易的一部分。在香料贸易的诱惑下，欧洲人探索了地球的广大区域，并且在15世纪晚期发现了美洲。在这种情况下，肉桂很难得到高度重视。美洲的发现引发了哥伦布大交换，而正是通过这种大交换，疾病、动植物跨过了大西洋和太平洋，在两个大陆穿梭。来自旧大陆的新疾病重创了美洲印第安人。欧洲殖民者找不到本土劳动力，就输入非洲人，并让他们在新大陆种植甘蔗、水稻、木兰属植物、烟草、咖啡和棉花。欧洲人把非洲人当劣等人对待，同时，白人奴隶主还强暴女奴。欧洲人及其后代制造了一种至今仍盘踞在美洲的种族主义，非裔美国人依然会遭受白人警察的威胁。

樟属植物起源于西高止山脉和印度南部。斯里兰卡人很早就开始种植肉桂树，而这种树一直是他们所处岛屿的代名词。肉桂贸易是早期印度洋贸易的一部分。埃及人用肉桂来为尸体防腐。大约在公元前1500年，法老哈特谢普苏特（Hatshepsut）为了获取香料，派出5艘船驶向庞特[1]，并沿红海海岸获取香料。船载着肉桂和其他香料回来了。庞特可能不种肉桂树，人们据此推测，非洲该地区的肉桂来自亚洲。早在公元前2000年，中国人和东南亚人可能就已经将肉桂从印度尼西亚出口到马达加斯加，而这条出口路线被权威人士称为"肉桂之路"。人们可能带着肉桂从马达加斯加出发，沿着非洲东海岸进行交易，然后到达庞特。最终，肉桂被人从庞特运往埃及。

一些权威人士认为，肉桂在古代比黄金更有价值。在古希腊和古罗马，它是一种只有富人才买得起的奢侈品。公元1世纪，古希腊医师迪奥斯科里斯将肉桂视为一种药材，并推荐将它用作利尿剂。据他所说，肉桂的作用包括：改善视力，增强消化能力，养胃，调节肠道和肾脏的功能，清新口气，帮助女性顺利度过月经期，治愈蛇咬伤。迪奥斯科里斯提倡用肉桂和蜂蜜的混合物去除皮肤上的斑点。但考虑到成本，人们不禁要怀疑，它作为药材的应用范围能有多广。

希腊人不是直接从亚洲获取到肉桂的，而是借助腓尼基人获得的。笼统地说，地中海盆地的人依赖腓尼基人和阿拉伯人从印度（可能还有斯里兰卡）运来肉桂。在肉桂贸易中，阿拉伯半岛的塞比教徒也很活跃，他们可能向埃及供应了肉桂。若真如此，那么法老哈特谢普苏特肯定是从阿拉伯半岛而非庞特购买肉桂的。公元前4

1　庞特：古埃及曾与庞特展开长达数百年的贸易，但学者们至今无法确定庞特的具体位置。根据史料记载进行推测，庞特可能位于现在的索马里、吉布提、厄立特里亚、埃塞俄比亚东北部和苏丹的红海沿岸等地。——译者注

世纪时，古希腊植物学家狄奥弗拉斯图斯证实阿拉伯半岛有肉桂。根据希腊地理学家斯特拉波（Strabo，公元前64或前63—约公元23年）的说法，阿拉伯半岛的肉桂树非常多，人们甚至拿它们当柴火用。

罗马人最初从阿拉伯人那里买肉桂，但肯定代价不菲。据说在公元1世纪，为了炫富，罗马皇帝尼禄在他妻子的葬礼上烧掉了数量相当于一年供应量的肉桂。有专家质疑这种说法的真实性。尼禄可能不会烧肉桂木头，因为它不会散发香味。相反地，他烧的可能是来自非洲东海岸和马达加斯加的香合瓣樟。罗马人建立了海上帝国，他们绕开腓尼基人和阿拉伯人，直接与印度进行肉桂贸易。到了罗马帝国后期，君士坦丁堡（现在的伊斯坦布尔）从斯里兰卡买肉桂。后来，随着罗马帝国的衰落，阿拉伯人重新控制了肉桂贸易。

在古代，地中海盆地的人似乎并不确定肉桂树来自何方。阿拉伯人有一个关于凤凰的故事。他们说，凤凰是一种来自"遥远国度"的会在肉桂树上筑巢的鸟。它快速扇动翅膀，点燃了树，被火焰吞噬，却又在烈火中重生。很明显，因为凤凰用火烧毁了肉桂树，所以肉桂这种香料稀有且昂贵。就这样，阿拉伯人用"遥远国度"这一模糊指代隐匿了肉桂树的位置。

为了找到肉桂树的位置，欧洲探险家还在亚洲进行了搜索。意大利探险家马可·波罗（1254—1324年）在印度的马拉巴尔海岸发现了肉桂树。到了13世纪，东印度群岛成为肉桂贸易的中心。在亚洲，中国人就像腓尼基人和阿拉伯人在地中海那样进行肉桂贸易。在中世纪，医生用肉桂来治疗咳嗽、胸痛、头痛、消化不良和气胀。

1498年，葡萄牙探险家瓦斯科·达·伽马发现了一条通往印度的海上航线，使欧洲人能够直接从亚洲获得肉桂。相比之下，阿拉伯人的肉桂贸易开始衰落。葡萄牙人就此崛起，取代了阿拉伯人，在16世纪垄断了肉桂贸易。然而，葡萄牙人对降低肉桂价格毫无兴趣，因此，其他欧洲人对他们怀恨在心。为了打破葡萄牙的垄断，荷兰探险家科尼利厄斯·范·哈特曼（Cornelius van Hartman）于1596年来到了东印度群岛。经过一段时间之后，荷兰人从葡萄牙人手中夺取了肉桂贸易的控制权。1658年，荷兰占领了斯里兰卡，并控制了肉桂的货源。荷兰人虽然推广了肉桂的种植，但在降低价格方面与葡萄牙人如出一辙。荷兰只出口肉桂的一部分收成，在产量过剩的年份，荷兰人宁可销毁肉桂，也不肯让它们过多地流入市场。1796年，英国又从荷兰手中夺取了斯里兰卡和肉桂贸易的控制权。英国在斯里兰卡建立了大型种植园，1850年种植面积已达到1.6万公顷。早在1798年，英国就开始在印度种植肉桂树，后来又在塞舌尔群岛、马达加斯加岛和加勒比地区种植肉桂树。到了1867年，斯里兰卡每年出口近454吨肉桂。第二次世界大战期间，日本占领了荷属东印度群岛，导致肉桂贸易的衰落。

生产、种植和商业

如今，肉桂生产主要集中在斯里兰卡的西部和西南部。该岛是主要的肉桂产地，塞舌尔、马达加斯加和印度也是很重要的肉桂生产国。在斯里兰卡，肉桂是小型农户种植的一种作物。肉桂树长到第二年或第三年即可收获，每年可收获两到三次，而它的生产力可保持30年到40年。肉桂树属于热带树种，在许多类型的土壤中皆可生长。在斯里兰卡，肉桂树在卡迪拉纳、埃科拉和贾阿兰的沙质土壤中，以及卡卢特勒、加勒和马特勒的壤土与红土中都长势良好。在尼甘布地区的沙质土壤中生长的肉桂树品质最佳。当温度在20℃至30℃之间、降雨量在1270毫米至2540毫米的时候，肉桂树会开花。斯里兰卡农民种的肉桂树有8个栽培品种，与拥有众多品种的草莓和其他作物比起来并不算多。

斯里兰卡的农业出口部建议对土壤施用补充氮的尿素、补充磷的磷矿粉以及补充钾的氯化钾。在第一年时，每英亩土地应施肥79千克，第二年应施肥为169千克，第三年应施肥238千克。如果缺镁，那么每英亩土地应施用白云石200千克，农民应该每半年施一次肥。斯里兰卡每英亩土地的肉桂产量为136千克，而马达加斯加的肉桂亩产量为95～113千克。

肉桂是典型的出口商品，94%的产品被用于出口。伦敦、阿姆斯特丹和鹿特丹是肉桂贸易的中心。日本、澳大利亚、印度、墨西哥、美国、英国、德国、荷兰和哥伦比亚等国进口肉桂，其中，美国是世界上最大的肉桂进口国，其次是印度。日本、美国和澳大利亚都从斯里兰卡进口肉桂，墨西哥进口的肉桂比其他任何香料都多。

延伸阅读

Ravindran, P. N., K. Nirmal Babu, and M. Shylaja, eds. *Cinnamon and Cassia: The Genus Cinnamomum*. Boca Raton, FL: CRC Press, 2004.

花生酱

花生酱的主要成分是花生，而花生是一种原产于南美洲的豆科作物。生活在南美洲和墨西哥地区的印第安人发明了花生酱，不过，西非人似乎也独立用从西班牙或葡萄牙商人那里得到的花生制作出了花生酱。许多美国人好像认定美国是花生酱的故乡，但这个观点并不符合历史事实。尽管如此，美国曾经在花生酱的生产和销售方面起到了重要作用，并将继续发挥其影响力。花生酱现在已经成为一种国际食品。

起源与重要性

大约在3000年前，南美洲的印第安人把花生磨碎做成花生糊。那种花生糊不像现代的花生酱这样便于携带和传播。不过，美洲印第安人制作的这种食物就算不是花生酱，也肯定是花生酱的前身。事实上，人们似乎没有理由不把花生酱的发明归功于美洲印第安人。后来，阿兹特克人也做出了花生酱。花生酱申请专利的时间则晚得多，而且申请方明显无视了美洲印第安人的贡献。多亏了哥伦布大交换，西非人才能够在16世纪开始制作花生酱。然而，研究花生酱的历史学家同样忽视了这些非洲人的贡献。西非人吃的花生酱是加了蜂蜜的，这种食物肯定既健康又美味且热量很高。在体力劳动繁重的时代，人们吃花生酱和蜂蜜也合情合理。如此说来，花生酱肯定改变了西非人的历史和生活。在食物热量匮乏的地方，人们可以依赖花生酱来获取热量。

在美国内战期间，南方联盟的士兵用花生粉熬粥喝，虽然这还不是真正的花生酱。根据对花生和花生酱的早期记载，花生并不是由南美洲直接北上传到北美洲的，而是先传到西非，再由西非传到北美洲的。这条路线舍近求远，不禁让人心生疑问：花生为什么没有直接向北传播，而偏偏绕了远路呢？花生酱和烤花生通常香气诱人，味道可口。尽管花生酱在美国、澳大利亚和亚非地区很受欢迎，但它并没有征服整个欧洲。这种奇怪的现象可能是欧洲生活的文化产物，因为欧裔美国人是喜欢吃花生酱的。

花生酱的类型

有四种类型的花生可以用作花生酱的原料，其中最常见的是蔓生型花生。这种情况很奇怪，因为一些生产和销售花生酱的专家认为蔓生型花生的味道很淡。花生酱生产商从卡罗来纳州和弗吉尼亚州的农场购买蔓生型花生，此外，他们也从得克萨斯州西部地区少量购入这种花生。弗吉尼亚花生和西班牙花生是另外两种可以做花生酱的花生，它们在过去很常用——直到1945年，弗吉尼亚花生和西班牙花生还是花生酱的原料——但是今非昔比，它们现在已经被蔓生型花生取代了。任何了解资本主义的人，都应该熟悉蔓生型花生的发展趋势。蔓生型花生很便宜，仅凭这一点就赢得了花生酱的市场。不过，这种情况可能对消费者不利，因为人们认为西班牙花生比蔓生型花生更甜。第四种常用于花生酱的花生是瓦伦西亚花生，它在美国的种植量极少，也从来没对花生酱生产商产生过什么大的影响。因为蔓生型花生味道一般，甚至可以说寡淡无味，所以花生酱生产商就得通过添糖加盐来提味，以丰富蔓生型花生的味道。这种产品混合了花生油中的脂肪与额外添加的盐、糖，而人类会对脂肪、盐和糖产生本能的渴望，因此，很多人无法抗拒花生酱的诱惑。简单来说，花生酱满足了人们生理方面的渴求。与麦当劳食品和T型车一样，标准化在花生酱的生产和销售过程中必不可少。每一罐相同品牌的花生酱必定具有相同的稠度、口味和香气。因为蔓生型花生无一例外都是淡而无味的，所以它反而保证了这种一致性。它还比其他三种花生的产量更高、能生产出更多的花生酱，自然更受欢迎。蔓生型花生的产量高、价格低，这些特点从一开始就让它声名远扬。

花生酱在美国

美国人从19世纪90年代开始吃花生酱，那十年是营养领域的一个标志性转折点——人们开始追求健康、天然的食物。花生酱就满足了这种追求。花生先经过烘烤，再被磨成细腻的粉。花生的含油量很大，经过研磨就能出油，而这种花生油含有的饱和脂肪很少。当花生油积累到罐子或广口瓶的顶部时，就得通过搅拌融合进剩下的花生酱里。因此，花生酱不必额外添加可能造成破坏的油或脂肪。当时还没有对油进行氢化处理的工艺，因此，即便花生酱的热量很高，它也是富有营养且有益健康的食物。花生酱在美国可能是最好的零食，而涂抹有花生酱和果酱的三明治是儿童午餐的主食。就这样，花生酱塑造了历史，改变了大众的日常生活。在19世纪90年代到20世纪20年代之间，花生酱不含糖，只用一点点盐来丰富味道。20世纪20年代到60年代则标志着一个不太健康的时期，因为生产商在花生酱中加入了氢化油。这些油不再需要搅拌融合，花生酱变得更容易涂抹，但生产商在花生酱里额外添加了太多脂肪。自20世纪70年代以来，纯天然花生酱又重新流行起来。1935年，第一款添加花生碎的花生酱面市了，用这种方法做出来的产品具有颗粒感。比如，俄亥俄州奥维尔市的盛美家食品公司除了生产

积富花生酱

积富是一个著名的花生酱品牌，它在1958年推出了香滑花生酱和颗粒花生酱。后来，它在1974年推出了粗粒花生酱，在1991年推出了一款低盐、低糖的花生酱，在1994年又推出了另一款低脂的花生酱，在2014年推出了第一款起泡花生酱。2001年，盛美家食品公司收购了积富，在此之前，积富一直是宝洁公司旗下的品牌。目前，积富在售的花生酱有10种。

香滑花生酱外，还生产颗粒花生酱；该公司的花生酱不额外添加油和糖，并且含盐量也很低。早期的花生酱是罐装的，第二次世界大战后开始流行用广口瓶来装花生酱。如今，广口玻璃瓶或塑料瓶已成为花生酱的标配。

如前所述，19世纪90年代的健康运动引发了花生酱的流行，并且吸引了富人的注意，这些富人在做水疗的时候会吃花生酱。美国医生约翰·哈维·凯洛格（John Harvey Kellogg）就热衷于追求健康，声称自己在1895年左右发明了花生酱，抢了美洲印第安人的功劳。在凯洛格的指导下，家庭主妇们自己磨花生来制作花生酱。他认为，花生酱是一种优质且健康的蛋白质来源，甚至比肉还要好。尽管凯洛格非常喜欢花生，但他还是试着做了一种可涂抹的杏仁糊，也许他并没有意识到，花生和杏仁不同，它不是坚果。在凯洛格的影响下，前总统沃伦·哈定（Warren Harding）、飞行员阿梅莉亚·埃尔哈特（Amelia Earhart）、演员约翰尼·韦斯摩勒（Johnny Weissmuller）和汽车制造商亨利·福特都吃花生酱。素食与坚果公司也卖花生酱，这无疑加深了花生和坚果之间的错误联系。素食主义者很早就将花生酱纳入食谱，并从中获取蛋白质。作为一种蛋白质来源，花生酱成了一种廉价的大众食品，就像古代和中世纪的鹰嘴豆、豌豆和小扁豆一样。在为百姓提供营养方面，花生酱发挥了和其他豆类一样的作用，改变了人类的历史和生活。与此同时，花生酱还赢得了人们的认可，被认为是有责任心的母亲给孩子吃的零食。很多公司开始将花生酱与薯片、椒盐卷饼和薄脆饼干放在一起销售，这一切都是为了塑造花生酱就是零食的形象。在美国，中西部的花生酱人均消费量最大，但花生并不是中西部作物，而是南方作物，因而这种现象令人感到惊讶。在1904年圣路易斯世界博览会上，山毛榉坚果公司开始销售花生酱，又一次强化了"花生酱和坚果有联系"这种错误的刻板印象。以番茄酱闻名的亨氏公司在1909年进军花生酱市场，很早就赢得了声誉。20世纪初，棉铃象甲毁坏了大量棉花，于是，一些果敢的棉花种植者转而种植花生，从而进一步提升了花生和花生酱的声誉。从这个角度来看，棉铃象甲通过把花生和花生酱变得更加普及而改变了美国历史。美国农业化学家乔治·华盛顿·卡弗是花生和花生酱的推广人，支持者甚至把花生酱的发明都归功于卡弗。当然，卡弗和凯洛格一样，都不是真正的花生酱发明者。

花生酱走向全球

在两次世界大战期间及第二次世界大战后，花生酱是美国海外驻军的军粮。因此，花生酱成了一种国际商品。德国、印度、加拿大、墨西哥、日本、沙特阿拉伯、韩国、英国、中国香港、新加坡和阿拉伯联合酋长国都从美国进口花生酱。按人均消费量来看，加拿大是排名第一的花生酱消费国，荷兰排名第二，美国则稳居第三。加拿大人会在吃早餐的时候给吐司抹上花生酱。澳大利亚自己生产花生酱，并号称拥有世界上最古老的花生酱公司。海地人用辣椒给花生酱调味。西班牙声称在1697年将花生酱引入现今的海地地区；同一年，西班牙和法国对海地岛分而治之，法国统治的海地岛西部后来成为法国糖业帝国皇冠上的明珠。海地人还蘸着花生酱吃各种甜瓜。在荷兰，花生酱被宣传为足球运动员的食物，在这个崇尚运动的国家里建立这种联系显得意义重大。在法国、意大利和希腊等欧洲其他国家，人们很少吃花生酱。同样，花生酱在东欧地区和俄罗斯不流行。然而，在尼日利亚和南非，人们很喜欢吃花生酱。同时，花生酱在东南亚也很受欢迎，尤其是在印度尼西亚。事实上，荷兰人爱吃花生酱的习惯可能来自印度尼西亚，因为印度尼西亚曾经是荷属东印度群岛，1949年才独立。

延伸阅读

Hughes, Meredith Sayles. *Spill the Beans and Pass the Peanuts: Legumes*. Minneapolis: Lerner Publications, 1999.

Krampner, Jon. *Creamy and Crunchy: An Informal History of Peanut Butter, the All-American Food*. New York: Columbia University Press, 2013.

Smith, Andrew F. *Peanuts: The Illustrious History of the Goober Pea*. Urbana: University of Illinois Press, 2002.

Smith, C. Wayne. *Crop Production: Evolution, History, and Technology*. New York: John Wiley and Sons, 1995.

胡　椒

胡椒是一种热带植物。如果按照热带标准来衡量的话，胡椒植株看起来平平无奇。它既没有华丽硕大的花朵，又没有醉人的芳香。这种植物结出的浆果很小，一旦将其摘下来，它就会迅速变干、起皱并发黑，由此得名"黑胡椒"。每个浆果都包含一粒种子，即能够长出新胡椒的胡椒籽。胡椒作为一种香料改变了世界，意义非凡。

起源

胡椒似乎原产于印度南方，不过，它很早就传到了被欧洲人称为"香料岛"的地方，该地现在是印度尼西亚的一部分。它和甘蔗、柑橘类水果一样，都是热带植物，所以不耐霜冻。欧洲人曾一度认为胡椒是结在树上的果实，而事实并非如此，它长在一种草本植物（严格来说是藤本植物）上。胡椒仅生长在印度和偏僻的岛屿上，这是欧洲人如此积极地寻找它，从而改变世界的一个原因。

罗马人可能是最早用胡椒给菜肴提味的欧洲人。人们在印度发现了罗马金币，这表明当时罗马直接与印度进行了胡椒贸易。罗马人把胡椒当作香料和药品，相信它可以治愈各种疼痛，可以说，胡椒在古罗马时代扮演着阿司匹林的角色。罗马人还用它来治疗咳嗽、感冒或蛇咬伤。胡椒尽管对罗马人很重要，但从来都无法与面包、葡萄酒、橄榄油这些生活中的主食相匹敌。作为一种香料，胡椒在罗马人心目中可以与丁香、肉桂相并列。公元1世纪的古希腊医师迪奥斯科里斯曾是罗马帝国皇帝尼禄的御医，他很重视胡椒的药用价值。希腊地区、中国南方地区和印度南方地区也种胡椒。与迪奥斯科里斯的想法相似，印度的医生不仅得出胡椒有药用价值的结论，还认为胡椒具有助消化和改善食欲的功效。具有讽刺意味的是，胡椒可能加速了公元5世纪时罗马帝国的衰落。公元5世纪初，来自巴尔干半岛的哥特人（日耳曼人的一支）从北方入侵意大利，包围了400多年来一直处于和平状态的罗马城。与布匿战争[1]时期的情况不同的是，这一次罗马的盟友并未前来增援。罗马城孤立无援，最终被哥特人攻破，而城里的黄金、白银和胡椒成了哥特人的战利品。

到了中世纪，欧洲精英纷纷宣称胡椒是自己的专属品，而且他们似乎比百姓更容易接触到胡椒。在1439年，1千克胡椒的价格相

1　布匿战争：指古罗马与迦太基争夺地中海西部统治权的战争。从公元前3世纪中叶以后，双方一共进行了3次大规模战争。该战争因罗马人称腓尼基为"布匿"而得名。——编者注

当于一个英国工人4天的工资。百姓根本买不起胡椒这种价值堪比黄金白银的奢侈品。此外，胡椒也与黑暗的历史有关，比如，荷兰人和英国人用从西亚买来的鸦片来交换中国的胡椒。还有一个传说认为，中世纪的人大量使用胡椒来掩盖烂肉的腐臭，但这种说法似乎不实。可能正是中世纪的贵族嗜肉如命促成了胡椒的大流行。上层精英尤爱飞禽，因为他们相信翱翔蓝天的鸟儿最接近上帝。

近代

　　长期以来，胡椒的源头一直是印度尼西亚的苏门答腊岛。这里是近代时期世界上最大的胡椒出口地，不过胡椒的这一地位如今已经被咖啡取代了。就像现在的糖一样，当时的胡椒能够满足人们的味觉。胡椒帮助威尼斯积累了大量财富——威尼斯通过地中海航线和陆上交通线从亚洲购买胡椒，然后卖到欧洲其他地方。15世纪时，欧洲市面上80%的胡椒都来自威尼斯。在近代，胡椒的价值高到人们可以直接用它购买房屋。同等质量下，肉桂、肉豆蔻和丁香的价值可能比胡椒还要高，但欧洲人的胡椒消费量是其他香料消费量的9倍，因此，胡椒最有潜力获得更大的总利润。胡椒加剧了英国和荷兰之间的竞争，两国都在争夺印度洋胡椒贸易的控制权。

胡椒在发现新大陆中的作用

　　欧洲人长期以来一直在亚洲部分地区——尤其是南亚和东南亚地区——寻找胡椒。15世纪时，奥斯曼帝国武士征服了君士坦丁堡。危机随之而来——这种征服导致欧洲人获取胡椒和其他香料的陆上交通线与地中海航线均被封锁。当时，奥斯曼帝国控制了胡椒，在

香料贸易

　　欧洲人热衷于香料贸易。因为像胡椒这样的重要香料只能在印度尼西亚找到，所以欧洲人必须跋山涉水才能买到它们。欧洲人可以通过陆上交通线直接抵达印度，或从中国商人那里购买胡椒，但是距离都有些遥远。此外，古代的中国人也不怎么愿意与外国人做生意。另一种解决办法是通过阿拉伯中间商买香料，不过，通过这种渠道购买的香料价格昂贵。公元15世纪，伊斯坦布尔变成穆斯林的世界，阿拉伯人在香料贸易中的地位逐渐被取代。为了突破香料贸易的垄断范围，葡萄牙人选择绕过非洲南端，而西班牙则派出哥伦布向西航行寻找亚洲。香料是所有这些活动的原动力，并推动了现代世界的开创进程。

定价上拥有绝对的主导权，便以此压榨欧洲，位于欧洲最西端的葡萄牙对涨价最敏感。于是，葡萄牙人想知道，向南航行是否能够绕过奥斯曼帝国的垄断。最初的预期看起来很令人沮丧。和所有古希腊知识分子一样，古希腊地理学家、天文学家托勒密（Ptolemy）明白地球是一个球体。他正确指出了非洲处于欧洲和亚洲之间，但不相信非洲有最南端。托勒密认为，非洲南部是一个环状陆地，即从北向南环绕地球的一条陆地带。因此，人们只能通过陆地穿越非洲。

　　然而，到了15世纪，一些欧洲知识分子认为托勒密的观点已经过时。葡萄牙航海家亨利王子就是质疑托勒密的新一代欧洲人中的一员。他想对"非洲没有最南端"的假设进行验证。为了探究托勒密的观点是否正确，亨利王子接连派遣了数位探险家沿非洲西海岸向南航行。这些航行遇到了许多困难，其中大多数都是难以预料的。例如，欧洲人知道越往北气候越寒冷，由此产生了看似合理的推测：如果往南走得足够远，就会遇到滚烫的海水和炽热的陆地。这些葡萄牙水手证明了这类推测是错误的，并继续探险。最后，一艘由巴托洛梅乌·迪亚斯（Bartholomeu Dias）指挥的船被大风吹离了航线，恢复平静后，迪亚斯意识到他先前是往南航行，后来又向东航行，已经绕过了非洲最南端，即著名的好望角。不过，他的手下都被吓得不敢再往前走了，于是迪亚斯返回了葡萄牙。后来，探险家瓦斯科·达·伽马完成了航行，他从葡萄牙出发向南航行，绕过非洲最南端，继续向东北航行，最终抵达印度。葡萄牙绕过了奥斯曼帝国，拥有了自己的胡椒贸易通道。

与此同时，将香料销往全亚洲的中国人打算开辟一条海路，把香料卖到欧洲。丝绸之路作为一条陆上交通线的确起到了贸易作用，但这一通道在大航海时代就显得效率太低。从 1405 年到 1433 年，中国派遣郑和进行了多次远航。在广泛的搜寻中，郑和探访了南太平洋的很多岛屿，然后向西前往波斯湾和非洲。郑和凭借其技术和才能越走越远，甚至可能到达过美洲。然而，中国在 1433 年中断了他的航行。随着儒家学者占据上风，政治势力开始插手经贸活动的现象出现了。他们认为，与外国人开展贸易有损中国人的尊严，中国应该多关注国内之事，把握自己的命运。这些儒家学者提倡发展农业并进行内部改革。此后，中国开始与世界大多数地区脱节，最终在经济发展和技术进步方面逐渐落伍。

与此同时，葡萄牙的成功加剧了它与西班牙的竞争。既然葡萄牙可以为了寻找胡椒向东航行，那是不是也可以向西航行展开探索？在这一点上，人们倾向于相信托勒密的观点。根据托勒密绘制的世界地图，西欧和东亚之间的距离相对较短，因此从海上穿越是可行的。包括托勒密在内的所有人都不曾想到，实际上有两个大陆横亘在西欧与东亚之间。极力主张向西航行的哥伦布最终从西班牙获得了航海资金。他没有在印度、中国或亚洲其他任何地方登陆，而是到达了加勒比海的一个岛屿。哥伦布偶然间发现了美洲，不过连他自己都不相信这个地方不是亚洲。追随哥伦布到达此处的欧洲人逐渐意识到了这一发现的重要性。这一系列探索起初只是为了寻找胡椒，最终却将远隔重洋的旧大陆和新大陆连在了一起，永远地改变了世界。美洲印第安人从来没有接触过那些来自旧大陆的疾病，对其毫无免疫力，这导致数百万原住民死亡。由于美洲本土劳动力稀缺，所以新土地的欧洲主人就从非洲输入奴隶，让他们在美洲热带地区的新甘蔗种植园里辛苦劳作。于是，人类有史以来第一次以种族为依据区分奴隶和自由人，尽管我们得补充一点——有些生物学家认为任何关于种族的概念都不正当。由奴隶制产生的种族主义使美洲的后续发展变得很复杂，特别是在美国，白人和黑人之间的关系一直是贫穷的非裔美国人社区里的问题。美洲的发现也使动植物从一个半球传播到另一个半球。猪、牛、马、小麦、甘蔗、咖啡，以及更多旧大陆的动植物被传播到了新大陆，而玉米、西红柿、土豆、木薯、花生、菜豆、甘薯，以及更多新大陆的动植物也被传播到了旧大陆。就这样，寻找胡椒之旅最终改变了世界，影响深远。

胡椒贸易与美国

19世纪初，美国开始参与胡椒贸易，那时候它在太平洋沿岸尚未站稳脚跟。商人们通过远洋航行跨越大西洋和印度洋，到印度和印度尼西亚购买胡椒。作为胡椒贸易中的领先者，马萨诸塞州位于这条贸易路线的西端终点站。尽管航行的时间很长，费用也很高，但马萨诸塞州的商人们最终能以收购价8倍的高价卖掉胡椒。1831年，海盗在苏门答腊岛附近袭击了一艘美国商船。于是，行伍出身的美国前总统安德鲁·杰克逊（Andrew Jackson）就派了一艘军舰前往苏门答腊岛——这是美国在东南亚的首次军事冒险。这次进军将成为美国日后介入夏威夷、菲律宾和第二次世界大战后的日本的样板。在18世纪和19世纪，美国从苏门答腊岛购买的胡椒可能总价值1700万银元（当时流通的美国货币）。在大航海时代，这种远洋航行异常艰险。到了19世纪，柑橘类水果、菠萝和土豆在航行中的作用已经广为人知，但远洋航行的死亡率依然非常高。在寻找胡椒的路途中，饥饿、疾病、风暴和溺水夺去了太多美国水手的生命。

现代医学认同胡椒的药用价值吗？

今天，医学家正密切关注胡椒的药用价值。美国、英国、意大利的科学家和医生正在研究胡椒是否具有减轻炎症、杀死病原体和癌细胞的潜力。胡椒还能被开发出其他用途，比如可以用胡椒做成一种天然杀虫剂，以实现有机耕作。胡椒可能具有抗氧化和镇痛的性能，还可以治疗皮肤病，它甚至可以被用来对抗抑郁症和肥胖症。日本研究者认为，胡椒可能具有治疗肺炎的价值。他们还想知道，胡椒的香味是否能帮助吸烟的人戒烟。中国人认为胡椒可以治疗癫痫。在这方面，研究的重点是罹患癫痫的儿童。中国人还认为，胡椒可以增强其他药物的性能，例如，胡椒配上剂量相对较少的抗生素就可以治疗感染。胡椒里的一种化合物——胡椒碱，可以治疗癫痫、高血压、哮喘和结核病，还可能对获得性免疫缺陷综合征（AIDS，即艾滋病）有一定治疗效果。到目前为止，美国国家医学图书馆已经编辑了一份目录，其中包含约300篇经过同行评议的论文，它们全部是关于用胡椒治疗各种疾病的效果的研究。

目前的情况

当前，印度和印度尼西亚仍然是主要的胡椒生产国，不过，巴西和非洲国家在该领域的地位也很重要。在东南亚，胡椒生产已经从印度尼西亚北部扩展到了越南。今天，全球的胡椒年产量约为29万吨，而世界上30%的胡椒是由越南出产的。美国的大部分胡椒是从印度进口的。然而，一种疫霉属的真菌正在威胁胡椒的生长（在19世纪40年代破坏爱尔兰土豆作物的微生物也属于疫霉属）。

延伸阅读

Civitello, Linda. *Cuisine and Culture: A History of Food and People*. Hoboken, NJ: John Wiley and Sons, 2011.

Shaffer, Marjorie. *Pepper: A History of the World's Most Influential Spice*. New York: St. Martin's Press, 2013.

香 草

香草是一种原产于非洲、亚洲和美洲的兰科植物，只有美洲香草结出的果实可以食用。因为这些果实看起来很像硕大的青菜豆，所以人们往往把它误认为是豆科作物，但这是不正确的。真正的菜豆属于豆科作物，是极为重要的蛋白质来源。正如我们所见，香草的果实属于兰科，而兰科植物和豆科作物只是远亲。由于兰科植物非常古老，我们可以确信，在显花植物中，香草和菜豆具有的亲缘关系最弱。本节不会把香草的果实当成菜豆，也不会采用"香草豆冰淇淋"这一流行的说法。

香草是一种兰科植物

在兰科植物中，香草以其芳香和味道风靡世界。它大约在9000万年前——显花植物进化的早期——出现，是古老的显花植物之一。然而，奇怪的是，显花植物是世界植物群中的后来者。跟蕨类植物相比较的话，兰科植物算不上特别古老，香草更是如此。事实上，植物在地球上存在的时间比香草进化所用的时间要久得多。兰科是显花植物中最庞大的一个科，包括香草在内的所有兰科植物都与芦笋、孤挺花、水仙花、鸢尾、洋葱、龙舌兰和丝兰有亲缘关系。

香草大约有150种，每种都是热带植物。事实上，只有两种美洲香草在世界范围内被商业化种植。香草的遗传基础非常有限，这一点跟许多农作物的情况一样。其果实的成熟需要6到9个月的时间，这一时间也比许多其他食用植物果实成熟所需时间要长。以土豆为例，其块茎只需三四个月就能长出来了。在美洲，从墨西哥南部到中美洲的尼加拉瓜，整片区域都是香草的原产地。不过，这种植物在南美洲的很多地方长势更佳，尤其是在巴西。加勒比地区也长有香草。

香草与美洲印第安人

早在公元13世纪，美洲印第安人就在各种正式场合使用香草。它因香味扑鼻的特征而被人类利用，但很晚才开始被人类栽培。香草最初被制成香水，而未被视作食物，这与美洲的主要农作物——玉米、菜豆、笋瓜、木薯、土豆、甘薯、西红柿、辣椒、花生和其他原产于美洲的食物形成了鲜明的对比。美洲印第安人认为香草有药用价值。玛雅人可能用香草制作各种饮料，还认为香草是"世界之香"。在拉丁美洲北部，生活在墨西哥的托托纳克人自称驯化了香草。

香草与欧洲人

早在1502年，西班牙人就把香草从古巴带到西班牙。西班牙征服者埃尔南·科尔特斯也将香草从墨西哥带到西班牙。因此，香草是哥伦布大交换过程中的早期物品。在欧洲，香草最初是一种奢侈品，根本不是土豆那样的大众食物。它不是普通百姓的食物，至少在刚开始时不是。因此，香草成了一种阶级标志，在富人和穷人之间划清了界限，并作为一种象征性食物塑造了历史。香草价格昂贵，帮助西班牙开启了黄金时代——那时的西班牙可能是欧洲最富庶的国家。香草在欧洲可以入药，这一点和在美洲一样。

早期的欧洲人用香草给可可调味，而可可也原产于美洲，是可可树的产品。西班牙人和意大利人尤其喜欢香草味可可。西班牙和葡萄牙的犹太人成为香草商人。欧洲的反犹太主义非常普遍，反犹太主义者对富有的犹太香草商人十分嫉妒，对他们征收重税，还时不时以审查为名对其进行骚扰。

香草在美国

美国第三任总统托马斯·杰斐逊是一名造诣颇高的园艺家，在美国人还不甚了解这种异域植物时，他就是香草的拥护者。杰斐逊在18世纪80年代出使法国，养成了法国人的饮食习惯，其中就包括饮用香草味可可。因为香草味可可是法国贵族的饮料，所以杰斐逊视其为有教养的、开明的消费者享用的食物。他认为，香草是健康生活和高雅品味的一部分，对把美国建设成一个繁荣的国家格外重要。杰斐逊在法国大革命爆发的时候返回美国，他发现美国市场上没有香草这一商品，只好从法国和荷兰这些在美洲热带地区有殖民地的国家订购。杰斐逊一门心思从欧洲进口香草，可能并不知道香草实际原产于美洲热带地区。他完全可以从古巴购买香草，而且价格比从荷兰买要便宜很多。

帝国的崛起

到了19世纪，欧洲人在全世界的热带地区都种植了香草。1898年，美国农业部宣布，香草是能创造巨大财富的帝国植物。作为帝国级作物，香草体现着欧洲的力量、征服和资本主义。因此，香草非常重要，是改变了世界的欧洲殖民主义的排头兵。不过，事情并不总是朝着好的方向发展。法国人在塔希提岛种植香草，到了19世纪和20世纪，香草的产量增加，价格下降。曾经专属于精英阶层的香草就这样进入了寻常百姓家，出乎意料地变成一种大众食品，像同样是大众食品的土豆那样广受欢迎。香草变成最重要的冰淇淋调味剂，从而催生了一种重要的小吃和甜食——香草冰淇淋。考虑到有些药品很难闻，药材商就用香草来掩盖其气味。因为香草很受欢迎，所以种植园也开始种香草，这与甘蔗的情况如出一辙。热带地区的穷人再一次丰富了温带地区白人的生活。甘蔗、咖啡、茶、可可等食物都体现了从热带到温带的财富流动和食物传播。虽然印度洋诸岛、印度尼西亚和塔希提岛都向欧洲和美国供应香草，但墨西哥、中美洲和加勒比地区仍然是香草的重要出口地。在部分热带地区，香草比甘蔗更赚钱。

　　糖果生产商将香草和巧克力结合在一起，几乎一夜之间就创造了一个新的零食产业。人们常常认为花生和巧克力是完美搭档，而香草和巧克力的结合同样重要。可口可乐和胡椒博士这两个品牌很早就推出了香草味软饮料，其他生产商则将香草和枫糖浆融合在一起。1796年，纽约市开了第一家冰淇淋店。到了19世纪中期，香草味成为冰淇淋的主要口味。在19世纪50年代，马里兰州的企业家雅各布·富塞尔（Jacob Fussell）率先批量生产香草冰淇淋，并对其进行标准化规范，就像肉类加工商对肉制品、汽车制造商亨利·福特对T型车所做的大规模标准化生产那样。人们在星期天吃大餐的时候要吃香草冰淇淋，进而催生了食品行业的另一个主要产品——圣代冰淇淋。大约在1904年圣路易斯世界博览会举办前后，有人发明了甜筒。甜筒让香草味等口味的冰淇淋可以被随身携带，就像一杯咖啡、一杯茶或一瓶可口可乐那样。到了1909年，纽约市香草冰淇淋的消费量超过了酒精饮料的消费量。1919年出现的爱斯基摩雪糕是另一种很重要的香草冰淇淋；到了1921年，美国人每天要买200万个爱斯基摩雪糕。到1924年，美国人一年人均消费冰淇淋超过3千克，其中大部分是香草冰淇淋。20世纪30年代和40年代，冰箱和冷柜的普及使人们可以在家里储藏冰淇淋，以便随时拿出来吃。如今，30%的美国人将香草味列为最喜爱的冰淇淋口味，而巧克力味排在

香草冰淇淋

　　香草冰淇淋是深受人们喜爱的冰淇淋之一。欧洲人只有在发现美洲之后才能接触到香草，从而有可能做出香草冰淇淋。最初，香草冰淇淋里确实有香草，而现在的香草冰淇淋只有一堆人工配料，并没有香草的痕迹。这些"挂羊头卖狗肉"的冰淇淋通常质量很差。然而，市场上依然有真正的香草冰淇淋在售，不过价格可能会高一点。

第二位，只有8.9%的美国人选择了它。伊利诺伊州的尼尔森-梅西香草公司在20世纪成了世界上最大的香草精生产商。可以说，香草和其他商品一样，都明显体现了大规模生产、大规模消费和规模经济的特征，而这些都是美国资本主义的核心。冰雪皇后（DQ）的第一家店就供应香草冰淇淋。禁酒令刺激了香草味软饮料的销售。美国的禁酒时期见证了漂浮沙士（一种冰淇淋漂在根汁汽水[1]上的食品）的崛起，它就是那一勺香草冰淇淋。化学家发明了人造香草精来与真正的香草分庭抗礼，这种情况恰如人造黄油在黄油行业的兴起。

种植园经济加快发展

与此同时，香草种植园扩展到了马达加斯加岛、毛里求斯岛、塞舌尔群岛和科摩罗群岛。在这些地区，香草与甘蔗不相上下。有些地方的投资者为规避风险，会选择香草作为保险稳健的经济作物。马达加斯加岛的香草产量增长迅速：从1900年到1915年，该岛的香草产量从15吨猛增至233吨；到了1929年，全球80%的香草都产自马达加斯加岛。20世纪时，塔希提岛的香草种植业蓬勃发展，吸引了大批中国移民，这是人类移民故事的一个篇章，而迁移则是历史经久不衰的主题之一。在20世纪后期，印度尼西亚的爪哇岛在香草领域异军突起，该地生产的香草的口味和芳香的气味都令人称赞。到了21世纪，印度尼西亚的其他岛屿也成了重要的香草产地，如苏门答腊岛、苏拉威西岛和弗洛勒斯岛。

1　根汁汽水：是一种用姜和其他植物的根制成的饮料，不含酒精，盛行于美国。——译者注

延伸阅读

Cameron, Ken. *Vanilla Orchids: Natural History and Cultivation.* Portland, OR: Timber Press, 2011.

Foster, Nelson, and Linda S. Cordell. *Chilies to Chocolate: Food the Americas Gave the World.* Tucson, University of Arizona Press, 1992.

Frenkel, Donna H. *Handbook of Vanilla Science and Technology.* Indianapolis: Wiley, 2011.

Rain, Patricia. *Vanilla: The Cultural History of the World's Most Popular Flavor and Fragrance.* New York: Penguin Group, 2004.

番茄酱

1831年，一位匿名作者写道，番茄酱"是一种酱汁，它的名字谁都会说，但是谁都不会写"。这种说法听起来不无道理，因为番茄酱按照其英文发音可以被写成"ketchup""catchup"或者"catsup"。每种写法都有人认为是对的，而"ketchup"最常见，所以本书采用"ketchup"这个词。

起源

对于习惯了超市里到处都是红色番茄酱瓶子的美国人来说，番茄酱最初与西红柿（又名"番茄"）毫无关系的事实可能很奇怪。这有些令人不可思议，因为西红柿是美洲土生土长的植物——它原产于南美洲，但可能是在中美洲或南美洲被驯化的。英国人和法国人都声称自己发明了番茄酱，但他们说的"ketchup"并非由西红柿做成的酱——其实是一种鱼酱。食物历史学家安德鲁·F. 史密斯（Andrew F. Smith）揭穿了这个谎言，将鱼酱的起源追溯到罗马人，而罗马人把他们所做的鱼酱叫作"garum"。他们把几乎所有能想到的食物都称为"garum"，但"garum"不可能包含西红柿，因为这种水果直到哥伦布大交换时才在旧大陆为人所知。罗马人做出了鱼酱，而中国人和日本人做出了豆酱。早在人类大量使用西红柿做酱汁之前，这种豆酱的使用就已经是一种全球普遍的现象了。即使到了近代，欧洲人也没想到用西红柿做酱汁。到了17世纪，英国人去美洲寻找酱汁的原料，结果找来找去最终选择了菜豆。这种美洲豆子是菜豆属诸多豆子之中的一种，可以替代亚洲菜谱中的大豆。英国人还用蘑菇，鱼和其他海鲜，以及核桃来做酱汁。

西红柿异军突起

由于各种原因，有欧洲血统的美国人对西红柿的接受过程比较缓慢。墨西哥人则没有什么顾虑，他们用西红柿做萨尔萨辣酱。西红柿的这种用法或许刺激了真正由西红柿做成的番茄酱的发展。18世纪时，美国人在新泽西州制作番茄酱，这种番茄酱在加拿大的部分地区也很流行。番茄酱很快就在路易斯安那——该地先后被西班牙和法国统治，最后因1803年具有里程碑意义的路易斯安那购地案[1]而归属美国——扎根。美国最早有文字记载的番茄酱配方可以追

---

1 路易斯安那购地案：指美国于1803年从法国手中购得位于密西西比河流域、落基山脉、加拿大和墨西哥湾之间的土地。此后，美国政府从路易斯安那领地中先后划分出15个州。1812年4月30日，路易斯安那州成为美国第18个州。——编者注

溯到1812年。早期的配方以番茄酱的浓稠度高为佳，而令人吃惊的是，在大量使用调味品的年代，这些番茄酱却很少使用调味品。在整个19世纪，英国人都在公布自己的番茄酱配方。

19世纪时，番茄沙司和番茄酱的区别并不大。番茄酱往往比番茄沙司更辣，但两者都以西红柿为主料，因此颇为相似。番茄酱往往会经过一定程度的发酵，这一过程可能产生酒精；而番茄沙司不是这样的。人们当时还不知道要向番茄酱中加糖，正因为如此，早期番茄酱包含的热量比现代同类产品的热量更低。19世纪时，美国人和英国人都热衷于吃番茄酱，而番茄酱烹饪书的发行量也很大。在那个世纪，番茄酱在英国是调味品的首选。

作为调味品，番茄酱可以给其他食物增色添味。对于热狗和汉堡来说，最合适的调味品究竟是番茄酱还是芥末至今都没有定论，虽然吃热狗和汉堡的人都喜欢加番茄酱。麦当劳的汉堡和炸薯条都配有番茄酱。在这种背景下，番茄酱优化了麦当劳的形象，塑造了烹饪历史和社会历史。事实上，炸薯条和番茄酱似乎是一种不可分离的固定搭配。同样，土豆（此处是指切成薄片油炸的）和番茄酱的组合也塑造了烹饪历史和社会历史。在19世纪，番茄酱甚至用来给鱼类调味，这样制成的黑线鳕和鳕鱼很受欢迎。有时候，人们可能会在汤、炖菜或者大杂烩里放番茄酱。

随着番茄酱在19世纪日益成熟，它变得越来越辣。除了西红柿，番茄酱可能还含有丁香、胡椒、生姜和肉豆蔻干皮。或许是想复制萨尔萨辣酱的成功，番茄酱制作者有时也放红辣椒在里面。而在21世纪，萨尔萨辣酱取代了番茄酱，成为更受美国人喜爱的调味品。番茄酱可能也包含大蒜、洋葱、胡葱、辣根，甚至芥末。这究竟是想给食物调味，还是喧宾夺主？此外，人们也会疑惑添加了那么多其他调味品的番茄酱是否还能保有西红柿的味道。

大约在1850年，一本美国烹饪书第一次发表了含糖的番茄酱配方，这标志着美国跨过了烹饪界的卢比孔河[1]。从那以后，番茄酱就变得不一样了。随着时间的流逝，生产商在番茄酱中加的糖越来越多，而为了平衡甜味和酸味，生产商又加入更多的醋。一些食品评论家指出，额外添加糖和醋的本意大概是吸引消费者购买番茄酱，但这么做却破坏了西红柿的味道。人们为什么要吃没有番茄味道的番茄酱呢？由于美洲热带地区的糖产量很高，低廉的糖价加速了额外加糖的趋势，早餐麦片也受到这种趋势的影响。起初，番茄酱在更大程度上是一种自制品，而非加工品，不过这种情况并没有持续到20世纪。

商业化的兴起

在20世纪的最初十年，大多数美国人选择购买番茄酱，而不是自己做。可以预见的是，大量使用糖、醋和盐正是逐渐兴起的商业番茄酱的特色。这些成分并非偶然。人们本能地渴望糖和盐，所以番茄酱所能提供的这些成分越多，人们就越想要这种产品。从这个意义上来说，番茄酱迎合了我们的生理倾向，从而塑造了历史。尽管番茄酱的生产是20世纪的重头戏，但美国公司早在19世纪30年代就已经开始生产番茄酱了。一瓶900克的番茄酱大约含有25个加工后的西红柿。南方腹地[2]是第一批商业品牌的早期贩售地。到了

---

1 卢比孔河：一条古意大利北部小河。在罗马共和国时期，它是意大利本土与山南高卢地区的分界线。罗马法律禁止将军率领军队跨越这条河进入意大利本土，否则就会被视为叛逆。而恺撒打破了这个禁忌，带兵渡过卢比孔河，夺取了罗马的最高权力。——译者注

2 南方腹地：指美国南部诸州，包括佐治亚州、亚拉巴马州、密西西比州、路易斯安那州和南卡罗来纳州。——编者注

19世纪50年代，美国几乎每座大城市里都有番茄酱工厂。然而，番茄酱的收益没有保障。因为没有人能在冬天和春天时买到新鲜的西红柿，所以番茄酱的成本很高——至少在北方地区是这样。而在夏天，一方面西红柿到处都是，另一方面为了与对手竞争，番茄酱生产商不得不降低价格。

和其他行业的情况一样，番茄酱生产商也致力于标准化生产。每一瓶番茄酱的味道和质地都应该是一样的，恰如每一个巨无霸汉堡应该吃不出差别。这种标准化趋势是美国资本主义的一个基本特征。在美国内战结束后，缅因州、马里兰州、密苏里州和明尼苏达州大力发展番茄酱的生产。到了1910年，纽约、罗彻斯特、底特律、芝加哥、费城、辛辛那提等城市，以及加利福尼亚州部分地区成为番茄酱的生产基地。当然，加利福尼亚州还以生产萨尔萨辣酱而闻名。到了20世纪，番茄酱的发展到达巅峰，成了国民调味品。早期的汤罐头生产商金宝汤公司，吹嘘自己只用硕大的牛排番茄制作番茄酱，以保证风味最正宗。然而，似乎没有记录显示一瓶金宝汤番茄酱罐头里究竟有多少个牛排番茄。在20世纪，亨氏公司作为重要的番茄酱生产商脱颖而出。它创造的财富支撑了多位美国名人的职业生涯，尤其是前美国参议员、国务卿约翰·克里。和雪佛兰一样，亨氏公司推出了各种品牌，价格定位不一。其目的是吸引人们购买更昂贵的品牌产品，以此作为身份地位和炫耀性消费[1]的标志——这两者都是美国资本主义的特征。1905年，亨氏公司成了美国头号番茄酱生产商；1909年，其年销售额接近300万美元。亨氏公司在美国东北部和中西部开办了多家工厂。作为一家早期的番茄酱出口商，亨氏公司将番茄酱运往英国、澳大利亚、新西兰、日

---

1 炫耀性消费：指通过让他人明白消费者的财富、权利和社会经济地位，从而获得一种比他人优越的自我感觉的消费。——编者注

亨氏公司

　　1869年，美国企业家亨利·约翰·海因茨（Henry John Heinz）在宾夕法尼亚州夏普斯堡创立了亨氏公司——虽然，公司总部后来迁到了匹兹堡。尽管亨氏公司最初的重点是辣根酱，但它很快就确定番茄酱会带来更大的利润。亨利在1905年合并了各项业务，并担任公司的首任董事会主席。20世纪80年代，亨氏公司收益增长稳健。从1981年到1991年，该公司的投资年回报率接近30%。亨氏公司几乎在一夜之间成就了一些百万富翁，其中就有前国务卿约翰·克里（John Kerry）的妻子。

本、中国、南非、南美、欧洲大陆各地区。1909年，由于番茄酱在加拿大太受欢迎，亨氏公司索性在安大略省开设了一家工厂。

　　现在和过去一样，生产商会用糖促进销量提升。如今，番茄酱的热量中至少有三分之一来自糖。相比之下，芥末的热量要少得多。一家现代的番茄酱工厂每天可以加工2000多吨番茄。所有的番茄酱都是由红番茄制成的，这令人感到奇怪，因为黄番茄在美洲印第安人和意大利人中很受欢迎。不过，如果真的有黄番茄酱，那它或许会让番茄酱和芥末之间的区别变得模糊。番茄酱和其他食品的掺假状况促使美国农业部的化学家哈维·威利（Harvey Wiley）起草了《纯净食品与药品法》，该法规于1906年经国会审议通过。在扩大联邦政府权力的过程中，番茄酱影响了美国历史。

延伸阅读

Smith, Andrew F. *Pure Ketchup: A History of America's National Condiment*. Washington, DC and London: Smithsonian Institution Press, 2001.

萨尔萨辣酱

　　尽管萨尔萨辣酱有好几种，但其基本配料都是西红柿和辣椒。正因如此，萨尔萨辣酱的发明不会早于哥伦布大交换，虽然阿兹特克人早就以西红柿为基础制作了一种酱。就算萨尔萨辣酱或者其原型有深厚的历史渊源，广为人知的还是现代版的萨尔萨辣酱。直到第二次世界大战之后，它才获得巨大的市场空间并带来了可观的收入。事实上，萨尔萨辣酱的销售额现在已经超过了番茄酱的——要知道，以前美国排头的调味品是番茄酱。

兴起

　　墨西哥人和美国人都喜欢吃辣，而最喜欢的可能就是包含着萨尔萨辣酱的食物。前文提到过，萨尔萨辣酱已经超过了番茄酱、芥末和蛋黄酱这些昔日的主流调味品。不过，人们在棒球场吃热狗时，芥末依然是一种重要的调味品。萨尔萨辣酱和番茄酱关系密切，因为二者都根源于美洲印第安人的西红柿——这种水果现在成了全球性食物。然而，时至今日，二者似乎不能再相提并论了，其原因有二：第一，尽管番茄酱的销量仍然属于领先水平，但萨尔萨辣酱的销量更高；第二，萨尔萨辣酱更益于健康，它不像番茄酱那样含有大量的盐和糖。此外，萨尔萨辣酱不需要防腐剂，而且所用的西红柿、辣椒和胡椒都是有益健康、营养丰富的食材。萨尔萨辣酱中的西红柿——包括其种子——特别有营养，可以为饮食添加维生素C和抗氧化剂。因此，萨尔萨辣酱通过为消费者提供了一种替代番茄酱的健康食品而赢得了人们的青睐，从而改变了人类历史和社会生活。食材来自美洲和旧大陆的萨尔萨辣酱，已经取代了新大陆的番茄酱和旧大陆的芥末。

　　萨尔萨辣酱有多种形式，"从红色的水状到似乎能摧毁混凝土的熔岩状"都是存在的。得克萨斯州的奥斯汀市可能是美国的萨尔萨辣酱之都，虽然加利福尼亚州的洛杉矶市也很重要。奥斯汀市的餐馆常举办比赛，看谁家萨尔萨辣酱的味道最好。在这个城市的餐馆里，萨尔萨辣酱是很重要的食品。由《奥斯汀纪事报》(*Austin Chronicle*)主办的一年一度的辣酱节，是一个结合了音乐和墨西哥美食的节日，其中当然少不了萨尔萨辣酱。萨尔萨辣酱把奥斯汀市各个社区的人们聚集在一起，共享美食和欢乐，因此意义重大。公园里帐篷排列成行，而每顶帐篷都提供萨尔萨辣酱和其他食物。一些萨尔萨辣酱是常见的红酱，而另一些是青酱。部分萨尔萨辣酱用水果（包括西红柿）做食材，其他的则用绿番茄和辣椒来制作。需要重申的是，萨尔萨辣酱通过融合西红柿和辣椒将新旧大陆联结起来。还有一些萨尔萨辣酱含有大量胡椒，因此被叫作"胡椒酱"。辣酱节的正式评委约有30人，其中包括美食评论家、农民和商界领袖，他们都是社区的佼佼者。

　　经过精心的食材准备和数小时的烹制，萨尔萨辣酱会被赋予烟熏味，而这正是制作者引以为豪之处。他们会用一些烤西红柿和烤辣椒来制造烟熏和辛辣的味道。萨尔萨辣酱本质上是一种调味品，需要搭配其他食物食用，比如，它可以让咸玉米饼或玉米片的味道更加浓烈。基于此，可以说萨尔萨辣酱是快餐食品行业的一部分。尽管萨尔萨辣酱本身可能很有营养，但如果配上咸的炸薯条，就对任何人都没有好处了。事实上，在一个饱受心脏病、糖尿病和肥胖症折磨的国家，萨尔萨辣酱貌似促进了垃圾食品行业的发展。萨尔萨辣酱和垃圾食品的搭配给许多美国人的健康造成了伤害，因此改变了历史和人们的生活。

一些萨尔萨辣酱甚至有一种类似柑橘的味道。关于这一点，萨尔萨辣酱和胡椒一样，又一次与旧大陆联系起来，因为橙子、柠檬和除葡萄柚以外的所有其他柑橘类水果都起源于属于旧大陆的亚洲热带地区。这些水果也在佛罗里达州、加利福尼亚州、得克萨斯州和亚利桑那州生长，于是许多美国人误以为它们并非源自旧大陆。如果早餐没有鸡蛋和萨尔萨辣酱，很多得克萨斯州的人就会觉得少了点什么。萨尔萨辣酱与胡椒的联系也非常重要，可以帮助我们理解它是如何塑造历史的。欧洲人一直对胡椒心怀渴望，哥伦布就为了寻找胡椒横渡大西洋。如此说来，配料包含胡椒的萨尔萨辣酱在塑造世界方面的功劳无论被怎么歌颂都不为过。

一跃成名

西班牙人尝到了阿兹特克人用西红柿做的酱，觉得它味道很棒。但令人感到奇怪的是，西班牙人并不喜欢可可，觉得它太辛辣，甚至连哥伦布本人也持有这样的观点。这个事实可能意味着，阿兹特克人做的番茄酱没有那么辣，肯定是欧洲人为它加上辣椒来提味的。萨尔萨辣酱最晚在1800年就出现了，并在19世纪60年代流行于墨西哥。19世纪80年代，美国公司开始销售萨尔萨辣酱。1908年，洛杉矶市的欧米茄公司开始制作萨尔萨辣酱罐头，以扩大其销售范围。第二次世界大战后，美国的萨尔萨辣酱的销量开始增长，其中西南部地区的销量涨速最快。塔可饼的走红激起了美国人对墨西哥美食的兴趣，于是萨尔萨辣酱也赢得了市场份额。塔可饼需要一种调味品，而可以大量供应的萨尔萨辣酱恰好能满足这一需求。1948年，得克萨斯州埃尔帕索市的山口罐头公司，开始以"塔可酱"为名销售萨尔萨辣酱。考虑到许多美国人喜欢不太辣的调味品，生产商最终没有将它做得像墨西哥辣酱那么辣。美国人将这种改良的萨尔萨辣酱称作"古老的埃尔帕索酱"。塔可贝尔快餐店的兴起扩大了萨尔萨辣酱的吸引力，使之走出了美国西南部。

随着越来越多的墨西哥人来到美国，人们对萨尔萨辣酱的需求也增加了，这一点在20世纪80年代尤其明显。不过，造成这种现象的因素并不唯一，因为在欧裔美国人中，萨尔萨辣酱的销量增长得也很快。它不再是一种地区性食物，其销量激增的部分原因在于人们对民族食品越来越感兴趣，这在一个移民国家是正常现象。雄心勃勃的业主们并不满足于偶尔到墨西哥餐馆享用一顿，而是想着自己做萨尔萨辣酱，或者至少能从杂货店买到它。萨尔萨辣酱迅速催生出一个具备规模经济、大规模生产和大规模消费特征的行业，而这些特征正是美国资本主义和如今全球经济的标志。金宝汤公司推出了自己的萨尔萨辣酱系列，以六罐装的形式出售，并在广告宣传上投入2000万美元。萨尔萨辣酱生产商还与政府签约，向美国军方供应这种调味品。以番茄酱闻名的亨氏公司发现萨尔萨辣酱很赚钱，也开始卖这种酱。1988年，16%的美国家庭会购买萨尔萨辣酱；到了1992年，这一比例上升到三分之一。1994年，金宝汤公司以超过10亿美元的价格收购了得克萨斯州的佩斯公司，成了美国最大的萨尔萨辣酱生产商。金宝汤公司保留了"佩斯"这一品牌，以此向消费者保证它会延续佩斯公司的传统。甚至在距离美国西南部很远的纽约市，也有公司在生产萨尔萨辣酱，不过，在得克萨斯州以外地区生产的萨尔萨辣酱，往往得不到得克萨斯人的青睐。

美国人没有必要也不想再从墨西哥进口萨尔萨辣酱了，得克萨斯州的萨尔萨辣酱就可以满足美国人的食欲。与此同时，洛杉矶市仍然是太平洋沿岸的萨尔萨辣酱生产中心。到了20世纪70年代，一家名为"塔帕蒂奥"的萨尔萨辣酱公司从这座城市崛起。在那十年里，该公司推出了每瓶150毫升的小瓶装萨尔萨辣酱，后来，该公司分别在1988年、1989年和1999年推出了300毫升装、950毫升装和3.8升装的萨尔萨辣酱。塔帕蒂奥是墨西哥的一个地名，很多墨西哥人离开那里来到洛杉矶市并定居下来，因此对"塔帕蒂奥"这个名字很有好感。2010年，卡夫食品公司收购了该公司的股份，使它更有发展前景。2011年，菲多利公司开始购买塔帕蒂奥酱，而且买下了针对芙乐多、多力多滋、莱芙士和乐事等品牌的塔帕蒂奥口味薯片的销售权。已故演员保罗·纽曼（Paul Newman）、史密斯飞船乐队的吉他手乔·佩里（Joe Perry）、范·海伦乐队的迈克尔·安东尼（Michael Anthony）和歌手帕蒂·拉贝尔（Patti LaBelle）等资深名流也在推广自己的萨尔萨辣酱品牌。起源于阿兹特克和欧洲的萨尔萨辣酱，至今已经走过了很长的一段发展历程。

延伸阅读

Arellano, Gustavo. *TACO USA: How Mexican Food Conquered America.* New York: Scribner, 2012.

盐

盐是一种化合物。我们需要了解一下元素周期表以帮助理解。元素周期表最左边一族的元素是碱金属。从锂元素开始，该族每个元素在原子结构上都有一个额外的电子，即意味着碱金属原子实际拥有的电子，比形成最稳定的原子结构所需的8个电子还多1个。因此，碱金属原子会倾向于把最外层电子送给其他原子，以获得八隅体稳定结构。元素周期表最右边的一族元素是惰性气体，它们极难与其他元素发生反应。惰性气体左边的一族元素是卤素。每个卤素原子的最外层有7个电子，要形成八隅体稳定结构还缺1个电子。人们很容易就能发现，碱金属和卤素的结合是完美搭配。碱金属原子把它的1个电子交给卤素原子，于是两者就都形成了完美的八隅体稳定结构。因为碱金属原子失去了1个电子，所以它带1个正电荷，而卤素原子得到了这个电子，所以它带1个负电荷。带正负电荷的原子相互吸引，会形成一种牢固且稳定的化学键。钠是一种常见的碱金属，而氟是一种标准的卤素，它们结合在一起就形成了氟化钠，这种化合物可以添加到牙膏里以防止蛀牙。以类似方式形成的化合物被称为"离子化合物"，其中，我们最熟悉的就是由钠和氯组合生成的氯化钠，即常见的食盐。跟所有离子化合物一样，氯化钠在水中会分解成钠离子和氯离子，这就解释了为什么食盐晶体一旦溶解在水里就会消失不见。氯化钠在水中解离的能力对人类而言十分重要。

盐与生理基础

包括人类在内的所有的动物，在生理上都对盐有本能的渴望，连昆虫都想摄入盐。这种渴望是天生的，因为钠和氯是人体正常运转所必需的元素。人体利用一系列复杂的离子替代物来维持细胞内外的水平衡和离子平衡，这一过程就涉及钠和氯。因此，这种渴望必定是一种适应性进化的表现，但进化过程就不在这里详述了。食用植物中含有充分的钠和氯，因此，人类在饮食中一直不需要额外加盐。对盐的渴望可能在远古人类祖先开始吃植物之前就已经存在了，也可能是人类在经常进行体力劳动的环境中产生的——人体在分泌汗液的时候会流失体内的钠和氯，因此渴望以食盐的形式摄入额外的钠和氯。

作为防腐剂的盐

对盐的渴望可能驱使史前人类给鱼和其他易腐烂的食物加盐。尽管他们并不了解这种做法背后的化学原理，但是加盐的确能让食物保存得更久。这之所以奏效，是因为被我们称为"渗透"的过程。渗透实际上是水的扩散，即水从一个盐浓度较低的区域移动到另一个盐浓度较高的区域。以给鱼加盐为例：加了盐之后，鱼身体细胞里面的水会被吸出来，因为水会从盐浓度较低的区域（鱼体内）移动到盐浓度较高的区域（几乎不含水的盐）。上文提到，从鱼体内排出的水会使盐解离，从而形成一种盐水，把水保留在鱼的体外。而鱼要是没有水，就成不了细菌的宿主，因为细菌需要水才能存活。所以，咸鱼腐烂得很慢，而那些未经腌制的鱼用不了几天就满是细菌。因此，盐的使用让食物能储存得更久，从而改变了世界。值得一提的是，盐和胡椒的搭配自古代以来就很常见。

用盐腌鱼是一种古老的工艺。古罗马人制作鱼酱，又名"鱼露"，其中包括盐、鱼块、葡萄酒，可能还有橄榄油。他们将鱼酱添加到各种食物里：猪肉、牛肉、鱼和各种蔬菜。简而言之，鱼酱在古罗马是一种必需品。鱼酱尝起来可能像鳀鱼，味道也不太好闻，但这些因素都妨碍不了古罗马人吃鱼酱。曾是罗马帝国一部分的土耳其，至今依然制作着有自己风格的鱼酱。盐和酱之间的联系非常紧密，以至于罗马语中"酱"也有"含盐的"之意。事实上，古罗马人和其他古代人用盐腌过各种各样的食物，包括鱼、火腿、牛肉、猪肉块和香肠，其中的香肠可能是用猪肉、牛肉或两者的混合物制成的。当时，无论什么食物都加盐，食品生产商甚至开始加糖来掩盖盐的味道。而加糖的办法肯定是到了现代才出现的，因为在发现美洲之前，旧大陆的大部分地区都缺糖。直到美洲热带地区建立了甘蔗种植园后，糖才变得更便宜、更充足。

让我们以腌鲱鱼——最早可能出现在14世纪——为例，来说明腌制工艺。弗拉芒人[1]可能是第一个采用这种工艺的民族。他们把鱼切开，去掉鳃、支气管、心脏和其他内脏；然后把切口的血放干；最后，把这些去除了内脏的鱼放到一桶盐里，腌上一段时间。有很多传说认为，腌鲱鱼是威廉·本克尔兹（Willem Benkelsz）首创的。他的名字有多种拼法，其出生和死亡日期也不确定，人们甚至不确定历史上是否有这个人。即便如此，人们公认的本克尔兹的家乡还是为他修建了一座教堂，用一扇彩色玻璃窗展示他腌制鲱鱼的过程。神圣罗马帝国的皇帝查理五世（Charles V）参观了这座教堂，以示对本克尔兹及其成就的敬意。这种腌制方法传遍了北欧，而令人难以相信的是，欧洲的地中海地区竟然没有取得类似的进展。

俄国小说家费奥多尔·陀思妥耶夫斯基的小说描写了著名的俄国哥萨克人，他们可能是19世纪时最早保存鲟鱼和鲟鱼卵（鱼子酱）的人。哥萨克人恰好生活在一个多盐的地区，因此他们能够出售腌鲟鱼和鱼子酱。19世纪时，一条这样腌过的鱼可以卖400卢布，而当时俄罗斯的人均年收入不过400卢布。哥萨克人利用卖鱼积累的财富向沙皇进贡，从而得到可以维持自己传统生活方式的许可。哥萨克人实际上是独立的，盐在其中起到了关键作用。北苏格

1 　弗拉芒人：佛兰德地区的主要人口，说荷兰语。——编者注

兰人用盐腌鳕鱼，将其销往不列颠群岛各地；远至德国的商人都前来购买苏格兰鳕鱼。在波兰，腌制食物随处可见，波兰人甚至会把聚餐叫作"和某人一起吃了一桶盐"。因此，盐成了一种社会润滑剂，它让人们聚在一起分享美食。如果波兰人家里来了客人，主人就会奉上面包和盐，以示热情好客。可以说，波兰人以盐和腌制食品为基础建立友谊。

今天，香肠、火腿和罐头食品仍然离不开盐。实际上，人们很难找到不放盐的食物。想想盐对薯片、薄脆饼干、椒盐卷饼、炸薯条、奶酪、花生、咸牛肉和许多其他食物而言有多么重要吧！

食盐贸易

非洲和亚洲的游牧民族打通了商队路线，因此，如果他们没有带够盐，也可以半路停下来自己提炼盐或者买盐。事实上，商队路线帮助食盐贸易穿越了许多不毛之地。古希腊历史学家希罗多德可能是第一个将这些游牧民族与食盐贸易联系起来的人。因为人类在炎热的沙漠中会出很多汗，所以那里的人对盐的需求会更加迫切吗？希罗多德明白，撒哈拉沙漠曾经是一片内海，在沙漠化的过程中水分不断蒸发，最终在地表留下了盐。公元7世纪时，阿拉伯人引进了沙漠里绝好的交通工具——骆驼。他们用骆驼来运盐，让一头骆驼驮4块盐。加纳人非常需要盐，甚至愿意用金子来买盐。于是，摩洛哥人向南穿过沙漠，用盐换取这些金子。盐在当时极其重要，人们甚至可以用它来买奴隶。多亏了食盐贸易，廷巴克图才能作为商业中心在非洲崛起。食盐贸易虽然利润丰厚，但也有巨大风险。1805年，一个商队从廷巴克图出发，北上穿越撒哈拉沙漠；不幸的是，他们迷路了，最后约有2000个人和1800头骆驼因干渴而死。因为不管人往哪个方向看，沙漠看起来都是一样的，所以很多商队都在劫难逃。

罗马皇帝奥古斯都下令在帝国各地修建通往盐矿的道路，以便用羊把盐运回罗马城。到了19世纪，铁路的兴起进一步推动了食盐贸易。20世纪时，卡车是首选的运盐工具，虽然即使到了今天，速度较慢的骆驼养起来也比卡车的维护费用便宜。18世纪时，吕贝克（位于今天的德国境内）已经成为北欧食盐贸易的中心。这座城市很富庶，吸引了像风琴手迪特里希·布克斯特胡德（Dietrich Buxtehude）这样的名人。在1705年，年仅20岁的约翰·塞巴斯蒂安·巴赫（Johann Sebastian Bach）徒步320千米，只为去听布克斯特胡德的演奏。巴赫因为听了他的演奏而灵感迸发，回家后创作了许多堪称世界上最美妙的音乐作品。

延伸阅读

Laszlo, Pierre. *Salt: Grain of Life*. New York: Columbia University Press, 2000.

第六章

细雨调和燕子泥

甜味料 ——— 5 种

糖

几千年来，人类一直将蜂蜜作为主要的甜味剂。尽管如今蜂蜜在销量上逊色于糖，但它依然很受欢迎。"糖"这个词可能会引起误解，因为糖有好几种，而它们都是植物的产物。例如，当一个人吃草莓、苹果、香蕉或其他水果的时候，会从果糖中尝到甜味。人类最熟悉的糖是蔗糖，它是一种有甜味的分子晶体。事实上，在同等质量的条件下，蔗糖比蜂蜜还要甜。几千年来，甘蔗一直是蔗糖（下文简称"糖"）的主要来源。糖是从甘蔗的茎里提取出来的，这个过程很烦琐。甘蔗是一种生长在热带和亚热带地区的禾本科植物。几个世纪以来，生活在温带地区的人一直在寻找自己的糖源。经过精心选择和培育，他们得到了——也可以说发明了——糖用甜菜。这种植物是甘蔗的远亲，但与甘蔗不同的是，糖用甜菜的糖聚集在其膨大的主根处，而不是在茎里。到了1900年，全世界一半的糖都产自糖用甜菜。此后，由于杂交技术的应用，甘蔗产量激增，逐渐成为糖业的主力军。到了1950年，全世界超过75%的糖来自甘蔗，而糖用甜菜的产糖量占比不到25%。糖用甜菜的生产商把产糖量下降当成一个政治问题，要求政府补贴这个看起来奄奄一息的行业。

糖粉

人类几千年来一直很看重蔗糖，而糖粉和糖一样，也是晶体的蔗糖。换言之，糖和糖粉之间没有化学上的区别。它们的区别在于颗粒的尺寸，即糖粉比糖更小、更细。此外，糖粉含有一种化学添加剂来防止结块。蛋糕、纸杯蛋糕和其他烘焙食品所用的糖霜往往就是用糖粉制成的。

糖对贸易的刺激

巴布亚新几内亚人可能是最早垂涎于糖的人，因此，他们早在公元前9000年就开始种植甘蔗。糖以巴布亚新几内亚为起点传遍了旧大陆的热带地区，食糖贸易也随之几乎扩展到全球——15世纪末的哥伦布大交换开始意识到这一点。糖从巴布亚新几内亚向东传播，然后向北穿过波利尼西亚群岛，最终在公元1100年左右风靡夏威夷群岛。糖主要通过两条路线从巴布亚新几内亚向西挺进亚洲大陆：其一，从巴布亚新几内亚传到东南亚，包括加里曼丹岛、印度尼西亚和菲律宾；其二，在公元前1000年左右从巴布亚新几内亚通过另一条路线传到印度。这些航线无疑推动了早期造船业的发展。不过，令人感到奇怪的是，糖似乎并没有从东南亚向北传到中国。相反，中国可能在公元200年左右从印度那里买到了糖，而这项贸易途经的正是丝绸之路。因此，糖在丝绸之路的形成和使用中发挥了重要作用，而丝绸之路实际上是一个从中国向黎凡特延伸的路网。公元500年左右，糖从印度向西传到波斯，又在此后200年内传入埃及。早在欧洲人向咖啡和茶里加糖之前，原本没什么特殊的糖就已经是亚洲和非洲贸易的一个重要项目。不过，似乎有文字记载表明，古希腊历史学家希罗多德和古希腊征服者亚历山大大帝都知道，印度是食糖贸易的源头。

风靡地中海盆地

在公元7世纪和8世纪，糖被带到了北非各地和西班牙南部，那里是糖在哥伦布大交换之前传播到的最西端。埃及以生产最纯净、最洁白的糖晶为骄傲，这种高度提纯的糖晶不含甘蔗汁。到了中世纪，以威尼斯人为代表的意大利人开始从事食糖贸易，最终把这种甜味剂带到欧洲部分地区。此外，西西里岛开始种植甘蔗，那里成了意大利人家门口的糖源地。然而，人们很容易夸大糖在中世纪欧洲的重要性。这种甜味剂在北欧和不列颠群岛几乎不为人知。人们很难从这些地方看到糖的踪影，可能是因为威尼斯人定的糖价太高了。欧洲人还倾向于认为糖是药物而非烹饪用品，这样的想法在古代并不少见。

糖、新大陆与奴隶制

1493年，哥伦布在加勒比海的伊斯帕尼奥拉岛种植甘蔗，糖便由此展开在美洲的强势扩张。随着越来越多的地方开始种植甘蔗，劳动力短缺成了问题。被迫在甘蔗种植园里干活的本来是美洲印第安人，可他们因染上源自欧洲和非洲的疾病而大批死亡。在这种情况下，种植园主几乎雇不到契约佣工。种植园里的劳动强度很大，白人无不望而生畏。于是，种植园主就启用了一项古老的制度——奴隶制，而这时的奴隶制表现出罪恶的新特征。种植园主奴役非洲人，让他们在甘蔗种植园里工作；经过种植园主的操作，黑人身份成为现代奴隶制的基本特征。过去因拥有非洲血统而骄傲的人，现在却不得不经受甘蔗种植园和奴隶制的折磨。于是，黑人身份成为劣等的标志。白人觉得黑人在各方面都未开化，且缺乏智慧和自控能力。这些特征尤其令白人担忧，因为它们意味着黑人无法控制自己的本能冲动。甚至，仅仅是怀疑一名黑人男性对一名白人女性有欲望，就足以让这名黑人男性被处死。白人同样担心一名风情万种的黑人女性可能会引诱一名白人男性。然而，事实并非如此——往往是白人精英强暴他们的黑人女性奴隶。尽管黑人女性生下的孩子是白人的，但这名白人还是要把自己的孩子贬为奴隶。这种奴隶与糖相结合的模式席卷了中美洲、南美洲、加勒比地区和墨西哥，甚至还有当时属于法国的路易斯安那领地。其中部分地区后来被纳入美国疆土，于是，奴隶制和种族主义浸透了美国南方。大米、棉花、木兰属植物和烟草产业都借鉴了这种模式。在当时的美国，北方自由但种族主义广泛存在，南方则坚持实行奴隶制，二者的分裂引发了美国内战。糖和因为它产生的苦力站在美国历史上最血腥的战争的风口浪尖。

糖带来了无尽苦难。以葡萄牙人、西班牙人、荷兰人和英国人为主力的欧洲人，向加勒比地区、巴西和其他甘蔗种植中心运送了约1000万名奴隶。许多奴隶都不幸在旅途中死亡，然后就被无情地抛尸大海。那些到达美洲的人完全得不到喘息的机会，被迫在炎热、潮湿的美洲热带地区辛苦劳作。来到美洲的奴隶很少有能活过10年的，他们往往死于营养不良和各种疾病。甘蔗种植园里的工作非常艰苦，奴隶主却连让奴隶吃饱都不愿意。从根源来说，奴隶遭受的这一切苦难只是为了迎合美国人和欧洲人对甜食的喜好。

待遇如此残酷，奴隶们别无选择，唯有反抗。然而，大多数反抗都失败了，大量黑人被处决，其中多为男性。然而，到了19世纪末，在法国糖业帝国王冠上的明珠——圣多明各，当地奴隶发起了可能是历史上唯一一次成功的奴隶起义。他们烧毁了糖厂，杀死了法国皇帝拿破仑派来镇压的法国军人。或许是由此受到惊吓，拿破仑把路易斯安那领地卖给了美国，使美国的面积扩大了一倍多。因此，糖让美国踏上实现天定命运论[1]的道路。海地革命[2]也让美国第

1　天定命运论：19世纪美国流行的一个扩张主义口号，认为上帝和美国优越的制度赋予了美国人将其文明传播到整个大陆的权力乃至责任。——译者注

2　海地革命：指海地人民推翻殖民统治、废除奴隶制的革命。海地原为西班牙殖民地，1697年被割让给法国。法国殖民者对海地黑人奴隶的残酷剥削和压榨，激起海地黑人奴隶的反抗。1791年8月，在法国革命的影响下，海地黑人奴隶在北部地区发动起义，揭开了拉丁美洲独立运动的序幕。——编者注

三任总统托马斯·杰斐逊心生警惕。

我们应当注意到，美国奴隶制的结束并没有切断糖、种族主义和压迫之间的联系。早在20世纪20年代，美国全国有色人种协进会（NAACP）就开始调查佛罗里达州南部的甘蔗种植园主。这些种植园主面向南方招募非裔美国人，许诺提供免费的交通和食物，以及8美元日薪。实际上，这些许诺都是空头支票。交通和食物并非免费，而每天的工资也只有不到1美元。这些被招来的人没有钱，反倒欠了一笔债务，只能靠砍甘蔗还债。武装警卫会向任何试图逃跑的人开枪，这种情况尽管没有奴隶之名，但有奴隶制之实。然而，联邦政府拒绝了美国全国有色人种协进会起诉这些种植园主的要求。

在其他地方，糖引发了镇压活动。当时，无法在本国谋生的中国人和日本人把自己卖给了夏威夷的种植园主。如果这些劳动力仍不够用，美国就会输入菲律宾人来填补空缺。后来，这些人开始组织起来抗议，要求改善工作条件并提高薪酬，于是种植园主就弃用他们，转而雇佣朝鲜移民。印度人和中国人甚至去到遥远的加勒比地区，在那里的甘蔗种植园里打工。总之，对糖的需求似乎创造出了永不消失的下层阶级。温带地区的中产阶级所吃的糖来自热带地区穷人的血汗。

在不平等的环境中，糖还催生了大义凛然的英雄人物，比如甘地（Gandhi）。他生于印度，后在英国接受法律教育，曾在纳塔尔（位于如今的南非共和国境内）定居，当时许多印度人在这里的甘蔗种植园打工。甘地声名鹊起正是因为他领导了这些工人来反抗糖业公司的虐待。甘地阐明了一个显而易见的事实：南非的糖业制度不比美洲的奴隶制好多少。由于其在南非的经历，甘地成了20世纪主张和平、公正和民族主义的主要代言人之一。

糖与科学

　　糖也促进了科学的进步。因为甘蔗很少开花，所以数十年来，科学家一直对提高糖产量的前景持怀疑态度。20世纪30年代和40年代杂交玉米的成功和杂交品种的大规模传播，促使热带地区的科学家对各种甘蔗进行杂交实验。杂种优势在玉米育种方面有着突出的表现，而经过杂交的甘蔗的产量也越来越高。随着甘蔗产量的飙升，糖用甜菜在竞争中逐渐失去优势。今天，美国人从佛罗里达州南部和墨西哥地区买糖，也有少量糖购自美国西部地区的甜菜种植户。即使糖的产量已如此之高，科学家依然在寻找替代品，于是在1879年制造出了糖精。自1967年以来，果葡糖浆的衍生品一方面可能是糖的最大威胁，另一方面也为中西部地区带来了福音。果葡糖浆在饮料行业取得了进展，但是，在注重美学的情况下，糖的地位仍是牢不可破的。比如，饼干和谷物早餐上令人垂涎欲滴的糖粒肯定会增加糖的吸引力。糖还有更多的用途，比如巴西的科学家正在用糖提炼乙醇以开发新型汽车燃料，这种做法类似于美国从玉米里提炼乙醇。

延伸阅读

Abbott, Elizabeth. *Sugar: A Bittersweet History*. New York: Duckworth Overlook, 2008.

Aronson, Marc, and Marina Budhos. *Sugar Changed the World: A Story of Magic, Spice, Slavery, Freedom, and Science*. Boston and New York: Clarion Books, 2010.

Dunn, Richard S. *Sugar and Slaves: The Rise of the Planter Class in the English West Indies, 1624–1713*. Chapel Hill: University of North Carolina Press, 1972.

Macinnis, Peter. *Bittersweet: The Story of Sugar*. Crows Nest, Australia: Allen and Unwin, 2002.

O'Connell, Sanjida. *Sugar: The Grass that Changed the World*. London: Virgin Books, 2004.

蜂 蜜

蜜蜂从植物的花朵上采集花蜜和花粉，然后酿制蜂蜜。蜂蜜是一种葡萄糖和果糖的混合物。葡萄糖是一种由植物通过光合作用产生的单糖。果糖是一种在水果——如苹果、梨、桃子、李子、杏、葡萄、柑橘、海枣、无花果及其他许多水果——中广泛存在的糖。蜂蜜无疑是世界上最古老的甜味剂，早在人类从甘蔗中提取糖之前就存在。可以说，蜂蜜对人类文明兴起的影响之大怎么说都不过分。因为蜜蜂可能已有1亿年的历史了，所以我们有理由认为，在与显花植物共同进化的过程中，蜜蜂酿蜜的历史也已经有数百万年了。相比之下，糖作为一种食物不过是大约1万年前才出现的。

如此说来，如果我们认为人类的祖先——能人[1]、直立人甚至南方古猿——吃蜂蜜，那就说明蜂蜜在人类出现之前就已经出现了。如果是这样的话，那么蜂蜜在传遍世界之前肯定是一种非洲食物。我们回顾一下蜂蜜在非洲东北部埃及地区的古老历史，就会发现这种说法是讲得通的。

1　能人：指距今180万年前生活在非洲的古人类。能人是最早制造和使用工具的人类，后演化成为直立人。——编者注

历史上的蜂蜜

埃及人和阿拉伯人可能是最早养蜜蜂酿蜜的人。埃及的殡葬艺术作品描绘了人们养蜜蜂和采蜂蜜的场景，而最早的相关艺术作品可以追溯到公元前1450年前后。在那个时候，埃及人将黏土一层一层地堆叠起来，为蜜蜂建巢。到了用陶罐收集蜂蜜的阶段时，埃及人养蜂和制蜜的水平已经非常先进了。实际上，埃及与蜂蜜的联系至少有5000年的历史，而蜂蜜与法老、贵族相关。蜂蜜和蜜蜂象征着文明，而且实际上它们为埃及和西南亚地区早期文明的兴起奠定了基础。蜂蜜还象征着欲望、性、爱和死亡。这一连串象征意义很奇怪。蜂蜜与欲望、性和爱的结合还算说得通，因为这三者也是许多食物和饮料所涉及的共同主题——只需比较一下葡萄酒就会明白。然而，蜂蜜与死亡联系起来就令人感到不可思议了。死亡与欲望、性和爱有什么关系？此外，蜂蜜也象征着权力、秩序、魔力和真理。或许其他古代食物都没有这么多的象征意义。

蜂蜜与也门恐怖主义

臭名昭著的恐怖分子奥萨马·本·拉登（Osama bin Laden）从也门的养蜂人和酿蜜者中招募了许多追随者，这些年轻人想通过成为一名精英战士来获得荣耀。有人认为，如果没有这些养蜂酿蜜的人，那么本·拉登未必能得逞。在这种背景下，拜本·拉登所赐，蜂蜜改变了世界，把美国拖入两场可怕的战争——伊拉克战争和阿富汗战争。本·拉登还通过出售蜂蜜的方式来为他的行动赚取资金。在2001年，也就是世界贸易中心遭受致命袭击的那一年，美国中央情报局查明蜂蜜贸易是"基地"组织的主要收入来源。也门

的蜂蜜公司"阿尔希法斯"（Al Shifas）和"阿尔努尔"（Al Nur）为
"基地"组织提供支援，作为报复，美国冻结了它们在美国银行的
资产。美国还将这两家公司都认定为恐怖主义组织。事实上，阿尔
努尔是早期招揽士兵在阿富汗对抗美国的组织之一。也门的蜂蜜很
贵。也门养蜂人给蜜蜂喂糖的做法很不寻常，也有悖于历史，因为
这让糖成为蜂蜜的制造源头，而正如上文所述，蜂蜜在糖出现的几
千年前就存在。一些当地妇女认为，也门蜂蜜在口味上堪比海枣，
尽管其他人认为蜂蜜比海枣甜得多。

澳大利亚与蜂蜜

在南半球，澳大利亚已成为重要的蜂蜜生产国和出口国，其蜂
蜜年产量3万吨，在全世界排名第六。该国生产的蜂蜜中，有三分
之一用于出口；同时，蜂蜜也是重要的进口产品。澳大利亚对蜂蜜
实行免税政策，以此鼓励进口。相比之下，其他国家不仅对澳大利
亚蜂蜜征收关税，而且关税的价格几乎是原价的3倍。有人认为，
澳大利亚蜂蜜在全球市场上没有竞争力。澳大利亚大约有9600名养
蜂人和酿蜜者。澳洲大陆有四大蜂蜜生产商：康蜜乐、比奇沃斯蜂
蜜、维斯比和利布鲁克农场。英国殖民者作为第一批在澳大利亚饲
养蜜蜂的人，于1822年将这项事业引进澳大利亚。如此说来，澳大
利亚养蜂和制蜜的时间并不长，与埃及、也门养蜂酿蜜的古老历史
无法相提并论。然而，从另一个角度看，澳大利亚早就有蜂蜜了。
人类继到达非洲、亚洲和欧洲之后，在大约4万年前，第一次到达
澳大利亚。那个时候，人类在澳大利亚发现了一种能产蜜的野生蜜
蜂。然而，他们并没有驯化这种蜜蜂。至今尚不能确定的是，蜂蜜
对这些早期在澳大利亚生活的人有多重要。

婆罗洲

婆罗洲是东南亚的一个岛屿，正好位于赤道上，分属于印度尼西亚、马来西亚和文莱达鲁萨兰国。婆罗洲在蜂蜜历史上很重要，因为它展示了早期人类收集蜂蜜的模式——生活在婆罗洲的人只是收集蜂蜜，从来没有花心思去驯养生产蜂蜜的野生蜜蜂。这种野生蜜蜂原生于热带地区，并不耐寒。对它而言，位于热带的婆罗洲是理想的生活地。婆罗洲的人相信，这些蜜蜂能将逝者的灵魂带到后世。鉴于婆罗洲人的做法和信仰，那时当地的环境肯定与数千年前人类还没有学会驯养蜜蜂时的环境差不多。在这种情况下，婆罗洲蜂蜜就像蜂蜜的活化石，必定保持着蜂蜜最早的样子。对生活在婆罗洲的人来说，蜂蜜是乡村生活的一部分，他们在这里种庄稼、收橡胶、打鱼和采集蜂蜜。婆罗洲属于印度尼西亚的地区有5种野生蜜蜂，而印度尼西亚生产的每一种蜂蜜都风味独特。到了公元3世纪，婆罗洲向中国出口蜂蜜。古代婆罗洲居民相信，蜂蜜能将人与森林中的神灵联系起来。这些人选择在蜜蜂不太可能蜇人的夜间采集蜂蜜。采蜜人用烟来稳住蜜蜂，不过，如果不小心，蜂巢就会起火。婆罗洲的蜂蜜大多在当地出售。这种蜂蜜往往有一些水，并且质量并不是很高。收集蜂蜜的工作大部分是在1月和2月完成的，而人们会在旱季进行第二次收集；不过，还是1月到2月的收获相对更多。婆罗洲的人认为，当鱼儿开始逆流游动的时候，他们就该收蜂蜜了。通常来说，婆罗洲蜂蜜的味道很浓。

美国

蜜蜂并非原产于美洲。直到欧洲人到来，美洲印第安人才意识到蜜蜂的存在。在哥伦布大交换期间，欧洲人将蜜蜂引入美洲的所有地区。1621年，英国人在弗吉尼亚州的詹姆斯敦殖民地驯养蜜蜂。因为这些蜜蜂往往先于欧洲人到达各地，所以美国第三任总统托马斯·杰斐逊指出，美洲原住民在欧洲人还在路上时就知道他们要来了。在宾夕法尼亚州的费城，杰出人物本杰明·富兰克林对蜂蜜万分喜爱，他把美洲划分为生产甘蔗的热带地区和生产蜂蜜的北温带地区。在北方，蜜蜂是劳动者；在热带地区，奴隶是劳动者。因为蜂蜜没有被奴隶制玷污，所以富兰克林更喜欢蜂蜜而不是糖。1850年，美国生产了6800吨蜂蜜；10年后，这个数字超过了1万，其价值近700万美元。19世纪时，意大利移民把意大利蜜蜂带到美国。这种蜜蜂能够适应寒冷的天气，并且产量很高，为美国现代养蜂业奠定了基础。从一开始，美国农业部就资助了旨在提高产量的蜜蜂研究项目和旨在让成品变得更甜的蜂蜜研究项目。科学和食品工业之间相互作用的历史说来话长，美国农业部和蜂蜜之间的关系就是其中一部分，有许多情况都表明了这一点。因此，蜂蜜在美国历史上很重要。在第一次世界大战和第二次世界大战期间，联邦政府对蔗糖实行定量供应，并且资助养蜂人，鼓励他们酿造更多的蜂蜜来满足美国人对甜食的需求。随着1946年蔗糖定量供应的结束，美国人对蜂蜜的需求也下降了。为了防止价格下跌，美国农业部购买过剩的蜂蜜出口给驻扎海外的美军部队。在20世纪80年代，通货膨胀导致美国蜂蜜价格上涨，这使它在全球市场上失去竞争力。在美国国内，蜂蜜让烘焙行业受益，因为跟糖不一样，蜂蜜能使烘焙食品变得松软。

延伸阅读

Chaline, Eric. *Fifty Animals that Changed the Course of History.*

Buffalo, NY: Firefly Books, 2011.

Pundyk, Grace. *The Honey Trail: In Pursuit of Liquid Gold and Vanishing Bees*. New York: St. Martin's Press, 2008.

Warner, Deborah Jean. *Sweet Stuff: An American History of Sweeteners from Sugar to Sucralose*. Washington, DC: Smithsonian Institution Scholarly Press, 2011.

糖　蜜

糖蜜是用甘蔗髓和甘蔗汁制糖产生的副产品，同样来自历史上颇具影响力的作物之一——甘蔗。糖蜜不只是糖的另一种形式，两者的不同之处也很重要。糖是纯蔗糖，每克大约含有 17 焦耳的热量，因而人们确实可以从糖中获得能量，但也仅此而已。糖不含任何营养物质，基于这个原因，它也可能被看作垃圾食品的精华。不管怎么看，它都只是一种空热量食物。糖蜜含有一些糖，因此同样能够提供热量，并且尝起来也是甜的。但与糖不同的是，糖蜜含有重要的维生素和矿物质，虽然它不含蛋白质。它是一种相当有营养的食物，但是由于缺乏蛋白质，不可能成为人们的主食。糖蜜因具有食用价值，可被用于喂养牲畜。从这个意义上说，它的用途比糖更为广泛——虽然人类对糖的喜爱已经使它成为一种用途广泛的产品，并且在世界各地的烹饪中被普遍使用。糖蜜也可以发酵，然后蒸馏成朗姆酒——一种酒精含量比葡萄酒更高的饮料，是古代和中世纪最烈的酒。

甘蔗帝国

　　糖蜜，是追随哥伦布的欧洲人在美洲热带地区建立的甘蔗帝国的一部分。长期以来，加勒比群岛和巴西都是甘蔗帝国的重要成员。美洲热带地区不仅盛产糖，还盛产糖蜜和朗姆酒。自17世纪起，糖蜜就在加勒比地区和北美地区发挥着重要作用。1627年，英国人开始在加勒比地区的巴巴多斯岛定居。在短短10年之内，他们就在巴巴多斯种起了甘蔗并引入非洲奴隶。10年后，马萨诸塞湾殖民地总督约翰·温思罗普（John Winthrop）意识到，糖蜜可能是一种重要的商品。他明白，由于英国人和巴巴多斯人醉心于糖蜜和糖，甘蔗种植者几乎把所有的土地都用来种甘蔗这种热带草本植物了。换言之，英国人种的粮食不够自己和奴隶吃。于是，马萨诸塞向巴巴多斯出口以鱼和牛为主的食物，解决了这个问题。马萨诸塞还把马运到巴巴多斯，以便为制糖厂增添动力，虽然奴隶主并不允许奴隶用马耕地——奴隶必须用锄头来刨地除草。奴隶主认为，这种艰苦的劳作可以使奴隶们保持筋疲力尽的状态，从而无心叛乱。然而，恰恰是奴隶主让奴隶吃不饱肚子导致了欧洲白人所惧怕的反抗。马萨诸塞还向巴巴多斯运送木材来建造房屋和木桶。作为回报，马萨诸塞得到了糖、糖蜜、朗姆酒和金钱。在弗吉尼亚州拥有种植园的美国第一任总统乔治·华盛顿，也与巴巴多斯进行了贸易往来，他用鱼和小麦粉等换回糖蜜、朗姆酒和各种热带水果。华盛顿还用从纽约运来的甘蔗园需要的铁、砖和锅炉，换得糖蜜、糖、朗姆酒和金钱。

　　在北美和加勒比地区，英国人用糖蜜给全麦面包、姜饼[1]、印度布丁和各种馅饼调味。就这样，糖蜜成了早期美国烹饪史的一部

1　姜饼：又称"姜包"，是西方人在圣诞节用来吃和搭建姜饼屋的一种饼干。——编者注

分。美国第二任总统约翰·亚当斯（John Adams）喜欢吃用玉米和糖蜜做的布丁。华盛顿认为，弗吉尼亚州在糖蜜的消费量上可与马萨诸塞州相匹敌。新英格兰人用糖蜜给烤豆子调味，有时还加猪油。这个食谱标志着新旧大陆的食物在被称为"哥伦布大交换"的全球主义[1]兴盛时期融合。烤豆子和糖蜜的搭配似乎直到19世纪才受到欢迎。事实上，关于烤豆子和糖蜜的最早的文字记录只能追溯到1847年，所以，这种食谱创自美洲印第安人的想法肯定是不正确的。虽然美洲原住民有豆子，但他们在与欧洲人接触之前不可能有糖蜜，因为甘蔗是旧大陆的作物。

糖蜜看上去是一种阶级标志。富人也吃糖蜜，不过频率不高。相比之下，普通百姓似乎每天都吃糖蜜。他们经常在喝啤酒时加糖蜜，这是新旧大陆食物的另一种融合。因为这种混合酒的酒精含量低，所以民众大量饮用也不必担心喝醉，虽然他们肯定一整天都处于微醺状态。也许这种精神状态减轻了工作负担。这一习惯也表明，美国人在禁酒运动[2]兴起之前并不认为酒精是一种邪恶的东西。在20世纪初开始征收所得税之前，美国政府依靠对酒精和糖蜜征税获得收入。

因为糖在17世纪的美洲仍然是一种奢侈品，所以糖蜜才是普

---

1 全球主义：当代国际关系理论中的一种颇具影响力的政治哲学理论。其主要观点是：人首先是地球人，全球的人都是相互依存、彼此影响的；经济全球化是当代发展的必然趋势，世界经济运行需要遵循共同的行动规则；由于面临环境污染、人口爆炸、资源枯竭、国际恐怖主义等全球性问题，人类具有共同的利益；由于人性和道德的普遍性，人类具有共同的价值观。因此，应当摆脱传统的"国家中心主义"，淡化民族国家的主权理念。——编者注
2 禁酒运动：是指主张禁止生产、销售和饮用含酒精饮料的社会改革运动。1919年，美国参议院正式批准了宪法第十八条修正案，规定自1920年1月17日起在美国实施禁酒令。1933年，宪法第十八条修正案被第二十一条修正案废止。禁酒时期一共持续了13年又10个月。——编者注

通大众的必需食物。有人估计，17世纪的新英格兰渔民每年会食用110多升糖蜜，食用方法也是把糖蜜放在啤酒或玉米面包里。一家报纸报道了1872年的情景：穷人给孩子吃糖蜜面包带来了环境卫生问题，因为孩子往往会用黏糊糊的手去摸墙壁、地面和物品，而这些粘上糖蜜的地方又引来了很多苍蝇。贫穷的成年人往往吃糖蜜、面包和茶。医生不支持这种饮食习惯，警告大众说：糖蜜可能导致结核病（实际上并非如此）。早年间的美国人曾认为，囚犯和社会收容所里的穷人才适合吃糖蜜。英国著名科学家本杰明·汤普森（Benjamin Thompson，又被称为"拉姆福德伯爵"）支持这个观点，并且建议英国的刑事制度也采用同样的措施。在19世纪90年代，美国农业部准确指出，低下的口粮质量是造成阿拉巴马州非裔美国人营养不良的原因。在20世纪20年代，一位美国医生指出，糖蜜是引发糙皮病的原因。他从饮食方面寻找糙皮病的病因这一大方向是对的，但真正的罪魁祸首是玉米，而不是糖蜜。

糖蜜和美国国会

1789年，糖蜜引发了我们今天所说的"国会僵局"。那一年，第一届国会召开会议，讨论如何偿还美国独立战争的债务，更宽泛地说，就是讨论如何在美国人厌恶被征收所得税的情况下增加国家收入。人们自然而然地想到了关税。国会打算对来自加勒比地区的糖蜜征收每加仑[1]4美分（约合0.29元人民币）的关税。马萨诸塞州的代表们表示反对——马萨诸塞州依赖廉价的糖蜜来酿制朗姆酒，因此他们不同意为糖蜜多掏钱。这些代表确信，如果这样做，那么

---

1 加仑：英美制容量单位，美制1加仑约为3.8升。——编者注

殖民加勒比地区的欧洲各国政府将进行报复，也会对美国产品征收关税，从而导致马萨诸塞州的鱼很难出口。经过近半年的辩论，国会决定对糖蜜征收每加仑2.5美分（约合0.18元人民币）的关税，低于最初的计划。国会还对糖和朗姆酒征收关税，这实际上是在向甘蔗园宣战。

1791年，海地革命的成功中断了法属圣多明各的糖和糖蜜的生产。曾经的法国殖民地圣多明各变成了如今的海地，它与多米尼加共存于哥伦布于1492年10月首次登陆的伊斯帕尼奥拉岛。随着糖蜜价格的上涨，美国第一任财政部长亚历山大·汉密尔顿（Alexander Hamilton）建议美国酿酒厂使用国产谷物，而不是外国的糖蜜。考虑到汉密尔顿就出生在加勒比海地区，他的这个立场很有意思。

美国商品

最初，商人把糖蜜装在桶里，顾客需要多少就舀出多少。到了20世纪初，糖蜜按包售卖，以便为家庭服务。1908年前后，路易斯安那州的一个生产商率先出售罐装糖蜜。就像对其他食物一样，广告商也吹嘘糖蜜的好处和廉价。糖蜜是一种正餐的延伸，可以帮助穷人消除如影随形的饥饿感。罐头生产商大力鼓吹糖蜜的防腐性能，宣称它是很安全的食物之一，母亲可以将它喂给孩子。"黛娜阿姨"这个品牌打造的形象是一位黑人女性——一位努力工作养家糊口的母亲。"黛娜阿姨"一定吸引到了黑人消费者，尤其是黑人女性消费者。另一个品牌"特丽克西"的广告主角是一位黑人佳丽，其目标受众当然是黑人男性。而"奶奶的老式糖蜜"则以一位上了年纪的白人妇女为品牌形象，想要吸引的肯定是另一些消费者。

延伸阅读

Warner, Deborah Jean. *Sweet Stuff: An American History of Sweeteners from Sugar to Sucralose*. Washington, DC: Smithsonian Institution Scholarly Press, 2011.

巧克力

　　巧克力是一种看似矛盾的食品，既有深厚的历史渊源，又是一种新兴制品。巧克力与美洲印第安人的可可饮料有着密切的联系：两者都是美洲土生土长的植物——可可树的产物。美洲人、欧洲人和亚洲人熟悉的巧克力常见于巧克力棒和其他零食。巧克力是固体的，原料包含牛奶和糖。从这个意义上说，巧克力是一种世界性产品，在食品加工、大规模生产和大规模消费的工业化过程中发挥着重要作用。在这些特征上，巧克力的生产借鉴了美国肉类加工业和汽车制造业的做法。它是一种廉价的大众化的食品，含有高脂肪和高糖分。如果说巧克力填补了人类的生理渴求，那么它也强化了美国资本主义的广告魔法。它占领了复活节和情人节的市场，并成为孩子们的最爱。

起源和早期重要性

　　巧克力是可可树的产物，而可可树原产于美洲热带地区。大多数可可树生长在赤道附近，这里全年温暖湿润的气候最适合可可树生长。巧克力由可可树的种子制成，而种子产生于可可树的豆荚。这些种子有个令人困惑的称呼——"可可豆"，但是它们跟属于豆科作物的真正的豆子毫无关系。美洲印第安人不制作巧克力，而是用可可籽（即"可可豆"）制作可可饮料。这种饮料添加了红辣椒，所以喝起来很刺激。这种辛辣让探险家哥伦布印象深刻，而他觉得这是种苦味。他在1492年尝过这种饮料，但承认自己并不喜欢它。1550年前后，意大利探险家吉罗拉莫·本佐尼（Girolamo Benzoni）也喝到了这种饮料，不过他的反应跟哥伦布的不太一样。本佐尼同意可可饮料太辣，但是他认为喝水太单调，而喝可可饮料能提神。根据本佐尼的说法，可可饮料既令人愉快，又不醉人。

可可籽磨成粉除了能制作成巧克力，也能制作成可可饮料。因此，有人可能认为美洲印第安人发明了巧克力，或者至少发明了巧克力的前身。通常情况下，要制作其他制品，可可籽必须经过发酵，这一过程类似于酒精饮料的生产过程——干燥、烘烤和粉碎。虽然可可树起源于赤道附近，但生活在中美洲以北地区的奥尔梅克人可能是最早种植可可树以及制作可可饮料的人。玛雅人也以奥尔梅克人的传统为基础制作可可饮料。在这种情况下，可可饮料以及后来的巧克力虽然从未像美洲印第安人的主粮——玉米、豆子、土豆、甘薯和木薯那样重要，但对美洲印第安人生活方式的塑造而言必不可少，其深厚根源可以追溯到美洲印第安人生活的史前时期。玛雅人尤为看重巧克力，并可能是最早把可可树叫作"巧克力树"的人。玛雅人似乎把巧克力或与之类似的东西放在坟墓里，就像许多古人（比如古埃及人）把其他食物放在坟墓里一样。巧克力有如此举足轻重的作用，以至于阿兹特克人要求把可可籽当贡品。这种情况很有必要，因为阿兹特克人占据着墨西哥气候凉爽的高地，而那里无法种植热带作物可可树来满足他们的自身需求。与玉米粒一样，可可籽也成了在墨西哥和中美洲地区流通的货币。例如，在阿兹特克人短暂的统治时期内，一件棉布衣服大约值100颗可可籽。

秘密在种子里

巧克力是由三种可可籽中的一种制成的。"克里奥罗"（Criollo）就是一种可可籽，它的名字来源于西班牙语，意思是"土著的"。中美洲生长着一种可可树，可以结出克里奥罗可可籽。它的爱好者们赞誉这种可可籽味道最香。克里奥罗可可籽芳香宜人，味道可口。而由于产量低，克里奥罗可可籽的产量只占全世界可可籽产量的7%。克里奥罗可可树主要生长在委内瑞拉、墨西哥、尼加拉瓜、危地马拉、哥伦比亚、特立尼达和多巴哥、格林纳达以及牙买加。克里奥罗可可籽由于质量高、产量低，因此很贵。

另一种可可籽的名字"福拉斯特洛"（forastero）也源自西班牙语，意为"外来的"。结出这些种子的树生长在亚马孙河流域。葡萄牙人将福拉斯特洛可可树引入非洲的圣多美岛，使其从那里传向西非。自从被移植到非洲后，福拉斯特洛可可籽的产量就占非洲大陆可可籽总产量的绝大部分。种植者还从巴西以及南美洲的其他地方、中美洲和加勒比海地区获取福拉斯特洛可可籽。福拉斯特洛可可树是速生树种，具有比克里奥罗可可树更强的抗性，产量也更高。虽然福拉斯特洛可可树结出了世界上的大部分可可籽，但二者在品质上无法相提并论。福拉斯特洛可可籽有一种强烈的、苦涩的味道，并且气味发酸，因此在使用时经常与其他种类的可可籽相混合。厄瓜多尔出产的福拉斯特洛可可籽的质量比大多数福拉斯特洛可可籽的质量都高。

特立尼达岛上生长着福拉斯特洛可可树和克里奥罗可可树，它们杂交出的特立尼达可可树可以结出"特立尼达"（Trinitario）可可籽。特立尼达可可籽的脂肪含量很高，其产量占世界可可籽总量的7%。特立尼达可可树可以在中美洲、南美洲地区，以及印度尼西亚和斯里兰卡等地生长，但品质最高的可可籽还是产自特立尼达岛。

欧洲插曲

16世纪时，欧洲人从中美洲和南美洲获取可可籽，开始在旧大陆热带地区种植可可树。印度尼西亚在1520年左右开始种植可可树。16世纪是巧克力发展的重要时期。欧洲人在美洲热带地区开办了甘蔗种植园，于是他们有了自己的糖源，并用糖使巧克力变得更甜。巧克力曾经是一种苦味饮料的原料，现在却被用于满足欧洲人对甜食的兴趣。与此同时，咖啡和茶这两种热带产品加入了竞争，所以欧洲可可饮料的消费需求量降低了。19世纪时，真正的巧克力先驱开始在荷兰、英国、瑞士以及后来的美国等地生产巧克力棒。1875年，瑞士人率先往巧克力中添加牛奶。

在18世纪晚期，加勒比地区的革命影响到旧大陆的可可籽供应，导致旧大陆的可可消费量下降。"巧克力殖民主义"随之遭受打击。拿破仑战争期间，英国海军对法国的封锁致使欧洲大陆的可可籽进口量减少。20世纪的一个标志是巧克力盒的出现，这种盒子里面装有各式各样的巧克力。其重点是包含各种口味的巧克力，这与米尔顿·赫尔希（Milton Hershey）在美国做的巧克力实验有所不同。这些盒子是大规模生产和大规模消费——这个主题几乎和资本主义一样古老——的一部分。像吉百利这样的公司凭借盒装巧克力名利双收。20世纪时，巧克力生产商开始雇用女性员工，女性和儿童成了巧克力的消费主力。这标志着女性地位的变化，她们成了劳动者，而男性成了管理者。在法国、英国、德国以及后来的美国，巧克力工厂的工人都以女性为主。毫无疑问的是，女性作为劳动力受欢迎的原因在于她们要求的平均工资低于男性的工资。这种差异在现代美国依然是个问题。

巧克力和强迫劳动

基于在美洲热带地区获取的成功经验，欧洲殖民者开始在非洲和亚洲部分地区——特别是印度尼西亚——种植可可树，而且强迫劳工在新的可可种植园工作。到了1910年，非洲圣多美岛成为世界上最大的可可籽产地。如今，世界上70%的可可籽都产自科特迪瓦和加纳。欧洲人把巧克力的黑色与劳动者的黑肤色联系起来，使巧克力带上了种族色彩。德国和比利时有一种巧克力产品就叫作"黑人之吻"。

登陆南极点的竞赛

在争做登陆南极点第一人的竞赛中，巧克力的作用不可小觑。奔赴南极非常消耗体力，而巧克力热量很高，因此，探险者会把巧克力当口粮。英国探险家罗伯特·福尔肯·斯科特（Robert Falcon Scott）给他的队员每人每天分配约18千焦的食物，其中包含24克巧克力。然而，这样的定量供应不够充足。斯科特带队抵达南极点之后，发现挪威人已经捷足先登。由于精疲力尽，而且饱受恶劣天气的困扰，斯科特和全体队员命丧归途。挪威探险家罗阿尔·阿蒙森（Roald Amundsen）给探险队的队员每人每天分配约19千焦的食物，其中，巧克力的量是斯科特及其队员的6倍。得益于用巧克力补充体力，阿蒙森及其探险队成员成为最早登陆南极点的人。

在美国的胜利

在19世纪20年代，美国巧克力生产商沃尔特·贝克（Walter Baker）创建的贝克公司开始制造巧克力，并且在此过程中创造了巧克力方块蛋糕（布朗尼[1]）。贝克后来又推出了其他巧克力蛋糕和烘焙食品。1893年，宾夕法尼亚州的焦糖生产商米尔顿·赫尔希开始制造巧克力棒。这一创举大获成功，以至于到了1900年，赫尔希干脆放弃了焦糖业务，将自己的所有商业才能和全部身家都投入巧克力生产之中。在此之前，他生产焦糖获得了很好的口碑，而高品质糖果生产商的名声让他受益良多。赫尔希在盛产奶制品的宾夕法尼亚州生活，能轻易得到牛奶这种世界性食物来帮助他制造巧克力棒。1907年，赫尔希创立了巧克力品牌"吻"（Kisses）。顾名思义，这一品牌的创立理念是：巧克力具有催情作用，象征着浪漫和生育。与肉类加工业和汽车制造业采用的方法一样，赫尔希通过批量生产和标准化的方法制造巧克力。每块好时巧克力[2]都是一模一样的——大小和味道都相同，"吻"牌巧克力同样如此。和汽车制造商亨利·福特一样，赫尔希通过构建规模经济和供应廉价巧克力的方式抢占巧克力市场。赫尔希借鉴其他人的做法，为工人建立公司小镇，不过他的小镇要比以前的同类小镇更具有人情味。四年级就退学的赫尔希重视教育，为工人及其子女开设了学校。就像石油让约翰·戴维森·洛克菲勒成了一名慈善家一样，巧克力让赫尔希成为20世纪的一名举足轻重的

1　布朗尼：一种西餐点心，质地介于蛋糕与饼干之间。——编者注

2　好时巧克力是由米尔顿·赫尔希（Milton Hershey）创立的巧克力品牌，因其创始人的名字Hershey又可译为"好时"而得名。Kisses是其旗下的一个经典产品系列。

慈善家。多亏了赫尔希，巧克力才成了一种公益食品。它象征着关怀备至的管理制度，以及对严酷无情的美国资本主义的一种矫正。

1930年，马萨诸塞州托尔豪斯酒店的老板露丝·韦克菲尔德（Ruth Wakefield）发明了巧克力曲奇，被人们称为"托尔豪斯曲奇"。到了1939年，她与雀巢合作，开始大规模生产这种巧克力曲奇，就像赫尔希大规模生产巧克力棒和"吻"牌巧克力一样。如今，在生长可可树的南美地区，人们对巧克力的这些用途还很陌生。在这些地区的人的眼里，巧克力不过是一种用来招待客人的不含奶和糖的味道辛辣的食物。

延伸阅读

Bailleux, Nathalie, Herve Bizeul, John Felswell, Regine Kopp, Corby Kummer, Pierre Labanne, Christna Pauly, Odile Perrard, and Mariarosa Schiaffino. *The Book of Chocolate*. Paris: Fiammarion, 1995.

Beckett, Stephen T. *The Science of Chocolate*. Cambridge: RSC, 2008.

Coe, Sophie D., and Michael D. Coe. *The True History of Chocolate*. London: Thames and Hudson, 1996.

Foster, Nelson, and Linda S. Cordell. *Chilies to Chocolate: Food the Americas Gave the World*. Tucson, University of Arizona Press, 1992.

Moss, Sarah, and Alexander Bodenoch. *Chocolate: A Global History*. London: Reaktion Books, 2009.

Off, Carol. *Bitter Chocolate. The Dark Side of the World's Most Seductive Sweet*. New York: The New Press, 2006.

Presilla, Maricel E. *The New Taste of Chocolate: A Cultural and Natural History of Cacao with Recipes*. Berkeley, CA: Ten Speed Press, 2001.

Young, Allen M. *The Chocolate Tree: A Natural History of Cacao.*
Gainesville: University Press of Florida, 2007.

玉米糖浆和果葡糖浆

在科学家开始从玉米中提取葡萄糖时，玉米获得了甜味剂这一身份。葡萄糖是植物富含的一种糖，也是光合作用的主要产物，不过，它在甜度上不如蔗糖（常被称为"晶糖"或"糖"）或果糖——葡萄、桃子、李子、樱桃等水果中含有的一种重要的糖。玉米糖浆是一种用玉米淀粉制成的甜且黏稠的液体。果葡糖浆（HFCS）则更复杂一些。葡萄糖和果糖是同分异构体，也就是说，它们拥有一样的化学分子式——$C_6H_{12}O_6$，但是其中原子的排列方式不同，因此它们的性质也不同。在20世纪50年代之前，人类并没有办法将葡萄糖和果糖相互转化；而到了1957年，伊利诺伊州的科学家理查德·马歇尔（Richard Marshall）和厄尔·古伊（Earl Kooi）分离出了一种可以将葡萄糖转化为果糖的酶。这为果葡糖浆的发展奠定了基础，但问题是，这种酶有毒。日本研究人员很快就解决了这个问题，他们找到了一种可以把玉米中的葡萄糖转化为果糖的无毒的酶，并且创造出了可食用的果葡糖浆。1967年，美国的第一个果葡糖浆品牌进入市场。

玉米糖浆

在19世纪末和整个20世纪，玉米糖浆越来越广泛地被用作甜味剂。这让蔗糖种植者很不高兴，因为他们认为自己的甜味剂才是唯一纯正的"天然"甜味剂。这种对立引发了玉米种植者和甘蔗种植者之间的竞争。玉米糖浆和甘蔗糖浆（一种从甘蔗中提取的黏稠液体）的竞争使食品行业的两大巨头开始龙争虎斗。胜负无法立见分晓。虽然南方腹地的甘蔗种植者强烈反对玉米糖浆，但他们人数不多，资金也不充裕。在南北战争之前，路易斯安那州曾经是糖和甘蔗糖浆的重要产地，但到了20世纪，这里的糖产量开始下降。假设甘蔗在佛罗里达州南部地区一直像在今天这样重要的话，那么，恶劣的劳动环境只会令工人望而却步。不可否认，无论在过去还是现在，夏威夷都是美国的糖和甘蔗糖浆的生产中心，但夏威夷种植者的利益并不总是与佛罗里达州种植者的利益相一致。

与之相对应的是，美国中西部的玉米种植者更团结，拥有的资金也更充足。美国中西部地区有"玉米带"之称，虽然近几十年来大豆也成了那里的一种重要的作物。玉米是美国的粮食之王，而玉米种植者也深知玉米糖浆可以为他们的玉米提供另一种出路，从而帮他们致富。玉米不仅仅是喂牲畜的饲料，也是甜蜜之源。因为玉米糖浆比糖或甘蔗糖浆便宜，所以它给玉米种植者带来了关键的优势。现在，糖的不可替代性只体现在美感方面——只有在需要突出展现糖晶吸引力的产品（比如饼干）上，糖才明显比玉米糖浆有优势。但只要是在美感不占主导地位的情况下，玉米糖浆就比糖更有优势。因此，玉米糖浆可以为软饮料调味，成了饮料工业的重要添加剂。到了20世纪70年代和80年代，果葡糖浆的地位得到进一步巩固。

基于这个原因，蔗糖种植者四面楚歌。20世纪时，州际甘蔗种植者协会发起了一场反对玉米糖浆的宣传战。这场战争的核心主张可以总结为一点：玉米糖浆在某种程度上是非天然的、不易吸收的，它不像糖那样有益健康。这种说法忽略了一个事实，即糖和玉米糖浆都缺乏营养。两者都不过是空热量食物，这一事实使它们都显得不那么天然。然而，在许多方面，蔗糖种植者和营销人员都通过混合玉米糖浆和甘蔗糖浆的方式来适应新形势。不过，在最积极的蔗糖支持者眼里，两者的混合也是非天然的。

甘蔗种植者和玉米种植者都希望相关产品被贴上标签，这样消费者就能根据相关信息来决定是否想要这些产品。佐治亚州的立法机构更进一步，禁止生产者向甘蔗糖浆中添加玉米糖浆，该做法的理由同样是玉米糖浆在某种程度上是不纯的。与此同时，在美国中西部和整个北部，玉米糖浆生产商把玉米糖浆卖给千家万户，从而让人们品尝到真正的甜味；在1904年圣路易斯世界博览会上，他们还免费分发玉米糖浆。美国农业部制定了质量标准来检测不同品牌的玉米糖浆（并且在1951年升级了这些标准），还推动了玉米糖浆罐头产业的建立。到了20世纪中期，玉米糖浆有时会搭配枫糖浆，创造出一种超甜的美味。美国食品药品监督管理局（FDA）规定，相关产品必须贴有标签，这样人们就不会认为自己购买的产品只含有纯的玉米糖浆了。

玉米糖浆有时还会与葡萄糖、果糖相混合。有趣的是，"纯佐治亚甘蔗糖浆"这个品牌的产品实际上含有15%的玉米糖浆。联邦政府对该品牌提起诉讼，并以误导消费者的罪名将其定罪。另一个产品中含有20%的玉米糖浆的品牌也遭遇了类似的命运。最离谱的一款自称"纯"甘蔗糖浆产品实际含有45%的玉米糖浆。"南方少女""十字路口""太阳城"等品牌的产品都含有玉米糖浆。"甘蔗地的黑人"这个品牌名称令人不快，它自诩"不是玉米糖浆和其他廉价产品的混合物"，以表对玉米糖浆的低评价。这些欺诈行为招来了消费者的强烈谴责。美国食品药品监督管理局弄清楚消费者为什么

愤怒后，要求生产商按重要性降序列出产品包含的所有成分。到了
20世纪30年代中期，美国每年消耗大约4.5亿千克玉米糖浆，其中
大部分用于制造软饮料、糖果和食用糖浆。在这些例子中，玉米糖
浆和果葡糖浆代替了糖这种古老而重要的甜味剂，从而塑造了历史。

果葡糖浆

1967年，在果葡糖浆初次上市的时候，大约有15%的玉米葡
萄糖可以转化成果糖。1970年以后，果葡糖浆被用来给软饮料、烘
焙食品、泡菜、沙拉酱和其他糖浆增加甜味，因此它的销量开始飙
升。到了1980年，果葡糖浆成了冰淇淋和番茄酱的调味剂。在那个
时候，果葡糖浆的果糖含量已经足够高——在同等分量的情况下，
果葡糖浆和糖一样甜。

通过使用其他酶将玉米中的葡萄糖转化成果糖的方式，一些
公司建立了自己的果葡糖浆品牌。这种做法流行于美国艾奥瓦州
和处于玉米带的一些州，甚至连蔗糖生产商也投资生产果葡糖浆，
以丰富自己的产品线。市场上有如此多的果葡糖浆，糖似乎变得
可有可无了。20世纪80年代，美国国会停止了对甘蔗种植者的补
贴，而甜菜糖的生产商仍坚持不懈地鼓动国会继续补贴他们的产
品。这与对石油产业的补贴或许类似——美国政府对石油产业的
支持也曾饱受质疑。

早在1974年，可口可乐就宣布雪碧、皮伯先生和芬达含有
25%的果葡糖浆。皇家皇冠可乐公司和加拿大干饮公司也公布了类
似的数据。到了1980年，可口可乐已经含有50%的果葡糖浆；4
年后，这一数值达到了75%。1983年，百事可乐含有50%的果葡
糖浆。因此，果葡糖浆帮助软饮料行业度过了20世纪末到21世纪

初的那段时间。美国人对果葡糖浆的消费需要急剧上升。1974年，平均每个美国人每年消费1.8千克果葡糖浆；到了1987年，这个数字迅速增长到58.5。在这样的消费背景下，营养学家发出了警告——果葡糖浆是导致肥胖的一个原因。在美国和其他发达国家，有许多原因造成人们越来越胖，其中包括缺乏锻炼、缺乏体力劳动，以及食用含有果葡糖浆和其他甜味剂的高热量食物。果葡糖浆已经成了诸多食物的重要成分，成为肥胖这一公众健康危机的一个原因。

延伸阅读

Warner, Deborah Jean. *Sweet Stuff: An American History of Sweeteners from Sugar to Sucralose*. Washington, DC: Smithsonian Institution Scholarly Press, 2011.

第七章

晚来天欲雪，能饮一杯无？

饮料 ——— 11 种

牛　奶

人们通常认为奶就是奶牛的产物，但有必要从更广阔的视角来看待它。任何一种雌性哺乳动物在分娩后都会分泌乳汁。奶并不局限于某个特定的物种，而来源于包括人类在内的所有哺乳动物。人类在利用其他哺乳动物供奶这方面可能是独一无二的，在这方面，奶牛是产奶女王，但山羊也很重要。古人知道，许多动物都能产奶。在古代，奶亦指一些女神的乳汁。到了近代，奶让荷兰成为世界强国。乳品科学可能是在荷兰诞生的，而奶与乳品科学的联系延续至今。

古代牛奶

奶牛是一种很早就被人类驯养的动物，也是早期畜牧业的组成部分。奶牛给人类提供的不仅仅是牛奶。在巴氏消毒法出现之前，牛奶并不总是健康的，因为它可能含有病原体。即使是经过巴氏消毒牛奶也会变质，因为巴氏消毒法并不能杀死所有的微生物。有一种观点认为，奶牛把可怕的天花传染给了人类，我们已经为获取牛奶付出了代价。

在古印度，奶牛是神圣的。一些印度人相信，牛奶能让人长生不老——这种说法当然言过其实；在古埃及和当地宗教中，牛奶是一种重要的饮料；根据西非人的说法，众神用一滴牛奶创造了宇宙；挪威人相信，最早出现的人类所喝的牛奶来自一头神圣的奶牛。在埃及，古神话中的生命、魔法、婚姻和生育女神伊西斯是牛奶的守护者和管理者。古埃及人相信，伊西斯用自己的乳汁哺育人类。无论是法老的孩子还是平民百姓的孩子，她都一视同仁。

在古代，奶还有一种重要的意义，即对于古罗马城邦的奠基至关重要。根据传说，罗穆卢斯（Romulus）和雷穆斯（Remus）兄弟遭遗弃后，一只母狼喂养了他们；后来两人在古罗马城邦的建立过程中起到了非常重要的作用。从罗马人的角度来看，这个故事赞扬了城邦奠基人的坚韧不拔和生存技能。

现代牛奶

到了现代，荷兰人已经成为牛奶消费者和奶牛养殖者的典型。荷兰获得成功的部分原因是他们渴望将最新的科学应用到新兴的乳品业中。这种重视科学的观点在欧洲各国和美国扎下了根。而在美国，美国农业部、州立大学和农业实验站努力将乳品科学套入应用科学的模式之中。牛奶可能与荷兰人作为商业民族崛起有很大关系。到过荷兰的欧洲人都会对广泛供应的牛奶、奶酪、黄油以及无处不在的奶牛场发表一番见解。从某种意义上说，荷兰是一个以小型奶牛场为主的国家。这一观点可能影响了美国第三任总统托马斯·杰斐逊，他认为，美国只要一直是一个以小型农场为主的国家，就会一直强大。牛奶及其制品的供应可能是 17 世纪荷兰人口

荷斯坦-弗里斯奶牛

荷斯坦-弗里斯奶牛以其牛奶著称，它在北美洲被称作"荷斯坦奶牛"，在欧洲被称作"弗里斯奶牛"。这个品种的牛原产于欧洲，具体位置很可能是荷兰，其显著特征是毛色黑白相间。几乎所有参观过奶牛场的人都见过荷斯坦-弗里斯奶牛。这种动物是将所吃的草转化为生物量的专家，其产物包括大量的牛奶。然而，在南欧，许多人将该品种的牛用作牛肉的来源，这也表明它有多种用途。一头成熟的荷斯坦-弗里斯奶牛的体重接近 590 千克。

增长的重要推动因素，但亦有学者质疑此观点，认为土豆在该时期人口变化中发挥重要作用。牛奶产量丰富，价格便宜，平常百姓都买得起。养奶牛也让荷兰农业受益良多。牛粪可以使土壤肥沃，增加农作物产量。事实上，到了20世纪，美国科学家查尔斯·索恩（Charles Thorne）就把牛粪当作最好的肥料来推广。

进入近代后，一些古板守旧的男人试图说服妇女不要给婴儿吃母乳，而要给婴儿喝牛奶。这种建议是错误的，因为母乳可以给婴儿提供很多抗体。启蒙运动重塑了母乳喂养的崇高地位，动摇了牛奶长期占据的营养主导地位。

19世纪时，德国化学家尤斯图斯·冯·李比希（Justus von iebig）推动了关于牛奶的科学研究进程，乳品科学又迈进一步。在美洲，牛奶丰足。自从被引入美洲后，奶牛就无处不在，而潘帕斯草原和北美大平原上的奶牛甚至变得野性十足。这么多奶牛产出的牛奶自然数量惊人。同样在19世纪，法国微生物学家路易斯·巴斯德发明了巴氏消毒法，使食用牛奶更加安全；不过，我们已经看到，认为巴氏消毒法能杀死所有病原体的想法是错误的。即使在今天，牛奶也有"保质期"，消费者会收到不要购买过期产品的提醒。如果说美洲殖民地有小型奶牛场，那么19世纪盛行的行业兼并就创造了规模经济，而这一模式跟工业资本主义的兴起相仿。然而，牛奶对19世纪历史的重要性可能被人们夸大了。美国内战中，士兵喝的咖啡远远多于牛奶。内战时期的将领们似乎并没有效法蒙古人：养一群牛，并从中获取牛奶、奶酪、黄油和肉。也许内战时期的军队的规模太大，大到难以应用蒙古人的经验。到了19世纪60年代，炼乳成为一种早期的罐头产品。当时，罐头是一项新兴技术，即将改变人们的饮食方式和对食物的认知。即便如此，消费者还是更喜欢新鲜牛奶。19世纪时，除了美国内战，咖啡和牛奶也进行了一番大战。内战过后，美国农业部和其他机构努力通过增加牛奶的营养成分，改善其安全性和健康性，来恢复牛奶的受欢迎程度。进入20世纪后，美国和加拿大的牛奶消费量提高了。巧克力在欧洲各国、美国、日本和世界其他地区的兴起使牛奶更受重视。美国巧克力生产商米尔顿·赫尔希认为，他事业成功的部分原因是他所在的地区是宾夕法尼亚州的一个牛奶盛产地。同时，冰淇淋进一步增加了人们对牛奶的需求。

牛奶和维生素A的发现

牛奶在营养上的重要性，促使威斯康星州的农业科学家埃尔默·V. 麦科勒姆对其进行深入研究。他给一组小白鼠喂食乳脂，给另一组喂食人造奶油，结果发现第一组小白鼠在任何情况下都能茁壮成长，而第二组小白鼠则发育不良，最终死亡。在这里说点题外话，威斯康星州的纳税人无法理解研究者的行为——在看似不受欢迎的动物身上进行实验，而不开展严肃的农业研究。麦科勒姆得出了结论：乳脂必定含有一种新的营养物质。他将这种营养物质称为"维生素A"。这一发现几乎在一夜之间创造了一个新的营养学分支，此后的科学家争相寻找其他维生素。如今，人们对营养的研究已经进入了成熟期，这在一定程度上要归功于牛奶。

20世纪和21世纪

尽管麦科勒姆的研究具有划时代的意义，但美国的城乡差距依然存在。美国的乡村居民比城市居民更有可能喝到牛奶。对牛奶的需求促使谷物早餐在很大程度上缩小了城乡差距，对儿童来说尤其如此。牛奶变成了早餐中必不可少的一分子。此外，供求不平衡同样重要。自19世纪末以来，牛奶的产量高于需求量，因此，在大萧条期间，牛奶是人们不会错过的低价食品。在这种情况下，人们并不能确定乳品科学在多大程度上帮助了奶农，因为它让奶农在牛奶供应过剩导致价格下跌的特殊时期生产出更多牛奶。也就是说，科学让农业问题恶化了，其中就包括牛奶的生产过剩问题。牛奶的这段历史具有矫正意义，即科学并不总是进步的——在许多方面，情况并没有得到改善，至少对生产者来说是如此。到了2009年，牛奶比大萧条时期以来的任何时候都便宜。

延伸阅读

Valenze, Deborah. *Milk: A Local and Global History.* New Haven, CT and London: Yale University Press, 2011.

Velton, Hanna. *Milk: A Global History.* London: Reaktion Books, 2010.

可口可乐

作为美国的一种软饮料，可口可乐已经成为全球资本主义的产物和标志。今天，可口可乐可能是世界上分布范围最广的商品，在200多个国家都有销售，虽然咖啡和茶应该也适用这样的描述。可口可乐已成长为西方文明的象征，并且成为广告巨头。作为一种糖和水的含量占比超过90%的饮料，可口可乐成就斐然。如此简单的配方怎么就风靡全球了呢？本节就来尝试回答这个问题。

起源和重要性

可口可乐兴起于19世纪80年代镀金时代[1]的鼎盛时期，那是一个逢迎有钱人的时期。许多美国人信奉钢铁制造商安德鲁·卡内基（Andrew Carnegie）的"财富福音"[2]。在所得税还未开征的时代，少数美国人［人们马上就会想到科尼利厄斯·范德比尔特（Cornelius Vanderbilt）和约翰·洛克菲勒］积聚了巨额财富。他们之下是一大群雄心勃勃的企业家，这些人竭力发明新产品以谋得令人眩晕的丰厚利润。约翰·彭伯顿就是其中之一。他获得了医学学位，从医学院毕业后又研究药学，因此他既是医生又是药剂师。

彭伯顿在专利药出现的时代长大成人。这些专利药虽然大部分有效，但仍有部分存在危害。然而美国人病急乱投医，大量购买这些药物。彭伯顿的奋斗目标是开发一种新药，但又不止如此。他想要发明一种可以当饮料的药物，这样就可以在许多利基市场上进行销售。可口可乐的官方历史宣称彭伯顿开发了一种新产品，但这是宣传辞令，并非事实。然而，事实并没有让彭伯顿丢了脸面，反倒表明他是一个有心的读者，知道如何利用新的想法。在阅读过程中，彭伯顿不经意间读到西格蒙得·弗洛伊德（Sigmund Freud）——一位维也纳医生，也是精神病学和心理学的创始人之一——的作品。1884年，彭伯顿从弗洛伊德的一篇文章中了解到可

---

1 镀金时代：指美国历史上一个经济繁荣但社会弊病日趋严重的时期，大约为内战结束后的20余年时间。该词源于马克·吐温和查尔斯·沃纳（Charles Warner）合著并于1873年发表的小说《镀金时代》（Gilded Age）。——编者注

2 财富福音：出自卡内基于1889年6月4日写的同名文章。他提出，处理财富不平等这一新现象的最佳方式，是富人以负责任和深思熟虑的方式重新分配他们的剩余收入，而不是以奢侈浪费、不负责任的开支或自我放纵的形式浪费资本。——编者注

卡因的"益处"。弗洛伊德宣称可卡因能消除抑郁，增强性欲。尽管两人在地理上远隔重洋，但彭伯顿成了弗洛伊德观点的追随者。可卡因这种提取自古柯叶的药物在当时是不受管制的。与此同时，彭伯顿读到了关于秘鲁人咀嚼古柯叶的报道，文中提到，当地人声称这种做法可以使人长寿。甚至连教皇利奥十三世（Leo XIII）也嚼古柯叶，笃信古柯叶是长寿之源。彭伯顿认为自己终于找到了一剂良药。在又读了一些报道后，彭伯顿得出结论：可卡因有助于吗啡成瘾者戒毒。他似乎并不知道可卡因比吗啡更容易让人上瘾。可卡因不仅可以被用作药物，还可以当催情剂卖——如果包装得当，它肯定大有销路。

除了可卡因，彭伯顿还往他的新药兼饮料中加入了一种从可乐果中提取的物质（实际上就是咖啡因）。他把咖啡因命名为"Coca"，把可乐果命名为"Cola Nut"。可卡因和咖啡因都是兴奋剂，彭伯顿显然希望他的新产品能提高人们的活力。事实上，这个新产品可以直接提供能量，因为彭伯顿在里面放了糖——虽然后来被换成了糖精。糖是另一种世界性商品，它深刻地改变了世界。在这种情况下，它成了新兴的软饮料的主要添加剂。彭伯顿还添加了达米阿那[1]——一种生长在美洲热带地区、得克萨斯州和加利福尼亚州的具有催情作用的植物——的提取物。很明显，他考虑的主要是人类的性欲，并认为自己的新产品可以用作催情剂。现代医学会觉得这些成分很吓人，但是在广泛使用专利药的时代，包含这些成分的可口可乐却不足为奇。

---

[1] 达米阿那：又名"特纳草叶"，是一种原产于美洲的灌木，属于西番莲科。达米阿那植物提取物因具有激发男性激素、提高性能力的功能而出名。根据西班牙传教士记载，墨西哥印第安人喝煮开的达米阿那树叶，并把它作为一种壮阳药使用。——编者注

　　无论彭伯顿希望提升饮料的什么药用品质，他的关注点都是冷饮柜台产业。实际上，到了1886年——彭伯顿发明可口可乐那一年——有超过300个饮料品牌在全国的冷饮柜台上展开竞争。彭伯顿的家就处在冷饮柜台产业的中心——佐治亚州亚特兰大市，他当然不可能对此视而不见。彭伯顿考察了很多品牌，并注意到它们的配方中都有水果：柑橘、柠檬、酸橙等。彭伯顿销售的饮料跟它们的截然不同。因此，可口可乐一枝独秀，很快就广受好评。就算原料和想法是彭伯顿借鉴其他人的，但他推广的饮料可真的不一般。

　　彭伯顿同样很快就意识到了广告的威力。他留意到另外一个成功的饮料品牌——"胡椒博士"（Dr. Pepper）发布了一个海报广告，海报上有一名裸体女性在大海里嬉戏，只有一朵浪花遮掩私处。彭伯顿从这类具有挑逗性的广告中受到启发，投入大量资金进行广告宣传。而广告或许比其他任何因素更有助于可口可乐取得成功。在那个时代，巧克力生产商米尔顿·赫尔希几乎不花钱做广告，他认为最好的广告就是地上的好时巧克力包装纸；而处于同一时期的彭伯顿则开辟了自己的路。根据广告商的说法，可口可乐代表着美国干净的、新鲜的、生机勃勃的一切。人们不必为了品尝新奇的东西而费力调制其他汽水，只要喝可口可乐就够了。可口可乐作为美国饮料也体现出了平等的一面。如果说富人喝的是名贵的葡萄酒，普通大众喝的是啤酒，那么所有的美国人都能喝上可口可乐，也都爱喝可口可乐。

　　人们还会在可口可乐中发现美国资本主义所依赖的利润。据估计，一杯可口可乐的原料成本是1.5美分，但是美国人要买到这样一杯可口可乐就得花5美分；还有人估计其原料成本是0.5美分，这就意味着售价是成本的10倍。如此巨大的利润，无论在当时还是现在，都让美国人为之着迷。尽管彭伯顿最初用法式葡萄酒可乐做实验，但是为了适应日益浩大的禁酒运动，他很快就舍弃了酒精。就这样，对于禁酒时期滴酒不沾的美国人来说，可口可乐是很完美的饮料。

然而，彭伯顿似乎忽视了 1866 年的一份医学报告——这可能是第一份揭示可卡因比吗啡更容易令人上瘾的报告。彭伯顿显然认为所有的食物和药物都有一定的风险。因此，他认为保留配方中的可卡因是有价值的，毕竟可卡因的风险比吗啡、鸦片（吗啡是其主要成分）或烟草的都小。彭伯顿从未改变过他的想法，他始终认为可卡因能提高精神和身体的活力。最重要的是，彭伯顿将可口可乐视为他通往美国百万富翁"万神殿"的"引路石"。他对美国作家霍雷肖·阿尔杰[1]笔下那些白手起家者的故事抱有狂热之情；这些故事的主人公都是出身平凡的美国人，而不是那些生来幸运的人。

19 世纪 80 年代末，一位成功律师的兄弟，阿萨·坎德勒（Asa Candler），在前景不明、令人不安的情况下购得彭伯顿的配方。他像彭伯顿一样，力图平步青云，走向自己的人生巅峰。和许多美国人一样，他追求财富，把其他一切都看作是浮云。坎德勒小时候生活贫寒，长大后一直试图与童年划清界限。由此，人们又一次发现，可口可乐是在一个纯粹的资本主义框架内运作的。

---

1 霍雷肖·阿尔杰（Horatio Alger，1832—1899 年）：美国著名的儿童文学作家。在他的小说中，主人公总是底层出身的小人物，他们凭借自身努力、毅力、乐观精神以及他人的帮助，实现物质梦与精神梦并存的"美国梦"。因此，他的小说堪称美国青少年励志读物的代表作。——译者注

风靡全球

最初，可口可乐只是资本主义与一些野心勃勃的人的产物。它作为登广告者中的先驱，改变了世界。到了1900年，可口可乐已代表一种现象。然而，清醒的美国人开始质疑这种饮料对可卡因的依赖，尽管彭伯顿认为添加这种药物是合理的。许多批评家在可卡因中看到了资本主义的阴暗面。只要让喝可口可乐的人上瘾，可口可乐的销量就永远不会下降。牧师与科学家开始携手抨击可口可乐；到了20世纪初，美国化学家、联邦工作人员哈维·威利——一位以公正严谨闻名的科学家——也开始反对可口可乐的配方。在他的支持下，国会于1906年通过了《纯净食品与药品法》。法案通过之后，可口可乐从配方中去掉了可卡因和糖精，回到了它的初衷，即做有益健康和令人愉快的饮料。在大萧条时期，可口可乐是最受欢迎的饮料。即使是1933年禁酒令被废除，也无碍于可口可乐的成功。用一句现代话来说，它已经变得"大到不能倒"。到了1935年，可口可乐成了纽约证券交易所最昂贵的股票。可口可乐还把自己宣传成电影院饮料，因而开辟了一个新消费渠道。可口可乐公司

百事可乐

1893年，北卡罗来纳州本地人凯莱布·戴维斯·布拉德汉姆（Caleb Davis Bradham）发明了一种饮料，并将其命名为"布拉德饮料"。这种饮料由碳酸水、糖、可乐果和香草制成——这一配方与可口可乐的配方没有太大区别。1898年，布拉德汉姆将这一饮料改名为"百事可乐"（Pepsi Cola）。百事可乐很快就成长为可口可乐的竞争对手，并且将这一地位保持至今。1902年，这位企业家创立了百事可乐公司。同一年，布拉德汉姆开始在报纸上做广告。1923年，布拉德汉姆在糖业的投资暴跌，导致百事公司破产。后来，华尔街的一位银行家买下了这家公司。

也是很早在广播上做广告的公司之一。而经济大萧条似乎也赋予了美国软饮料品牌百事可乐新的生命——它成了可口可乐不变的竞争对手。

在第二次世界大战结束时，可口可乐进入了一个新的繁盛时期。大多数欧洲巨头纷纷撤出，而可口可乐却拿着钱占领并改变了世界。在此过程中，可口可乐的高管们前往沙特阿拉伯、英国、埃及、墨西哥和巴西等地推广可口可乐。和在美国一样，可口可乐的诱惑力极强，令人难以抵抗。实际上，可口可乐是全球经济形势和发展的助推器，因此塑造了世界。可口可乐是全球化兴起的影响源，而除它之外能得到这种评价的或许只有咖啡和茶了。可口可乐迅速占领了欧洲和南美市场，销量飙升；而在中国，它取得过立竿见影却转瞬即逝的成功。

可口可乐勇往直前，它重返大本营，继续在电视上做广告，而且时至今日依然如此。1950年，可口可乐公司在感恩节开启了一场广告闪电战，将感恩节和新年之间的假日打造为享受可口可乐的特殊时期。不出所料，可口可乐销量持续飙升。它趁势扩张，从过去栖身的夫妻小卖部一举跃入在郊区蓬勃发展的连锁超市。在20世纪60年代，日本向可口可乐敞开了大门——这毫不奇怪，因为美日之间存在紧密的商业关系。与此同时，可口可乐开始面向非裔美国人做广告。可口可乐要想成为世界性饮料，就得把非洲人及其后代转化为自己的客户，无论这些人在美国还是在其他地方。

然而，问题不断涌现。在20世纪的60年代末和整个70年代，阿拉伯诸国因美国支持以色列而开始抵制可口可乐。作为一种全球化饮料，可口可乐如今受困于地缘政治危机。营养学家也加入声讨的队伍，质疑可口可乐这种主要由糖和水组成的饮料是否有价值。可口可乐不正是又一个空热量的例子吗？糖，即可口可乐，难道不会造成蛀牙吗？

尽管受到打击，可口可乐在风云突变中岿然不动。它不仅再次进入中国市场，还一度成为苏联的首选饮料，同时也在葡萄牙、埃及、也门和苏丹等国家取得了成功。然而，在2008年的经济危机中，可口可乐未能独善其身，它的股票下跌——"大到不能倒"并不意味着大到不会衰落。随着油价上涨，人们的可支配收入减少，因此买的可口可乐也就少了。然而，可口可乐承受住了这些打击，还赞助了2008年北京奥运会。到了21世纪，营养学家开始重新研究可口可乐。今天，人们还不清楚，为利益而生的可口可乐是否已经变成一股向善的力量了。

延伸阅读

Pendergrast, Mark. *For God, Country & Coca-Cola: The Definitive History of the Great American Soft Drink and the Company that Makes It.* 3rd ed. New York: Basic Books, 2013.

咖　啡

今天，在热带和亚热带地区，有100多个国家种植咖啡，年产咖啡豆1870万吨。在世界范围内，除了石油以外，咖啡带来的利润比任何商品能创造的都多。咖啡生长在半阴或者光照充足的环境中。它的适宜生长条件为：全年降雨量适度、均衡，海拔不高于1800米，温度在15℃至21℃之间，并且没有霜冻。因为咖啡是热带和亚热带作物，所以它必须被种植在一定海拔高度的地区，以确保温度适宜。虽然世界上有20多种咖啡，但被种植最多的只有两种：小粒咖啡（*Coffea arabica*，亦称"阿拉比卡咖啡"）和中粒咖啡（*Coffea canephora*，亦称"罗布斯塔咖啡"）。阿拉比卡咖啡在味道和香气上都优于罗布斯塔咖啡，所以价格更高。阿拉比卡咖啡在海拔460米至1800米的地方生长得最好，而罗布斯塔咖啡则适合生长在海拔980米的地方。全世界出产的咖啡中，70%是阿拉比卡咖啡，其余的是罗布斯塔咖啡。罗布斯塔咖啡相对便宜，并且它的咖啡因含量是阿拉比卡咖啡的2倍，因此，它在速溶咖啡和混合咖啡的市场占有一席之地；而阿拉比卡咖啡占据了精品咖啡市场。阿拉比卡咖啡作物更容易发生病害，也更不耐受贫瘠的土壤；罗布斯塔咖啡作物耐受较高的温度和湿度，但对霜冻的影响更敏感。最晚从16世纪开始，农民就种植阿拉比卡咖啡，而罗布斯塔咖啡大约从1850年开始才被种植。阿拉比卡咖啡在东非、中美洲和南美洲得到广泛种植，而原产于乌干达的罗布斯塔咖啡则在西非和东南亚扎下了根。巴西是世界上最大的阿拉比卡咖啡生产国，而越南是世界上最大的罗布斯塔咖啡生产国。据说，罗布斯塔咖啡占据了一半的英国咖啡市场、三分之一的意大利咖啡市场和四分之一的美国咖啡市场。如今，巴西、越南、印度尼西亚、哥伦比亚和墨西哥都是主要的咖啡种植国。全世界农民共种植了10.1万平方千米咖啡。咖啡种植地在南美洲占地3.9万平方千米，在亚洲占地2.2万平方千米，在非洲占地2.1万平方千米，在中美洲和北美洲占地1.9万平方千米。

咖啡、咖啡店和全球主义

咖啡催生了一种新机构——咖啡馆，现在被称作"咖啡店"。

福尔杰

1850年，"先锋蒸汽咖啡与香料作坊"在加利福尼亚州旧金山市创立。1872年，企业家詹姆斯·福尔杰（James Folger）买下了这家公司，并以自己的名字为该公司更名。他的行动时机恰到好处，因为当时的旧金山得益于咖啡业的繁荣期，正逐渐变成南美向美国输送咖啡的通商口岸。这家公司日益壮大，颇受欢迎，以至于宝洁公司耐不住诱惑在1963年买下了它。2008年，宝洁公司一度打算将福尔杰从俄亥俄州辛辛那提市剥离出来，但在同年晚些时候，俄亥俄州奥维尔市的巨头盛美家食品公司收购了福尔杰。福尔杰提供多种等级的咖啡，它的大获成功在很大程度上要归功于电视广告。自20世纪80年代以来，福尔杰就赞助美国汽车比赛协会（NASCAR）。

曾经在欧洲风靡一时的咖啡店现在已经遍布全世界，为重塑全球经济做出了自己的贡献。即便没有咖啡，全球主义照样存在；但因为咖啡对现代经济至关重要，所以，如果缺少了咖啡，人们就很难理解全球市场之间千丝万缕的联系。公平地说，咖啡创造的不是全球主义，而是自己的全球贸易网络，但却由此成了重要的全球主义先驱。事实上，咖啡是颇早在世界范围内获得重要商业地位的商品之一。因此，咖啡也是新兴现代全球市场的一种重要商品。咖啡蒸蒸日上，风靡全球，传播到中国香港、墨西哥城、都柏林、里约热内卢、东京、悉尼、新德里和约翰内斯堡等地。人们几乎无法想象没有众多咖啡店的现代机场会是什么样子的。

咖啡店之所以取得成功，部分原因在于它满足了人们对社交聚会场所的需求。诚然，酒馆的经营本质也是如此，但酒馆容易让顾客喝醉。相比之下，咖啡店提倡清醒地与君相伴。咖啡店已经成为一个集学习、交谈和放松为一体的多功能场合。当然，咖啡喝得太多也会让人神经紧张。咖啡业一直以来都很重要，现在更是餐饮业内增长最快的部分。例如，麦当劳就自诩是优质咖啡的供应商。由于咖啡、咖啡店和更大规模的餐饮业主体之间的这种联合，咖啡销量自2000年以来稳步增长。综上所述，咖啡似乎成了21世纪的代表性饮料。

随着咖啡贸易的发展，一个关键矛盾逐渐凸显：农民和没有土地的劳工辛苦地种植咖啡，却得不到多少回报，工资普遍很低；而商人掌管着适合种植咖啡树的热带地区，转而以高价将咖啡卖给阔绰的欧洲人。因此，在很早的时候，咖啡就加剧了贫富阶级之间的社会经济鸿沟。精英们享受咖啡——以牺牲种植咖啡的穷人的利益为代价。换言之，温带地区从热带产品中受益——有人会说这是不公平的。在某种程度上，咖啡扩大了热带地区和温带地区的差距，使富者愈富、穷者愈穷。不过，导致经济分化这种问题的因素并非只有咖啡，糖和茶同样扮演了重要角色。

咖啡、美洲和种族

精英和农民之间、温带地区和热带地区之间的紧张关系，可能在美洲达到了极点。如果说甘蔗先征服了美洲热带地区，那么咖啡也没有落后多远。从一开始，甘蔗和咖啡树就构成了一个理想组合，并最终致使一种混合种植模式形成。甘蔗是典型的热带作物，在炎热的低地长势很好。尽管咖啡也是热带产品，但咖啡树不喜高温。而且，咖啡树生长在有一定海拔高度的地区，而这种地方恰恰是最不适合甘蔗生长的。因此，种植园主可以既种植甘蔗，又种植咖啡；因为两者在同一片土地上并不是互相制约的。

与甘蔗一样，咖啡在刚进入美洲的时候也遇到了一个问题，即种植园主无法依靠美洲印第安人解决劳动力短缺问题——因为美洲印第安人大量死于源自欧洲和非洲的疾病。为了解决劳动力短缺的问题，种植园主打起了非洲的主意，可恶的奴隶贸易和奴隶制度由此出现了。对非洲人的奴役，首先发生在加勒比地区，然后蔓延到整个美洲的热带地区和后来的美国南部地区。奴隶制带来了一系列问题，它们至今依然困扰着美洲。非洲人承担了所有与咖啡种植相关的苦力活。他们被当成没有生命的机器人，被剥夺了权利和尊严。很快，白人就在各个方面给非洲人打上了低人一等的烙印，这诱发了新的至今仍未完全消弥的制度性种族主义的罪恶。今天，许多生物学家认为，人类不可以被划分成不同的种族；但这种观念在美洲热带地区的咖啡种植园里属于异想天开。种族划分和种族主义毒害了美洲。在19世纪，南卡罗来纳州的医生塞缪尔·莫顿（Samuel Morton）穷其一生致力于测量人类头骨，他试图证明黑人的大脑比白人的小，从而确证黑人肯定不如白人聪明。奴隶制和种族主义使美国陷入了一场灾难性的内战。就算发明奴隶制度的不是咖啡，它也在很大程度上加强了这种黑人处于劣等地位的种族观念。这就是咖啡的阴暗面，而它的拥护者宁肯忘记它的这一部分历史。就这样，咖啡让世界变得更加糟糕。

咖啡和帝国主义

欧洲在中世纪时还是一个相当原始的大陆，而到了近代，此地形成了一股帝国主义势力。虽然咖啡没有创造帝国主义，但人们通过种植它加快了帝国主义的进程。西班牙人、英国人、法国人、荷兰人和丹麦人争先恐后地在加勒比地区建立咖啡种植园；荷兰人在东南亚遍种咖啡树，而印度尼西亚可能成为荷兰咖啡皇冠上的一颗宝石。这种无情的土地掠夺带来了恶劣的后果，扩大了战争的范围和破坏性，因为每个欧洲国家都力图夺取其竞争对手的咖啡殖民地。英国人多次尝试登陆法属加勒比地区，但是那里的黄热病[1]和飓风使他们未能得逞。法国人多次回敬，不过，双方将领都对致命的热带地区束手无策，不知道如何才能赢得战争。如果说在咖啡成为一种世界性作物之前，欧洲各国就纷争不断，那么它的确加剧了这种纷争，令所有参与竞争的国家损失惨重。帝国主义也是咖啡与奴隶制混合的一个特征，因为，没有奴隶的话，谁来打理散布在欧洲热带地区殖民地的咖啡种植园呢？在这种情况下，咖啡助推了奴隶贸易；因为欧洲国家，尤其是葡萄牙和西班牙，借此竞相向新大陆那些贪得无厌的咖啡种植园主输送奴隶。而争夺奴隶贸易的控制权又一次让这些殖民列强大打出手。像糖一样，咖啡也成为帝国主义的象征，尤其是其具有的耗费性和破坏性的特质——这同样是咖啡黑暗历史的一部分。于是，帝国主义与咖啡贸易的关联把世界变得更糟糕。

首选药物

如果有人考虑到全世界每年被喝掉的咖啡超过4000亿杯，他们肯定会承认咖啡因（咖啡里的一种成分）是世界上用得最多的药物或者说兴奋剂。尽管包括茶在内的60多种植物都含有咖啡因，但咖啡是最引人注目的。咖啡因可能是为了保护咖啡树免受害虫、病原体和真菌的侵害，而从植物对严酷环境的适应中进化而来的。很早之前，人们就难以确定：人类之所以偏爱咖啡是因为咖啡的味道和香气，还是因为对咖啡因的渴望。或许两种原因都有。有一种观点认为，人类对咖啡因的渴望促使他们喝咖啡。随着人类社会的形

---

1 黄热病：一种由黄热病病毒所致的急性蚊媒传染病，广泛流行于美洲和非洲。——编者注

成，至少在热带地区，人们开始种植咖啡树来满足自身对咖啡因的需求。如此说来，人类、咖啡和咖啡因可能是共同进化的。例如，有人怀疑，正是人类选择了咖啡因含量高的咖啡豆。请注意，咖啡豆并非真正的豆子。虽然两者都是种子，但真正的豆子是豆科作物，而咖啡豆不是。人类和咖啡树可能都起源于埃塞俄比亚——这种可能性难免令人浮想联翩。这样的话，人类、咖啡和咖啡因在长期进化过程中肯定相互关联。人们想知道，咖啡和咖啡因在多大程度上影响了人类的进化。

咖啡和互联网

咖啡并未发明互联网，却提升了互联网的吸引力——通过抚慰人类的社会情感，咖啡实现了这个结果。如前所述，咖啡店一直以来都是人们聚集的地方。现在，世界各地的许多咖啡店都提供免费的或低价的上网服务。人们不再局限于面对面的互动，而是可以通过互联网与世界各个角落的人进行交流。Skype（一款即时通讯软件）将一种全新层次的亲密关系模式引入网络咖啡店。当地的咖啡店已经成为通往世界上其他地方的门户。就此而言，咖啡以超越地域限制的方式将人们聚集在一起，由此再次征服了世界，重塑了自身的形象。咖啡曾经给那么多人带来了那么多痛苦，现在终于展示出它积极的一面了。咖啡被放大成一种把人们凝聚起来的黏合剂，这反过来又推动了很多方面的进步，同时也表明咖啡与科技之间日益增强的联系。如此说来，咖啡似乎把技术人性化了，因此，它得以成为一种善的源头。咖啡在帮助塑造虚拟世界方面很有价值，因此，如果没有其他变数，咖啡在未来应该会变得更加重要。

延伸阅读

Allen, Stewart Lee. *The Devil's Cup: A History of the World According to Coffee*. New York: Ballantine Books, 2003.

Luttinger, Nina, and Gregory Dicum. *The Coffee Book: Anatomy of an Industry from Crop to Last Drop*. New York: New Press, 2006.

Pendergrast, Mark. *Uncommon Grounds: The History of Coffee and How It Transformed Our World*. New York: Basic Books, 1999.

Tucker, Catherine M. *Coffee Culture: Local Experiences, Global Connections*. New York and London: Routledge, 2011.

Wild, Antony. *Coffee: A Dark History*. New York: W. W. Norton, 2005.

橙 汁

橙汁是用橙子榨的汁，而橙子是一种原产于旧大陆热带地区的柑橘类水果。橙汁常常被描述成一种健康食品，因为它富含维生素C、钾和一些抗氧化剂。然而，有些批评者不看好橙汁，主张直接吃橙子要比喝橙汁更好，因为人们在吃橙子的过程中能够获取橙汁所不含的纤维。橙汁中有时会加糖，因此它的热量可能比橙子的更高。不过，喝橙汁在一定程度上是健康饮食的一部分——橙汁可能通过促进健康的生活方式和饮食习惯，从而影响人类的饮食文化和日常生活。我们已经知道，橙子和橙汁都富含维生素C、维生素B_1、维生素B_2、烟酸、泛酸、维生素B_6、叶酸、钙、铁、镁、磷、钾和锌。一份橙汁的叶酸含量是每日推荐摄入量的12%。人体经橙子或橙汁滋养会更容易吸收铁。除了维生素和矿物质，橙子还含有抗癌的抗氧化剂。吃橙子或喝橙汁可以降低一个人的胆固醇水平，而且可以降低脑卒中（俗称"中风"）的发病可能性。然而，新鲜橙汁在7小时内会失去70%的维生素C，将橙汁冷冻制成浓缩橙汁则会破坏一些抗氧化剂。一些生产商在橙汁中添加玉米糖浆或者甜菜糖，这损害了橙汁营养价值高的声誉。这些添加成分提高了橙汁的甜度，但也增加了不必要的热量，喝太多这种橙汁可能会导致肥胖。

橙汁改变美洲

　　尽管橙子是旧大陆的一种水果，但它可能在美洲更具影响力。几个世纪以前，旧大陆热带地区的人可能就已经榨橙汁喝了。但问题在于，关于橙汁的最早证据出现在18世纪的北美，而不是旧大陆。刚开始的时候，橙汁是柑橘类水果运动的一部分。美洲殖民者偏爱柑橘类水果，尤其是橙子、柠檬和酸橙。很奇怪，葡萄柚并不在其中——它是唯一一种具有美洲血统的柑橘类水果，作为一个变种起源于西印度群岛（可能是牙买加）。百慕大群岛和巴哈马群岛向北美出口柑橘类水果，当时北美还没有属于自己的热带或亚热带土地来种植柑橘类果树。因为运输成本很高，再加上水果容易腐烂，所以只有富人才买得起仅在1至6月间有售的柑橘类水果。1742年，马萨诸塞的一家报纸刊登了一则广告，上面显示每加仑（约3.8升）橙汁售价1美元，这在当时实属高价。

　　1819年，美国从西班牙手上买下了佛罗里达[1]，建立了一个柑橘

1　1819年，时任美国国务卿约翰·昆西·亚当斯（John Quincy Adams）与时任西班牙驻美公使奥尼斯（Luis de Onis）签订《亚当斯-奥尼斯条约》。该条约规定：西班牙放弃西佛罗里达，并转让东佛罗里达；美国放弃对得克萨斯的要求；美国付与西班牙500万美元。1821年，该条约获美国参议院批准。1845年，佛罗里达作为第27州加入联邦。——编者注

帝国。然而，由于运输成本很高，柑橘类水果的价格仍然居高不下。1850年，加利福尼亚成为美国的一个州，于是美国西部地区也出现了一个新的柑橘帝国。美国终于拥有了栽培柑橘所必需的热带、亚热带和地中海气候条件。然而，这些柑橘帝国需要一定时间才能壮大起来。由于运输成本高，加利福尼亚州和佛罗里达州出产的大部分橙子都是在当地被消费掉的。到了19世纪80年代，铁路的普及降低了柑橘类水果的运输成本，使之得以被运往全美。美国在较短的时间内种了很多橙树，于是到1900年橙子和橙汁变得供过于求。1908年，新奇士公司崛起，拓展了橙汁市场。到了1914年，新奇士在美国各地都设有橙汁供应商。餐馆开始将橙汁作为固定饮料，通常在早餐时供应。新奇士的宣传口号是"喝一个橙子"。该公司宣传橙汁对人体健康有好处，还与杂货商签约销售橙汁。新奇士在学校、地铁、电车、电影院、广播和杂志上做橙汁广告。该公司还声称：经科学验证，富含维生素C的橙汁对饮酒者有益。

在大萧条前夕，鲜果露连锁店仍在美国各地出售橙汁。从1920年到1940年，美国的橙汁消费量增加了2倍。到了1935年，橙子种植园主平均每年卖出200万罐橙汁。在1940年，美国的人均橙汁年消费量约26.5升。由于第二次世界大战期间美国对金属的需求很迫切，橙汁生产商只得转而制作冷冻浓缩橙汁。然而，并不是所有美国人都喜欢冷冻浓缩橙汁的味道和颜色。当时的冷冻浓缩橙汁几乎没什么美感。第二次世界大战期间，橙子种植园主还开发出了橙汁粉，这种速溶粉加水就能饮用。橙汁以这种形式为美国的士兵、水手、海军陆战队员以及盟军提供营养。第二次世界大战结束后，美汁源开始转向生产冷冻浓缩橙汁——其味道和外观都比之前的更好。1960年，美国人喝掉了约53亿千克冷冻浓缩橙汁。

20世纪时，橙子种植园主用于制作橙汁的橙子在橙子的总产量中占比越来越大。在20世纪早期，巴氏消毒法在橙汁制作过程中被应用，以消灭给橙汁带来安全隐患的细菌。卡车将橙汁运往北部和中西部的市场，扩大了橙子种植园主的销售范围。在席卷美国和世界其他地方的1918年大流感[1]过后，母亲们希望自己的孩子吃的食物与喝的饮料能预防传染病。当医生推荐了橙汁后，这些母亲大量购入这种饮料。注重健康的美国人知道橙汁有很多好处。到了20世纪20年代，橙汁已经成为颇受欢迎的早餐饮料。当时，橙汁主要来自佛罗里达州，因为那里生产的橙子最为多汁。相比之下，加利福尼亚州出产的橙子汁水较少，一般被当成新鲜农产品出售。1950年，佛罗里达州有一半的橙子被做成橙汁，而在加利福尼亚州，这个比例是四分之一。1934年，美国被加工成橙汁的橙子只占橙子总产量的几个百分点；而到了1953年，全世界有一半以上的橙子都变成了橙汁。这种增长在很大程度上要归功于生育高峰。第二次世界大战后出生率的上升刺激了人们对橙汁的消费。喝橙汁长大的父母也让他们的孩子喝橙汁。

全球化时代的橙汁

20世纪40年代，生产商开始制造冷冻浓缩橙汁。从1945年到1960年，美国的橙汁消费量增加了2倍。1999年，美国平均每人每年喝数升橙汁。为了跟上这种消费量，工厂每分钟就得生产几百升橙汁。在美国，生产商通过这种饮料每年净赚数十亿美元。巴西是

---

1 1918年大流感：指发生在1918—1919年间的一场世界性流感大流行。由于这场流感最先于西班牙暴发，历史上曾称其为"西班牙流感"。在流感暴发后近一个世纪，世界卫生组织不再鼓励使用地理位置命名流行病，因此改用年份命名。——编者注

世界上最大的橙汁生产国，其产量占世界橙汁总产量的绝大部分。可口可乐公司从巴西购买果汁，然后贴上美汁源的标签再出售。佛罗里达州的种植园主极其不愿看到巴西占有太大的市场份额，于是说服国会自21世纪初开始对巴西果汁征收关税。巴西最富有的种植园主若泽·库特拉莱（Jose Cutrale），通过在佛罗里达州购买橙树规避了关税。库特拉莱在巴西地区和美国佛罗里达州都有土地，拥有数百万棵橙树。美国佛罗里达州和巴西圣保罗市的橙汁总产量就占全世界橙汁总产量的绝大部分。巴西的橙子产量是佛罗里达州的2倍。由于当地劳动力廉价，圣保罗市的种植园主雇用成千上万的工人手工采摘橙子，而机械化果实抖落器在巴西并不普遍。圣保罗市靠卖橙汁每年收入数十亿美元。在美国、丹麦、洪都拉斯、菲律宾、牙买加以及特立尼达和多巴哥，人们吃早餐的时候都会喝橙汁。今天，美国大约95%的橙子被用来榨橙汁。

延伸阅读

Hamilton, Alissa. *Squeezed: What You Don't Know about Orange Juice.* New Haven, CT: Yale University Press, 2009.

Hyman, Clarissa. *Oranges: A Global History.* London: Reaktion Books, 2013.

Laszlo, Pierre. *Citrus: A History.* Chicago: University of Chicago Press, 2007.

McPhee, John. *Oranges.* New York: Farrar, Straus and Giroux, 2000.

Patil, Bhimanagouda S., Nancy D. Turner, Edward G. Miller, and Jennifer S. Brodbelt. *Potential Health Benefits of Citrus.* Washington, DC: American Chemical Society, 2006.

Smith, Andrew F. *Drinking History: Fifteen Turning Points in the Making of American Beverages.* New York: Columbia University Press, 2013.

South America, Central America, and the Caribbean, 2007. London:

Routledge, 2006.

Train, John. *The Orange: Golden Joy*. Easthampton, MA: Antique Collectors' Club, 2006.

Wilson, Ted, and Norman J. Temple, eds. *Beverages in Nutrition and Health*. Totowa, NJ: Humana Press, 2004.

茶

茶是一种古老的常绿灌木。现代人的祖先——直立人——可能在50万年前就在亚洲发现了茶。与其他几种作物一样，茶主要被广泛种植于发展中国家，以供全世界享用。茶可以适应各种气候，在热带地区和温带地区都能生长。茶有很多名字：在加泰罗尼亚语、拉脱维亚语、马来语、挪威语、丹麦语、希伯来语、意大利语、西班牙语和瑞典语中是"te"，在南非语、芬兰语、德语和韩语中是"tee"，在法语、冰岛语、印尼语和泰米尔语中是"the"，在荷兰语中是"thee"，在希腊语、印地语、日语、波斯语和葡萄牙语中是"cha"，在俄语中是"chai"，在阿尔巴尼亚语、阿拉伯语、保加利亚语、克罗地亚语、捷克语、塞尔维亚语和土耳其语中是"chey"，在英语和匈牙利语中是"tea"。在科学分类上，瑞典博物学家卡尔·林奈在1753年把茶归为茶属；不过，他后来又改变了想法，把茶划入山茶属。1905年，《国际植物命名法规》（*International Code of Botanical Nomenclature*）将茶的栽培种命名为"*Camellia sinensis*"，这个名称被沿用至今。林奈认为茶分两种，一种产绿茶，另一种产红茶。这是不对的，因为是不同的加工方法决定了制成的是绿茶还是红茶。19世纪时，乔装访华的英国探险家罗伯特·福琼（Robert Fortune）了解到，绿茶和红茶实际上来自同一种植物。

史前和古代的茶

茶可能起源于东南亚，现存的82种茶树中的大多数都在那里生长。茶还有可能起源于中亚地区或印度与中国接壤的地方。一些品种的茶树可能起源于中国南方、印度尼西亚地区和印度阿萨姆邦。根据一位权威人士的说法，茶可能起源于中国、缅甸和老挝三者交界的地方。中国云南至今仍有野生茶树。如果"直立人在如今位于中国云南的地区偶然发现了茶"这一推测属实的话，那么茶树肯定是很早就引起人类好奇心的植物之一。直立人掌握了火，有可能习惯烧水喝。他们可能在水里放了茶叶，然后把这种饮料喝掉，并从中体会到了咖啡因的妙处。关于茶的起源，另一种说法与中国神话

直立人

直立人可能是现代人的祖先，约在180万年前自非洲进化而来。直立人是最早走出非洲的古人类，他们沿着最南端的海岸向东一直走到了印度尼西亚的爪哇岛。早已适应热带气候的直立人，似乎在亚洲热带地区开始人丁兴旺起来。直立人拥有很大的骨骼，因此他们的肌肉肯定也很发达，这样才能够移动庞大的身躯。他们比现代人更健壮的身体肯定已经习惯了剧烈运动。晚期智人在迁徙到亚洲的时候遇到了直立人，就像他们在欧洲遇到了尼安德特人一样。两次相遇的结果肯定是类似的。晚期智人很可能与直立人生下了孩子。这样的结合产生的后代，很可能就是生活在中国和澳大利亚的早期居民。然而，科学家很难得到直立人的DNA，并将其与现代人的DNA相比对。本书认为，直立人可能是最早品茶的人。

里的炎帝神农有关。相传，神农在煮水时用茶树的树枝来烧火。偶然间，一阵风把一片茶叶吹进了水里。神农尝了有茶叶的水，觉得味道很好，就把这一发现记录了下来。据说神农撰写了以草药为主题的《神农本草经》[1]，并在书中对茶大加褒扬，认为它"能解渴，消睡提神，愉悦心神"。然而，最早版本的《神农本草经》只能追溯到公元1世纪，而那时候神农已经死去很久了；另外，这个版本对茶只字未提，直到公元7世纪才有人在为该书加注时提到了茶。无论如何，茶肯定是东亚、南亚和东南亚文明的一个构成部分。基于这个原因，茶在人类社会的形成中发挥了难以估量的作用。

茶瘾

因为茶含有咖啡因，所以它可能是世界上最古老的致瘾饮料。不过，茶瘾令人心生愉悦，而且在大多数情况下并不损害人体的健康。茶已经变得无处不在，似乎就像水或者氧气那样在人类的生命中必不可少。公元1500年时，世界上超过一半的人都喝茶，而到了20世纪30年代，全世界平均每人每年大约喝200杯茶。如今，茶的世界消费总量达到了每年数十亿杯。虽然自16世纪美洲热带地区开始设立种植园起咖啡就在英国很受欢迎，但它后来基本上被茶所取代。当下，英国人平均40%的液体营养是通过茶摄取的。就其本身而言，茶在世界人口中的消费量超过了咖啡、可可、软饮料和酒精饮料消费量的总和。茶已经成为现代社会的一个构成部分，在中国就是如此。茶变得如此重要，以至于人们很难想象没有茶的世界会是什么样子的。在这种情况下，茶可能是第一个国际性商品，虽然可能有人认为咖啡才是。

---

1 《神农本草经》(*Pen Ts'ao*)：简称《本草经》，秦汉时人托名上古三皇之一的"神农"所作。——编者注

茶与越南战争

我们的重点是茶，在此就不对越南战争展开详细的讲述了。但是，我们应该注意到，越南人抵抗侵略者的历史非常悠久。19世纪时，法国把越南变成了殖民地，激起了越南人的反抗。早在第一次世界大战结束后的巴黎和会期间，越南共产主义者、民族主义者、知识分子胡志明就向美国求助，试图把越南从法国手中解放出来。而时任美国总统的伍德罗·威尔逊（Woodrow Wilson）甚至拒绝与他会面。在冷战的背景下，法国于1954年撤出越南，美国得以成为事实上控制越南的外国力量，又一次激起了越南人的抗争。越南人战胜了数不清的侵略者，美国也没有成为例外。随着越南战争不断升级，美国人开始反对这场前景不明的战争。在美国介入越南最积极的时候，胡志明发表了一个大胆的声明：欢迎当时的美国总统林登·约翰逊（Lyndon Johnson）访问河内，与他共商和平大计。胡志明表示，如果美国选择继续战斗，越南将奉陪千年；但是如果美国寻求和平，那么他愿与约翰逊共饮一杯茶。就这样，胡志明把茶提升为和平的象征。茶在越南是最受欢迎的饮料，而胡志明愿用最好的茶来款待约翰逊。但令人遗憾的是，约翰逊拒绝了这一提议。曾在国内享有盛誉的约翰逊，因此变成了一些人眼中把美国拖入战争泥潭的恶人。1969年，胡志明留下未竟的事业，溘然长逝。

茶与传染病

在地广人稀的史前时代，传染病似乎并未困扰人类。然而，越来越密集的人口和新生的文明改变了这一切。诸如疟疾、天花、流感、霍乱、鼠疫等疾病，让人类蒙受苦难。如何应对这些危险，是一个重大挑战。产生传染病的部分原因在于,人类生活所必需的水很容易受到污染。例如,引起霍乱的微生物就是水生的。牛奶也不是更卫生的选择,因为它的营养成分和脂肪有利于有害细菌的滋生。酒精成为最重要的替代品,因为它可以杀死细菌。如果酒精含量低,那么饮用者有可能一整天都处于微醺状态。为了解决酒醉的问题,希腊人和罗马人用兑水的方法稀释葡萄酒。罗马人还给士兵发醋,因为它也是一种无菌饮料,不过喝醋的体验可不怎么怡人。在这种背景下,茶的价值就彰显了出来。有一位中国皇帝认为,是茶救了他的命。

在近代时期,茶可能改善了人们的健康。据记载,英国的痢疾发病率自1730年起降低了。1796年,一位评论家谈及水性疾病"在伦敦几乎没有人知道"。在19世纪早期,医生将公共健康的改善归功于茶这种无菌饮料。茶中含有的单宁酸可以杀死引起霍乱、伤寒和痢疾的细菌,还能融入母乳,有助于预防婴儿生病,从而降低婴儿死亡率。此外,人们在煮茶时把水烧开的做法也能杀死细菌。因为茶没有病原体,所以喝茶比喝水或者喝啤酒更安全。一位作家认为,茶延长了近代欧洲人和亚洲人的寿命。由于茶具有抗菌特性,一名军医在1923年主张士兵用水壶装茶,以预防伤寒。茶能杀灭病原体,从而降低腹泻的发病率和流感的感染率,还能抑制口腔细菌的生长,改善口腔卫生状况。19世纪的俄国作曲家彼得·柴可夫斯基(Peter Tchaikovsky)如果喝的是茶而不是水,就有可能不会死于霍乱,他辉煌的音乐生涯也就不会戛然而止。

通用的兴奋剂

茶不只是一种饮料。其他哺乳动物从很早就开始嚼茶叶,可能是为了摄取其中的咖啡因。我们有理由推测,人类在迁徙到亚洲之后，看到并模仿了其他哺乳动物的这种做法。茶叶能够让人振作、集中注意力和提高警觉性，这些优点在早期充满危险的世界里肯定很宝贵。茶叶以及后来的茶饮作为兴奋剂和无菌液体，可能给人类带来了重要的生存和繁衍优势——对人类人口的增长起到了一定的作用。在茶的帮助下，人类的认知能力逐渐发展，智人的崛起在一定程度上跟茶有关系。

延伸阅读

Faulkner, Rupert, ed. *Tea: East and West*. London: V & A Publications, 2003.

Heiss, Mary Lou, and Robert J. Heiss. *The Story of Tea: A Cultural History and Drinking Guide*. Berkeley, CA: Ten Speed Press, 2007.

Hohenegger, Beatrice. *Liquid Jade: The Story of Tea from East to West*. New York: St. Martin's Press, 2006.

Macfarlane, Alan, and Iris Macfarlane. *The Empire of Tea: The Remarkable History of the Plant That Took over the World*. New York: Overlook Press, 2003.

Mair, Victor H., and Erling Hoh. *The True History of Tea*. London: Thames and Hudson, 2009.

Martin, Laura C. *Tea: The Drink That Changed the World*. Tokyo: Tuttle Publishing, 2007.

Mitscher, Lester A., and Victoria Dolby. *The Green Tea Book: China's Fountain of Youth*. New York: Avery, 1998.

啤　酒

　　啤酒起源于公元前 1 年，可能是最古老的酒精饮料。啤酒的酿制秘诀或许是人们偶然发现的。最早种大麦的人可能也种小麦，他们肯定会保存种子以度过困难时期。种子在储存过程中受潮就会发芽，而大麦种子发芽的开端就是人们常说的 "麦芽制造"[1]。麦芽制造的过程极其重要，因为它标志着酶的释放。这些酶将大麦种子中的淀粉转化为糖类，然后由发芽的种子上聚集的酵母进一步发酵产生酒精。当时，生活在今天的伊拉克和伊朗地区的苏美尔人，似乎是最早发现这一神奇过程的人。那么，肯定是苏美尔人发明了啤酒这种可能是当今世界消费范围最广泛的酒精饮料，尽管有人可能认为葡萄酒也配得上这个名号。葡萄酒仍然是地中海文化的重要组成部分，而人类从啤酒和葡萄酒中获得的好处往往是重叠的。

啤酒和农业的发端

　　啤酒的历史如此悠久，以至于一些学者认为，人类是出于对啤酒的渴望才定居下来并种植大麦的。不久之后，小麦、豌豆、小扁豆，也许还有鹰嘴豆就都被驯化了。因此，啤酒的发明可能推动了农业的兴起和发展。如果这种关联是正确的，那么可以说啤酒极大程度地改变了世界，使得人类有可能稳定地聚集在规模不断扩大的社区里。农业是文明兴起的前提，因为农业创造了盈余——尽管一开始这种盈余不是很大，但这使一部分人不再需要下地种田。于是，城市里出现了

1　麦芽制造：啤酒生产的工艺术语，指大麦在人工控制的外界条件下进行吸水、发芽和干燥的工艺过程。——编者注

专业人员：商人、工匠和第一批文人。这些专业人员创造了文明，虽然在一开始，他们的人数也不多。然而，到了公元元年以后，罗马已经有了100万居民，这足以证明少量的食物盈余也能够创造非凡的成就。历史学家林恩·怀特（Lynn White）表示，罗马即便是在鼎盛时期，其食物盈余占比也不过10%上下。为了维持人口，罗马不得不残酷无情地从西西里和埃及强征粮食。埃及作为粮食来源地极其重要，以至于罗马皇帝将其作为自己的私人财产来加以管理。

在近代，科学与农业的结合让创造更多盈余成为可能。新大陆的农作物，尤其是土豆和玉米，单位面积产出的热量比原产于旧大陆的农作物所能产出的更多。人口在现代社会迅猛增长。像爱尔兰这样的国家，在短短几个世纪内人口就增长了数百万。品种更优良的水稻也刺激了东亚人口大幅增长。农业革命——如果可以这样说的话——使得如今的全球人口超过了70亿。如果农业让这些成就成为可能，那么啤酒作为农业崛起背后的刺激因素，在改造世界方面发挥的作用就值得称赞，而且怎么称赞都不为过。

啤酒和卫生

在注重卫生的现代，人们把饮用水干净卫生视为理所当然。但事实并不总是如此。纵观历史，饮用水的安全性是存疑的。随着人口的增长和人类带着牲畜定居某地，人和动物的排泄物成了问题。排泄物一旦有机会污染水，就能在水中传播有害微生物。已经跟着人类潜入现代社会的霍乱就是一个水性疾病的例子。事实上，时至今日，霍乱在非洲部分地区仍然是一种致命疾病。像霍乱这样的"杀手"的出现困扰着人类，使人类心惊胆战。而人类刚开始并不了解疾病的微生物原理，也不知道病原体的存在。

幸运的是，人类也许通过试错得知，即使在水被污染的情况下，由水制成的酒精饮料也是可以安全饮用的。作为最古老的酒精饮料，啤酒肯定与这一发现密切相关。因此，人们整天喝啤酒，这样就不用担心污染问题了。啤酒可以放心喝，是因为酒精杀死了水里的病原体。地中海地区的人发现，葡萄酒有着同样的功效。实际上，任何酒精饮料都应该是卫生的饮料。啤酒因其无菌特性，肯定在过去的几千年里拯救了无数人的生命。在这种背景下，啤酒通过抑制细菌和其他有害微生物的作用改变了世界。

啤酒与文字的发展

在可书写的文字问世之前，人们只能用传统的口述方式对事件和现象进行详细记录，很难将知识传给下一代。苏美尔人似乎在公元前3000年之前的某个时间发明了文字。苏美尔人最早的记录中就包括啤酒的配方。因此，啤酒似乎刺激了文字的发展。在这种情况下，啤酒对世界的贡献很难用三言两语进行概括。文字标志着文学的发展。《吉尔伽美什史诗》（ *The Epic of Gilgamesh* ）可能是最古老的文学作品，其中多次提及啤酒。

文字的兴起催生了一部又一部无与伦比的文学经典。古希腊哲学家柏拉图的对话录仍然占据着哲学领域的巅峰。柏拉图的学生亚里士多德，用自己的著述为科学做出了重要贡献。英国剧作家威廉·莎士比亚（William Shakespeare）的作品代表着戏剧创作的高峰，挪威剧作家亨里克·易卜生（Henrik Ibsen）和美国剧作家、诺贝尔奖获得者尤金·奥尼尔（Eugene O'Neill）的作品则更为现代，不断引发读者和戏剧迷的共鸣。19世纪时，俄国小说家费奥多尔·陀思妥耶夫斯基和列夫·托尔斯泰（Leo Tolstoy）创作了一些世界级的小说。德国哲学家弗里德里希·尼采（Friedrich Nietzsche）推翻了许多人备受推崇的观点。这个名单能被列得更长，而关键在于，文字是人类的核心发明之一，它可能源于人们将啤酒知识传给下一代人的愿望。

啤酒与民主精神

文明的兴起造成了社会和经济的分化，使精英比寻常百姓拥有更多的财富和更大的权势。这种不公平的区分，成了一个贯穿整个历史的令人悲哀的标志。古罗马由贵族掌权，平民则人微言轻。德国经济学家卡尔·马克思（Karl Marx）和弗里德里希·恩格斯（Friedrich Engels）就犀利地抨击过贫富分化现象。

在这个背景下，啤酒就成了一种灵丹妙药。啤酒很便宜，使百姓可以纵情畅饮。它也是一种聚会饮料，可以在亲友间分享。它是一种体现出平等主义的绝佳饮料，因为平民和贵族都喜欢喝。18世纪的普鲁士国王弗里德里希二世（Friedrich II），即人们所说的腓特烈大帝，为民众喜欢喝咖啡而深感不安，于是提醒他的子民说他的父母从小就让他喝啤酒，他是喝啤酒长大的，咖啡不适合普鲁士人。人们认为，普鲁士的伟大在很大程度上要归功于几个世纪以来对啤酒的消费。在这个意义上，啤酒足以成为一个国家及其人民的象征。普鲁士是现代德国的创始国之一，而啤酒至今依然是德国的国民饮料。

啤酒与战争

或许啤酒最不讨人喜欢的地方就是与战争有关。最早强化这种联系的人就包括维京人。维京人嗜酒，甚至用敌人的头骨盛啤酒——这些头骨成了天然的啤酒杯。维京人憧憬着死后能够进入瓦尔哈拉殿堂，那是接待勇士英灵的神殿。稍微了解一下德国作曲家理查德·瓦格纳的一些歌剧就会发现，它们反映了维京人只要战死疆场，就能立即升天。女武神瓦尔基里（Valkyries）会来到战场，把勇士的英灵带到瓦尔哈拉殿堂。在那里，牺牲的勇士们为永恒的友谊和勇气得到验证痛饮啤酒。在越南战场上，美国人的饮料是啤酒。美国导演弗朗西斯·福特·科波拉（Francis Ford Coppola）在电影《现代启示录》（*Apocalypse Now*）中塑造了一名上校，他给摧毁了一座村庄的士兵发啤酒。或许啤酒能壮胆，所以催生了破坏性的、非理性的力量，这些力量支配着人类的许多行为。这样看来，或许啤酒并非必需品。

啤酒、工业革命和当代世界

在工业革命时期，啤酒的生产和消费的规模都提升了，它成为工厂工人和其他都市人的饮料。在工厂上了一天班后，工人们会聚到酒吧里喝一杯。在20世纪和21世纪，随着近乎什么正事都不干的有闲阶级[1]的出现，啤酒引领着人们进行娱乐和竞技。百威啤酒公司赞助了美国职业棒球大联盟，还有几家啤酒公司赞助了美国汽车比赛协会。在很长一段时间内，啤酒一直在美国橄榄球比赛的庆祝活动中独领风骚。喝啤酒是一种时尚，象征着青春、活力、运动气质，当然还有性感。啤酒商在电视上做广告，而且特别喜欢将啤酒与体育宣传相结合。橄榄球运动员为啤酒品牌代言，希望借此能够吸引大批球迷。一些运动员宣传啤酒的浓烈味道，另一些则吹捧淡啤酒

---

1 有闲阶级：指不从事生产，过有闲生活和从事消费活动的阶级，由美国社会学家凡勃伦（Veblen）提出。——编者注

的好处。或许因为人们——尤其是西方人——久坐不动且身体肥胖，所以淡啤酒是更好的选择，虽然不喝啤酒也许更合医生的心意。

延伸阅读

Dineley, Merryn. *Barley, Malt and Ale in the Neolithic*. Oxford: BAR International, 2004.

Smith, Gavin D. *Beer: A Global History*. London: Reaktion Books, 2014.

苹果酒

"苹果汁"（cider）和"苹果酒"（hard cider）存在混用情况，如一些作者把"cider"当作"hard cider"的简称，但是二者并不相同，必须做出区分。苹果酒是一种用苹果果汁做成的酒精饮料。几千年来，人类对苹果酒并不陌生，因为在室温条件下放上一段时间，苹果果汁就会发酵。从本质上来讲，苹果酒和苹果汁在过去没什么区别，这肯定会让人们觉得两者就是一回事。20世纪冷藏时代的到来彻底改变了这种状况。被冷藏的苹果果汁不会发酵，这标志着苹果汁及由苹果汁做成的无酒精饮料的时代开启了。苹果汁和苹果酒自此不再是同义词。由于苹果酒存在了千年，地位很重要，本篇将重点介绍苹果酒。

欧洲

苹果酒的制备简单明了，只需人们压碎苹果榨汁。静置过后，果汁逐渐变得浑浊，然后再发酵几周，苹果酒就制成了。在欧洲，几千年来，苹果的主要用途是酿造苹果酒，而不是当作新鲜水果来食用。在喝水容易生病的年代，苹果酒是人们认为可以安全饮用的饮料之一，而且它的酒精含量约为葡萄酒的一半。在氯化消毒的方法出现之前，水里容易隐藏霍乱弧菌或其他有害微生物，而霍乱经常是致命的。人们认为苹果酒里的酒精能够杀死微生物，因此可以安全饮用苹果酒。基于这一原因，在北纬地区，人们选择喝苹果酒而不是水。人们总是往苹果酒里兑水，以确保有足够的苹果酒可以喝。

无人知晓苹果酒究竟发源于何时何地。公元前1世纪，古罗马贵族兼军事领袖尤利乌斯·恺撒在入侵英国时，发现凯尔特人用花红酿苹果酒。因而，遵照传统，人们认为凯尔特人是最早酿制苹果酒的民族。生活在英国西南部、法国西北部和西班牙北部的凯尔特人将苹果酒确立为首选饮料。因为苹果是一种温带水果，所以苹果酒在热带和亚热带地区不为人知；在这些地区，人们主要用糖酿造朗姆酒。地球最北端的地区也生长着苹果树，而那里的气候过于寒冷，不适合葡萄生长，因此也不适合酿葡萄酒。苹果酒易于酿造的特性有利于其广泛传播。尽管苹果酒可以直接饮用，但有时也会被制成白兰地或者冷冻成苹果白兰地，两者的酒精含量都比苹果酒的高得多，苹果白兰地甚至容易引起严重的宿醉。

除了凯尔特人，罗马人发现北欧地区有一些民族也酿苹果酒。一些罗马人（可能人数很少），喜欢喝苹果酒而不是葡萄酒。罗马人试着用梨酿制苹果酒，但得到的并非真正的苹果酒。根据一名作家的记载，恺撒及随后的历代皇帝往往对苹果酒另眼相看，尽管葡萄酒在罗马文学中似乎更为普遍。苹果的地位逐渐提升。随着时间的推移，罗马人种植的苹果树的品种超过了20种，而这些不同品种的苹果要么作为新鲜水果被直接食用，要么被用来酿制苹果酒。

公元5世纪，罗马帝国四分五裂，不过苹果酒的酿造传统得以延续，甚至出了一些新的苹果品种。西班牙人对苹果酒并不陌生，因为几个世纪以来本地人也一直在酿苹果酒。实际上，西班牙可能是欧洲最早消费苹果酒的地区。法兰克王国的查理曼大帝认为，苹果酒是一种很有价值的商品。他命令农民种植苹果树，并努力扩大苹果酒的贸易。尽管做出了这些努力，法国北部的农民仍然喜欢啤酒而不是苹果酒，这种偏好直到11世纪诺曼人让苹果酒在法国和英国流行起来才有所改变。到了16世纪和17世纪，所有法国人都喝苹果酒——这个情况很奇怪，因为法国以酿造葡萄酒而闻名于世。法国的一些农业社团促进了苹果酒的生产和消费。在这个背景下，这些社团发起了一些比赛，以判定谁能酿出最好的苹果酒。每个法国农民都有自己的苹果园，还会酿造苹果酒和白兰地。法国北部的卡尔瓦多斯地区就因其苹果酒和白兰地品质优异而闻名。19世纪时，蚜虫蔓延成灾，击垮了葡萄种植者和葡萄酒生产者，于是人们纷纷转而酿造苹果酒。到了19世纪60年代，仅法国就有400万株苹果树。如今，法国是世界上最大的苹果酒生产国。苹果酒的消费影响了历史。在机器辅助人力的时代到来之前，人们可以整天喝苹果酒，并且完全不必担心饮酒过量而影响工作。在一个体力劳动繁重的时代，成天喝苹果酒可以让人处于微醺状态，从而减轻疲劳感。

从中世纪开始，英国人就在苹果酒和啤酒之间摇摆不定。如前所述，诺曼人对苹果酒的兴趣越来越大。然而，在15世纪和16世纪，啤酒花[1]传入英国，这极大地促进了啤酒的酿造，使苹果酒一度失宠。和法国农民一样，英国农民喜欢用苹果和苹果酒来增加产品种类和收

1　啤酒花：属于桑科葎草属，是多年生缠绕草本植物。啤酒花内含多种成分，能使啤酒具有独特的苦味和香气，并有防腐和澄清麦芽汁的作用。——编者注

入。在这个时期，雇主将苹果酒作为工钱的一部分，直到1878年国会才颁布法律规定这种做法不合法。英国缺少木材，所以人们更倾向于酿苹果酒，因为与啤酒不同，苹果酒不需要加热就可以酿出。英国还重视在国内生产苹果酒，这样它就不必依赖法国的葡萄酒和德国的啤酒。18世纪时，据一名小说作家估计，当时英国的埃克塞特港每年出口378万—757万升苹果酒。果农会举行一些活动，如向苹果树喷洒苹果酒，在每棵树上留下几个苹果给小精灵吃，因为他们相信树的神灵可以驱邪。在工业革命时期，农民纷纷搬进城内。苹果酒的质量和数量都下降了，而人们对它的需求依然旺盛。随着工业革命的到来，生产苹果酒成了一项大规模的事业。然而，有的生产商在苹果酒中加水，稀释了原来的风味和酒精浓度。一些生产商用铅桶存储苹果酒，从而致使消费者中毒。在这种情况下，啤酒卷土重来。

美国

英国殖民者带来了苹果和苹果酒。到了美国独立战争时，生活在新英格兰地区的10%的农民都在自己的土地上建起苹果酒作坊。在早期的美国，苹果酒是头号饮料。有些美国人每餐都喝苹果酒。美国第二任总统约翰·亚当斯认为，苹果酒可以延年益寿，于是他每天早上都喝苹果酒。有一段时间，苹果酒类似于货币，可以用来交换衣服或其他物品，甚至可以用来交学费。

在17世纪和18世纪，苹果酒在美国发展到鼎盛时期。因为苹果酒具有杀菌特性，所以美国人喜欢苹果酒就像古罗马人喜欢葡萄酒一样。新泽西州出产的苹果酒品质最佳，因此享有最高声誉。1810年，新泽西州埃塞克斯郡生产了近20万桶苹果酒。乔治·华盛顿和托马斯·杰斐逊等其他美国总统，都自己种苹果和酿苹果酒。如同在英国一样，工业革命造成了苹果酒在数量和质量上的下降。而移民把啤酒带到了美国，使之取代苹果酒成为新的国民饮料。19世纪时，诗人拉尔夫·沃尔多·爱默生（Ralph Waldo Emerson）喜欢小酌一杯优质苹果酒。有"苹果籽约翰尼"绰号的约翰·查普曼[1]，种植苹果树可能是为了促进苹果酒的生产。

19世纪时，禁酒运动冲击了苹果酒和其他酒精饮料。在禁酒倡导者的督促下，一些农民砍掉了自己的苹果树。1899年，美国生产了2.1亿升苹果酒；然而，到1920年禁酒令生效时，产量缩减到了5000万升。禁酒令催生了不含酒精的苹果汁。禁酒令结束后，苹果酒并未恢复昔日的辉煌。然而，当今世界（包括美国在内）对苹果酒的需求还在上升。

延伸阅读

Janik, Erika. *Apple: A Global History*. London: Reaktion Books, 2011.

Proulx, Annie, and Lew Nichols. *Cider: Making, Using and Enjoying Sweet and Hard Cider*. North Adams, MA: Storey Books, 1997.

米 酒

大米经过发酵和蒸馏可以酿成酒精含量比葡萄酒或啤酒的酒精含量高得多的烈性饮料——米酒。几百年以来，米酒在亚洲许多种

---

1 约翰·查普曼（John Chapman，1775—1847年），他把苹果树引进宾夕法尼亚州、俄亥俄州、印第安纳州和伊利诺伊州等地区，被誉为"美国苹果酒之父"。——译者注

水稻的地区一直很流行，尤其是在东南亚地区和中国南方地区。令人感到奇怪的是，在另一个重要的大米生产国——印度，人们似乎对米酒一无所知。在与欧洲人接触后，非洲人和美洲部分地区的人也种水稻，但是当地人也不用大米酿酒。很早以前，东南亚地区和中国南方的农民就已在日常生活中经常用到米酒。由于米酒用途众多，实用性强，而且具有象征意义，人们对它极为看重。在19世纪和20世纪，法国企图从传统生产商手中夺取生产和销售米酒的控制权交给殖民地当局，这激起了越南的一系列反抗。越南共产党领导人、民族主义者胡志明，很早就反对法国对米酒传统生产方法的干预。他领导了一场抵抗法国的战争，后来还领导人民抵抗美国。

传统米酒的生产和消费

农民经常整天喝米酒，他们离不开米酒的原因有很多，包括喝米酒可以尽量减少疲劳带来的不适，缓和工作中的紧张情绪。传统米酒含有20%的酒精，很难想象农民会喝纯米酒；因为农民喝太多纯米酒，肯定要大醉一场。因此，（他们）更有可能的做法是在米酒里兑水，就像希腊人和罗马人稀释葡萄酒那样。大米因为在东南亚地区和中国南方随处可见，所以肯定是长期以来用来蒸馏的首选食材。在法国入侵中南半岛之前，并不是每个农民都酿米酒，而是有规模更大的酒商在曾经的北越[1]地区专门生产米酒，然后销往各地农村。在这里，我们可以窥见城乡之间的鸿沟，因为乡下人喝的米酒

---

1 北越：越南民主共和国。1858年后，越南沦为法国的殖民地。在第二次世界大战中，日本与法国展开了争夺越南控制权的斗争。1945年，胡志明领导的越南共产党宣布成立越南民主共和国，即北越。1955年，美国等西方势力扶植吴庭艳成立越南共和国，即南越。1975年，越南战争以南越政权的失败而告终，翌年改名为"越南社会主义共和国"。——编者注

比城市人喝的要多得多。在曾经的南越[1]地区，大部分米酒都是中国人酿造的。一些村民继续酿造米酒，用来交换精米、盐和其他必需品。米酒声名远扬，因此南北方都将最好的米酒进贡给顺化皇城里的皇帝。在这种情况下，米酒既是贫民饮品又是贡品，无疑是一种代表平等和统一的饮品。

在越南的一些地方，人们认为米酒是一种催情剂，因此将其供应给妓院和婚宴餐桌。在这种情况下，当地流行起一个传说，米酒可以增强男人和女人的性欲。诗人、艺术家和其他富有创造力的人都喝米酒。主人将米酒赠予客人，以示热情好客。米酒的重要性还体现在其从不缺席农事节庆、葬礼等活动，人们还用米酒祭奠亡灵。

法国的干预

19世纪时，法国占领了时称"法属印度支那"的东南亚，影响了越南和中国在酿造和消费米酒方面所扮演的传统角色。法国的干预看起来是出于对利润的赤裸裸的渴望。通过宣布越南人和中国人酿制米酒的行为为非法行为，法国随后垄断了米酒市场。法国通过销售米酒积累了非常丰厚的收益——实际上填补了法国的占领成本。越南人酿制米酒的传统是用最优质、最珍贵的糯米蒸馏酿酒，这样酿出来的米酒醇香绵远，沁人心脾。由于米酒无处不在，越南人干脆呼之为"酒"。这是越南人知道的唯一的酒精饮料。但法国人抛弃了这一传统，用最便宜的大米酿酒以减少成本。法国人对自己的葡萄酒传统颇为自负，拒不接受越南的米酒传统，结果自然只展现出拙劣的模仿水平。

1　南越：越南共和国。见上。——编者注

　　法国人觉得越南和中国的米酒太原始，自认为对米酒的模仿已经达到了精通和科学的高度。在蒸馏米酒方面，法国人自诩给中南半岛带来了工厂制度和酿酒的科学技术。越南人认为这种说法是一种贬低。由此可见，米酒具有许多实用意义和象征意义。对越南人来说，法国人试图垄断米酒生产和销售的做法威胁到了他们的生活方式，因为米酒是定义越南的特色食物之一。一些越南诗人和知识分子甚至认为，与其喝寡淡无味的法国米酒，毋宁去死。他们还认为，法国人就是压榨越南人的野蛮人和"寄生虫"。法国米酒成了压迫和剥削的象征，反对法国米酒就是反抗法国的殖民统治。就这样，反对法国米酒成了越南人民团结起来反抗法国的象征。

　　喝优质的传统米酒就表明这个人是真正的越南人，而喝寡淡无味的法国米酒就等于这个人与法国人沆瀣一气。然而，法国人对日益壮大的反对声音毫不在意。在19世纪90年代，他们开始对米酒征税，幻想着可以再发一笔横财。由于税收的结果令人失望，法国垄断了米酒的生产和销售。法国医生阿尔贝·卡尔梅特（Albert Calmette）是法国微生物学家路易斯·巴斯德的学生，他改进了45度米酒的生产工艺，使其成本跟越南和中国生产的20度米酒的成本大体一致。卡尔梅特又通过加水将法国米酒的酒精含量减半，于是法国米酒的酿造成本降到越南米酒和中国米酒的一半。法国确信能用压低传统米酒价格的手段打垮所有对手。中国南方地区的米酒酿造商非常愤怒。一些米酒酿造厂的生意规模非常大，可以同法国的相抗衡；对此，法国的反击手段是买下竞争对手，就像20世纪末微软在美国收购软件开发商那样。从1900年到1903年，中国米酒酿造厂的数量从47家降至14家。在一次宣传活动中，法国夸赞自己的米酒是应用科学的巅峰之作，以此贬低越南和中国的传统米酒。

　　越南人和中国人违背法国人的规定，继续秘密酿造米酒。很快，越南就有了自己的地下酒吧。随着越南人的反抗愈发明显，胡志明和其他有为人士主张打击法国官员和警察。胡志明还对部分越南人——通常是城里人——提出批评，指责他们喝法国葡萄酒而不喝越南米酒。胡志明知道越南农村的抵抗最为顽强，就在越南农村发起反抗战争。攻击法国米酒就是质疑法国殖民统治的合法性——这些反对声中也有来自中国南方地区的，而它们总是能够得到越南南部和北部农村的支持。越南人和中国人的反抗严重削弱了法国米酒的竞争力。从1903年到1906年，法国米酒的销量持续下滑。法国当局加强了警力，于1903年逮捕了622名贩私酒者，又于1906年逮捕了1287名。因此，人们对警察的敌意更大了。中国人也加入越南人的行列，一起拒绝购买法国米酒。当时的报纸宣传法国米酒纯粹是毒药，只有不负责任和不注重健康的人才愿意喝它。报纸还说，法国人在米酒里添加了玉米和糖，而这种掺假货不符合越南人的口味。甚至有一小部分法国人也反对政府的相关高压手段。一位法国天主教传教士主张，越南人生产和消费他们自己的米酒并不是犯罪。到了20世纪的第一个十年，一位法国高级官员承认，越南人的反抗可能会导致战争。为了安抚越南农村，一方面，法国人试图贿赂村里的长老来换取他们停止反抗；另一方面，一些省的法国驻扎官允许贩私酒者向当地人卖米酒。与此同时，忠于政府的法国士兵仍在查抄民宅，搜寻非法米酒，并给揭发邻居的告密者发奖金。

诚然，米酒并不是导致越南人心生怨恨并与法国人决裂的唯一原因，但它是将双方拖入战争的一个重要原因。这是一场在地形险恶、气候严酷的条件下进行的几乎无法精准判断敌人所在位置的消耗战，而法国人从来不曾真正学会如何打这样的战争。胡志明向当时的两任美国总统寻求援助，以对抗法国，但冷战逻辑阻止了美国和越南结成任何形式的联盟。事实上，1954年法国的战败使美国也陷入了泥潭。和法国一样，美国遇到了同样的困境，即在越南战场上第一次吃了败仗。1976年，南越和北越统一。米酒引发的冲突促使越南推翻了法国的殖民统治，并且挫败了超级大国——美国。

延伸阅读

Peters, Erica J. *Appetites and Aspirations in Vietnam: Food and Drink in the Long Nineteenth Century*. Lanham, MD: Rowman & Littlefield, 2012.

威士忌

　　威士忌是颇早通过蒸馏得到的酒精饮料之一。在这方面，它不同于啤酒和葡萄酒。啤酒由谷物（通常是大麦）酿造而成，而葡萄酒由葡萄酿造而成，两者都是通过发酵得到的饮料。换言之，当把谷物或葡萄跟酵母混合时，酵母可以将谷物或葡萄中的糖转化成酒精。酿制威士忌的第一步与此类似，即用大麦或任意一种谷物发酵产生酒精。然而，下一步才是关键的：首先加热发酵的液体，然后冷凝蒸出来的酒精蒸气。在蒸发过程中酒精蒸气释放到空气中。通过蒸馏得到的冷凝物的酒精含量很高，因此，像威士忌这样的蒸馏酒比啤酒或葡萄酒要浓烈很多。我们将在下文探讨蒸馏工艺对社会和生活产生的重大影响。

起源

　　根据一种说法，蒸馏工艺可能在中世纪早期被发明之后传播至亚洲、北非以及西班牙等地区。酒精的英文名 "alcohol" 源于阿拉伯语的 "al-kohl"。蒸馏工艺可能由阿拉伯地区向北传播，最终到达不列颠群岛。此外，欧洲的炼金术士可能是很早对蒸馏工艺感兴趣的群体之一。他们可能率先对谷物进行了发酵和蒸馏，酿造了最早的威士忌。我们在这里必须强调，玉米肯定不是酿酒的原料，因为当时的旧大陆居民还不知道这种原产于美洲的禾本科植物。在英语里，"corn"（玉米）可以表示任何一种谷物，而不表示被 18 世纪瑞典博物学家卡尔·林奈划分为 "Zea mays"（玉米的学名）的美洲印第安谷物。

有人主张爱尔兰是威士忌的发祥地，还有观点认为，威士忌源于欧洲的威尔士，因为第一批威士忌就是在 1329 年从那里蒸馏出来的。"威士忌"一词的用法最早能够追溯到 1753 年的爱尔兰都柏林。此外，该词还有不同的写法。《牛津英语词典》（Oxford English Dictionary）于 1715 年创造了 "whiskie" 一词，于 1716 年创造了 "whisky" 一词，于 1753 年创造了 "whiskee" 一词。如果说威士忌确实很早就被发明出来了，那么人们为它创造术语的效率实在有点低。一些学者在寻找证据，力图证明威士忌的起源时间更早。有人认为，埃及人在公元 1 世纪时发明了蒸馏工艺。因为当时的埃及是罗马皇帝的私人财产，所以古罗马人应该了解这个工艺。然而，所有的古罗马历史学家都不曾提到它，甚至连塔西佗（Tacitus）对此也只字未提。18 世纪时，英国历史学家爱德华·吉本将蒸馏工艺追溯到亚洲草原的游牧民族。

不管威士忌是在什么地方、什么时候发明的，人们最早对威士忌感兴趣的原因都是相信它有药用价值。沿着这条思路，英国国王詹姆士一世（在苏格兰他是詹姆士六世）认为威士忌是一种药剂，允许苏格兰爱丁堡的外科医生和理发师公会垄断威士忌的生产。根据苏格兰的传统说法，苏格兰人是威士忌的发明者，他们在1434年就酿出了威士忌。在20世纪的标准化运动之前，威士忌的成分并不固定。根据手边可用的食材，人们可以用土豆、糖、燕麦、芜菁、蜂蜜、百里香、茴香或薄荷酿制威士忌。

威士忌的分类和特点

威士忌的酿造必须经过发酵、蒸馏和陈化。人们要想得到威士忌，就必须把经过前两个步骤得到的液体放在木桶里陈化。橡木桶是陈化过程中常用的容器。陈化使威士忌与其他蒸馏酒——比如前文提到的越南的米酒——区分开来。

尽管威士忌的定义可能如上文所述的那样简单，但实际上，威士忌是一种复杂的饮品。一种品牌的威士忌，可能会随着时间的推移而有所变化。虽然用料完全相同，但威士忌专家一致认为，2010年的布赫拉迪苏格兰威士忌（威士忌的一种类型）的味道和1930年的同款产品的不一样。从这个意义上来说，可能由于人工选择和技术变革的双重作用，威士忌作为一种饮料已经发生了改变，而且仍在进化。从另一个角度来看，威士忌在很大程度上影响了政治、经济和文化。人们可以把文化定义为人类代代相传的所有非生物的物质和思想。巴赫的音乐、达尔文的思想和法国小说家安德烈·马尔罗（André Malraux）的散文，以及威士忌，都是文化的组成部分。

威士忌的主要成分可能是大麦、玉米、燕麦、黑麦、小麦、大米或者其他谷物。影响威士忌口味的因素有很多：水的质和量、酵母、谷物、蒸馏器的类型以及威士忌的蒸馏次数（蒸馏次数越多，酒精含量越高），同样重要的还有用来陈化威士忌的木桶和存储威士忌的酒窖的内部环境。一般来说，威士忌的酿造需要经过五个阶段：谷物的准备、发酵、蒸馏、陈化、装瓶。尽管这看起来很简单，但实际上，威士忌的酿造类似于一门科学，必须遵循严格的标准。自制威士忌往往很难喝。很多人以为看威士忌瓶子上的标签就能无师自通地学会酿造，然而，这种做法很可能让人更糊涂；因为标签上全是行业术语，这几乎给那些没有威士忌专业知识的人筑起了一道壁垒。或许，喝到优质威士忌的最好的办法是找到原产地。通常说来，美国威士忌往往是甜的，而加拿大威士忌往往是水果味的，苏格兰威士忌则有烟熏味。爱尔兰威士忌的味道可能会非常辛辣。

社会和工作：威士忌对日常生活的影响

威士忌可能诞生于公元15世纪前的某个时间点。威士忌流行的速度似乎非常缓慢，在一段时间内肯定很难与北欧的啤酒和地中海盆地的葡萄酒相竞争。如前所述，由于蒸馏工艺，威士忌的酒精含量远远高于啤酒和葡萄酒的。啤酒的酒精含量不到5%，相比之下，19世纪法国酿造的米酒和威士忌的酒精含量约为40%。酒精含量有时可以用来表示美制酒精度[1]，而美制酒精度的数值是酒精含量数值的2倍。比如，美制80度的威士忌含有40%的酒精。

酒精含量或美制酒精度影响了人们的工作模式和日常生活方式。在古代农村世界，威士忌不为人知，可供选择的酒精饮料无非是啤酒或葡萄酒。在古代农业社会中，农民耕地种田时不需要用有潜在

1　酒精度：通常用20度酒的酒精含量的体积百分数来表示。例如，我们常说的50度酒表示在100毫升的该酒中含有50毫升的酒精，即1酒精度相当于1%的酒精含量。美制酒精度使用的单位不同，1美制酒精度相当于0.5%的酒精含量。——编者注

危险的机器，因此，人们可以成天喝啤酒或者葡萄酒。事实上，为了避免喝醉，希腊人和罗马人会往葡萄酒里兑水。就这样，人们可以晕乎乎地干上一天重活，而这种状态能够减轻疲劳感。这些酒的酒精含量低，人们喝得再多也不至于不省人事。如果喝威士忌的话，这种日常生活方式就行不通了，因为成天喝威士忌肯定会导致人们酩酊大醉，连脑筋都转不动，更别提工作了。可供选择的解决办法有：戒酒，改喝啤酒或葡萄酒，把威士忌的酒精浓度稀释到不再是威士忌的程度。因此，威士忌使欧洲人和后来的美国人的工作生涯变得很棘手。对某些人来说，这种饮料太烈，稍有不慎可能就会搞得家破人亡。

美国剧作家、诺贝尔奖得主尤金·奥尼尔嗜好威士忌和其他烈性饮料，差点因此毁掉前程。当时还是普林斯顿大学学生的奥尼尔似乎在一个学期里酗酒成瘾。离开学校后，他仍然饮酒无度，直到染上结核病。奥尼尔在疗养院里发誓，如果自己能康复，就做一名剧作家。然而，即使到了壮年，他也没有做到对威士忌滴酒不沾。奥尼尔的著名戏剧作品《进入黑夜的漫长旅程》(*A Long Day's Journey into Night*)就影射了他自己是如何邂逅威士忌的。该剧描述了一个不太正常的家庭，母亲是吗啡成瘾者，父亲和两个儿子都是酒鬼。剧情在一家人的回忆中展开，最终令观众恍然大悟——这个家庭无可救药。

迈向21世纪

在20世纪和21世纪，威士忌成了一种全球产品。日本在20世纪中叶酿制了一种类似于苏格兰威士忌的新品。澳大利亚也在20世纪90年代酿出了高品质的威士忌，不过其酿造威士忌的传统可以追溯到英国人殖民澳洲的时期。今天，捷克、德国、新西兰、西班牙、土耳其和瑞典都以威士忌闻名于世。泰国曾经销售一款由大米、人参、辣椒和一条眼镜蛇酿成的眼镜蛇威士忌。一家意大利公司在美国肯塔基州开办了酿酒厂，并声称该厂创建于南北战争之前——威士忌的全球化程度由此可见一斑。美国明尼苏达州的一家公司拥有一个爱尔兰威士忌品牌——即便这种酒是在其他地方酿制的，我们也依然将其称为"爱尔兰威士忌"，"苏格兰威士忌"亦然。清爽型单桶威士忌受同性恋群体欢迎。越来越包容的趋势正在深刻地改变着这个世界，而威士忌就是其中的一股力量。肯塔基大学的球迷喝的是限量版的美格波本威士忌。市场上有一些威士忌是针对年轻客户的，其口味跟软饮料的差不多。还有一些威士忌生产商已经实现了多样化生产，比如还生产牛排酱汁或者鸡翅酱汁。制造威士忌的"占边"公司就生产萨尔萨辣酱、牛肉干和服装。21世纪的威士忌，正在重新定义自己和市场。

延伸阅读

Kosar, Kevin R. *Whiskey: A Global History*. London: Reaktion Books, 2011.

葡萄酒

葡萄酒是一种农产品。[1]尽管海枣可能是最早被用来发酵制作葡萄酒的水果，但葡萄酒在很长一段时间内只与葡萄有关，其中的佼

---

1 葡萄酒在中国被划分为工业产品，在美国等西方国家被划分为农产品。——编者注

佼者是酿酒用葡萄。酿酒用葡萄因含糖量高而出类拔萃。在葡萄含有的糖中，大约30%是果糖。葡萄皮天然自带酵母，而酵母一旦接触到糖，就会将其转化为酒精。含有酒精的葡萄酒是古代最浓烈的饮料。然而，如果不慎把葡萄酒暴露在空气中，那么一段时间后它就会氧化变成醋。虽然根据相关记载，罗马士兵喝醋，但醋作为一种饮料根本就没法与葡萄酒竞争。如果贮藏得当，那么葡萄酒的风味能保持百年不变。

葡萄酒的起源及早期意义

早在公元前6000年左右，人类可能就开始酿葡萄酒了。波斯山脉（今属伊朗）可能是最早的葡萄酒酿造地。随着葡萄向地中海地区的传播，葡萄酒渐渐在埃及文明中占据重要地位。图坦卡蒙法老的陵墓里有26个盛着葡萄酒的双耳细颈罐。墓中几种葡萄酒来自叙利亚，这体现了贸易在这个地区的重要性。或许只有陪葬这么多葡萄酒，才能让图坦卡蒙在来生感到快活。无论文明起源于何地——埃及、希腊、罗马或北非地区，葡萄酒都扮演着重要的角色。现存的农业专著——包括古罗马的大加图、科卢梅拉和瓦罗（Varro）等人的著作——都涉及葡萄酒的生产和贸易。国王、法老和武士都喝葡萄酒。同时，葡萄酒也是普通百姓的社交润滑剂，没有人不喝葡萄酒。

在希腊和罗马，葡萄酒既是粗俗的象征，也是精致的象征。它是西方文明世界的饮料。几个世纪以来，葡萄酒一直是最昂贵的农产品，它刺激了罗马经济，并在一定程度上为罗马的辉煌奠定了基础。罗马人无论走到哪里——他们的足迹遍及地中海盆地地区、高卢（位于今法国境内）、英国，以及今德国部分地区——都会栽种葡萄。罗马人想象不出没有葡萄酒的文明会是什么样子的。一个人无论住得离首都多远，都能用葡萄酒证明自己的罗马人身份。罗马人对意大利葡萄酒和高卢葡萄酒的热情绵延了多个世纪，一直延续到现在。葡萄酒在意大利人和法国人的生活中也是不可或缺的一部分。意大利、法国和其他欧洲国家的人经常在就餐时喝葡萄酒。

葡萄酒之所以如此重要，一定程度上是因为人们当时的医学知识很贫乏。古代人并不知道病原体的存在，也没有哪个城邦会对饮用水进行消毒。动物和人类的粪便往往在不经意间就污染了水，于是细菌和其他病原体在水里滋生开来。霍乱是一种完全通过水传播的疾病，也是污水带来的危险中的一个典型例子。如果连水都不可靠，那么人们还能喝什么呢？答案是葡萄酒，因为人们认为它含有的酒精能杀灭有害的微生物。因为相信葡萄酒比水安全，所以生活在地中海盆地的古代人每天都喝葡萄酒。为了避免喝醉，大多数人遵循希腊人和罗马人的做法，用水稀释葡萄酒，而且这么做还能让葡萄酒保存得更久。不难想象，大多数人在喝了兑水的葡萄酒后，一整天都会有些飘飘然，这种经历可能让人很愉快。总之，由于可以对水进行消毒，葡萄酒一定挽救或延长了人们的生命。

旧大陆的问题与新大陆的解决方案

对于相近物种，人们可以将一种植物的茎嫁接到另一种植物的砧木上。一个著名的例子涉及19世纪欧洲各国——尤其是法国——的葡萄酒产业。葡萄根瘤蚜是一种蚜虫，大约在1860年从美洲传入欧洲。这种蚜虫在新环境中大肆传播，侵害葡萄根，导致植株死亡，几乎毁掉了法国的葡萄酒产业。当时世界上颇杰出的科学家之

一、美国昆虫学家查尔斯·瓦伦丁·赖利（Charles Valentine Riley）
为终结这场灾难立下了汗马功劳。赖利明白，这种原产于美洲的蚜
虫肯定也曾给美洲葡萄园主造成过损失。于是他推断，随着时间的
推移，美洲葡萄通过自然选择（与同时代的人相比，赖利很早就接
受了达尔文主义），已经进化出了针对葡萄根瘤蚜的抗性。而欧洲
葡萄以前没有接触过这种蚜虫，所以对它没有免疫力。赖利认为，
解决办法是将欧洲葡萄嫁接到美洲葡萄的砧木上。尽管这需要很多
人力——法国人不得不重新种植40多万公顷的葡萄，但嫁接挽救了
葡萄酒产业。通过此举，赖利帮助欧洲人避免了一场灾难。法国政
府感恩不尽，赋予他无数荣誉称号。这是赖利的诸多成就之一，可
惜的是，这位名满天下的科学家因一场自行车事故失去了生命。而
他的成功大大提高了科学的整体地位，特别是昆虫学的地位。得益
于赖利的成就，昆虫学成为一门农业经济科学。正如20世纪和21
世纪的流行语所说，所有昆虫学研究都致力于造福农业和经济。简
而言之，葡萄酒在扩大科学的范围、提高科学的重要性方面发挥了
作用，从这个意义上来说，它协助改变了世界。

葡萄酒征服加利福尼亚

　　葡萄酒已经成为加利福尼亚州的一大经济支柱。尽管柑橘类水
果和坚果在这里仍然保持着重要地位，但绰号为"金州"的加利福
尼亚州以其陈年佳酿而享有盛名。加利福尼亚州的葡萄酒产业最初
并不显眼。发现新大陆的西班牙人在墨西哥、秘鲁、智利、阿根
廷、乌拉圭地区和加利福尼亚南部（当时还属于墨西哥）建起葡萄
园。1772年左右，加利福尼亚南部开始种植葡萄。1850年成为美国
的一个州的加利福尼亚州，其葡萄产量在葡萄园向北扩展到旧金山

市的背景下飙升。加利福尼亚州南部属于地中海气候，是种植葡萄的理想之地。到了1890年，加利福尼亚州有800多家葡萄酒厂。今天，仅加利福尼亚州的葡萄酒产量，就超过了许多国家全国的葡萄酒产量。加利福尼亚州出产的葡萄酒世界闻名。而曾作为地中海地区的商品——葡萄酒，如今已成为全球经济的一部分。

全球变暖和气候变化

有些人否认全球变暖和气候变化，但两者的确都正在发生。随着气候变暖，葡萄的成熟周期缩短了，用这种葡萄酿出来的葡萄酒酒精度更高、酸度更低。有些人觉得，这样的葡萄酒不够芳香，不太令人满意。随着高纬度地区气温升高，葡萄酒酿造中心可能会向远离赤道的方向迁移。加拿大有可能变成新的"加利福尼亚州南部"，北半球北部和南半球南部的其他国家可能会在将来依靠葡萄酒积累大量财富。不过，问题在于，气候在逐渐变暖的同时也会变得更加不稳定。这意味着可能会出现一些地区被暴雨淹没，而另一些地区旱灾肆虐的情形。这些事件肯定会对葡萄酒的数量和质量产生负面影响。全球变暖还有利于以葡萄藤为食的昆虫的生长和繁殖，这将成为葡萄栽培和葡萄酒酿造的又一个障碍。

延伸阅读

Creasy, G. L., and L. L. Creasy. *Grapes*. Cambridge, MA: CABI, 2009.

Henderson, J. Patrick, and Dellie Rex. *About Wine*. New York: Thomson Delmar Learning, 2007.

Millon, Marc. *Wine: A Global History*. London: Reaktion Books, 2013.

"酷爱"牌饮料

　　"酷爱"牌饮料的历史生动地诠释了美国梦的神话。在美国梦的神话中，一个年轻人白手起家，凭着一个创意打造了一个产品。当其他人都半途而废时，唯有他坚持不懈，最终成了一个千万富翁。在这个意义上，"酷爱"牌饮料强化了美国人对自己和他们所生活的这个支持阶层跃升的国家的信任。事实上，贫富之间的差距已经扩大成了一个鸿沟，而且在一些人看来，阶层跃升这种观念似乎很幼稚。"酷爱"牌饮料赋予了消费者选择权，而这正是它鲜明的特色。人们可以根据个人喜好，购买加糖或不含糖的"酷爱"牌饮料。即使是买了加糖的饮料，消费者也能自主选择加入比包装盒上推荐加入的量更少的糖，这样制作出来的饮料热量相对较少。相比之下，可口可乐等其他饮料就没什么真正的灵活性——不管人们买到一罐或者一瓶什么样的饮料，都只能原样喝掉。从这个意义上说，"酷爱"牌饮料在增强消费者的选择权意识方面走得更远。

"酷爱"牌饮料是美国梦的象征

　　"酷爱"牌饮料能够鼓舞人心，对此，人们可以追溯到19世纪的美国作家霍雷肖·阿尔杰那里。阿尔杰出版了一系列小说，书里表达了同一个主题：一个身无分文的年轻人依靠勤奋、勇气和幸运积累了大量财富，一步一步向上攀登，最终实现了美国梦。然而，存在争议的是，即便在阿尔杰所处的时代，对有才华、有干劲的青年男女开放且具有流动性的社会也并不真正存在。但我们可以找出一些似乎与阿尔杰的核心信念相呼应的例子。比如，在艾奥瓦州出生的埃德温·E. 珀金斯（Edwin E. Perkins）。珀金斯出生于19世纪末，在艾奥瓦州和内布拉斯加州度过了漂泊不定的童年。由于总是居无定所并且一直处在寻找新机会的处境中，珀金斯的家庭堪称穷困潦倒。在内布拉斯加州安家的时候，他们一家人只能住在一间草皮盖的农舍里。屋子里没有水管，而最近的水源在3千米之外。

尽管珀金斯没有辍学，但他11岁就开始在一家百货商店打工，以贴补家用。起初，新出的吉露牌果冻引起了他的兴趣。珀金斯想知道自己能否用类似的化学物质来制作饮料。20世纪20年代，珀金斯成立了珀金斯化学公司。他的第一个灵感——出现在可口可乐和胡椒博士称霸饮料界的时代——是创造出一种名为"Fruit-Smack"（水果风味）的果味软饮料。他打算通过邮寄的方式售卖这种果味软饮料，然而瓶装饮料的体积较大，这是个弊端。他需要小巧又轻便的产品，于是致力于制造出一种与果味软饮料味道相近的化学粉末。这样一来，消费者只需要加入水和糖，就可以得到一杯速溶饮料。人们不禁要问，泡茶或者冲速溶咖啡的快捷性是否启发了珀金斯的灵感。

1927年，珀金斯将右旋糖、柠檬酸、酒石酸、人造果味剂和食用色素制成粉末，创造出"酷爱"牌饮料。最初的口味有覆盆子、樱桃、葡萄、柠檬、橙子等味道，以及根汁汽水味。草莓味是一种有争议的口味，一些历史学家认为它是颇早的食品口味之一，而另一些人坚持认为它是后来被加进去的。该产品一开始并没有在市场上大获全胜。杂货商对其持怀疑态度，许多人更愿意卖可乐和其他已得到认可的产品，而不是卖一种人们不熟悉的奇怪的粉末。随着经济大萧条的到来，珀金斯找到了机会。他通过每包卖5美分的半价销售方式，将"酷爱"牌饮料定位成软饮料的廉价替代品。由此，该产品销量飙升。在1931年至1937年间，"酷爱"牌饮料的销售收入从不足40万美元一跃而起，超过了150万美元。早在1931年，珀金斯就开始在广播、杂志、报纸和广告牌上做广告。市场上还出现了以"酷爱饮料小子"为主角的连环画。"酷爱"牌饮料走出美国，先是在1938年销往加拿大，后来又在1951年销往墨西哥和古巴。2年后，珀金斯将"酷爱"牌饮料的特许经营权出售给吉露牌果冻的生产商——通用食品公司。

延伸阅读

Adams County Historical Society. 2002. "History of Kool-Aid." In "Kool-Aid Days." Accessed October 1, 2014. Kool-aiddays.com/history.

"The History of Kool-Aid." Hastings Museum. Accessed October 1, 2014. Hastingsmuseum.org/exhibits/kool-aid/the-history-of-kool-aid.

Robertson, Caisey. "A Brief History of Kool-Aid." Mental Floss, Inc. Accessed October 1, 2014. Mentalfloss.com/article/50278/brief-history-kool-aid.

第八章

万事有心，人间才有味

加工食品 —— 27 种

炸薯条

炸薯条是美洲食物和欧洲烹饪技术的结合物，也是一种起源成谜的食物。土豆是炸薯条的原料，原产于南美洲的安第斯山脉，但显而易见的是，该地区的人似乎并不会把土豆切条炸制。而在土豆被引入欧洲并得到人们的接受（这个过程需要一定时间）后，人们就开始了油炸土豆的百般实验。似乎没有人知道，是谁在什么时候发明了炸薯条。19世纪时，炸薯条流行起来。到了20世纪，尤其是在现代人久坐不动的时代，炸薯条成了快餐行业——更确切地说是垃圾食品行业——的主要产品。

新大陆的贡献

安第斯山脉生长着一些块茎植物。块茎是膨大的地下茎，并不是根。在安第斯山脉的块茎植物中，只有一种后来变得举世闻名，那就是土豆。当地人种了几千年土豆，但是似乎从来没有用油炸过土豆。不用油炸土豆可能有多种原因，其中一种是，美洲印第安人不方便获得植物油。简单回顾一下哥伦布大交换之前的美洲的食用植物，不难发现，有几种植物是很好的淀粉来源，例如土豆、甘薯、玉米、木薯、菜豆属的豆子和其他一些植物，但这些植物中能榨油的很少。美洲印第安人也没有那么多家畜可以用来提炼煎炸所需的动物油。诚然，通过狩猎可能会得到一点动物油，但野生动物往往比家畜更加瘦。无法油炸土豆或其他食物的首要原因可能是没有平底锅。油炸食物在概念上是可行的，但是由于缺乏容器，实际层面就无法操作。这并不是藐视美洲印第安人的成就。毫无疑问，美洲印第安人贡献了土豆，而没有土豆就没有炸薯条。

欧洲的贡献

纵观欧洲的大部分历史，可以发现欧洲人对土豆一无所知。百姓主要靠芜菁和其他几种蔬菜、面包（包括小麦面包和黑麦面包，而后者才是百姓的主食）、豌豆、小扁豆和鹰嘴豆来维持生活。总体上看，这种饮食有可能是有营养的，特别是如果蔬菜中含有维生素C的话，就更有营养了。土豆是后来者，而它也并不是一下子就成了欧洲菜的一部分。欧洲人从未见过像土豆这样的食物。医生发现土豆与毒性很强的颠茄有相似之处，于是担心土豆有毒。另一些人认为，土豆会导致麻风——一种很可怕的疾病。18世纪之前，很少有人吃土豆，但在那个世纪里，人们对土豆越来越感兴趣。在普法战争[1]的一场战役中，一名法国医生兼士兵被普鲁士俘虏，靠吃土豆活了好几年。他并没有变得瘦骨嶙峋，获释后，他认为自己身体健康的诀窍就是吃土豆。于是，他余生致力于研究如何提升土豆的营养成分。在整个北欧，特别是爱尔兰，农民们把为数不多的闲地用于种土豆，因为单位面积内土豆出产的热量比其他任何食物所能出产的都多。

土豆已经站稳了脚跟，为炸薯条的发明奠定了基础。炸薯条是何时被发明出来的，这一点无从查证。人们围绕着究竟是哪国人发明了炸薯条展开争论，目前尚无定论。一种听起来比较合理的说法

---

1 普法战争（1870—1871年）：指法兰西第二帝国和普鲁士王国为争夺欧洲霸权进行的一系列战争。战争期间两国的政体皆发生变化，最后由法兰西第三共和国与德意志帝国签订和约，结束战争。——编者注

是法国人发明了炸薯条。另一种说法则认为是比利时人发明了炸薯条，该说法的依据是在第一次世界大战期间，驻扎在比利时的美国士兵和英国士兵，也跟着比利时士兵养成了吃炸薯条的习惯；而因为比利时士兵说法语，所以英美士兵错误地将炸薯条称为"法式炸薯条"。

然而，这种猜测似乎不可信。有人提出，炸薯条在这之前就被发明出来了。在18世纪80年代，美国开国元勋之一，托马斯·杰斐逊，曾作为外交使节驻在法国。他与法国社会名流共进晚餐，听他们介绍了很多食物，其中就有被切成薄片再油炸的土豆。这些油炸土豆让杰斐逊印象深刻。由于法国大革命，他被迫撤出巴黎，回到美国，后来成为美国第三任总统。早在1802年，也就是他担任总统的第二年，杰斐逊就用这种油炸土豆在白宫招待客人。如果有人问这种新奇的食物是从哪里来的，杰斐逊会回答，他在法国就已经尝过炸薯条了。美国人对炸薯条的兴趣就是这样产生的。杰斐逊也迷上了土豆，还把它们种在蒙蒂塞洛庄园的花园里。

托马斯·杰斐逊

出生于1743年4月13日的托马斯·杰斐逊因为其政治家的身份而声名鹊起。他是美国的开国元勋之一，起草了《独立宣言》(*Declaration of Independence*)，协同国会从法国手中买下了路易斯安那领地，并创办了弗吉尼亚大学。杰斐逊的一生成就颇多，但在种种身份之中，他还是个园艺业余爱好者，种了许多庄稼和树木。杰斐逊是早期拥护西红柿和土豆的人之一，并吹捧炸薯条很美味。杰斐逊在一生中的大部分时间里都身体健康，最终于1826年7月4日离世——这一天恰好是《独立宣言》发布50周年。

快餐和垃圾食品

如果说土豆是南美洲人的成就，而炸薯条是法国人的创新，那么可以说美国人在这种新食品的营销方面很拿手。汉堡是旧大陆的产物，而在新大陆，它需要有其他食物相伴。另一种土豆制品——薯片，就有跟汉堡搭配的可能性。不过，20世纪兴起了汉堡与炸薯条的搭配。似乎没有人知道是谁最早这样搭配的，但是二者的组合延续至今。快餐店理所当然地搭配售卖汉堡和炸薯条，这种情况在美国的快餐店尤为普遍。人们只要在麦当劳里体验一番，就能看到这一现象。麦当劳积极推销它的巨无霸汉堡、芝士汉堡和其他各种汉堡，并且无一例外地给这些汉堡搭配上炸薯条。麦当劳甚至懒得使用它的全称——"法式炸薯条"（French fries），就把它们简称为"炸薯条"（fries）。这种搭配无处不在，甚至有时顾客想要单纯地点一个汉堡可能都办不到，因为点汉堡就附赠炸薯条。没有这些炸薯条，一顿饭就不算完整。麦当劳的三合一套餐——巨无霸汉堡、炸薯条和可乐，含有脂肪、盐和糖。人类对这三样东西天生怀有渴望，那我们怎能抵抗得了呢？因此，炸薯条是快餐行业的一种主打产品，人们甚至无法想象过去没有炸薯条的时光是怎样度过的。在这种背景下，炸薯条塑造了历史。在炸薯条的帮助下，一个覆盖美国和其他国家的快餐帝国建立了起来，其中的利与弊又是另外一回事了。

人们可以把一个小土豆用微波炉加热三分钟，然后将成品称作"快餐"。可炸薯条不仅仅是快餐，还是垃圾食品。尽管垃圾食品行业的支持者夸赞炸薯条富含维生素C，但它们浸满猪油或者其他食用油的事实使它们对人体的健康没有好处。它含有的脂肪太多了，而且这种脂肪大多是饱和脂肪或反式脂肪。在还没有实现机械化的时代（尤其是在汽车出现之前），人们过着积极而又艰苦的生活，工作往往是很费力气的。即使在自行车时代，人们也得使劲蹬车去上班。今天，有太多人四体不勤，发达国家尤其如此。然而，他们不比经常干活的前人吃得少。这带来的结果就是肥胖、癌症和心血管疾病。作为垃圾食品，也作为一种不健康生活方式的组成部分，炸薯条改变了历史。这种成就可不算光彩。

对炸薯条的矫正

美国人和其他国家的人最好别吃炸薯条，而选择用天然食品取代它。与其吃一两份炸薯条，不如吃一小包营养丰富的豆类食物，如干烤花生。花生确实也含有脂肪，但大部分是不饱和脂肪，并且花生不含反式脂肪。即使在烤花生上加一小撮盐，它的含盐量也远低于一份炸薯条的。炸薯条很不健康，还因为它是加工食品。不妨试试烤小土豆吧。把整个土豆带着皮一起吃掉，这样营养会最大化。关键是得吃与炸薯条截然不同的天然食品。尽管炸薯条满足了人们的渴望，但从其他所有方面来看，它都是一种不健康的食物。然而，人们还是不能忽视炸薯条广受欢迎的事实。不管你喜不喜欢，炸薯条无疑是一种很重要的食物。

延伸阅读

Johnson, Sylvia A. *Tomatoes, Potatoes, Corn, and Beans: How the Foods of the Americas Changed Eating Around the World*. New York: Atheneum Books, 1997.

Meltzer, Milton. *The Amazing Potato: A Story in Which the Incas, Conquistadors, Marie Antoinette, Thomas Jefferson, Wars, Famines,*

Immigrants, and French Fries All Play a Part. New York: HarperCollins Publishers, 1992.

Reader, John. *Potato: A History of the Propitious Esculent.* New Haven, CT: Yale University Press, 2008.

Rodger, Ellen. *The Biography of Potatoes.* New York: Crabtree Publishing, 2007.

Salaman, Redcliffe. *The History and Social Influence of the Potato.* Cambridge: Cambridge University Press, 1985.

薯 片

薯片是在美国颇受欢迎的零食之一。有关创造薯片的故事已经成为一个流行的传说，其中可能包含了部分真相。薯片的缺陷在于它让人发胖。当然，它不是导致发胖的罪魁祸首。缺乏锻炼和其他不良的饮食习惯也是造成肥胖的原因，但薯片肯定没有对这个问题起到改善作用。从商业角度来看，薯片身上有美国资本主义的全部要素：统一性、标准化、大规模生产和大规模消费。因此，薯片是美国经济和全球经济的一个缩影。

并非所有土豆都适合做成薯片

土豆是一种世界性主食，具有非常高的营养价值，而薯片是其广受好评但并不健康的副产品。通常来说，适合烘烤的土豆往往不适合做薯片。即使是美国非专业植物学者卢瑟·伯班克研发的著名的褐色伯班克土豆，也不适合做薯片，不过，这种土豆非常适合切成条后油炸。传统的烤土豆可以产出大约22%的生物量用于油炸。如今的一些品种在这一点上已经有所改善，比如斯诺登土豆，但这些土豆产出的生物量仍然只有30%左右。

美国菲多利公司大量采购土豆，并追求一致性、标准化、全年大规模生产和大规模消费——这些都是美国资本主义的标志。的确，薯片行业与肉类加工业、汽车制造业在经营理念上一致，它们都通过迎合消费者而发财致富。每片薯片的外观和味道都必须一样。融合了淀粉、脂肪和盐的薯片成为一种让人欲罢不能的必需品；因为人类天生渴望糖、脂肪和盐，而它提供了其中的两种。

原本可以用来制作薯片的土豆可能会在储藏期间发芽，这迫使农民将其当作牲畜饲料出售。在追求标准化的进程中，菲多利公司曾经从俄亥俄州采购土豆，但从1990年开始转向密歇根州和北达科他州；因为这些地区的灌溉条件很理想，可以生产出更适合切削的土豆。俄亥俄州不得不求助于宾夕法尼亚州的小众薯片公司。佛罗里达州在1月种植土豆，4月就可以卖土豆给薯片生产商，由此占领了淡季的薯片市场。气候温暖的佛罗里达州实际上并不适合种植土豆，因此，这里并非大型土豆产地。但是在薯片行业，掌握时机就是王道。

值得注意的是，土豆颜色多样，但通常来说，薯片生产商和美国消费者想要的只有白色的土豆——伯班克在19世纪就意识到了这一点。如果经真菌侵害或阳光暴晒，土豆的颜色会变成褐色或者绿色，这样的土豆就不适合也不应该被做成薯片。薯片生产商为了削减开支，花在采购土豆上的钱就少了。在20世纪80年代，每卖出45千克土豆可以赚25美元。如今，这一利润已经低到了每卖出45千克土豆赚2美元。随着价格降低，种植土豆的农场不得不通过收购陷入困境的同行来形成规模经济，这正是美国资本主义的又一个特点。在2000年前后，佛罗里达州约有300个种植土豆的农场。今天，这个数字不超过50。俄亥俄州的农场的数量下降得更多。

薯片的起源

尽管土豆是在南美洲被驯化的，但薯片是美国人的发明。虽然并非所有的历史学家都认同它的诞生故事，但是这个广为流传的故事必定有一定的真实性。在19世纪中期，位于纽约州萨拉托加斯普林斯的月亮湖滨餐厅是美国工业巨头们最喜欢的静养之地。1853年，兼有非裔美国人血统和印第安人血统的乔治·克拉姆（George Crum）来这里担任餐厅主厨。他做得一手好菜，就是人有点脾气，所以谁也不敢把食物退回厨房让他再做一次。根据各种各样的说法，那一年，美国富豪、铁路大亨科尼利厄斯·范德比尔特做了一件大胆的事情——他把一盘炸土豆退了回去，抱怨它们不够脆。克拉姆非常愤怒，决心让范德比尔特出洋相。他把土豆切成非常薄的片，然后油炸，这样范德比尔特就不得不用手捏着吃；而任何一个有身份的人都不会这样做。然而，克拉姆的如意算盘落空了。范德比尔特非常喜欢这些炸土豆片，于是又点了一份。因为这种薯片与萨拉托加斯普林斯有关系，所以它又名"萨拉托加薯片"。或许克拉姆应该申请发明专利，但他从来没有这样做过，于1914年默默无闻地去世了。据说，美国的两位前总统切斯特·A.阿瑟（Chester A. Arthur）和格罗弗·克利夫兰（Grover Cleveland）都对萨拉托加薯片情有独钟。

薯片行业的诞生

很快，薯片就被装在玻璃容器或袋子里售卖了。这么做的目的是让薯片成为一种便携的零食，就像甜筒托让冰淇淋成为一种易于携带的产品一样。美国东部各地的商店都用大桶盛装薯片，这样顾客就可以自己装袋。杂货商也开始出售薯片。大约在1900年，美国休闲食品协会会员威廉·塔彭登（William Tappenden）开始在俄亥俄州克利夫兰市大规模生产薯片。与此同时，俄亥俄州薯片协会会长哈维·诺斯（Harvey Noss）开始销售薯片和椒盐卷饼，并推销它们都是可口的含盐食品。宾夕法尼亚州的企业家们竞相效仿，纷纷开办薯片公司，使该地区的薯片公司数量达到美国之最。禁酒令刺激了薯片销量的增长。因为地下酒吧老板知道，顾客吃了含盐的零食就得喝饮料，于是他们就会买酒吧里的酒，所以这些地下酒吧不仅卖酒，也卖薯片。在大萧条时期，没有受到影响的美国人创办了一些小型薯片公司。第二次世界大战后，薯片风靡全国，逐渐跻身美国人最喜爱的零食之列。

在棒球比赛中卖花生的赫尔曼·雷（Herman Lay），也靠薯片发了财。他开着一辆福特A型车周游美国，到处卖薯片。1938年，雷开设了他的第一家薯片厂。1945年，雷只保留了自己的品牌名称"乐事"，将公司与埃尔默·杜林（Elmer Doolin）的以销售玉米片为主的芙乐多公司合并，从而缔造了一个零食帝国。两家公司于1962年正式合并。与可口可乐和汽车制造商所做的一样，合并后的菲多利公司在电视上狂打广告。杂志上的薯片广告性感十足，而性感自始至终都是广告卖点。合并后的菲多利也像微软那样收购了一些小的竞争者，以形成实质上的垄断——正符合达尔文主义背景下的商业模式的应有之义。

在20世纪70年代，美国宝洁公司推出了品客薯片，这一产品很快就流行起来。与传统薯片不同，品客薯片是罐装的。市场上以菲多利公司为首的生产商是品客薯片的竞争对手，他们认为，品客的产品在形状和质地上与传统薯片的不同，没有资格被称作真正的薯片。这种争议成了营销战乃至诉讼的素材。当一切尘埃落定，品客薯片保留了自称薯片产品的权利，但这一折中结果并不能令所有的诉讼当事人满意。自20世纪70年代以来，薯片市场的竞争就一直异常激烈。

薯片和肥胖

内讧只是困扰薯片发展的一个问题。随着汽车和其他设备在现代生活中的普及，美国人发现他们从事繁重工作或锻炼的时间减少了。在这种背景下，高脂肪、高热量和高糖的饮食会造成肥胖。医生和营养师非常清楚，高脂肪的薯片就是造成肥胖问题的一部分原因。在20世纪70年代，这个问题有了最初的解决方案——用蔗糖聚酯来炸薯片。蔗糖聚酯是一种人的胃消化不了的大分子化合物，有着脂肪的质地和味道。这时，人们终于可以吃上类似于零脂肪薯片的东西了。蔗糖聚酯是经过25年研发的成果，通过了美国食品药品监督管理局的测试，并于1996年获批面市。然而，因为蔗糖聚酯不能被人体消化，所以会使部分人出现腹泻和肠胃痉挛等不良反应。如今我们回头再看，美国食品药品监督管理局经过9年的测试后，依然不顾这些问题批准了蔗糖聚酯面市，这似乎令人惊讶。后续的研究发现，蔗糖聚酯损害了人体吸收维生素的能力，导致脂溶性的维生素D和维生素E经过身体而不能被吸收。同样，美国食品药品监督管理局本应注意到这种危险。

薯片不仅没有营养，而且还会阻碍人体从其他食物中吸收营养。薯片把富含营养的土豆变成了垃圾食品，这或许是最糟糕的。菲多利公司在2006年宣布，它将用葵花子油而不是棉籽油来炸薯片，以降低饱和脂肪的含量——这在一定程度上是为了回应各方批评。美国农业部急于保护土豆种植者，于是发布了一份不负责任的声明，暗示薯片和苹果一样有益健康。对此，苹果种植者非常愤怒，迫使美国农业部收回了这份颠倒是非的声明。但薯片生产商并未善罢甘休，他们声称薯片为人类饮食贡献的维生素C最多。就算这种说法是真的，也还是忽略了薯片的高脂肪含量问题。从医学层面考虑，薯片还是少吃为好。

延伸阅读

Burhans, Dirk. *Crunch!: A History of the Great American Potato Chip.* Madison, WI: Terrace Books, 2008.

奶 酪

　　奶酪来源于奶。奶酪的发明是一种必然，因为在巴氏消毒法和冷藏技术出现之前鲜奶不好保存。细菌在奶里不断繁殖，这会产生危害。天热的话，奶过不了几个小时就会变质。因此，有必要制造一种保存时间更长甚至是久放不坏的产品。人们可能在无意中发现了答案。在宰杀动物后，人们取出动物的胃用来储存牛奶，无意中使牛奶遇到了凝乳酶[1]。这种酶和其他类似的酶可以把奶凝固成奶酪，而奶酪正是人类梦寐以求的可以长期存储的东西。与奶相比，奶酪

1　凝乳酶：一种蛋白水解酶，存在于幼年动物胃中，以无活性的酶原形式分泌到胃里，在胃液的酸性环境中被活化。它可以使牛奶凝结，因此被用于奶酪的生产。——编者注

还有一个优点。有些人，主要是成年人，消化不了奶中的乳糖，因为他们的身体不能产生乳糖酶；这些人不能喝奶，但可以吃奶酪，因为身体即便没有乳糖酶也能消化奶酪。马苏里拉奶酪和波罗伏洛干酪在这方面尤为重要。一般来说，在保质期内，奶酪陈化的时间越长，就越容易消化。尽管奶酪含有大量的饱和脂肪，但作为蛋白质和钙的重要来源，它的地位日益显赫。有此优势，奶酪成为影响文明兴衰的全球性食品也就不足为奇了。

奶酪的起源、历史和重要性

或许在9000年前，人们用山羊奶做出了第一块奶酪。这项发明可能出现在波斯西北部的扎格罗斯山脉。在西亚的其他地区，人们也用绵羊奶和牛奶做出了奶酪。在中国和东亚其他地区，人们用水牛奶做奶酪。阿拉伯人用骆驼奶做奶酪。欧洲和印度可能是最早接受奶酪的国家，尽管印度的情况仍有争议。到了公元前4000年，乳品业和奶酪制造在欧亚大陆的广大地区都非常重要。埃及人可能在很早以前就把奶酪当陪葬品了，他们可能相信逝者在另一个世界用得着这样的食物。至于哪种奶酪值得食用，上埃及[1]和下埃及[2]各有偏好。埃及象形文字可能是最早提到奶酪的书面文字，相关记载大约写于公元前3000年。不久之后，美索不达米亚南部的苏美尔人，记述了与奶酪有关的书面内容。奶酪在伊拉克似乎是一种贸易物品。苏美尔人制作的奶酪约有20种。通过这些记录，应注意到奶酪

1　上埃及：地区名，即今埃及南部地区，包括开罗南郊以南直到苏丹边境的尼罗河谷地。——编者注
2　下埃及：地区名，习惯上指埃及尼罗河三角洲以及开罗南郊地区。——编者注

是促进埃及和伊拉克的早期文明兴起的食物之一。

有些奶酪以香味而闻名，有些以形状、质地和颜色而闻名，还有一些则以口味而闻名。西亚的阿卡德人可能撰写了第一部包含奶酪配方的食谱。赫梯人也制有各种各样的奶酪，他们似乎非常关心奶酪的形状、质地和颜色，并以此分类。他们也许是最早把奶酪发给士兵当口粮的人，但绝不是最后这样做的人。古希腊人也制有奶酪，不过，相关的最古老的书面记录只能回溯到大约公元前 1600 年。他们很少养牛，所以用绵羊奶和山羊奶做奶酪。公元前 4 世纪时，古希腊哲学家亚里士多德对奶酪制作过程产生了科研兴趣。在古罗马时期，希腊的克里特岛成了奶酪出口地。也许，罗马的西西里岛是更重要的奶酪出口地，而这里的奶酪也是用山羊奶做成的。古罗马人把奶酪看作贵族的奢侈品，不过罗马酒馆似乎也向百姓提供奶酪。也许是基于这个事实，奶酪和葡萄酒之间产生了联系，因为所有的罗马酒馆都少不了葡萄酒这种饮料。罗马帝国稳定的社会、繁荣的货船和商路都促进了奶酪和其他食品的贸易，特别是葡萄酒和橄榄油的贸易。在罗马帝国统治时期，意大利、葡萄牙、西班牙、安纳托利亚（今属土耳其）、希腊、高卢、北非、埃及和北方各地区都生产奶酪。和赫梯人一样，古罗马人也把奶酪当作军粮。甚至在古罗马时期，帝国之外的北欧部分地区也生产奶酪，并与罗马进行贸易。在古代，东欧各国和俄罗斯都是奶酪生产大国。

中国既不是奶酪生产大国，也不是奶酪消费大国。如今，东南亚国家和印度很少有人吃奶酪。中非和南非也很少生产和消费奶酪。在欧洲人到来之前，奶酪在美洲和澳大利亚无人知晓。埃塞俄比亚和索马里可能继承了埃及的奶酪制作传统，开始生产和消费奶酪。纵观历史，人们会发现奶酪在烹饪方面发挥着巨大作用。别的食物不说，奶酪汉堡、三明治、比萨、奶酪通心粉这些食物没有奶酪是不可能存在的。多亏了奶酪，这些食物已经成了世界性主食。

奶酪与罗马帝国的衰落

虽然定居民族和游牧民族都早就开始吃奶酪了，但奶酪对游牧民族来说尤为重要。这些游牧民族赶着他们的牧群四处迁徙，随时可以获得奶，当然还有奶酪。奶酪可以长久存放，并易于携带，因此它为游牧民族的大规模迁徙提供了便利。很早以前，骑手组成了一支凶猛的军队，他们就养成了随身携带奶酪的传统；无论是否坐在马背上，他们都可以吃奶酪。这些吃奶酪的游牧民族对人类文明的兴衰产生了巨大的影响。

罗马帝国就是一个例子。罗马帝国曾有一个相对和平的时期，促进了贸易发展和思想交流。可是，到了公元2世纪末，罗马帝国受到来自游牧民族越来越频繁的侵扰，这些游牧民族大多来自亚洲草原。为了防御，罗马帝国被迫不断扩军，也付出了不小的代价。像之前和之后的许多国家一样，罗马帝国也通过增税来筹集军费。过去和现在一样，纳税能力最弱的人——维持帝国运转的小农场主——承担着与收入不相称的税负。为了避税，很多人舍弃了土地，这使帝国的境况进一步恶化。耕地减少，粮食产量又进一步降低，最终导致了罗马帝国的衰退。万般无奈下，典型的行伍出身的皇帝戴克里先（Diocletianus）采取措施，即通过规定农民离开自己耕种的土地是非法的，强制性地把农民家庭和土地捆绑在一起。因此，吃奶酪的游牧民族成为促使农奴制——类似于困扰着中世纪欧洲国家和19世纪俄罗斯的奴隶制——兴起的一个因素。终于，在公元5世纪，这些游牧民族瓜分了罗马帝国。

延伸阅读

Dalby, Andrew. *Cheese: A Global History*. London: Reaktion Books, 2009.

卷　饼

人们通常认为卷饼是墨西哥食品，可是它与塔可饼、玉米饼、辣椒肉馅玉米卷饼以及其他传统墨西哥食物明显不同。标准的墨西哥食物以玉米面为主；这并不奇怪，因为玉米对美洲人来说一直非常重要。然而，卷饼是用小麦粉做成的。美洲印第安人并不了解小麦，因为它是旧大陆的一种食物。虽然玉米和小麦都是禾本科植物，关系密切，但是它们在欧洲人与美洲人接触之前远隔重洋。直到15世纪90年代，美洲印第安人才开始了解小麦，而在那时，美洲的热带地区也不适合种植小麦。因此，卷饼是后哥伦布时代的产物。由此说来，卷饼与墨西哥有关系，但是严格来说，它并非传统的墨西哥食物。人们可以把卷饼看作墨西哥和欧洲混血的产物，也可以将其看作墨西哥人后来研发的食物。因此，卷饼不是玉米饼，而玉米饼几乎是所有墨西哥食物的基础。卷饼即把各种食材裹起来。它基本上是蒸出来或烤出来的，而不是油炸的；因此它很软，跟塔可饼和辣椒肉馅玉米卷饼不一样。卷饼名字"burrito"的字面意思是"小毛驴"。关于这个名字的由来，有一种说法是，骑毛驴的人常吃卷饼，后来人们便把这种食物叫作"小毛驴"；还有一种说法是，这种卷着吃的食物跟毛驴驮的包裹很像，因此得名。

配料多样

可能有人认为，卷饼是一种吸收了墨西哥风格的食品。墨西哥人喜欢用卷饼卷着牛肉和豆子吃，而牛肉和豆子这两种食物都富含蛋白质。卷饼融合了新大陆的豆子和旧大陆的牛肉，在这个意义上，不妨把它看作一种复合食品。除了牛肉和豆子，卷饼中还可以添加大米、生菜、萨尔萨辣酱、鳄梨酱、奶酪和酸奶油。同样，这些食物也兼具新旧大陆的传统特色。配上这些食材之后，卷饼的热量会非常高。在艰难求生和辛苦劳作的年代，高热量饮食是适合人们的；然而，在发达国家中久坐不动的现代人吃热量如此之高的食物会容易发胖。

历史

正如我们看到的，卷饼的源头很难追溯到美洲印第安人，因为他们没有小麦。不过，美洲印第安人吃玉米饼，并且玉米饼的馅料与卷饼的类似。毫无疑问，美洲印第安人原本就有一些类似于塔可饼和辣椒肉馅玉米卷饼的食物，而卷饼的类似程度更甚。也就是说，几千年来，美洲印第安人一直用豆子做饭，他们卷玉米饼的时候肯定要放豆子。这样的话，可以说美洲印第安人吃的东西类似于卷饼。他们的玉米饼可能含有辣椒、西红柿、蘑菇、笋瓜和牛油果，属于素食。蘑菇原产于新旧大陆，不是植物而是真菌。除蘑菇以外的其他所有食材都是产于美洲的植物，直到哥伦布大交换它们才被传遍全世界。美国西南部的印第安人村落的居民似乎早就在吃用肉和豆子做成的玉米饼。这些肉肯定来源于豚鼠或者狗，因为直到哥伦布大交换后美洲才有了牛、猪和鸡，尽管人们对鸡莫衷一是。

卷饼可能在19世纪发源于墨西哥北部地区，在这个意义上它可以被归入墨西哥食物的类别。该地区种小麦，因此，肯定会大量生产小麦粉。小麦粉可以用来做很薄的面饼，为后来的卷饼奠定了基础。一部于1895年出版的有关墨西哥烹饪的词典可能是第一份提到卷饼的西班牙语参考资料。然而，这部烹饪词典错误地将卷饼归类为塔可饼的一种——它们实际上并不是一回事，因为所用的食材和制作过程都不一样。有这样一种传说：在20世纪初期，一个卖墨西哥食品的小贩把卷饼放在驴背上，这样可以为卷饼保温。一些民俗历史学家把这个传说当作卷饼名字的由来。但是，事实并非如此，因为"burrito"这个词直到1895年才被创造出来。据说，在20世纪40年代，一个街头小贩向贫困儿童售卖卷饼，他把这些孩子叫作他的"burrito"。有人认为"burrito"这个名字一直没有变过，但问题同样是这个词的创造时间——出现于近20世纪这么晚的时间的单词很难与这种食物相匹配。在20世纪30年代，最早在美国供应卷饼的是加利福尼亚州南部地区的餐馆。1934年，历史学家埃尔娜·弗格森（Erna Fergusson）出版了《墨西哥食谱》（*Mexican Cookbook*），这是有史以来首次用英语写卷饼并介绍其配方的书。

卷饼的各种变化形式

卷饼是墨西哥北部奇瓦瓦州的主食，一日三餐都可以有它。墨西哥的卷饼跟美国的卷饼不一样，它更薄，热量更低。它的馅料可能有肉（或鱼）、土豆、豆子、大米、奶酪或填馅红辣椒——墨西哥卷饼同样是兼具新旧大陆食材的食物。相比较而言，墨西哥南部的人似乎对卷饼兴趣不大，原因可能是该地区不种小麦。有些墨西哥人把卷饼叫作"小麦粉做成的塔可饼"。这种说法更容易误导人，因为卷饼可不是塔可饼。而且，小麦粉和玉米粉更是两回事。

自20世纪60年代起，旧金山市的居民就开始吃卷饼。在那里，卷饼是在流水线上生产的。可以说，卷饼因其采用流水线生产方式影响了历史。流水线生产方式是美国肉类加工厂在19世纪率先采用的（实际上它是一条分解肉的生产线），到了20世纪初，美国汽车制造商亨利·福特将这种生产方式应用于汽车生产。在旧金山市，最受欢迎的卷饼配料包括牛肉、大米、豆子（蒸的或煮的）、酸奶油和洋葱。1961年，灯塔餐厅的老板费布罗尼奥·翁蒂韦罗斯（Febronio Ontiveros）说他在旧金山市供应了第一份卷饼，还说自己是在卷饼里加大米、酸奶油和鳄梨酱的第一人。几家售卖卷饼的连锁餐厅的总部都位于旧金山市。

圣迭戈市的居民说喜欢低热量的卷饼，坚持用牛肉、奶酪和萨尔萨辣酱做基本食材。一般来说，圣迭戈卷饼的配料比传统的旧金山卷饼的更少。圣迭戈卷饼制作者也不使用在旧金山仍然很流行的流水线生产方法。卷饼似乎是在20世纪60年代末传到圣迭戈的。当地有几家卖塔可饼的小店既卖卷饼，也卖其他墨西哥食品。到了2000年，仅仅一个连锁品牌在圣迭戈就有60家供应卷饼的门店。圣迭戈市声称自己是出现于20世纪80年代的"加州卷饼"的诞生地。加州卷饼跟人们想象中的那种朴素的圣迭戈卷饼相去甚远，馅料有牛肉、炸薯条、奶酪、香菜、酸奶油、洋葱和鳄梨酱。因为它融合了墨西哥菜中的牛肉和炸薯条，所以又被称作"融合食物"——这种搭配与麦当劳里的套餐没有太大区别。一些圣迭戈居民会把卷饼中的牛肉换成鸡肉或虾。

洛杉矶市有很多墨西哥人，所以那里的卷饼很难被分类。洛杉矶卷饼可以包含炸豆子、牛肉（或辣肉酱）、切达干酪和大米。洛杉矶还有只卷豆子和奶酪或辣椒酱的卷饼。在这座被誉为"天使之城"的城市里，有些人吃只有牛肉的卷饼，有些人在卷饼里添加热狗，还有些人喜欢酱油，把东亚的烹饪传统带到了洛杉矶。寿司卷饼是另一种亚裔美国人喜欢的融合食品。

早餐卷饼似乎创自美国，它卷有炒鸡蛋、土豆、洋葱和培根，其他配料可能包括辣椒和奶酪。20世纪80年代，麦当劳推出了自己的早餐卷饼，其特色是加上了香肠和鸡蛋。在20世纪90年代，其他快餐店纷纷效仿这一做法。

塔可贝尔快餐店让卷饼风靡全球，该店提供三种卷饼：内含牛肉、芙乐多玉米片、大米和奶酪酱的芙乐多牛肉卷饼；内含鸡肉、大米、豆子、辣椒酱、奶酪和酸奶油的熏鸡肉丝卷饼；内含豆子、大米、奶酪酱和墨西哥胡椒酱的芝士土豆米卷饼。

延伸阅读

Arellano, Gustavo. *TACO USA: How Mexican Food Conquered America.* New York: Scribner, 2012.

Pilcher, Jeffrey M. *Planet Taco: A Global History of Mexican Food.* Oxford and New York: Oxford University Press, 2012.

Taco Bell. "Burritos." Accessed September 26, 2014. www.tacobell. com/food/burritos.

蛋　糕

蛋糕是庆祝活动中甜蜜的核心。除此之外，人们很难给它下定义，尽管蛋糕的意义远不止如此。有些需要进一步探究的观点值得一提。蛋糕和面包都是用小麦粉做成的，但蛋糕不是面包。蛋糕也不是巧克力方块蛋糕（布朗尼）、松饼、曲奇、饼干、烤饼以及某种油酥糕点或布丁，尽管它们可能都是甜的。尽管煎饼的英文名字"pancake"里有"cake"，但它并不是蛋糕。人们也很难判断芝士蛋糕（cheesecake）是不是蛋糕。蛋糕不必像巧克力曲奇那样必须以巧克力为主要成分。事实上，巧克力蛋糕可能的确不含巧克力。

起源

人们在蛋糕的历史问题上存在争议，一些研究食物的历史学家认为，蛋糕出现在遥远的过去，而其他人则认为它是近期才被发明出来的。考古学家指出，有证据表明蛋糕起源于西亚、埃及和中国等地区的早期文明中。然而，人们所知道的又甜又软的海绵似的蛋糕可能出现于18世纪。第一块"蛋糕"可能是用被碾碎并煮熟的湿润谷物做成的。人们可能会提出异议，认为这种食物不含糖、蜂蜜或其他甜味剂，并不适合被称为"蛋糕"。古罗马人做出了类似芝士蛋糕的东西，而因为这种食物含有蜂蜜，人们可能更有底气将其定义为蛋糕。

埃及人做了好几种蛋糕，并把它们用在各种节日中。埃及蛋糕里有蜂蜜和椰枣，肯定极甜。实际上，埃及人可能制作了椰枣糖浆，给蛋糕增加更多的甜味。他们把一些蛋糕献给女神伊西斯，她可能是埃及和地中海世界最重要的神。地中海盆地的蛋糕和诸神可能也起源于埃及。在这个阶段，在蛋糕中加入牛奶是很常见的，尽管这种做法肯定利于有害细菌的生长，反而加速了蛋糕的腐坏变质。公元前2世纪，古罗马农学家大加图罗列了几种蛋糕。因为他一向专注于自己认为重要的事情，比如葡萄栽培、橄榄油的生产和销售，所以蛋糕对罗马人来说肯定很重要。

中世纪和近代

在中世纪，英国人制作姜饼，而人们通常不把它归类为蛋糕。姜饼里有蜂蜜，这可能会让人把它当作一种蛋糕，尽管姜饼里的胡椒、西红花、肉桂和生姜让它看起来不像蛋糕。这些昂贵的香料使姜饼成为精英们吃的食物。有人试着从面包的制作方面追溯蛋糕的起源，这似乎是徒劳的。面包不甜，而蛋糕不甜不行。中世纪晚期和近代的欧洲人光加蜂蜜还不满足，又向面粉里加入了奶油、黄油和鸡蛋，于是，现代评论家信心满满地将这种食物归类为蛋糕。在这一时期，英国人和北欧人经常在吃蛋糕的时候喝啤酒，在今天看来这种搭配可能有些奇怪。到了近代，欧洲人又把蛋糕和可可结合在一起，形成一种美味的融合，从而强化了巧克力在欧洲的重要性，也提升了哥伦布大交换（将巧克力从美洲带到欧洲）的重要性，使糖作为一种蛋糕配料变得愈发重要。在发现美洲之前，欧洲人几乎得不到糖。而美洲热带地区的欧洲奴隶主、非洲奴隶改变了一切。探险家哥伦布于1493年在加勒比地区种植甘蔗，从那以后，美洲逐渐形成了一个"糖业帝国"。随着大量的糖从美洲运向欧洲，甜味剂作为蛋糕的一种配料变得越来越重要。哥伦布大交换还把香草从美洲带到欧洲，又为蛋糕增添了一种新口味。

迈向现代

进入18世纪，生活在英属北美和欧洲地区的人们吃蛋糕的时候会喝咖啡，这是哥伦布大交换的重要性的另一个表现。作为旧大陆的一种植物，咖啡在美洲热带地区安家了。咖啡非常适合在这个"甘蔗帝国"生长，因为海拔略高的地方种不了甘蔗，却可以种植咖啡，还能将低地留给青草生长。18世纪，蛋糕生产商放弃了对酵母的使用，这一做法把蛋糕和面包彻底分开。烤箱造就了现代蛋糕。到了1780年，蛋糕普遍由烤箱烤制。即便不用酵母，使用打发的鸡蛋也能做出蛋糕。当时的蛋糕食谱要求黄油、糖、面粉各454克，外加8个鸡蛋。到了18世纪末，碳酸钾成为膨松剂的首选，不过，小苏打（碳酸氢钠）很快就显示出自己的优越性。到了1850年，发酵粉已经取代了其他所有膨松剂，而发酵粉里就有小苏打。17世纪和18世纪时又出现了在蛋糕上抹更多糖霜的做法。如今，抹到蛋糕上的往往是奶油乳酪或搅奶油。

蛋糕和法国大革命

根据一些资料的记载，当法国皇后玛丽·安托瓦内特（Marie Antoinette）得知百姓买不起面包时，似乎指示他们吃蛋糕。这个故事可能是杜撰的，但揭示了法国1789年大革命前夕的一些情形。皇后似乎不懂得这样一个事实：百姓永远买不起小麦面包，更买不起蛋糕，而只能靠黑麦面包果腹。在大革命爆发前的几年里，黑麦歉收导致黑麦面包的价格就像小麦面包和蛋糕的价格一样让法国的普通百姓难以负担。土豆将问题进一步复杂化。尽管早在18世纪70年代就有一位法国医生兼药剂师提倡种土豆，但国家往往需要很长时间才能完成农业转型。法国没有像爱尔兰那样大规模种植土豆。当时，如果法国能够迅速改种土豆的话，那么面包危机就不会出现了。事实上，黑麦歉收在法国城市引发了面包暴动，这一幕又在20世纪初的俄罗斯重演。不论是在法国还是在俄罗斯，悲剧都接踵而至。失去掌控权的法国君主被送上断头台，恐怖统治时期[1]开始了，而许多法国人——包括化学家安托万·拉瓦锡——都在这一时期丧生。法国指挥官拿破仑·波拿巴利用革命的狂热阵势一举登基，并将整个欧洲卷入战事。在一些人眼里，蛋糕加上无知象征着法国革命中的所有错误。

蛋糕和象征

蛋糕的地位不甚清晰。它虽不影响人的生死，但具有重要的象征意义。它是出生的象征，在所有庆生活动中都不可或缺，对于孩子们来说尤其如此。我们还不清楚人们从什么时候开始在蛋糕上插蜡烛以代表小寿星的年龄，但很明显的是，带着蜡烛的蛋糕是作为一种时间标志出现的。在儿童死亡率很高的时代，这种时间标志肯定很重要。它还象征着糖和脂肪的盈余。在生物学上，人类倾向于摄入盐、糖和脂肪，因为蛋糕提供了其中的两种，所以它看起来像是必需品。然而，从摄入营养的角度来看，蛋糕是多余的。一个人就算一辈子不吃蛋糕也用不着担心营养不良。要不是因为蛋糕里有鸡蛋，人们可能会把它当成只有空热量的垃圾食品，对待它就像对

生日蛋糕

用蛋糕来庆祝生日是一种传统。生日蛋糕通常含有糖霜、鸡蛋和大量的糖，因此热量很高。人们习惯用蜡烛的数量来表示年龄。据说，一口气吹灭蜡烛可以确保好运或者愿望成真。随着年龄渐长，过生日的人对这样庆祝的欲望变得越来越弱。谁会愿意在一个蛋糕上插50根蜡烛呢？

---

1 恐怖统治时期：法国大革命中的一个时期。在此期间，罗伯斯比尔（Robespierre）领导的救国委员会采取严厉措施处置革命的敌人。——编者注

待糖那样不屑一顾。然而，蛋糕的发明是人类生活方面的里程碑。如果没有精致的蛋糕，婚礼还是婚礼吗？如果没有蛋糕，人们还能庆祝各种节日吗？蛋糕的象征意义远远重于它在饮食上的贡献。的确，人们可能会认为蛋糕本身就是多余的——它由面粉、鸡蛋、糖和脂肪叠加而成，象征着堕落。

延伸阅读

Humble, Nicola. *Cake: A Global History*. London: Reaktion Books, 2010.

罐头食品

在短期内吃掉收获的所有粮食，既不可能，也不可取。有害的细菌会越积越多，导致新鲜的食物变坏——这是个难题。史前人类还不知细菌等微生物为何物，但是知道食物烂掉后有不少危害。因此，几千年来，人类一直在研究各种储存方法。最初的进展是发现可以用盐腌或者脱水的办法保存食物。咸鱼就是一个很好的例子，说明人类在食物保存方面取得了进展。同样，人类将牛奶加工成能长期存放的奶酪，即使在一段时间后牛奶变质了，但奶酪还可以食用。罐头食品则是更晚出现的一项意义非凡的创新食品，标志着人类保存食物的时限从季度跨越到几年甚至数十年。

法国的成就

罐头的核心工艺是法国研究出来的，虽然最初的容器是玻璃的而不是金属的。1795 年，法国与许多欧洲国家战事不断，并且仍然处于法国大革命的阵痛之中，陆军和海军需要便于储存的口粮。法国皇帝拿破仑·波拿巴是一位杰出的军事领袖，他清楚地意识到了这种需要。据说，他曾说过"军队是靠胃口行军的"。坏血病和其他由营养不良造成的疾病很危险，因此法国将领对这些疾病格外警惕，即使营养科学在当时尚未发展起来。这些将领知道这样的道理：用现代语言来说，食物必须免受有害细菌的侵害。

当时，法国陆军和海军是靠腌肉和面包填饱肚子的，而面包可能是用黑麦做的。1795 年，由拿破仑掌权的法国政府拿出 1.2 万法郎作为奖金，任何人只要设计出能够长久保存食物的新方法就能领奖。法国厨师尼古拉斯·阿佩尔花费 14 年时光，发明了罐头工艺，用玻璃瓶子来装食物。这种罐头工艺的前提是把食物煮熟。阿佩尔通过煮熟食物的方法把可能存在的细菌都杀死了，尽管当时没有人懂得微生物知识。他把食物密封在不透气的玻璃容器里，用软木塞盖紧。这是当时能够设计出来的效果最接近防腐剂的方法，能确保食物的保质期不再是几天或几周，而是几年甚至几十年。法国政府承认了阿佩尔的成就，在 1809 年把先前承诺的 1.2 万法郎奖金发给了他。拿破仑对阿佩尔感激不尽。那一年，阿佩尔出了第一本关于罐头工艺的书，这本书被翻译成多种语言，传遍了整个欧洲。很多人照搬阿佩尔的方法，却说罐头是自己的发明。

英国和美国脱颖而出

1813 年，英国人用锡制作容器，第一次真正意义上实现了食品罐装，罐头食品终成现实。和法国的做法一样，英国把军粮装进锡罐，发给陆军和海军。到了 1818 年，平民、士兵和水手都有了五花八门的罐头食品可以选择，比如肉、蔬菜和汤。这是一次食物消费革命，它在短短几十年内改变了欧洲人和美国人的饮食习惯，也改变了人们的日常生活。1815年，得益于罐头食品的供应，俄国探险家探索了北极的未知疆域。就这样，罐头食品帮助人类在对地理的理解方面取得了进展。

1817年，英国移民威廉·安德伍德（William Underwood）在美国建立了第一家罐头厂。他最初的计划是在路易斯安那州新奥尔良市建立工厂，但失败了，后来他设法在马萨诸塞州波士顿市建立了第一家罐头厂。他的客户范围很快就扩大到了南非和东亚。在纽约市，其他创新者开始将三文鱼、龙虾和牡蛎等海鲜制成罐头。到了19世纪40年代，番茄海鲜罐头很受美国人欢迎，虽然海鲜和番茄不是混在一起的，而是分开罐装的。在19世纪50年代，美国企业家盖尔·博登（Gail Borden）是第一个将牛奶浓缩并装进罐头的人。美国内战见证了罐头食品的广泛传播，此时罐头食品是南北双方的士兵和水手的口粮。内战过后，城市化和工业化的进程加快了。在城市里生活、在工厂里劳作的美国人无法经常吃上新鲜的食物，于是只好吃罐头。因此，可以说，工业革命是一场关于罐头食品的供应的革命。从美国西部到东部沿海的大城市，铁路把这些食物运到了全国各地。俄亥俄州、印第安纳州、伊利诺伊州和加利福尼亚州在生产水果罐头方面遥遥领先。加利福尼亚州出产多种水果罐头，这令人百思不得其解，因为无论在过去还是现在，这里都以新鲜的水果、蔬菜和坚果而闻名。佛罗里达州则致力于将当地的柑橘类水果加工成果汁，几十年来都不曾积极参与罐头革命。

罐头产业愈发贴近规模经济、大规模生产和大规模消费，这些原本是肉类加工业兴起的特征，后来也定义了汽车制造业。罐头食品促进了消费主义[1]——美国资本主义的产物——的兴起。就这样，罐头食品通过推广全球资本主义的原则，影响了现代世界。罐头生产商深知，并非所有人都喜欢罐头食品，比如豌豆罐头里的豌豆就容易变成豌豆糊，也不好吃。他们的应对方法是缩短烹饪时间，以尽可能保留食物风味。罐头食品的发展虽然不无坎坷，但是进步很快。1872年，芝加哥的肉类加工厂开始用罐头装猪肉和牛肉。3年后，新奥尔良开始把在墨西哥湾捕获的虾做成罐头。1878年，阿拉斯加州开始生产三文鱼罐头。1892年，夏威夷开始生产菠萝罐头（菠萝是哥伦布最中意的水果），这在美国烹饪史上是一个标志性的进步。在19世纪末和整个20世纪，罐头汤在全世界的消费量迅速增加。1870年时，美国的罐头汤工厂还不到700家；而到了1900年，这类工厂的数量直逼2000家。

与此同时，罐头生产商实现了食品加工的机械化，比如把杏装进罐头之前先用机器去掉杏核。新工艺加快了罐装速度，并削减了成本——这也是全球资本主义的根本原则。世界大战增加了人们对罐头食品的需求。例如，在第一次世界大战期间，美国75%的三文鱼罐头和40%的西红柿罐头都被美军买去了。到了1921年，佛罗里达州终于加入了这场全国性的罐头热潮，开始供应葡萄柚片罐头，甚至供应橙汁罐头。之后10年，美国开始生产婴儿食品罐头。第二次世界大战过后，医生和营养师开始大力吹捧罐头的营养品质，说罐装工艺不会损失食物的维生素，即使损失，也只是损失很小一部分维生素。这毫不奇怪，罐头行业渴求这些推荐。罐头生产商根据所装的食品，吹嘘罐头食品可以提供维生素B、维生素A、维生素

---

1 消费主义：发达国家中普遍流行的一种日常生活意识与实践，其表现形式是追求体面的消费，渴求无限制的物质享受和消遣，并把这些当作人生的目的与价值。——编者注

C、维生素D、铁、钙、磷和蛋白质等营养。第二次世界大战之后，形势有所变化，罐头食品面临着与冷冻食品愈发激烈的竞争。依然拿豌豆罐头举例，它在口味和营养方面都竞争不过冷冻豌豆。

罐装工艺让农民受益良多，因为罐头行业能确保农产品销路稳定。罐头厂甚至会在农作物还没播种时就先将其买下，这就保证了农民收入稳定。有了罐头食品，农民不再担心农产品供过于求，也不再担心价格不稳定。罐装工艺可以把收获的农产品保存好几年，如此就解决了每年都会出现的供应过剩问题，同时农民收入也有了保证。就这样，罐头食品成了农业综合经营的基本组成部分，并成了全球经济的一个重要领域。到了20世纪70年代，美国罐头厂购买的食物相当于1.6万平方千米的土地的收成，其中大部分是水果和蔬菜。今天，美国加工的西红柿的数量约占本土产量的90%，加工的橄榄的数量约占本土产量的75%，加工的芦笋、甜玉米和豌豆的数量占本土产量的半数以上。甜玉米罐头的市场规模不是很大，因为美国几乎所有的玉米都被用来喂养家畜了，尤其是猪和牛。在水果方面，美国本土生产的70%的杏、65%的梨和一半以上的桃被做成了罐头；在鱼肉方面，本土生产的99%的金枪鱼、90%的沙丁鱼和85%的三文鱼被做成了罐头，虽然冷冻三文鱼的市场需求量也在稳定地迅速增长。长期以来，罐头厂与农业科学建立了密切的关系，为很多研究项目提供资金支持。在食品杂货店卖掉的所有食品中，罐头食品占了大约15%的份额，这让食品杂货商获益。罐头生产商夸大其词，宣称自己的食品在口味和营养方面与新鲜食品不相上下。

延伸阅读

Communications Services. *The Canning Industry: Its History, Importance, Organization, Methods, and the Public Service Values of Its*

Products. 6th ed. Washington, DC: National Canners Association, 1971.

Hawkins, Richard A. *A Pacific Industry: The History of Pineapple Canning in Hawaii*. London: I. B. Tauris, 2011.

Newell, Dianne, ed. *The Development of the Pacific Salmon-Canning Industry: A Grown Man's Game*. Montreal: McGill-Queen's University Press, 1989.

辣肉酱

辣肉酱这种食物很神秘，人们并不很清楚它的起源。但几乎可以肯定的是，它起源于墨西哥，现在是美国白人常吃的一道菜。辣肉酱的原料在过去非常简单，就是牛肉和胡椒，如今却与美国著名的菜豆联系在一起，而且常常与另一种美洲食用植物红辣椒相伴。因此，辣肉酱是一种得益于哥伦布大交换的食物——其中的牛肉和胡椒来自旧大陆，而菜豆和红辣椒来自美洲。如此说来，辣肉酱是一种荟萃各地精华的食物，这也是它重要性提升的部分原因。

圣安东尼奥市

上文提到过，辣肉酱的起源扑朔迷离。它有可能起源于今天的美国得克萨斯州，而这片地区过去属于墨西哥北部的特哈斯州——至少是格兰德河以北的墨西哥地区。得克萨斯州的圣安东尼奥市曾不遗余力地推广辣肉酱，所以它可能是辣肉酱的原产地，还可能是1880年之前的辣肉酱全国中心。尽管诞生时间很模糊，但可以肯定的是，辣肉酱出现在19世纪70年代的某个时间点，抑或是在得克萨斯州并入美国后30年间的某一时刻。加入美国并不意味着得克萨斯州的居民都是白人。得克萨斯州有大量墨西哥后裔，不论在过去还是现在都是如此。过去，该州的白人和墨西哥居民就知道有一种叫"chile con carne"的食物，现在它被简称为"chili"，也就是辣肉酱。

辣肉酱最初只是用牛肉和胡椒做成的，现在则含有菜豆。菜豆是菜豆属的一员，而菜豆属是世界上颇重要的豆类来源之一。人们还在辣肉酱中添加美洲红辣椒以增强辣味。19世纪末到访得克萨斯州的美国人都渴望品尝一碗辣肉酱。19世纪时，得克萨斯州的大片土地被用作养牛的牧场，在这种背景下，还有什么比创制一道以牛肉为主的菜更理所应当的事情吗？就这样，辣肉酱作为得克萨斯州经济的标志，塑造了历史。有人可能注意到，美洲印第安人对牛肉一无所知。在欧洲人到来后，美洲才有了牛。牛在整个美洲大量繁殖，以至牛肉成为美洲人大量消费的肉。从很多方面来说，美国依然堪称"吃牛肉的国度"。只要看看麦当劳的成功，就能证明这一事实。在19世纪，牛肉非常丰富，以至于得克萨斯人认为它像水一样无处不在。在得克萨斯州，制作并销售辣肉酱的往往是女人。女人越有魅力，吸引的顾客就越多。这些女人一般在午饭时间和傍晚卖辣肉酱，那时候牧民正好从牧场回来。辣肉酱为忙碌的人们提供了快餐，有着与热狗、汉堡一样的功能。就这样，它作为四处奔忙的普通百姓的食物塑造了历史。有些商贩甚至还雇用乐手来吸引人们的注意力。

辣肉酱是墨西哥生活方式的一种遗存，也是那些不确定自己是否要融入美国的人的一种坚守，因为美国的新兴工业似乎威胁到了他们曾引以为傲的农业。去过圣安东尼奥市的作家会被这种怀旧情怀所打动。在一些人看来，19世纪的墨西哥人依然活在17世纪。辣肉酱在19世纪是一种新奇的食物，代表了一种自豪感和一种对昔日的颂扬。包括辣肉酱在内的墨西哥菜肴吸引着有欧洲血统的美国人来到得克萨斯州。得克萨斯州在不断改变，而且这个仍然具有墨西哥底蕴的地区的人口结构正在发生变化。如果辣肉酱是得克萨斯州的食物，墨西哥人会联想到得克萨斯州曾属于墨西哥的时光，就会欣然把它当作正宗的墨西哥菜。评论家认为，墨西哥人吃最辣的辣肉酱，喝最苦的咖啡——但这种评论对在阿拉莫附近向游客卖辣肉酱的餐馆毫无影响。很多做辣肉酱的墨西哥人都自称是阿兹特克人的后裔，其这样说的目的当然是给游客留下深刻印象。然而，考虑到美洲原住民、西班牙人和非洲人之间的混血情况，这些人的真实血统可能可以追溯到西班牙或西非。这一点很重要，因为即使在美国，欧洲血统与非洲血统的人通婚也并非罕见，尽管这曾被视为禁忌。在这种情况下，辣肉酱是一种维系人们关系的食物。有些美国人囿于性别与种族偏见，草率地将烹饪和售卖辣肉酱的女性视为"原始人"。就连美国作家斯蒂芬·克莱恩（Stephen Crane）对这些女性的评价都不太友好，只是说其中的年轻女子漂亮；至于年长的，他认为都是丑女人。而思想开放、眼界开阔的美国人则坦言被这些女性深深吸引，并称她们为"辣肉酱女皇"。

1893年哥伦比亚世界博览会[1]

据说，在1893年举办于芝加哥的哥伦比亚世界博览会上，得克萨斯州代表团摆出的圣安东尼奥辣肉酱展位，吸引了全世界的注意。人们好奇心切，急不可耐地想尝一碗辣肉酱。辣肉酱最终声名

---

1 哥伦比亚世界博览会：指1893年5月至11月在芝加哥举办的国际博览会，以纪念哥伦布发现新大陆400周年。——译者注

大振——如果它的发明时间确实略早于1880年的话，那么它的出名无疑是迅速的。但令人奇怪的是，这一盛会如此隆重，当时却没有关于圣安东尼奥辣肉酱展位的记载。尽管圣安东尼奥市的两家报纸对博览会做了详尽报道，却都对辣肉酱展位只字未提。倘若辣肉酱展位真实存在，记者们定然不会视若无睹。芝加哥报界同样未对辣肉酱展位进行报道。由此可见，辣肉酱参展似乎并非事实，而是后来臆想出来的。博览会的官方烹饪书倒是发表了一份含有杏仁等食材的得克萨斯食谱，但并未提及辣肉酱。直到1927年，在得克萨斯州税务专员弗兰克·布希克（Frank Bushick）的推动下，辣肉酱的传奇才开始流传。这位税务专员的名字似乎是典型的欧洲人名字，但他可能有墨西哥血统，有关这一点人们并不清楚。值得探究的是，布希克是否知道1893年哥伦比亚世界博览会上没有辣肉酱展位？或许圣安东尼奥辣肉酱展位是事后"虚构"出来的——这完全有可能。当然，布希克是一个有前途的商人，他想推广整个得克萨斯州，尤其是圣安东尼奥市。圣安东尼奥辣肉酱展位的传说，肯定是布希克为了宣传圣安东尼奥市和辣肉酱而杜撰的。辣肉酱肯定是一种重要的食物，所以才会如此引人注目。

实际上，博览会对辣肉酱的影响不如人们想象中那般重要。在博览会召开之前，辣肉酱就在某种程度上成了一道国民菜肴。在19世纪80年代，几个州的餐馆供应辣肉酱。在之后十年，华盛顿和夏威夷（当时还不是一个州）的报纸对辣肉酱赞赏有加，并向读者热情推荐。1889年，在巴黎世界博览会上，从美国航运到法国的辣肉酱罐头大出风头，并广受好评。芝加哥的利比斯公司[1]在本届世界博

1　利比斯公司（Libby, McNeil and Libby）：美国的一家知名罐头食品生产商，1868年由阿奇博尔德·麦克尼尔（Archibald McNeil）同亚瑟·利比（Arthur Libby）、查尔斯·利比（Charles Libby）兄弟创立。——译者注

览会上展示了辣肉酱罐头。即使圣安东尼奥辣肉酱在1893年的博览会上没有出现，但似乎可以肯定的是，许多罐头商都曾到场推广过辣肉酱。如果说圣安东尼奥是创新者，那么芝加哥似乎就是辣肉酱的宣传员。19世纪90年代，菜豆成为辣肉酱的主要原料之一。在1893年至1897年的经济衰退期间，许多美国人失去了工作，几乎吃不上饭。一些历史学家认为，美国历史上最糟糕的经济危机是这次经济衰退，而非经济大萧条（1929—1933年）。在经济不景气的时候，辣肉酱正好符合人们的需求，因为它营养丰富，而且不贵。

再说圣安东尼奥市

不无讽刺的是，1890年前后，圣安东尼奥市转而抵制辣肉酱，至少是抵制辣肉酱生产商。市长布赖恩·卡拉汉（Bryan Callaghan）在阿拉莫附近建起了几栋大楼，赶走了卖辣肉酱的商贩。他对已经成为芝加哥食物的辣肉酱没有耐心了。小贩们拒不服从，悄悄回到阿拉莫，在没有许可的情况下售卖辣肉酱。在20世纪30年代，圣安东尼奥市当局深信这些小贩容易传播疾病，要求他们必须在卫生部门注册登记。由于担心传染病，市长要求他们在带隔板的帐篷里卖辣肉酱。然而，隔板即使能阻挡蚊子和苍蝇，也阻挡不了病原体的扩散；因此，从流行病学的角度来看，这一政策是不正确的。当然，顾客可不愿意冒险走进这些帐篷，所以到第二次世界大战结束时，辣肉酱女皇们不见了踪影。曾经的墨西哥食物现在成了白人的美味，他们很可能在对它的起源和丰富多彩的过去一无所知的情况下就把它吞进肚里了。

延伸阅读

Arellano, Gustavo. *TACO USA: How Mexican Food Conquered America.*

New York: Scribner, 2012.

Pilcher, Jeffrey M. *Planet Taco: A Global History of Mexican Food.*
Oxford and New York: Oxford University Press, 2012.

杂 烩

杂烩的英文名"Chop Suey"可能来自普通话"za hui"，或者粤语"shap sui"。考虑到粤语的变体，"shap"（杂）的意思是"混合在一起"，指的是各种食材的混合。在普通话和粤语中，"sui"（碎）意为"零碎的东西"，它给人一种这样的感觉：杂烩就是五花八门的原料的一种混合。杂烩是一道正宗的中国菜，有些记者将其誉为中国的"国菜"，虽然这种说法有夸大之嫌。19世纪时，中国的移民将杂烩和其他食物带到了美国，它首先在东海岸一带打开了局面，然后向中西部传播。令人不解的是，虽然中国移民的目的地是加利福尼亚州，但西海岸是杂烩最后才攻克的地方。

19世纪时杂烩被引入美国

当杂烩在1840年左右传入美国时，并未受到热烈欢迎。一部分原因在于种族主义，它源于欧洲人占领美洲时犯下的原罪。历史教科书清晰地记载了白人对非裔美国人强烈而根深蒂固的种族主义。然而，亚裔美国人所面临的种族主义却鲜为人知。简而言之，尽管"种族"一词会招致生物学家——他们认为人类的基因差异不足以区分种族——的批评，但我们仍被作为历史产物的"种族主义"所困扰。比起非裔美国人，华裔美国人的困境更少被人关注，加利福尼亚州甚至还爆发了针对新到来的中国人的骚乱。人们对中国人疑心很重，所以一开始中国人的食物并没有机会公正地展示出来。此外，中国菜也因来自他乡而受到怀疑。然而，在接纳其他移民群体的美食方面，美国做得很好。汉堡既是美国的，也是德国的，而且意大利肉丸面也不是意大利人或意大利裔美国人所独享的——在美国同样可以享受到它们。

中国菜也不例外。早在19世纪50年代，就有少数美国人开始熟悉杂烩和其他中国食物。中国人在很大程度上推动了美国人发生这种转变。华裔美国人在花园里种上了亚洲蔬菜，开始改造环境来适应他们的烹饪口味。每一个华裔美国家庭都以拥有自己的杂烩食谱而自豪。美国人对这种新食物的熟悉过程很慢，还把它错读成"chop soly"或者"chow chop sui"。

杂烩通常含有培根和切成片的猪肉、鸡肉、蘑菇、竹笋、洋葱和辣椒——这些都是旧大陆的食材，虽然一些蘑菇品种也可能原产于美洲。除了这些食材，杂烩还可能包含鸭肉、牛肉、芜菁、黑豆、山药、豌豆和菜豆。黑豆、菜豆和豌豆都是豆科作物，也是很好的蛋白质来源。黑豆和菜豆原产于美洲，但豌豆不是，这表明杂烩在传入美国的时候就没有把原料局限于旧大陆中常见的食材。一些美国人——往往是记者——认为杂烩是中国的国菜，但是其他人不同意，认为这个标签过于夸张。也许是中国太辽阔，太多样化了，以至于人们不能选中某一种食物作为国菜。

在美国作家马克·吐温（Mark Twain）所描述的"镀金时代"，杂烩开始崭露头角。在那个时代，少数商人积聚了巨额财富。他们在珠宝、房地产、远洋船只、时装和美食方面一掷千金。其中一些富豪认为法国菜永不过时，另一些人则不走寻常路，愿意尝试其他菜系，包括中国菜。这些百万富翁吃杂烩。在他们看来，边吃杂烩边品茶——另外一种公认的东方饮品——才算时髦。爱冒险的人边吃杂烩边喝米酒。杂烩在纽约市变得流行起来，那里的唐人街影响了欧裔美国人的烹饪习惯。在旧金山市，蒙古移民吃杂烩，而这个城市和整个加利福尼亚州迟迟不能领会杂烩的妙处。

中国人和华裔美国人喜欢把杂烩的食材用油炒一下，从而给这道菜增加一种多油的质感和味道。在美国，杂烩在很大程度上是一种饮食时尚，而不是美国菜的重要组成部分。它没有汉堡或热狗那样的地位。美国人倾向于减少配料的种类（虽然减少的幅度不大），还倾向于把猪肉或者鸡肉作为杂烩的主要食材，其他配料包括豆芽、洋葱、芹菜、竹笋和荸荠（又称"马蹄"）。美国人往往会过度烹煮这些食材，以至于做出来的菜一塌糊涂，寡然无味，难以满足口腹之欲。最晚在19世纪，人们就经常用白米饭配杂烩吃，尽管美国人应该知道糙米比白米更有营养。原料中的蔬菜表明杂烩营养丰富，不过，做杂烩时用的猪油和搭配食用的白米饭可能会让人觉得这道菜总体来看有太多的脂肪和热量。杂烩里加上鱼似乎令人更有食欲了。尽管在19世纪，人们有时会在杂烩里加鱼，但到了今天，鱼已经不是一种常见的杂烩食材了。

19世纪时，华裔美国人看重杂烩，就像波士顿市民喜欢烤豆子一样。在那个世纪，美国人都认为杂烩是中国的食物。当中国政要访问美国时，美国人惊讶地发现他们并不吃杂烩。或许杂烩根本就不是中国的国菜。即便如此，《布鲁克林鹰报》（*Brooklyn Eagle*）仍然鼓励美国人吃杂烩，因为记者感觉到美国人正狂热追捧所有与中国有关的事物。然而，另一家报纸在报道中表示，杂烩是中国人吃的"古怪食物"。在它最受欢迎的时候，华裔美国人的餐馆被称作"杂烩"。很多美国人认为杂烩是一种炖菜，但实际上它更像是一种炒菜。

20世纪和21世纪

20世纪初，中国食物焕然一新，更适合欧裔美国人的胃口了。杂烩搭配一盘油炸薯片（土豆片）的吃法风行一时。一些圈子里的人不吃米饭，因此，饭馆就用面条搭配杂烩。这种做法并没有使杂烩变得不地道，因为中国人很可能在13世纪之前就发明了面条。与米饭不同，面条是用硬粒小麦这种特殊类型的小麦做成的。硬粒小麦是质地最硬、蛋白质含量最高的小麦，也是一种很好的膳食选择。

一些美国人认为，杂烩是非裔美国人和穷人才吃的食物，这种观点似乎只是臆测。然而，记者们还是将非裔美国人和华裔美国人联系起来，视两者为劣等种族。在种族关系史和社会关系史上，20世纪初都堪称恐怖时期，对于杂烩来说同样如此。优生学[1]运动在美国、英国和德国很流行，它不过是旧有的种族态度的新形式。优生学家不遗余力地支持禁止黑人和白人通婚的法律，以免黑人"玷污"白人的纯洁性。他们的观点吸收了黑人男女无法控制性欲的旧有成见。人们认为，从本质上来看，黑人会诱惑到那些没有成熟到能够理解与黑人来往会危及白人种族的白人男女。在费城，"种族街"（Race Street）从唐人街穿过。这种措辞可能并非偶然。就这样，杂烩成了新生的优生学运动激发出来的陈旧的种族态度的代名词。

尽管如此，在20世纪初，杂烩还是在美国东海岸越来越受欢迎。艺术家和学者到中餐馆吃杂烩，这仿佛能让他们感觉自己的修养达到了巅峰。杂烩在美国东海岸立足之后，自然要进军中西

1　优生学：一门研究决定人类素质的遗传因子的学科，旨在改进后代生命质量。此词由英国科学家弗朗西斯·高尔顿（Francis Galton）于1883年首次提出。——编者注

部，这可能是不可避免的。在中西部城市中，芝加哥和圣路易斯可能是最早接受杂烩的城市。亚洲人开的餐馆不仅供应杂烩，还供应更符合中西部美国人口味的食物：咸牛肉、鸡蛋三明治和土豆沙拉。因此，人们去中餐馆并不意味着只能吃中餐。就这样，杂烩和其他中国食物赢得了欧裔美国人的欢心。美国作家西奥多·德莱塞（Theodore Dreiser）对中国菜兴味十足，他描写过几道中国菜，不过，人们禁不住怀疑其中是否有杂烩这道菜。到了20世纪20年代，杂烩成了芝加哥、圣路易斯、明尼阿波利斯和密苏里州堪萨斯城的主食。对于入侵"玉米王国"的一种食物来说，这是一种进步。

令人感到奇怪的是，在美国，中国移民最先落脚的西海岸反而是最后才接受杂烩的地方。旧金山用种族主义的口吻将杂烩描述成非裔美国人和爱尔兰移民的食物。和在美国中西部地区一样，杂烩必须适应美国人的口味，所以卖杂烩的餐馆也卖火腿和煎蛋饼。在一些地方，杂烩已经成了美国人饮食结构的组成部分；在那些地方的美国人看来，杂烩价格不贵，分量很足，是公认的异域特色菜。

延伸阅读

Coe, Andrew. *Chop Suey: A Cultural History of Chinese Food in the United States*. Oxford: Oxford University Press, 2009.

曲 奇

根据一种定义，曲奇是一种小而甜的蛋糕。这个定义似乎很奇怪，因为人们普遍认为蛋糕是松软的——虽然有些曲奇符合这些标准，但还有一些曲奇比较硬，也比较干。以巧克力曲奇为例，它可硬可软，这取决于生产商。正宗的巧克力曲奇必须包含巧克力，而巧克力是美洲很重要的本土食物之一，来自原产于南美洲的可可树。曲奇是一种可以常年食用的零食。在这一点上，人们可以把它与烤花生、薯片、冰淇淋、糖果和薄脆饼干相提并论。过去，家庭主妇擅长给家里人做曲奇，现在有人依然如此。但大多数曲奇还是由跨国公司生产的，它们无疑是沃尔玛和其他超市的首选商品。有人认为曲奇这种食物要适合拿在手上，所以它就像热狗和汉堡那样易于携带。事实上，能买到三明治的地方通常也能买到曲奇，比如赛百味。

起源

把一小块面糊放进烤炉里测量温度，可能就是曲奇的起源。人们应该是在温度计尚未出现的时候才这么做的。有一种说法认为，波斯人（现在的伊朗人）在公元 7 世纪发明了曲奇。阿拉伯人（波斯人不是阿拉伯人）可能对曲奇的出现有一定贡献，因为他们拥有非常庞大的贸易网络，容易接触到糖，而糖是让曲奇变甜的最佳原料。先是在旧大陆的热带地区，后来通过哥伦布大交换来到新大陆的热带地区，糖一直是一种非常重要的食物。人们往曲奇里加糖，有时候还会加巧克力，将曲奇打造成一种重要的食品，从而塑造了历史，也影响了人类对这种世界性食物的需求。阿拉伯人可能从印度南部购买糖，也有可能从东南亚购买。通过哥伦布大交换，人们更容易得到糖，所以曲奇的价格肯定降低了。波斯人似乎在公元 6 世纪就在印度发现了糖，但没有证据表明他们在那个时候就做出了曲奇。

曲奇的传播

到了14世纪，法国巴黎出现了一些卖曲奇的街头小贩。在文艺复兴时期，欧洲的一些烹饪书也介绍了几种曲奇的做法，它们使用的原料各不相同。16世纪晚期，曲奇在英国很受欢迎。制作曲奇要用到糖、面粉、几种香料和蛋黄。这种曲奇原料简单，但是热量高。当时，人们从事的体力活比现在的繁重，额外增加的热量对他们来说肯定没有坏处，甚至对那些从事异常繁重的体力劳动的人来说反而有好处。问题在于，现代人不干重活了，却依然喜欢吃曲奇，没办法燃烧多余的热量。曲奇不是罪魁祸首，但吃曲奇再加上缺乏锻炼，结果自然是肥胖。曲奇含有糖和脂肪，谁都改变不了这一点，而人类天生喜欢这些食物，一不小心就会吃多。

做曲奇的人也并不是一夜之间就学会做曲奇的手艺的。一个人要想烤出高质量的曲奇，就必须先跟着大厨做学徒。做学徒的时间往往要持续好几年。那时候的工艺跟现在的不一样，现在都是用机器做曲奇，而且对人力和技术的要求已经降至前所未有的水平。即便是那些以做得一手好曲奇而自豪的人，通常也得跟着食谱来，并不需要改进或创新。到了文艺复兴时期，擅做曲奇的人又为曲奇添加了一些额外的配料，比如黄油和其他几种来源不同的食用油。于是，曲奇更好吃了，但也更容易让人发胖了。与此同时，用1360克面粉和680克糖制作曲奇的做法并不罕见。在这种情况下，糖在质量上占了一块曲奇的三分之一，这种曲奇肯定极甜无比。

美国

曲奇和糖一样，一开始并不为美洲印第安人所知晓。没有曲奇的美洲印第安人也吃得很好，这表明，曲奇在某种意义上是可有可无的，不是必需品。哥伦布大交换改变了这一切。英格兰人、苏格兰人和荷兰人给这片后来成为美国领土的土地带来了曲奇。随着时间的推移，欧洲人在美洲热带地区开设了糖料种植园，使糖不再短缺。这些种植园的生产力很强大，但这建立在敲骨吸髓的剥削之上。种植园主强迫非洲奴隶过度劳动，这些非洲人饱受虐待，却又没有半点权利，无法在残酷的环境中拒绝劳作。过了一段时间之后，黑色的肤色成了原罪的隐喻——黑人在所有方面都低人一等。人们对曲奇和各种各样的甜食的追求，是造成这种惨绝人寰的制度的一个因素，对奴隶制的种种罪恶负有一定的责任。

曲奇在美国南部似乎备受青睐，每个家庭主妇都知道如何给她的丈夫、孩子和客人做好吃的曲奇。因此，曲奇是一种好客的象征，也是一种令人感到舒适的食物。来自欧洲和亚洲各地的移民把各自的曲奇配方带到了美国，因此，美国肯定有成千上万种曲奇配方，多到任何一本烹饪书都难以完整收录。19世纪时，美国与波利尼西亚的椰子贸易、与西属佛罗里达州和时属墨西哥的加利福尼亚州的柑橘贸易兴起，为曲奇生产商开辟了新的天地。20世纪30年代和40年代，电冰箱出现并普及后，容易腐坏的曲奇也能被妥善储存了。罗斯福新政[1]承诺让农村实现电气化，电冰箱由此普及开来。农村人和城里人都能买到电冰箱，这肯定有利于曲奇的销售和存放。不过，严格地说，不加蛋黄的硬曲奇不需要冷藏。

---

1 罗斯福新政：指富兰克林·罗斯福（Franklin Roosevelt）于1933年3月就任美国总统以后，为摆脱经济大萧条而采取的一系列政策措施。其主旨是强化政府干预，通过发展国家垄断资本主义来克服严重的信贷危机及经济衰退危机。——编者注

曲奇的种类

现在的动物薄脆饼干最初是从英国进口过来的，实际上是一种简易曲奇。得名于19世纪的"动物饼干"很受孩子们的欢迎，而且成了马戏团的主打食品。动物饼干的名声与美国艺人 P. T. 巴纳姆（P. T. Barnum）紧密相连，因此，多年来人们又把它称作"巴纳姆的动物"。动物饼干以狮子、熊和其他马戏团里常见的动物的形状出现。自"薄脆饼干"这一称呼出现后，这些饼干就被叫作"巴纳姆的动物薄脆饼干"，而这一名称沿用至今。成年人吃动物薄脆饼干时，会搭配一杯可可饮料，这是一种原材料来自可可树的产品。

来到美国的意大利人带来了几种曲奇。其中最著名的可能是意大利脆饼，至少在美国是这样的。其英文名"Biscotti"的意思是"烹饪两次"，尽管用"烤两次"来表达可能更贴切。那些习惯了加糖曲奇或巧克力曲奇的甜度的人，偶尔吃到意大利脆饼可能会感到失望；因为这种曲奇又硬又长，有一点调味料，但是含糖很少。对一些美国人来说，意大利脆饼是一种需要慢慢接受的食物。它的起源可以追溯到公元2世纪时罗马人制作的一种烤饼。这种烤饼在曲奇被发明之前就存在，它或许是颇古老的饼干之一。当时的罗马人生活在一个没有冰箱的时代，所以他们的烤饼比较干，以便于保存，而意大利脆饼就遵循了这种传统。烘焙师想要做出一种更甜的曲奇，就改变了意大利脆饼的传统配方，加入了巧克力和蜂蜜。

有一种说法是，巧克力曲奇的销量占了美国曲奇总销量的一半。这种曲奇是大萧条时期的创新。1937年，马萨诸塞州的家庭主妇露丝·韦克菲尔德在面糊中加入了巧克力块，由此发明了巧克力曲奇。因为她在托尔豪斯酒店工作，所以这种曲奇被命名为"托尔豪

名牌阿莫斯（Famous Amos）

　　沃利·阿莫斯（Wally Amos）是美国空军的一名老兵，曾是威廉·莫里斯经纪公司的一名经纪人。为了招募明星，他会给他们每人寄一包自制的巧克力曲奇。他也会给朋友们送巧克力曲奇。他的朋友们非常喜欢这些曲奇，甚至鼓励阿莫斯创办自己的曲奇公司。阿莫斯听从了他们的建议，于1975年在加利福尼亚州洛杉矶市开了一家名为"名牌阿莫斯"的曲奇小店。在头两年里，这个小店卖了近150万美元的巧克力曲奇。2019年"名牌阿莫斯"曲奇的制造权属于家乐氏公司，2024年家乐氏为玛氏收购。

斯曲奇"，并大受欢迎。2年后，贝蒂妙厨[1]把韦克菲尔德的曲奇推向全国。一夜之间，这种曲奇就引起了轰动。经韦克菲尔德允许，雀巢在每包巧克力的背面都印上了托尔豪斯曲奇的配方。雀巢承诺为韦克菲尔德提供终身免费的巧克力粒，供她自己使用。1997年，也就是韦克菲尔德去世约20年后，马萨诸塞州宣布巧克力曲奇为象征该州的曲奇，赋予她一种身后的荣誉。

　　无花果馅饼是另一种很受欢迎的曲奇，纳贝斯克公司将无花果馅饼的发明归功于费城发明家詹姆斯·米切尔（James Mitchell）。从名称上看，它当然包含无花果，而无花果原本是旧大陆的一种耐旱的树结出来的果实。哥伦布大交换把无花果树带到了加利福尼亚州。这种树的果实不用加糖就非常甜。米切尔用无花果的果肉做成一种果酱，再裹上面粉。这样做出来的曲奇很松软，馅料也足，而且很甜。另一种说法认为，佛罗里达发明家查尔斯·罗泽（Charles Roser）在1892年左右发明了无花果馅饼。这种说法声称，罗泽将他的配方以100万美元（相当于今天的2000万美元）卖给了纳贝斯克公司，而纳贝斯克公司否认了这一说法。

1　贝蒂妙厨（Betty Crocker）：财富500强企业美国通用磨坊食品公司旗下的品牌。——编者注

延伸阅读

"The History of Cookies!" The Kitchen Project: Food History. Accessed February 14, 2015. www.kitchenproject.com/history/cookies.htm.

"History of Cookies." What's Cooking America. Accessed February 14, 2015.Whatscookingamerica.net/history/cookiehistory.htm.

饺　子[1]

饺子是一种古老的食物，起源于中国。它是一种煮熟或蒸熟的面食，所用的生面团与面包的生面团相似。此外，饺子可以油炸，不过这种做法不利于那些不需要额外脂肪的消费者。饺子是世界美食的一部分，它可以千变万化。在这种背景下，饺子塑造了世界各地的人的烹饪习惯和日常生活方式。一块面团本身可能并不可口，但饺子的妙处在于，人们可以用饺子皮包许多其他食材。猪肉、牛肉和羊肉都可以做饺子馅，鱼肉或者其他海鲜、各种蔬菜和水果同样可以做饺子馅。苹果馅饺子在美国特别受欢迎，而在世界上的一些地方，梅子馅饺子也很受欢迎。如此说来，饺子可咸可甜。一日三餐都可以吃饺子，它可以做主菜、配菜或者甜点。问题不在于一

1　即dumpling，是一种面食的总称，在汉语里有"饺子、面团、汤团"等意思。很多国家都有称作dumpling的食物，在中国指的是饺子，而在有些国家和地区，dumpling可能类似中国的面团、糕饼、馅饼等。dumpling涉及的食材五花八门，可以是肉、蔬菜、水果、奶酪甚至是糖果，烹饪方式也多种多样，烤、煮、炸、炖、蒸等无一不可。这里为了保证名称的统一，我们把dumpling翻译成饺子，不做具体的区分，但需要注意的是，饺子指代的具体的食物和我们中国人熟悉的饺子并不一样。

个人能用饺子做什么，而在于一个人不能用饺子做什么。人类的想象力有多丰富，饺子就可以多丰富。

起源

人们对饺子的起源并不清楚，但是现有证据表明，中国应该是饺子的发祥地。传说汉朝（公元前202－公元220年）时生活在中国北方的一个人（医圣张仲景）发明了饺子。某一年他出远门，回到家乡的时候正值寒冬。他发现很多邻居都有冻疮，耳朵首当其冲。为了帮助这些人，他在面团里放入羊肉、牛肉和草药，做成了一种面食。他把这种面食送给邻居，让他们煮食以暖和身体。虽然这个传说很古老，但是"饺子"这个词直到公元1600年前后才成为常用语。大约在同一时期，德国人为饺子创造了德语名字，人们很难辨别是谁先发明了这个新术语。所以（探究饺子的起源）应考虑饺子作为食物出现的时间，"饺子"这个称呼出现的时间着实算晚。公元1世纪时，古罗马厨师阿皮基乌斯记录下了第一份饺子食谱，推荐用香肠和芹菜做馅。另一种馅是烤野鸡肉，而阿皮基乌斯还在这种饺子馅中放盐和胡椒。欧洲烹饪界至今依然采用这两种食谱，这说明阿皮基乌斯的遗产富有生命力，而且也大致证明了古罗马的影响力经久不衰。由于阿皮基乌斯的影响，一些权威人士认为是古罗马发明了饺子。不过，如前所述，这一成就可能属于中国。封建王朝时期的中国和古罗马没有太大的不同，两国人民都喜欢用各种肉和蔬菜和馅包饺子。在中国，饺子是一种具有仪式感的重要食物，供人们在农历新年辞旧迎新之时食用。饺子与面包类似，都属于不同地区烹饪文化的一部分。饺子可以很简单，只要将小小的面团煮熟或者蒸熟即可。百姓吃饺子就是为了填饱肚子。从烹饪的角度来看，这些饺子不一定比面包好吃。更精致的饺子肯定在很早的时候就出现了，比如意大利方形饺。人们可以在饺子里包上其他食物，以土豆为馅的意大利团子就是一个典型的例子。不过，意大利团子肯定是后来才被发明出来的，因为土豆直到16世纪才在欧洲出现，18世纪时才崭露头角。意大利人也许在天气凉爽、雨量充沛的冬天种土豆，也许从北欧的部分地区买土豆。

饺子的更新换代

农民似乎对用什么谷物做饺子皮的原料并不挑剔，不过，用硬粒小麦磨成的面粉制皮包饺子可能是最理想的。在哥伦布大交换之后，其他种类的小麦、燕麦、大麦、黑麦和玉米都可以磨成粉做饺子皮。馅则可以用豆类，比如豌豆、花生、鹰嘴豆、小扁豆、美洲菜豆属的豆子。随着时间的推移，饺子对北欧人来说比对南欧人更为重要。在美国，人们往往用鸡肉做饺子馅，而且常在午餐或晚餐时食用，星期天尤其如此。营养学家一般认为，饺子皮富含淀粉，若搭配肉馅会使饺子富含脂肪，因此饺子的热量通常很高。不过苹果馅饺子或梅子馅饺子应该比较有营养。在包括美国在内的一些国家，人们喜欢给饺子浇上肉汁；但这么做只会额外增加热量，而且其中许多热量是以脂肪的形式存在的。

世界各地的饺子

饺子风靡全球，并因此塑造了历史。欧洲人、美洲人、中国人和日本人喜欢吃饺子。加纳人用木薯粉包饺子。尼泊尔人和巴西人也把饺子做出了自己的花样。在欧洲和部分亚洲地区，人们通常在饺子馅里添加猪肉或牛肉，以及甘蓝和洋葱。在加勒比海地区和部分非洲地区，人们用大蕉或芋头包饺子。埃塞俄比亚人则用大麦包饺子。南非人会用水果、肉桂和一种蛋奶羹包饺子，他们还有一种饺子食谱，其中包括面团、牛奶、黄油和肉桂。在意大利，人们包饺子的方式极富想象力。我们已经提到了意大利方形饺和意大利团子的重要性，前者的馅包括牛肉、奶酪、菠菜、海鲜和蘑菇。挪威人的饺子有好几种，他们最喜欢用猪肉（尤其是培根）包饺子。在瑞典，猪肉饺子也很受欢迎，不过，面团的原料可能是谷物，也可能是土豆。瑞典人用水煮饺子。德国人、匈牙利人、奥地利人、捷克人和斯洛伐克人制作的饺子各具当地特色。在这些地区，饺子的主要原料是鸡蛋和硬粒小麦粉；有些饺子是肉馅的汤饺。德国及其周边国家的饺子跟意大利团子相似，都以土豆为主料。还有一些饺子个头很大，看起来像一条白面包。波兰人、乌克兰人和俄罗斯人都以包出类似意大利方形饺的饺子而自豪。俄罗斯人喜欢吃牛肉馅和猪肉馅的饺子，不过也不排斥鱼肉馅或羊肉馅的饺子。波兰人在饺子上放酸奶油。美国人常在苹果馅饺子里加红糖、焦糖或者肉桂，还和墨西哥人一样用玉米面包饺子。巴巴多斯人喜欢在饺子中放入肉桂和肉豆蔻调味，这两种香料在加勒比地区很受欢迎。猪肉和芭蕉也可以用作配料，人们通常还会在这类饺子上淋肉汁。牙买加人通过煎、煮和烤的方式烹饪饺子。小麦粉或玉米面的饺子在牙买加很常见，这些饺子以咸鱼为馅，鲭鱼的肾脏和肝脏尤其常用。在牙买加，饺子是很受欢迎的早餐。不出所料，秘鲁人用土豆粉包饺子——牛肉、猪肉、鸡肉、洋葱和大蒜都是包饺子的重要食材，虽然人们也会用到花生、葡萄干、橄榄和鸡蛋。

延伸阅读

Butler, Stephanie. "Delightful Delicious Dumplings." Hungry History. Accessed September 28, 2014. www.history.com/news/hungry-history/

delightful-delicious-dumplings.

"The History of Dumplings." The Kitchen Project. Accessed September 28, 2014. www.kitchenproject.com/history/dumplings.

热　狗

热狗不仅仅是一种香肠，虽然它在美国无疑是最受欢迎的香肠。1971 年，有人问通用汽车公司的某位高管这样一个问题：美国人最看重的东西有哪些？他的答案是"热狗、棒球、苹果派和雪佛兰"。值得注意的是，这位高管要推广自家的雪佛兰汽车，却将热狗排在这个榜单的首位。吃热狗是美国人的一种仪式，或许吃其他任何一种食物都不能像吃热狗这样清晰地证明一个人的美国人身份。最开始，人们在杀猪宰牛后往取出的肠子里塞上一堆肉，热狗就这样制成了。在热狗出现之前，人们往动物肠子里填充蔬菜，因此，热狗当然不像大米、小麦、大麦和玉米等主粮那么古老。即使是常见的块茎和块根作物，比如土豆、甘薯、山药和木薯，也比热狗历史悠久。尽管热狗以肉为主，但现在人们也在其中添加鱼肉或者植物蛋白。可能因为大豆富含蛋白质，所以现在的热狗里有时也放大豆制品。

在很多制作方法中，热狗和香肠都是用不适合切成片或块的牛肉、猪肉或鸡肉（甚至连美国农业部都将鸡肉列为热狗的基本成分）做成的。热狗的形状也很重要。尽管热狗和博洛尼亚大红肠的原料相同，但两者很容易分辨。热狗里的肉是被绞碎的，就像汉堡里的牛肉饼一样。人们在吃热狗时不用餐具，通常会把它夹入一个小圆面包里拿在手上吃，而这种小圆面包几乎都是白面包。把热狗叫作三明治可能有些牵强，虽然一些研究食物的历史学家就是这么定义它的。

起源

热狗是一种香肠，然而香肠是如何被发明出来的依然不得而知。出人意料的是，在旧石器时代晚期，人类可能不经意间就想到了在宰杀动物后把肉塞进动物的肠子里。如果这种说法是真的，那么香肠可能有着2万年的历史，其根源可以追溯到史前时代——而热狗是后来才出现的一个分支。虽然世界各地不同民族的人很快都接受了香肠，但令人惊讶的是，热狗的发明可以追溯到欧洲，而美国人一般认为它是一种美国特产。尽管古希腊诗人荷马和后来的古罗马厨师都提到了香肠，但热狗并非起源于地中海。当时，猪肉是制作香肠的首选食材。

热狗和美国例外论

与热狗有关的最早的记载来自中世纪的德国。法兰克福市生产制造了第一批法兰克福香肠——这是热狗在欧洲的通称。这种香肠的口碑传到了奥地利，于是，维也纳人似乎为刚问世的热狗创造了"维也纳香肠"这个名字。在美国工业兴起时期，移民到美国的德国人带来了热狗。从一开始，人们就不讲究热狗的吃法。对于工厂工人和零售商贩来说，热狗跟汉堡一样，都是午餐的主要食物。由于午休时间很短，工人们希望赶紧吃完饭，而热狗正好能满足这种需求。在那时，大多数工人都离家非常远，无法赶回家里吃午饭，因此，他们更有必要吃快餐。就这样，热狗成了工人阶级的主食。

有一种合理的说法是，热狗固化了普通美国人的饮食偏好，有助于人们形成民族身份认同感，从而改变了历史。热狗朴实无华，对于一个自称民主的国家来说，它是一种完美地体现了平等的食物，尽管美国经常表现出财阀统治倾向。无论在过去还是现在，吃热狗都彰显着一个人的美国身份。在这种情况下，热狗本身并非唯一的原动力，加热狗的小圆面包也体现出美国人对白面包的钟爱。制作白面包的面粉，在碾磨加工过程中因麸皮和胚芽流失而营养价值下降。因此人们吃白面包时只是在摄取热量，就像吃糖一样。然而，这正是美国人想要的。研究表明，连蟑螂都不吃白面粉，但似乎没有什么能制止美国人。在20世纪初维生素被发现之后，把维生素添加到白面包中，假装白面包很有营养是人们普遍接受的解决这一问题的方法。如此说来，人们很容易认为热狗和小圆面包不过是高脂肪、低营养的垃圾食品。然而，热狗似乎也并非如此不堪。

热狗和肉类加工业的兴起

移民——特别是来自德国的移民——和热狗联系密切，他们几乎一手构建了肉类加工业。迈尔、斯威夫特、阿穆尔和荷美尔等公司依靠热狗和其他肉类加工品营利。它们的业务遍及美国中西部，在那里，猪肉是热狗的主要原料。这些肉类加工商也用牛肉做热狗，通过铁路将牛从北美大平原运到自己的牲畜饲养场。因此，热狗成了一种催化剂，催生了大型企业、巨额利润、低工资和恶劣的工作条件。热狗并没有直接创造这一切，但它肯定从中受益。因为热狗帮助移民效仿美国资本主义并开创了属于他们自己的规模经济，所以它很重要。美国消费者喜欢吃热狗，但对热狗工人的命运漠不关心，这就像喝咖啡的人似乎并不同情热带地区那些收入近乎零的咖啡种植园工人一样。因此，热狗和其他几种食物都有的一种特殊之处显现出来，即将消费者与资本主义的丑恶行径隔离开来，而在其他一些领域，如此恶行是昭然若揭的。

热狗逐渐成熟

1893年，田纳西州的一家报纸为法兰克福香肠和维也纳香肠创造了"热狗"一词。1901年4月，纽约巨人队（今旧金山巨人队）似乎成为美国职业棒球大联盟中第一个出售热狗的球队。由于天气寒冷，到场的人吃热狗在一定程度上是为了保暖。尽管棒球赛小贩还售卖花生、口香糖、雪茄、软饮料和冰淇淋，但热狗很快就脱颖而出，成为棒球运动的标志性食品。如果说今天的美国人为橄榄球而狂热的话，那么在过去，棒球算得上国民消遣，而它与热狗之间如影随形的关联也随之加深。没有加芥末的热狗的棒球赛就算不上完整。这些年来，俄亥俄州东北部的人们肯定在克利夫兰印第安人队[1]的比赛中吃了很多热狗。尽管该球队在过去40年的大部分时间里表现平平，但热狗依然为球迷们留下了美好回忆——或许不止克利夫兰印第安人队会举办"1美元热狗之夜"（即以1美元价格售卖热狗的活动）。相比之下，1个热狗在1906年只卖5美分。在冷战局势最为严峻之时，当时的苏联领导人尼基塔·赫鲁晓夫访问美国，他观看了一场棒球比赛，还吃了1个热狗。从活动的照片可以看出，这位领导人显得格外开心。热狗在自行车比赛中也很受欢迎，曾在19世纪末20世纪初引起轰动。

---

1 克利夫兰印第安人队：为解决队名带来的种族争议，该队已于2021年更名为"克利夫兰守护者队"。——编者注

热狗的经验为其他移民食物——杂烩、炒面、意大利肉丸面——铺平了道路。从这个意义上来说，移民（引进本国食物）最初的经验来自热狗。其他移民美食也曾模仿热狗的成功模式，但甚至连意大利肉丸面都不如热狗受欢迎。热狗是美国烹饪实践的代表。犹太移民恪守饮食规定，他们拒绝吃猪肉，于是要求吃纯牛肉热狗。到了20世纪30年代，纯牛肉热狗已经成了芝加哥美食中的佼佼者。希腊人会给热狗添加配菜，纽约人创造了辣椒热狗，墨西哥移民喜欢用培根包裹热狗，得克萨斯人可能是最早油炸热狗的人。热狗同样令亚洲移民痴迷，他们很喜欢热狗的味道。因此，可以说热狗与移民的经验紧密相连。在制作方面，热狗是机器时代的产物，也是美国经验和工业化的核心产物。同时，热狗还是食肉民族的饮食传统的一部分。去过美国的欧洲人对美国人吃的热狗和其他肉类产品的量议论纷纷。

热狗也是美国向世界其他地区出口的重要商品。在这种情况下，热狗是美国帝国主义的一部分，而美国帝国主义本身似乎就是美国饮食传统和资本主义的一种延伸。热狗从美国出发，向北进入加拿大，向南进入墨西哥，然后从墨西哥开始，逐渐蔓延到整个中美洲和南美洲。在欧洲，热狗很可能以德国为中心向各地辐射，而即使是德国人也用"热狗"这个词。在亚洲，中国人和韩国人热衷于吃热狗。令人感到奇怪的是，尽管日本和美国之间的贸易关系很紧密，热狗在日本却不受欢迎。然而，我们仍可以毫不夸张地说，热狗已经征服了烹饪界。

延伸阅读

Kraig, Bruce. *Hot Dog: A Global History*. London: Reaktion Books, 2009.

冰淇淋

冰淇淋的流行是一种全球性现象。我们很难找到不喜欢它的人，即使乳糖不耐受可能会给一些人带来麻烦。冰淇淋含有大量的脂肪和糖，所以令人心生渴望。一旦满足这些渴望，大脑就会释放出增强快感的化学物质。也就是说，吃冰淇淋时人会产生幸福感。在这个意义上，人类对冰淇淋的本能渴望以及冰淇淋满足这一渴望的能力改变了历史和生活。冰淇淋不仅能取悦味蕾，还能取悦眼睛，因为冰淇淋具有一种美学特质。所有这些特点都促使冰淇淋受到儿童和成人的欢迎。具有强大的吸引力的冰淇淋同样塑造了日常生活和社会历史。作为一种用于庆祝活动的食品，几乎所有生日派对都少不了冰淇淋的身影。要是少了冰淇淋，蛋糕或者馅饼还能是完整的吗？这道甜品能够唤起人们对童年的回忆和怀旧之情。这两种情感在记忆和渴望的形成过程中非常重要，并且在这个意义上影响了所有人的生活动力。在美国，冰淇淋车是夏天的一道风景；而在越南，小贩们通常骑着自行车卖冰淇淋。一般来说，冰淇淋是用于庆贺和娱乐活动的主要食品。这道甜品已经成为全球巨星，同时是大规模生产和大规模消费模式的一部分。

出身于精英阶层

冰淇淋最初是一种奢侈品。它向大众食品转变本身就是社会历史上的一个重要动态。冰淇淋的前身或许出现在中国，但研究食物的历史学家通常将冰淇淋的发明归功于欧洲。意大利、法国和英国都是早期的研发者。在这种情况下，冰淇淋从欧洲传到美洲，属于哥伦布大交换的一部分。在美国，美国人认为冰淇淋是一种国民甜品，甚至可以与苹果派相媲美。对一些人来说，缺少香草冰淇淋球的苹果派是有缺憾的。意大利移民在冰淇淋引入北美的过程中发挥了重要作用。意大利裔美国人在纽约的街头售卖冰淇淋。在这个意义上，冰淇淋可能是世界上最受欢迎的街头食品，与汉堡、热狗不相上下。冰淇淋口味众多，但有些名称具有迷惑性。阿兹特克巧克力冰淇淋与阿兹特克人毫无关联，因为阿兹特克人生活在温暖的气候中，接触不到冰这种原始的制冷手段，也就无法制作冰淇淋。

　　唐朝时期，也就是欧洲的中世纪早期，中国人吃的一种冰冻的牛奶食品或许就是冰淇淋的前身。它可能既不像冰淇淋那样有吸引力，也不像冰淇淋那样甜，而且其中没有添加各种各样的配料。有一个传说认为，13世纪时，意大利冒险家马可·波罗把冰淇淋从中国带到了意大利；但这种说法并不真实。还有一个观点是，冰淇淋源于阿拉伯人，因为他们在中世纪时就已经开始喝后来被称为"冰冻果子露"的饮料；但这也不是冰淇淋。也许是受阿拉伯人的影响，意大利人在冰冻果子露中加入了新鲜的桃子和覆盆子。17世纪时，意大利开始将奶油、牛奶、糖和冰混合在一起，这标志着真正的冰淇淋的诞生。和冰冻果子露含有水果一样，意大利人会往这种新奇的食物中添加新鲜水果。一些研究食物的历史学家将冰淇淋的开创定位于意大利的那不勒斯，那里可能也是比萨和意大利肉丸面的诞生地。柠檬冰淇淋、草莓冰淇淋和巧克力冰淇淋都得到了意大利精英人士的厚爱。1686年，西西里企业家弗朗切斯科·普罗科皮奥·德·科尔泰利可能是第一个在他移居的法国巴黎销售冰淇淋的人。他的顾客都来自精英阶层，法国皇帝拿破仑·波拿巴，法国作家伏尔泰（Voltaire）、维克多·雨果（Victor Hugo）和奥诺雷·德·巴尔扎克（Honoréde Balzac），以及美国科学家兼政治家本杰明·富兰克林都曾光顾过其开办的普罗科佩咖啡馆[1]。1771年，那不勒斯的一本食谱记载了冰淇淋的第一个书面配方。有一种观点认为，价格高昂的冰淇淋之所以属于精英阶层，其部分原因是蔗糖很贵。然而，这种推理似乎与蔗糖生产的趋势不相符。到了18世纪，也就是冰淇淋被发明出来的时候，美洲热带地区的奴隶种植园里的蔗糖产量正在上升。总之，糖价在那个世纪应该有所下降。欧洲冰淇淋生产商在冰淇淋中添加了来自美洲的香草，从而创造出最受欢迎的口味。

大众消费趋势

在北美，冰淇淋在纽约、费城和其他东部城市一举成名。18世纪80年代，托马斯·杰斐逊作为美国大使来到法国的时候，对冰淇淋情有独钟。回到美国后，杰斐逊偏爱香草冰淇淋，并在他的蒙蒂塞洛庄园用这种甜品款待客人。美国第一任总统乔治·华盛顿在他的弗农山庄也这么做。纽约市可能出现了美国的第一家冰淇淋店，它与普罗科佩咖啡馆大概没有什么不同。如果每年7月4日美国独立纪念日的庆祝活动上没有冰淇淋的话，那么这个节日就是不完美的，这表明冰淇淋或许早在18世纪末就在美国实现了大众化。

和意大利人一样，美国人也喜欢给甜品加水果。有一份冰淇淋的配方要求添加12枚新鲜的杏，虽然不清楚冰淇淋要多大才能容得下12枚杏。其他配方会用到柠檬和草莓，就像意大利人所做的冰淇

---

1 普罗科佩咖啡馆（Le Procope）：位于法国巴黎，始建于1686年，至今仍在营业。有人说它是最早向平民售卖冰淇淋的场所，让更多人可以聚众吃冰淇淋，于是，原本限于贵族享用的冰淇淋一下有了更多受众。——编者注

淋那样。冰淇淋传播到美国的内陆地区，那里的饭店会为客人提供冰淇淋。俄亥俄州的辛辛那提和宾夕法尼亚州的西切斯特成了冰淇淋的生产中心。在19世纪，美国率先使用机器来减少制作甜品所需的劳动力。从美国内战结束到经济大萧条开始的这段时间里，冰淇淋的消费力尤其强劲。美国人在卖汽水的冷饮柜台卖冰淇淋。当意大利人继续小批量手工制作冰淇淋时，美国人已经开始大规模生产这种甜品。它就像T型车和苹果派一样，是美国的象征。药店、百货公司和铁路部门都卖冰淇淋。在20世纪早期，药店或其他机构每天售出380升冰淇淋的情形并不罕见。

圣代冰淇淋的出现或许可以追溯到星期天禁止饮用冰淇淋汽水的规定。既然喝不了冰淇淋汽水，美国人就尝试其他新奇的甜点：添加了巧克力酱和鲜奶油的冰淇淋。如今，圣代冰淇淋是谁发明的这一问题依然悬而未决。一种说法认为，纽约州伊萨卡的一家药店的某位员工发明了圣代冰淇淋；另一说法认为，发明人是威斯康星州图里弗斯的一家旅馆的老板。纽约州布法罗市、纽约市和伊利诺伊州的埃文斯顿市也是传闻中的圣代冰淇淋的诞生地。随着时间的推移，冰淇淋上的浇料越来越多，有热巧克力和草莓酱、棉花糖、焦糖、坚果、糖果，以及各种水果（特别是樱桃）。香蕉圣代冰淇淋也备受欢迎。传统的香蕉圣代冰淇淋包括一整根香蕉和三勺冰淇淋——香草味的、巧克力味的和草莓味的，当然也可能有其他花样。人们可以选择巧克力酱、草莓酱或菠萝酱，而这三者的组合也是很受欢迎的。

到了20世纪初，香草冰淇淋、草莓冰淇淋和巧克力冰淇淋已经形成了三足鼎立之势。当然，一份那不勒斯冰淇淋就包含了这三种口味。在20世纪，用来装冰淇淋的甜筒最初是用华夫饼做成的；甜筒使冰淇淋变得易于携带，就像小圆面包让热狗和汉堡变得方便

哈根达斯

　　尽管哈根达斯的名字让人联想到欧洲的气质，但它实际上是一种美国产品，是纽约市布朗克斯区的鲁本·马图斯（Reuben Mattus）和罗丝·马图斯（Rose Mattus）夫妇的杰作。1961年，他们开始出售香草冰淇淋、巧克力冰淇淋和咖啡冰淇淋。1976年，第一家哈根达斯店在纽约市布鲁克林区开张。与许多食品生产商一样，哈根达斯放弃了用糖作为甜味剂，转而使用玉米糖浆和果葡糖浆。不过令该公司引以为傲的是，它所用的原料几乎没有其他人造配料。冰淇淋可能是该公司最著名的产品，而这些冰淇淋形式不一，可以是一盒冰淇淋，也可以是一袋雪糕。果汁冰糕、冷冻酸奶和意式冰淇淋都在争夺市场份额，为哈根达斯的消费者提供了多种选择。

携带一样。法国和英国都说是自己发明了甜筒，但都缺乏确凿的证据。1904年在密苏里州圣路易斯市举办的世界博览会上，甜筒首次亮相就饱受赞誉。到了1924年，美国人每年吃掉2.45亿个甜筒。从此人们不再怀疑，冰淇淋已成为大众食品。在经济大萧条前夕，美国人每年要吃掉13.8亿升冰淇淋。自冰箱和冷柜出现后，人们在20世纪40年代普遍购买这种甜品，掀起了冰淇淋消费的新热潮。对于这个局面而言，至关重要的影响因素是罗斯福新政期间实现了农村电气化的普及。如此一来，人们不必再跑到餐厅里买冰淇淋。人们可以在新兴的超市里买上1夸脱¹或者1加仑冰淇淋，然后存放在自己的冰箱里以供随时享用。在那几十年里，玉米糖浆和果葡糖浆横空出世，它们挑战了糖作为冰淇淋甜味剂的地位。其他的创新也接踵而至，包括很受欢迎的爱斯基摩雪糕和克朗代克冰砖。而雪糕像玉米热狗一样插在一根小木棍上，进一步增强了便携性。软冰淇淋是麦当劳的主打产品，它的拥护者遍布世界。

1　夸脱：英美制容量单位，4夸脱等于1加仑，美制1夸脱约为0.9升。——编者注

延伸阅读

Weiss, Laura B. *Ice Cream: A Global History*. London: Reaktion Books, 2013.

有机食品

　　有机食品是在种植过程中不添加化学物质的非转基因农产品。在现代的农业综合经营条件下，大多数食品都不符合有机食品的标准。一些支持有机食品的人把它描绘成一种全新的农业发展方式，然而，当下人们对这些食品的兴趣不过是一次复兴，并不是新鲜事。尽管目前的情况有着深刻的历史根源，但将其视作一场世界性的革命是不正确的。在世界上的许多地区，传统农业和传统食品仍然占据优势。尽管人们对有机食品很感兴趣，但大多数美国农场都会借助合成化学品和转基因动植物来生产食品。真正的有机革命就是新石器时代革命。史前时代和大部分历史时期的食物都是有机的，当时的人也生产不出非有机食物。

有机食品的起源和重要性

　　拥护有机食品既是最近才出现的现象，也是古代就存在的情况。之所以说它是古代就存在的情况，是因为几乎在人类和更早出现的人科动物于地球上生存的所有时间里，吃的食物都是在不使用合成化学品的情况下种植或者收获的。当时不存在使用合成化学品的技术，也没有人能够预见这样的未来。根据定义，当时的食物是有机的。虽然人类没有合成肥料，但是有各种动物（包括人类）的粪便，这在古代的中国、埃及和罗马是很受重视的。事实上，古罗马的许多农业学家都是使用粪肥的倡导者，他们对包括鸟类在内的各种动物的粪肥的价值进行了比较。人类没有除草剂，就用劳动力来除草，这项工作很艰巨但很有必要。由于没有杀虫剂，人类只能盼望蝗虫或其他害虫不会吃掉他们的庄稼。虽然人类靠天吃饭，但有机食品的收成也多到足以让一小部分人从事农业以外的其他事业。这种专业化的发展趋势促成了最初文明的兴起。中华文明的诞生得益于水稻的富饶，安第斯文明的诞生得益于土豆的多产。这样的例子有很多，而关键是有机食品使文明在全世界的兴起成为可能。在这方面，我们怎么强调有机食品革命的重要性都不为过。不过，有机食品的生产是有限的。即使在罗马帝国的鼎盛时期，多出来的食物也从来没有超过总收成的10%，这一事实决定了90%的人只能以务农为生。到了公元元年后，古罗马的居民数量膨胀到了100万，之所以能达到这种规模，只是因为古罗马强征了西西里和埃及的粮食。

偏离有机食品

有机农业可以实现少量盈余，这激励了那些受过教育的人思考提高粮食产量的方法，这些人中很多是科学家和乡绅。早期的探索着眼于饲养更多的牲畜以产生更多的粪肥，而这一想法仍然完全属于有机农业和有机食品生产的范畴。然而，这些知识分子在19世纪迈出了决定性的一步，从此偏离了有机食品。最早的一批提倡使用合成肥料的学者出现在19世纪40年代，其中就有德国化学家尤斯图斯·冯·李比希，他们强调了含有氮、钾和磷三大元素的肥料的重要性。第一批合成杀虫剂也可以追溯到19世纪，但它们效力有限。这些合成杀虫剂大多数是砷化物，而砷是一种致命元素。昆虫只有吃了被砷化物喷洒到的那部分叶子，才会因砷中毒而死。如果叶子或者植株的其他部分上没有砷，那么昆虫吃一整天也不会受到伤害。昆虫的幼虫尤其善于规避砷的毒害，因为它们可以钻进植物里，钻到砷化物难以触及的深处。欧洲玉米螟就是一个典型例子。

20世纪，研究者在使用合成化学品提高粮食产量方面取得重大突破。滴滴涕[1]在20世纪40年代被广泛使用，与上一代"让害虫接触即死"的杀虫剂不同，它能够在昆虫无须吃下毒素的情况下将其杀死。只要植物上喷洒了滴滴涕，昆虫沾到就会丧命。美国农业部、州立大学和农业实验站都支持把滴滴涕当作一种出色的杀虫剂。这些机构向谷仓喷洒滴滴涕，将虫子一扫而光，前来参观的公众对此无不称奇。公众认为滴滴涕很神奇，新一代化学家仿佛有魔力。继滴滴涕问世后，杀伤力更强的杀虫剂也出现了。20世纪还见证了新一代除草剂的兴起，尽管在生物技术革命到来之前，除草剂扩散导致伤害或杀死农作物的风险一直存在。20世纪还见证了合成肥料的使用和施肥技术的腾飞。在20世纪末和21世纪初，生物技术的出现促成了科学与技术的全新融合。这方面同样有很多例子，但我们只需一个例子就能充分说明问题。美国孟山都公司生产的农达牌除草剂是一种广谱除草剂，能杀死任何种类的杂草。而它作为广谱除草剂的性质，意味着它同样能杀死农作物。在20世纪末和21世纪初，孟山都公司通过改造玉米、大豆、甜菜和其他作物的基因解决了这一问题。基因改造后的作物能够代谢农达牌除草剂，因此不会死于这种除草剂。农民可以随意喷洒除草剂，而这让过度依赖合成化学品的问题更加严重了。绿色革命和生物技术革命依赖于合成化学品和基因工程，而这种依赖的

1　滴滴涕（DDT）：一种有机氯类杀虫剂，化学名为"二对氯苯基三氯乙烷"。白色晶体，不溶于水，溶于煤油，可制成乳剂。它是有效的杀虫剂，几乎对所有昆虫都有较强的杀伤力。——编者注

程度在人类历史上是前所未有的。拥有70多亿人口的地球好像被这个生产系统锁定了，因为看似唯有如此才能养活数量这般巨大的人口。这种类型的农业及其产物，可能是避免马尔萨斯陷阱的唯一选择，人们现在将其称为"传统农业"。

有机食品的复兴

无论是在生物学意义上还是在环境层面上，传统农业都不是没有瑕疵的，因此，自20世纪起就有批评人士对它展开抨击。滴滴涕的奇迹只是昙花一现，因为科学家很快就注意到了昆虫会产生抗药性。这种现象是一种适应性进化的表现，英国博物学家查理·达尔文如果还活着的话，那么或许能预见这种情况。令人惊讶的是，科学家一开始对滴滴涕竟然如此盲目乐观，当时他们就应该预见到昆虫会产生抗药性这种不可避免的后果。1962年，通过颇具影响力的著作《寂静的春天》（*Silent Spring*），美国生物学家蕾切尔·卡逊（Rachel Carson）唤起了公众对传统农业的危害的关注，尤其是对因使用合成化学品而造成的危害的关注。她可能是有史以来明确指出人类依赖传统农业产物的危险的第一人。赞同她的人主张弃用这些农用化学品，转而专注于生产有机食品。过度依赖这些化学品已经造成了生态危机。例如，2014年，带有化肥、除草剂和杀虫剂的径流在伊利湖形成了一种有毒的混合物。水藻以这些化学物质为营养，在湖中大量繁殖。它们产生的一种毒素进入俄亥俄州托莱多市的供水系统，导致当地人两天不能喝供水系统的水。当商店里的瓶装水售罄时，人们几近恐慌。这些农用化学品还污染了地下水。农民对合成肥料的过度依赖耗尽了土壤中的有机物，破坏了土壤的自然肥力。

基因工程也引起了社会担忧。"星联"转基因玉米就曾引发争议。20世纪90年代，孟山都公司培育出了自己的首批转基因玉米，也就是能够抵抗欧洲玉米螟的转Bt基因玉米。但问题是，一些品种的转Bt基因玉米只能有效对抗第一代欧洲玉米螟。在美国的艾奥瓦等州，第一代和第二代欧洲玉米螟无所不在，而这些地方的农民不种转Bt基因玉米。值得肯定的是，转Bt基因玉米的自我保护效果确实优于杀虫剂对植株的保护效果。然而，这一事实阻止不了争议的产生。在美国和欧洲地区，声名狼藉的"星联"争议最终毁掉了转Bt基因玉米。谨慎的美国环保署（EPA）担心"星联"转基因玉米会刺激人的胃，于是拒绝批准将它用于人类饮食，只同意用它喂牲畜。不过，绝大多数玉米原本就用作饲料，而非人的食物，所以这一裁定并未让玉米种植者措手不及。然而，2000年时有报道透露，卡夫食品公司可能在无意中使用了"星联"转基因玉米来制作塔可饼的玉米脆皮，这促使美国环保署令其召回相关产品。"星联"转基因玉米现已成为过街老鼠，孟山都公司也已停止销售"星联"转基因玉米。简言之，美国人和欧洲人不相信转基因食品。

在20世纪80年代，农民开始出售有机食品，消费者也买账。到了20世纪90年代，美国有机食品的市场规模每年增长20%。因为有机食品需要大量的劳动力来代替农用化学品，所以价格往往很高，于是它便成了有钱人的食物。发达国家的百姓仍然依赖传统农业产品。一个人的受教育程度和收入水平最能说明其消费有机食品的状况。高价的有机食品吸引农民从传统农业产品生产转向有机食品生产。现在，有机食品在杂货店的货架上与传统农业产品展开了竞争。有机农业将转基因食品排除在外，因此，有机食品受到对转基因食品持怀疑态度的美国人和欧洲人的欢迎。此外，调查显示，美国人更喜欢有机食品的味道。没有什么比西红柿更能说明这一点了。传统农业生产的西红柿是一种可以长时间存放的绿色坚硬球体，被人工催熟，因而几乎没有营养，味道也不好。相比之下，有机西红柿是自然成熟的，营养和味道都无可比拟。即使本地种植的有机农产品价格更高，人们也难以抗拒。如果说美国是有机食品潮流的领导者，那么欧洲国家、日本、新西兰和澳大利亚就是紧随其后的推动者。

我们很难对发展中国家的小型农户一概而论。有一些人买不起农用化学品，于是只能生产有机食品。而另一些人种植转基因水稻或玉米，所以不算有机生产者。一般来说，农场规模越小，越有可能生产有机食品。

延伸阅读

Lumpkin, N. *Organic Farming*. Ipswich, UK: Farming Press, 1990.

Valenzuela, Hector. "Organic Food." In *Encyclopedia of Food and Culture*. Vol. 3. Edited by Solomon H. Katz. Detroit: Thomson and Gale, 2003, 21-24.

煎 饼

多年来，可以包含多种配料的煎饼不断发生着变化。煎饼在欧洲自古以来就特别受欢迎，在美洲的普及也肯定有一段时间了——美洲印第安人似乎在哥伦布发现新大陆之前就已经制作出跟煎饼差不多的食物了。被强行带到美国南方和美洲其他地方的非洲人也吃煎饼，就这样，食物也被打上了种族优劣的烙印。配料不同的煎饼成为区分种族优劣的依据，上等人种吃的煎饼包含上等配料，象征着炫耀性消费，至少在早期是这样的。现在，煎饼已经成为一种早餐食品，影响了数百万美国人和欧洲人的饮食习惯和日常生活。它也已经成为农业综合企业的一部分，像易格[1]这样的大品牌都生产煎饼。

起源

人们很难确定煎饼的起源，虽然它刚开始并不是早餐食品这一点似乎是很明确的。曾经，人们可能会用煎饼裹插在一根小木棍上的香肠，这种组合很像现代的玉米热狗。事实上，这两种食物肯定很像。希腊人用小麦粉做煎饼，可能还会用到全麦、葡萄酒和牛奶。等各种材料调配好后，希腊人就用橄榄油煎这种面饼，而橄榄油是古代地中海盆地普遍使用的食用油。最后，厨师会在煎饼上涂上蜂蜜——当时，蜂蜜比糖更常见。后来，美洲热带地区建立了甘蔗种植园，糖的数量直到这时才变得充足。在这种情况下，希腊人把煎饼当作一种早餐食品，这种名头一直沿用至今；但并不是所有希腊人都同意这种看法。公元2世纪时，罗马皇帝马可·奥勒留的御医盖伦认为煎饼有损人的健康。

近现代

人们几乎找不到证据来判断煎饼在中世纪地位如何，但到了近代就不一样了。人们的食谱日渐精致，食物的热量也不断攀升。这在工作劳动仍然很艰苦的时代是可取的，但现代发达国家的人已经变得太懒，不再需要那么多热量，所以这就成了一种灾难。一份16

1　易格（Eggo）：是家乐氏公司旗下的品牌，主要产品包括华夫饼、煎饼、法式吐司等。——编者注

枫糖浆

从枫树中提取的枫糖浆是新英格兰地区经济的重要组成部分。美国佛蒙特州是枫糖浆的一大产区。该产品含糖，可以给许多食物调味。按照惯例，煎饼通常会淋上枫糖浆。枫糖浆风味极佳，所以煎饼不需要再添加糖、玉米糖浆或者果葡糖浆。枫糖浆也会被淋在华夫饼上。

世纪的食谱，要求用0.5升浓奶油、4或5个蛋黄以及糖和面粉（可能是小麦粉）制作煎饼。多数情况下，家庭主妇是厨师，她们把这些食材搅成面糊，然后加入姜和肉桂，再用黄油和啤酒煎制成煎饼。另一份食谱可以追溯到1615年，相比之下就显得平淡无奇了。这份食谱中用水代替牛奶或奶油，蛋黄的用量也只需2或3个。这份食谱需要3种香料：肉豆蔻干皮、丁香和肉豆蔻。那时香料很贵，只有富人会在煎饼里放香料。今天，煎饼已经成了一种人人都吃得起的食物，但在近代它肯定只供精英阶层享用。人们很难想象当时的普通人也吃得起煎饼。1615年的这份食谱还要求家庭主妇在做好的煎饼上面撒一些糖。糖同样可能是一种阶级标志。当时，美洲的糖厂还没有完全壮大起来，因而糖肯定非常贵。做煎饼的时候放香料和糖就变成一种炫耀，而炫耀性消费是贯穿古今的一种消费理念。

在近代，欧洲和北美强调煎饼要薄，可能还要脆，这样的话，人们在吃煎饼的时候可以一层摞一层。美洲殖民者擅长做这种煎饼，煎饼在当时是一种时尚，就像今天流行的不含麸质的食物一样。大多数美洲食谱都从英国烹饪书中汲取灵感，因此，英国殖民者认为煎饼几乎可以说是这片土地的本土食物。而在这里，美洲印第安人依赖玉米和其他欧洲人早先以之为奇的食物来维持生存。殖民者做煎饼时往往放很少的面粉，而加入很多的鸡蛋、牛奶、奶油和黄油，这种煎饼在配料使用上一点都不寒酸。1747年，美国烹饪书《烹饪的艺术》

（*The Art of Cookery*）倡导煎饼要薄，少放面粉，多放鸡蛋和乳制品。18世纪的其他烹饪书也强调类似的做法。还有一本烹饪书提倡"印度"煎饼的做法，其作者当然不是从南亚次大陆获得灵感的，而是考虑到美洲印第安人的饮食方式，虽然人们很难发现美洲印第安人对这份食谱有什么影响。人们可能会注意到，18世纪时"煎饼"一词的英文拼写不一致：在一些食谱中写作"pan cakes"，而在另外一些食谱中写作"pancakes"。还有一份食谱将煎饼称为"印第安人薄煎饼"，要求用玉米面来制作。不过，我们无法评估美洲人对这种玉米煎饼的喜爱程度。人们往往有这样一种感觉：欧洲人的后裔都喜欢吃小麦粉，而非洲人的后裔吃好几种食物，其中包括用玉米面制作的煎饼。在这种情况下，煎饼肯定标志着民族特征的差异。此处使用的是"民族特征"而不是"种族"，以反映当前生物学的观点。

事实上，在哥伦布到达新大陆之前，美洲原住民可能就已经用玉米做出了类似煎饼的食物。北美东部的阿尔冈昆人创造了用各种玉米制作煎饼的方法。我们很难确定阿尔冈昆人对英国人的饮食习惯有哪些影响。在美国南部和其他有非裔美国人的地区，煎饼又被叫作"锄头饼"和"强尼饼"。薄煎饼和用来锄地的锄头的刃的外形很像，因此得名"锄头饼"。锄头是一种随处可见的农具，很不起眼。在美洲的大部分地区，奴隶接触不到犁，只能被迫用锄头锄土。奴隶主故意将活计弄得不好干，以使奴隶精疲力尽，从而没有力气煽动叛乱。还有一种说法是，非裔美国人在锄刃上煎薄饼。"强尼饼"这个名字的具体出处已不可考，不过，它应该可以追溯到18世纪30年代。在南方，以妇女为主的奴隶厨师为主人家做"锄头饼"。种植园的地主们也受非裔美国人的影响喜欢吃玉米煎饼。

华盛顿更喜欢在早餐的时候吃煎饼，有这种习惯的不止他一个人。到了19世纪，煎饼已经成为早餐的主食，而它曾在古希腊也是如此。脱脂乳煎饼尤其受欢迎。19世纪的厨师们把小苏打加到面粉里，让面糊发酵，这样做出来的煎饼很厚，取代了又薄又脆的煎饼。从那时起，厚煎饼就变成了人们的主食。19世纪的食谱有的不将鸡蛋列为原料，而在此之前的很长一段时间里，煎饼的原料一直以鸡蛋为中心。19世纪时，蓝莓煎饼开始流行。考虑到蓝莓对新英格兰地区经济的重要性，可以说蓝莓煎饼是美国的一项创新。新泽西州虽然不属于新英格兰地区，却是重要的蓝莓产地，厨师往往用这里出产的蓝莓制作蓝莓煎饼。虽然蓝莓在北美非常重要，但出人意料的是，直到19世纪末才有厨师将蓝莓与其他食材结合起来做煎饼。1879年出版的《明目草》（*Eyebright*），是美国作家萨拉·昌西·伍尔西（Sarah Chauncey Woolsey）写的一本儿童读物，它可能是最早提到蓝莓煎饼的书。当然，蓝莓煎饼肯定在这本书出版之前就有了，否则，伍尔西也不会写到它。自19世纪末以来，美国各地的早餐菜单上都出现了蓝莓煎饼，当然还有其他很多食物。刚开始的时候，蓝莓煎饼很难制作。如果在将蓝莓掺进煎饼面糊搅拌的过程中不够小心，就有可能弄碎蓝莓，导致蓝莓汁液把煎饼染成蓝色的。为了避免这种失败，厨师必须非常有耐心，小心翼翼地、缓慢地把蓝莓混合到面糊里。作为早餐的主食，各种各样的煎饼改变了人们的饮食习惯和日常生活。

到了20世纪，新的趋势出现了。男性开始重视吃早餐的习惯。只有咖啡和吐司的朴素早餐再也不能让人满足。人们可以在早餐时吃培根和鸡蛋，但这两样往往又不管饱。于是，煎饼填补了这一空白，成了男性的一种选择。每到星期六和星期天，就轮到他们为家人做煎饼了。周末不用忙着做饭的妻子可以暂时从家务中脱身，尽情享用丈夫做的煎饼。丈夫打破了整天吃牛排、倾向于与同性交往的颇具讽刺意味的形象。以这种方式呵护妻子丝毫不会让人觉得

"娘娘腔"，反而更显男子气概。一些男性作者甚至认为，制做煎饼早餐有助于彰显丈夫和父亲的角色形象。

延伸阅读

Albala, Ken. *Pancakes: A Global History*. London: Reaktion Books, 2008.

Anderson, Heather Arndt. *Breakfast: A History*. London: Rowman & Littlefield Publishers, 2013.

意大利面

意大利面的主要原料是有着精彩历史的硬粒小麦。硬粒小麦遍布古代地中海盆地的干燥地区，自公元1世纪起被种在意大利南部地区。人们种植硬粒小麦的历史最早可以追溯到罗马帝国皇帝韦斯巴芗（Vespasianus）统治时期，正是他下令修建了罗马角斗场。硬粒小麦是质地最坚硬的小麦，因此，用它做出来的面包并不理想。生活在意大利南部的古代人可能用硬粒小麦做面包，或者把硬粒小麦煮成粥喝。那时，它还不是意大利面的原料，因为古代意大利人还没有发明出意大利面。在这种情况下，硬粒小麦具有特殊的意义，因为与其他任何类型的小麦相比，它提供的蛋白质更多。美国农业部将这些小麦分为多个等级。

硬粒小麦的主要用途是做面，人们通常将这种面称为"意大利面"或者"通心粉"。人们只需扫一眼杂货店的货架，就能发现各式各样的意大利面。一位历史学家列出了20多种意大利面，其中最值得注意的或许是意大利细面条——一种长条形的意大利面，其直径因生产商而异。根据不同的直径，意大利细面条也分为不同种类，比如天使发丝面就是其中一种。美国人和意大利裔美国人倾向于认为没有肉丸子的意大利细面条是不完美的。这种搭配营养丰富，能够提供蛋白质、脂肪、碳水化合物、维生素（尤其是维生素B），以及多种矿物质。不过，意大利肉丸面的热量也很高，人们应适量食用。意大利面往往呈黄色，这是因为硬粒小麦粉的胚乳就是黄色的，虽然也有红色品种的硬粒小麦。全麦意大利面在注重健康的人群中越来越受欢迎。这种面是褐色的，其颜色比用传统方法研磨的硬粒小麦做成的面的颜色更深。

尽管意大利人和意大利裔美国人大张旗鼓地宣扬意大利面，但实际上很难将它的发明归功于意大利人。在公元13世纪之前的某个时候，似乎是中国人发明了意大利面的前身——硬粒小麦面条。后来，或许是蒙古人将这种食物传到了意大利——因为蒙古人控制着地中海盆地东部一带，所以拥有一个通往地中海的出口。而罗马人是很早将贸易网络从地中海东部扩展到西西里岛和意大利半岛的民族之一，因此，意大利人肯定很早就从蒙古人那里得到了硬粒小麦面条，这个时间可能就是13世纪。

硬粒小麦

硬粒小麦是质地最坚硬、营养最丰富的小麦。它相比其他品种的小麦含有更多的蛋白质。虽然硬粒小麦不适合做面包，但人们可以用它来做面条和意大利面。加拿大和美国是重要的硬粒小麦生产国。美国的明尼苏达州和北达科他州种有硬粒小麦。人类种植硬粒小麦的时间比较晚。在发现硬粒小麦之前，西南亚人种植的是二粒小麦、一粒小麦和普通小麦。硬粒小麦的有趣之处在于，它的染色体数目是其他品种小麦的2倍，因此，它是一种多倍体植物。硬粒小麦肯定是一种古老的杂交品种。

意大利美食

在意大利，没有比意大利面更便宜、更丰富的食物了。几个世纪以来，意大利面一直与比萨一样，是意大利的典型美食。意大利面分为两种，相比而言，更受欢迎的是干意大利面，即只用水和面粉做出来的面条。任何吃了一小段生的意大利细面条的人，都能体会到它干巴巴的质感。另一种是用鸡蛋代替水做成的意大利面，这种意大利面就是人们常说的新鲜意大利面，含有鸡蛋蛋白质以及多种维生素和矿物质。新鲜意大利面营养更丰富，热量更高；但是，因为有害细菌会在鸡蛋和面粉的混合物中繁殖，所以这种面不易储存，即使放在冰箱里也只能储存几天。在一些国家，意大利面被称为"通心粉"。不管叫什么名字，它本质上仍然是意大利面的一种变体。意大利人可能创造了"maccherone"这个词，意思就是"通心粉"。而19世纪时，人们普遍使用"意大利面"来称呼这种食物。

到了17世纪，无论君王还是平民都吃意大利面。这种局面是由意大利四分五裂的状况导致的。公元5世纪时，罗马帝国分裂，意大利半岛一直处在群雄混战的状态，直到19世纪70年代才重新统一。在这段漫长的割据时期，曾有其他国家占领了意大利的部分地区，这让著有《君主论》（*The Prince*）的意大利作家尼科洛·马基雅弗利（Niccolò Machiavelli）愤懑不已。这些曾经占领意大利的外国人接受了意大利的美食和文化。例如，奥地利帝国皇帝斐迪南一世，为了跟老百姓打成一片，就在意大利那不勒斯的餐厅里吃意大利面。那不勒斯和其他地方一样，那里的穷人和富人在一定程度上也实现了融合，而且他们都喜欢吃意大利面。在这个层面上，意大利面可能是比比萨更能体现平等的食物，因为比萨的顾客似乎只局限于那不勒斯的穷人。在其他地方，意大利面的同义词"通心粉"

可能被用来嘲弄那些在时尚和美食方面模仿意大利人的外国人。美式英语中的"扬基人"[1]一词可能有着与"通心粉"类似的含义。

到了19世纪60年代，正如斐迪南一世的例子所示，意大利面在帝国贵族，特别是那些在意大利各城市担任大使的人中成了一种时尚。因此，摆宴席往往要用来自伦巴第的斯特拉希诺干酪和戈尔贡佐拉干酪、来自帕尔玛的帕尔玛干酪、来自意大利不同地方的葡萄酒，以及来自西西里的橙子。宴席的最后一道菜是一大碗意大利面，其烹饪渊源可以追溯到那不勒斯。因此，那不勒斯不仅是比萨的第一故乡，也是意大利面的第二故乡。简而言之，意大利面已经成为意大利人的象征，代表那些追求意大利文化和美食之精华的人。然而，并不是所有人都认同意大利面仅仅是那不勒斯的主食。西西里人吃意大利面的传统也很古老，在这一点上，西西里或许并不亚于那不勒斯。西西里的妇女会给她们的渔民丈夫做意大利面，以便他们在船上食用。热那亚人做意大利面的传统同样也很悠久。探险家哥伦布就继承了这一传统，他在去往美洲的旅途中就吃了意大利面。如此说来，意大利面在哥伦布大交换之初就跨越了大西洋。而远渡重洋需要一种能够长期存放的食物，这意味着包括哥伦布在内的探险家只能携带干意大利面，因为新鲜意大利面不能长时间存放。

哥伦布和跟随他的欧洲人对意大利面进行了改造。在新旧大陆建立联系之前，番茄调味汁不可能存在，因为当时旧大陆的人还不知道有西红柿。西红柿是一种长在藤本植物上的南美水果，在16世纪20年代引起了西班牙人的注意，到16世纪40年代或者50年代时已经成为意大利南部美食的一部分。用西红柿制成的调味汁是意大利面的典型配料。虽然可以用其他调味汁来做意大利面，比如以葡

---

1 扬基人：最初是指在新英格兰定居的移民者，后来演变成对美国北方人的称呼。该词带有一定的嘲讽色彩。——编者注

萄酒为基调的调味汁，但是，用番茄调味汁做出来的意大利面才最
为地道。同样，原产于美洲的菜豆属豆子也改变了意大利面。意大
利面中可以添加各种各样的美洲菜豆，其中最受欢迎的似乎是白菜
豆，如今它是制作意大利人最喜欢的菜肴的原料。这些改变并非微
不足道，而是人们对意大利面及其营养价值的根本性改观。西红柿
能提供维生素C，而美洲菜豆是蛋白质的优质来源。事实上，有人
可能会断言，一份由意大利面和豆子做成的便饭在营养上完全不逊
于一份热量更高的意大利肉丸面。

国际菜品

用来做意大利面的硬粒小麦本身就在某种程度上表明了意大利
面的国际化特点。如果意大利硬粒小麦真的存在的话，那么它自身
的基因可能更多来自俄罗斯小麦而不是意大利小麦。尽管意大利极
力渲染，但它并非硬粒小麦的主要生产国。意大利从美国的明尼苏
达州和北达科他州以及加拿大部分地区进口硬粒小麦，用来制作意
大利面。今天，如果有人想追溯意大利面各种食材的源头，那么他
肯定会发现其中很多都来自美国，包括硬粒小麦和西红柿等。总
之，意大利面从来就不仅仅是一种意大利食物。它对原产于新旧大
陆的食物兼收并蓄，因此改变了世界。即便如此，意大利面仍然是
一种民族食品，不像汉堡、热狗或炸鸡那么"美国化"。不过，意
大利面也是一种有着明显美国元素的综合性食物。爱尝鲜的人可能
会称赞意大利面配料的丰富性：几种奶酪、无处不在的番茄沙司，
以及美洲菜豆、培根、猪肉、鸡蛋、大蒜、洋葱、辣椒、甜椒、胡
椒、盐、橄榄、葡萄酒、鳀鱼、李子、南瓜、覆盆子、穗醋栗、无
花果、龙虾、田鸡腿和核桃。显然，意大利面是一种没有什么限制

的食物，凭借其多样性成了哥伦布大交换后颇著名的食物之一；它把来自世界各地的食材融为一体，成为一种国际菜品。

延伸阅读

Cecla, Franco La. *Pasta and Pizza*. Chicago: Prickly Paradigm Press, 2007.

Dickie, John. *Delizia!: The Epic History of the Italians and Their Food*. New York: Free Press, 2008.

Kostioukovitch, Elena. *Why Italians Love to Talk about Food*. New York: Farrar, Straus and Giroux, 2006.

比 萨

比萨起源于意大利的那不勒斯，是哥伦布大交换的众多副产品之一，尤其算是西红柿从美洲热带地区传到意大利南部形成的副产品。比萨以那不勒斯为原点传遍了意大利，不过，这一过程极其缓慢，而原因是多方面的。在19世纪后期，意大利移民把比萨带到了美国，此时美国人正痴迷于尝试各民族的美食，比萨的形式由此变得不拘一格。比萨的根本转变也许始于它的标准化生产和大规模销售，而这两个因素长期以来一直是美国乃至全球经济的特征。

意大利起源

比萨似乎在18世纪时起源于那不勒斯。当时还没有意大利，那里是一个四分五裂的半岛，诸多欧洲势力各据一地，相互争夺。16

世纪的意大利作家、政治思想家尼科洛·马基雅弗利曾抱怨过这个问题，但直到19世纪时意大利才得以统一。该地区在18世纪时还是一盘散沙，这情况可以在一定程度上解释为什么比萨从其起源地那不勒斯向其他地区传播的速度如此缓慢。

比萨的早期历史与西红柿的历史息息相关。西红柿是哥伦布大交换的产物，早在1564年就被种于意大利南部。哥伦布大交换意义深远，永远地改变了世界上的生物群。在欧洲的许多地方，人们一度对西红柿持怀疑态度，觉得它很像有毒的颠茄。很多人一开始并不吃西红柿，北欧人尤是如此；不过，在意大利南部，人们似乎更容易接受西红柿。谁都说不准比萨是什么时候开始添加西红柿的，但到了19世纪初（也许更早），那不勒斯人已经把西红柿切成片放在比萨上，如同把西红柿片放在汉堡里一样。番茄沙司的使用要晚一些，但在今天的美国，它似乎是一种不可或缺的配料。

有证据表明，比萨的早期历史似乎与硬粒小麦密切相关。第一，意大利南部非常适合种植硬粒小麦。第二，尽管硬粒小麦不适合做发酵面包，但那不勒斯人擅长用硬粒小麦制作面饼，而面饼是比萨的基础。第三，比萨和意大利面很早就建立了联系。意大利面是由硬粒小麦制成的，这进一步证明了硬粒小麦也被用来制作比萨。事实上，在那不勒斯及其周边地区卖意大利面的小贩最早开始卖比萨。

即使西班牙人在18世纪占领了那不勒斯，且驻扎在那不勒斯的西班牙士兵吃比萨，也没有证据表明比萨很早就从意大利输出到了西班牙。事实上，除了那不勒斯人之外，当时知道比萨的欧洲人寥寥无几。在19世纪初，法国作家大仲马（Alexandre Dumas）在游览那不勒斯和意大利南部其他地方时偶然见到了比萨。他的叙述让法国人第一次知道了比萨是什么滋味的。大仲马指出，比萨主要是穷人吃的，因为他们太穷了，买不起厨具，所以不得不每天从街头小贩那里买比萨。最早的比萨基本上算是一种面包，因为那不勒斯人需要靠它填饱肚子。大仲马写道，穷人夏天吃西瓜，冬天吃比萨，如此维持着生存。比萨和土豆、豌豆一样，在当时是一种大众食品，使人口增长成为可能。而玉米在南欧的人口膨胀中起到的作用更大，土豆则在北欧起到了类似的作用。一开始，各式比萨并不奢华。人们可以买到有西红柿片的比萨、带油的比萨、有动物脂肪的比萨、鱼肉比萨或者奶酪比萨。因为奶酪比萨往往比其他样式的比萨更贵，所以它一开始并不受欢迎。

即使在20世纪初，比萨也不像一种世界性食物。法西斯主义者一度控制了意大利，囤积小麦，以确保手头有足够的面包。他们认为，用小麦粉制作比萨是一种浪费，因此不鼓励人们吃比萨。直到第二次世界大战之后，比萨才传到那不勒斯以外的地方，逐渐征服了意大利半岛。

美国

在美国，比萨是移民生活经历的一部分。在19世纪晚期，意大利移民把比萨带到了美国，而比萨很快就成了意大利裔美国人生活经历的象征，也成了一种彰显意大利传统的方式。比萨是意大利裔美国人在美国城市中开辟的"小意大利"社区的主食。纽约市是美国比萨的起源地，但是意大利人走到哪里就会把比萨带到哪里。很快，与比萨势均力敌的薄底比萨和厚底比萨出现了——芝加哥市钟爱厚底比萨，而纽约市则热衷薄底比萨。两种披萨之间的竞争甚至比各个城市非常看重的、但尚处于萌芽阶段的城市之间的体育竞争更为激烈。在美国，人们可以讨论很多事情，包括哪个城市的比萨做得最好。就像意大利肉丸面一样,比萨也是意大利裔美国人送给美国的礼物,两者都已成为令人感到舒适的食物。

比萨在第二次世界大战后有了突飞猛进的发展。美国人有了更多的闲暇时间,下馆子的次数更多了,而买的比萨也更多了。比萨成为一种庆祝食品。大学生聚会的时候会吃比萨大餐,因此,比萨成了战后大学生活的一部分,影响了无数年轻男女的生活。比萨作为一种庆祝食品,也是美国人每到星期天观看喜爱的橄榄球队比赛时吃的食物。它很快就成了"超级碗"橄榄球赛的外卖食品。宅在家里的男男女女看着电视吃晚餐,而主食正是比萨。

在很大程度上,比萨已经成为典型的美国食物。美国的人均比萨消费量比其他任何国家的都多。美国平均每年吃掉的比萨量超过10亿吨,只有汉堡能与之匹敌。美国平均每年在冷冻比萨上的开销超过10亿美元。比萨是一种兼收并蓄的食物,体现了美国的地区多样性。在康涅狄格州纽黑文市,人们用蛤蜊和牛至制作比萨。在加利福尼亚州好莱坞,鸭肉和山羊奶酪是最受欢迎的比萨配料。好莱坞的比萨跟那不勒斯原来的比萨不一样,在价格上并不便宜。在夏威夷州,菠萝和加拿大培根是比萨配料的首选食材。

这些五花八门的配料佐证了一些历史学家的看法,即人们越来越愿意进行一些食品实验,也越来越愿意接受并制作各色民族菜肴。尽管比萨花样繁多,但是一些连锁餐厅,特别是必胜客和达美乐,已经尝试对比萨进行标准化操作,就像汽车制造商亨利·福特对汽车、麦当劳对汉堡进行标准化那样。将比萨与麦当劳类比尤其贴切,因为二者的劳动力模式相同,并且都体现了美国资本主义经验的精华。利润最大化的成就是以牺牲多样性和劳动力为代价的。比萨员工和麦当劳员工一样,在就业的阶梯上处于最低级,具体表现为:处于或者接近最低工资的水平,无休止的重复劳动,以及没有福利和养老金。从事这种工作的人只能苦熬，直到找到更好的工作。因此，该岗位流动率高，工作满意度低，忠诚度未知。

美国中西部因盛产玉米和大豆而成了比萨连锁店的摇篮。必胜客起源于堪萨斯州，而达美乐起源于密歇根州。二者的创始人都不是意大利裔美国人。它们更看重利润，而不是比萨。它们倾向于选择薄底比萨，因为这样可以削减购买面粉的成本。它们添加的奶酪比典型的意大利比萨的奶酪更多，以此来增加脂肪和风味。因为新鲜的食材非常贵，所以它们在比萨里并不放新鲜食材，然而，它们的高管们照样吹嘘比萨很新鲜。由于美国物产丰富，美国人自然想要很多配料，所以这两家连锁店只得顺应潮流。两大巨头中的必胜客更早诞生，于1958年开业，自称在接下来的10年里开了310家连锁店。与麦当劳一样，必胜客的目标客户是中产阶级家庭，因为这些家庭拥有更多的可支配收入，并且有很多人要养活。到了1977年，必胜客在全球范围内开了3400家连锁店。同年，大型企业集团百事公司以3亿美元的价格收购了必胜客[1]。必胜客入驻美食广场，为那些拿着妈妈的信用卡的富家子弟提供外卖服务。必胜客甚至与塔可贝尔成立了联合餐厅，这一举动看上去很像是一种合并。为了对抗达美乐，必胜客进军外卖市场。事实证明，外卖服务潜藏危险，因为外卖员会为了准时送达而冒着生命危险赶路。到了20世纪80年代，做比萨外卖员和做矿工或在大型工地打工一样危险。1988年，中国开设了第一家必胜客连锁店。2年后，苏联的第一家必胜客连锁店开张，而那时苏联已临近解体。开在波兰的必胜客连锁店更加成功；波兰的特许经营商非常富有，足以买下必胜客在俄罗斯的特许经营权。然而，意大利对必胜客而言是一块难啃的硬骨头，

1　必胜客已于1997年与百事公司分离，如今隶属百胜集团。——编者注

必胜客在意大利开的特许经营店都没有顾客上门。即便如此，到了2005年，必胜客在美国也已有8000多家连锁店，还在其他90个国家有4000多家特许经营店，甚至连印度都有必胜客餐厅。

达美乐于1960年开业。丰厚的利润让其财大气粗的所有者在1983年买下了底特律老虎队。这是比萨和棒球的结合，不过，现在预测热狗会让位还为时过早，虽然热狗似乎注定是棒球的招牌食品。到了1983年，达美乐在美国和加拿大拥有1000多家连锁店。和必胜客一样，达美乐的目标客户也是家庭。达美乐第一个进入外卖行业，并一度承诺如果顾客没有在30分钟内收到比萨，就能获赠一张免费比萨券。其进入外卖行业的举措表明了比萨与汽车这两个行业之间的联系是多么紧密，可以说汽车为比萨行业带来了新的便利。除了必胜客和达美乐之外，查克芝士[1]儿童主题连锁餐厅也面向家庭，但它真正的重点似乎在于培养新一代儿童，让他们在饮食上离不开比萨。

延伸阅读

Helstosky, Carol. *Pizza: A Global History*. London: Reaktion Books, 2008.

三明治

三明治由两片面包和它们夹着的各种各样的食物组成，其中既有肉又有蔬菜。例如，越南人用药草和泡菜做三明治，虽然这种泡

1　查克芝士：其母公司受新冠疫情冲击，已于2020年6月申请破产保护。——编者注

菜严格来说是用水果做成的。和某些食物一样，三明治里也会加西红柿。奥利奥饼干看起来很像三明治，因为它有馅，还有用小麦粉做的上下两层饼干。但由于奥利奥饼干的上下两层不是面包，因此它不属于三明治。这并不是说三明治必须用小麦面包做成。黑麦面包也非常适合做三明治，甚至在某些地方比小麦面包更受欢迎。三明治凭借其极强的适应性几乎流行于全世界，因此，它塑造了人类的历史和生活。如今，三明治可能是地球上颇受欢迎、很普遍的食物之一。人们只要想想全球无处不在的麦当劳巨无霸汉堡，就能领会三明治的意义了。毫无疑问，三明治之所以如此受欢迎，在一定程度上是因为它不需要任何器具就能制作，甚至连盘子都可以省去。三明治不是一种自命不凡的食物，它体现了普通人的生活，意味着快速便捷和令人满意，至少在今天是这样的。三明治是完美的午餐食品或零食。除了那些不吃面包的人以外，每个人都是潜在的三明治消费者，尽管不是人人都吃三明治。三明治花样繁多，配料丰富。或者，三明治也可以像巨无霸汉堡一样实现标准化和大规模生产，而后者应用了肉类加工业和汽车制造业的生产方法，在美国资本主义历史上有着牢固的地位。学校午餐常供应三明治。不妨想象一下：没有三明治的野餐会是什么样子呢？在医院和监狱里，人们也吃三明治。三明治可能是做法最简单快捷的食物。三明治与欧美的城市崛起和工业兴盛息息相关，因为那里的办公室职员和工厂工人几乎没有时间吃午饭，肯定会倾向于选择三明治。汉堡起源于19世纪，而三明治是其原型，并至今仍保留着这一地位。得益于多种多样的食材、快捷便利、价格便宜，以及能让人吃饱的满足感，三明治在人类的历史和生活中非常重要。

发明三明治的故事

18世纪时，英国贵族、第四代三明治伯爵约翰·蒙塔古（John Montagu），以自己的伯爵名命名了三明治。他常常忙得没空吃正餐，就让厨师在两片面包中间夹上一片牛肉给他吃。这不仅标志着三明治正式问世，也为它演变成汉堡指明了方向，而汉堡的诞生将成为改变人类日常生活的一项重大发展。蒙塔古的朋友、英国历史学家爱德华·吉本在1762年的日记中写下了"三明治"一词，他似乎是第一个使用这个专有名词的人。吉本非常喜欢这些牛肉三明治，这或许就是他发胖的原因。

然而，我们很难将三明治的发明归功于蒙塔古或者吉本。几百年来，法国的农场工人一直都采用这种在两片面包中间夹上肉的吃法，他们要么用全麦面包，要么用对法国来说非常重要的黑麦面包（可能性更大）。事实上，早在蒙塔古出生之前，这种面包夹肉的吃法似乎就在整个欧洲的农村非常普遍了。奇怪的是，没有人想到要给这种食物起个名字，也许是因为它太常见了，所以没有必要特意为它起名。尽管三明治并不是一种新食物，但三明治伯爵依然值得称颂，因为是他引起了大众对三明治的关注，使"三明治"一

爱德华·吉本

爱德华·吉本于1737年5月8日出生于英国，后来成为当时赫赫有名的历史学家，专门研究罗马史。《罗马帝国衰亡史》（*The History of the Decline and Fall of the Roman Empire*）一书共六卷，是他的代表作，也为他所处时代的学术研究设立了标准。除了学术研究有成之外，吉本还在英国议会工作了几年。他结交了许多显赫且富有的朋友，其中就有被誉为"三明治之父"的第四代三明治伯爵。吉本特别喜欢吃三明治，还在日记里不吝笔墨地抒发自己对这种食物的喜爱。

词在18世纪70年代便已在英语中根深蒂固。在某些方面,忙得只能吃三明治的蒙塔古特别像著名的英国科学家艾萨克·牛顿(Isaac Newton),后者在陷入沉思时也会浑然忘我,一连好几天不吃东西。或许蒙塔古的状态与之类似,不过他从未忘记吃东西。最早记载三明治食谱的英国烹饪书可以追溯到1773年,当时蒙塔古还健在,而且距吉本使用这个词也过去很长时间了。三明治以蒙塔古的伯爵名命名并不奇怪,英国探险家詹姆斯·库克也以蒙塔古的伯爵名命名了三明治群岛,即夏威夷群岛。

早期的三明治肯定与高贵和学识相关联,至少这种关联在18世纪的英格兰成立。人们在晚饭时、晚饭后或看完戏后都可以吃三明治。当时的三明治不可能是大众化的食物,而在此之前和如今,它分明贫富皆宜。2003年,蒙塔古的后裔创立了三明治伯爵连锁餐厅,在佛罗里达州的迪士尼乐园和密歇根州的底特律机场都开有分店。这些餐馆声称采用的是吉本在1762年记载的原始食谱,用料有:烤牛肉、奶酪和抹有辣根酱的面包(很可能是白面包)。人们对蒙塔古的关注可能有些过头了。一些历史学家把三明治的起源追溯到一种名为"奥法拉"的罗马小吃。其他人不赞同这一观点,虽然罗马人的确很爱吃面包和肉。

三明治在全世界的日常生活中随处可见

根据食物历史学家安德鲁·F. 史密斯的说法,全世界的人都吃三明治。到了1986年,美国平均每年消费10亿个三明治,即每人每年吃近200个三明治。同年,英国人吃的三明治跟美国人吃的一样多。三明治在英国产生的收益是比萨的5倍多。据英国估计,每年英国人从商店里消费的三明治就有27亿个,而家庭自制的三明治更是不计其数。许多国家没有公布相关的统计数据,所以很难计算全世界人每年吃掉多少个三明治,不过,这肯定是个天文数字。三明治是与电视时代相宜的食物,因为人们可以用一只手拿着三明治,同时用另一只手按遥控器。虽然人们也能一边吃三明治一边使用计算机和电话,但一只手掌控不了键盘,而且在嘴里塞满食物的情况下跟人讲话很不礼貌。

英式三明治自成一餐,其中填满了小牛肉、蛋黄、炒蛋、奶酪和鳗鱼。随着时间的推移,肉和奶酪似乎成了三明治的主要食材。17世纪时,荷兰人可能吃过类似于三明治的食物。人们意识到,三明治在当时肯定是北欧的精英人士和中产阶级所吃的食物;因为有证据表明,同时期的普通百姓开始转向吃土豆而不是面包,而这一趋势还在18世纪和19世纪加速了。一位历史学家认为,甚至早在蒙塔古之前,所有人就都吃过三明治了。18世纪时,人们似乎并没有试图把三明治变成大众食品。如前所述,北欧人吃土豆,而南欧人——尤其是意大利人——吃比萨和意大利面。考虑到蒙塔古和吉本吃三明治的事实,这种食物在18世纪肯定是精英人士吃的。不过,如果农民吃三明治的说法正确的话,那么人们可能会把它当作一种贫富皆宜的食物。事实上,18世纪和19世纪的很多记载都提到贵族和君主普遍都吃三明治。然而,毫无疑问的是,三明治在工业化和城市化的美国是一种扎根于工人阶级的大众食品。19世纪的英国小说家查尔斯·狄更斯(Charles Dickens)曾建议英国百姓吃三明治。19世纪时,美国和英国的火车站都售卖三明治。在第一次世界大战期间,士兵可以在火车站免费领取三明治。到了20世纪,三明治仍然是人们在两顿主餐之间或者睡前吃的一种零食。观众在体育比赛现场也能买到三明治。在20世纪20年代,徒步旅行者开始携带三明治,以便随时补充营养。之后10年,切片面包的发明让三明治更受欢迎了。20世纪时，适合放进学校午餐盒里的三明治成为一种儿童食品。在美国，电视机里的动画主人公史酷比（Scooby Doo）和夏奇（Shaggy）都是三明治爱好者。

　　19世纪时，法国人将三明治引入东南亚；不过，直到20世纪40年代，它才在那里流行起来。越南人肯定在很长一段时间里都很厌恶三明治，认为这种外来之物是征服者的食品。越南人喜欢用蛋黄酱和洋葱当配料，此外，辣椒、黄瓜、泡菜和药草也都是很受欢迎的配料。移居美国的越南人也带来了自己的三明治，纽约市的波兰人就很喜欢吃这种越南三明治。希腊人吃西红柿洋葱三明治。葡萄牙人喜欢在三明治里放火腿、香肠、奶酪和啤酒酱。乌拉圭人吃的三明治里有牛排、培根、蛋黄酱和橄榄。芬兰人吃香肠三明治。新西兰三明治是用切达干酪做的，可能类似于美国流行的烤奶酪三明治。多米尼加人吃猪肉甘蓝三明治。然而，俄罗斯、波罗的海诸国并不流行三明治，斯堪的纳维亚部分地区也是如此。在部分亚洲地区，因为人们更愿意吃大米和面条而不是面包，所以三明治并不常见。然而，韩国人和日本人已经接受了三明治，但他们用的配料并不符合西方人的口味。在日本，豆类三明治很受欢迎，不过具体用哪种豆子并不固定，首选可能是大豆，也可能是菜豆属的美洲豆子。赛百味连锁店及其三明治在中国很受欢迎。三明治着实是一种全球食品。

延伸阅读

Wilson, Bee. *Sandwich: A Global History*. London: Reaktion Books, 2010.

汤

　　汤可能是世界上最普遍的一种食物，正因如此，它塑造了这个世界。汤的历史悠久，可以上溯到10万年前。它的起源可以追溯到尼安德特人，比晚期智人的起源还早。其精髓在于煮肉，煮出的肉汁会形成肉汤。人们可以在肉汤里加入很多配料，但不管配料是什么，做出来的都是汤。不同的文化喜欢的配料也不一样，不过，最简单的汤所用到的食材大同小异。

起源与重要性

　　汤已经成为一种无处不在的美食，并因此改变了人类社会。来自不同文化的人可能不吃面包、土豆、鱼或其他食物，但他们无一例外地都喝汤，虽然汤的食材因文化而异。自古以来，汤可能是唯一一种真正的全球性食品，就算有人可能会反驳说咖啡、茶和巧克力同样如此。中世纪的豌豆粥肯定是一种汤，不过，当时这种食物被称为"粥"或者"浓汤"，在此我们不妨将其称为"豌豆汤"。据说，豌豆汤是旧大陆百姓的主食，也是吃不起肉或鱼的穷人的重要蛋白质来源。豌豆汤让百姓填饱了肚子，可以说，它改变了历史和生活。一般来说，只要有可能，人们在吃面包时就要喝汤，这样一来，干巴巴的面包就会变得松软且可口。在某些情况下，汤意味着面包配肉汤。17世纪时，英国人创造了"Soup"（汤）这个词来表示之前所说的"Pottage"（浓汤）。

　　汤可能是尼安德特人的发明。关于尼安德特人有许多争议，此处不讨论那些争议，而要说明的是：尼安德特人和晚期智人很可能

尼安德特人

除了我们自己这个物种外，目前被深入研究的史前人类也就只有尼安德特人了。尼安德特人可能从非洲或欧洲进化而来，是人类祖先海德堡人[1]的一个分支。大约在60万到2.8万年前，尼安德特人居住在欧洲和黎凡特。大约在4.5万年前，尼安德特人和晚期智人在这些地区相遇，而且相遇的频率可能很频繁。19世纪的研究者往往会贬低尼安德特人，认为他们既原始又没有智慧，以至于随后几十年里古生物学家都认为晚期智人丝毫不想跟尼安德特人打交道。事实上，最新的证据显示，现代人在某种程度上有尼安德特人的DNA，这意味着双方生育了后代。的确，现在通过对尼安德特人的复原，尤其是对尼安德特女性的复原，科学家发现尼安德特人实际上非常美丽。我们很难说晚期智人男性不会被尼安德特女性的魅力吸引。我们在这里是想强调，尼安德特人可能是最早喝汤的人类。尼安德特人似乎在2.8万年前就已经灭绝了。

属于同一物种，二者结合产生后代，并交换知识和其他文化。尼安德特人很早就会煮肉。一旦他们把肉放在容器里煮，就能做出肉汤，而其中可能还添加了植物。所谓的容器可能并不比地上的一个坑更复杂。尽管如此，如果说尼安德特人发明了汤，那么他们肯定和我们一样聪明。所以，尼安德特人因为某种程度上的低劣而灭绝的观点就是没有说服力的。汤迫使现代人重新评估自己与尼安德特人的关系，由此影响了历史。

美洲和澳大利亚的原住民都在地上挖坑煮汤。在世界上的不同地区，树皮、竹子和贝壳都被用来盛汤。贝壳只能在沿海一带使用，而热带地区的人可以用竹子。19世纪时，英国博物学家查理·达尔文和"小猎犬号"的船员们将加拉帕戈斯群岛上的大龟壳

---

1 海德堡人：根据在德国海德堡发现的一件下颌骨化石命名的人属的一个种。近年来，一些学者将在欧洲、非洲和亚洲发现的部分中更新世人类化石也归于海德堡人。——编者注

当作盛汤的容器，达尔文对汤里的龟肉的味道表示满意。北美大平原上的印第安人在猎获野牛后把牛胃当容器煮汤，蒙古人则把山羊的头颅当容器煮汤，而铝制容器是现在人们的首选。罗马人喝好几种汤。汤并没有完全大众化，因为平民喝的汤很朴素，只有很少的配料，而贵族在汤里放的食材却非常丰盛。穷人的汤对富人而言完全没有吸引力。贵族喝的典型的汤可能含有肉、葡萄酒、生菜、鸡蛋和胡椒，而穷人只能将就着用大麦和豌豆或小扁豆煮汤。有人认为，大麦和鹰嘴豆也可能用来制汤，因为包括科卢梅拉在内的一些罗马作家提到了鹰嘴豆在饮食中的重要性。鹰嘴豆汤在印度肯定很受欢迎，而印度至今仍然是鹰嘴豆的消费大国。另一种精英阶层专享汤，含有肉汤、鹰嘴豆、小扁豆、豌豆、大麦、叶类蔬菜、韭菜、甘蓝、香菜、莳萝、茴香、茴香籽、牛至和欧当归。

英国人有一种特别的汤，是用杏仁乳制作而成的。德国人用豆子做汤，考虑到这些食谱可以追溯到14世纪，蚕豆肯定是当时做汤的食材首选。那时候，欧洲人对原产于美洲的豆子之丰富还没有全面的认识。有人认为，菜豆（原产于美洲）在欧洲出现之后，肯定就取代了蚕豆，因为美洲菜豆比蚕豆更容易烹饪。确实，美洲人所知道的豆汤全都是用菜豆做成的。德国人会在肉汤里加入蚕豆、啤酒、葛缕子籽、韭菜、杏仁乳、大米和胡萝卜。德国人的汤包含如此多的食材，其背后肯定有一个庞大的贸易网络。以大米为例，过去只有非洲或亚洲才出产大米，而今天德国所在的地区在当时不可能种大米。这个贸易网络肯定是在哥伦布大交换期间组建起来的。德国还有一种汤，其原料有鹅肉、大蒜、西红花、牛奶和蛋黄——这种汤的热量肯定很高。法国人的汤的食谱则更讲究一些。在中世纪，摩尔人征服了西班牙的部分地区，于是西班牙人就从摩尔人那里收集了很多种汤的配方。

到了17世纪，烹饪书中一般会有20%的食谱是汤类食谱。尽管汤的食谱千变万化，但全世界汤的主要原料都集中在各种各样的种子上，即要么用豆子，要么用谷物。若要制作最简单的汤，则一定离不开豌豆、菜豆和小扁豆。在谷物中，玉米和大米一直很重要。印度的汤里通常含有鹰嘴豆或者小扁豆。埃及人喜欢喝蚕豆汤，不过，考虑到美洲菜豆的可得性，这着实令人费解。摩洛哥的汤里有鹰嘴豆。黑豆汤在整个加勒比群岛都是一种主食。英国、瑞典、芬兰和荷兰的民众都喜欢喝豌豆汤。甘蓝汤在法国、德国、东欧国家和俄罗斯很重要。非洲奴隶会用原产于美洲的西红柿和玉米做汤。今天，世界各地的人在烧汤时所用的主要食材可能是西红柿。在19世纪40年代，许多食物被做成了罐头，其中就有番茄汤。如今的美国亨氏公司在全球销售番茄汤。随着哥伦布大交换的进行，玉米浓汤传遍世界各地，而美洲印第安人早在与欧洲人接触之前就已经做过玉米汤了。秋葵汤以秋葵荚为特色，在美国南方很受欢迎。费城人喝用牛肚做的汤，这种汤可能是从意大利传过来的。

施食处

汤的一个重要衍生物是施食处——一个慈善中心，为穷人和处于困境的人提供食物。有人认为施食处是美国人的创新，而且施食处在美国历史上的很多时候都是必不可少的。也有人主张施食处的历史更加悠久，认为施食处是西亚人"人们应该帮助陌生人和不太幸运的人"观念的产物。

在美国内战后的经济萧条时期，美国正从农村向城市转型，施食处就显得尤为重要。在农村，人总是希望填饱肚子，但城市工业经济却不可避免地存在繁荣和萧条的周期循环。在经济萧条时期，失业者需要依靠施食处来填饱肚子。一想到1873—1877年、1893—1897年、1929—1939年（即大萧条）的这几次经济萧条，人们就会联想到施食处为美国失业者供应食物的重要性。在大萧条期间，甚至连美国黑帮头目阿尔·卡彭（Al Capone）都在芝加哥市和纽约市开设施食处，让没有工作的人能够吃上饭。除了私人开设施食处之外，天主教和新教的教会也积极在美国、欧洲、亚洲和非洲部分地区设立了施食处。

在大萧条期间的亚特兰大，施食处的数量大量增加。亚特兰大过去是铁路枢纽，现在又是航空枢纽，一直吸引着靠施食处填饱肚子的流浪汉。亚特兰大联合救济会（过去名为"亚特兰大股份救济会"）运营着该市主要的施食处，而它当然不是唯一的慈善机构。到了1956年，这些施食处每天供应300份饭。救济会声称向新教徒、天主教徒和犹太教徒供应食物。于是，人们想知道不可知论者和无神论者能去哪里讨饭。到了1976年，越来越多患有精神疾病的人到施食处吃饭。在20世纪80年代，年轻的失业者和吸毒成瘾者也来到亚特兰大的施食处吃饭。因此，施食处不得不扩大业务，并开展药物滥用咨询服务。到了21世纪，无家可归者在去施食处吃饭的人里占了很大比例。

延伸阅读

Clarkson, Janet. *Soup: A Global History*. London: Reaktion Books, 2010.

塔可饼

塔可饼最初是一种墨西哥美食，在20世纪20年代传到美国，并在20世纪末成为一种全球性商品。塔可饼是玉米饼的变体。玉米饼是用玉米面做的，经过油炸就可以变成质地更硬的塔可饼。经过油炸的塔可饼呈字母"U"的形状，可以装填其他配料，尤其是牛肉——这样的吃法就如同两片面包夹着肉和其他食材。因此，塔可饼在功能上与三明治相差不大，并且与三明治之类的食物一样易于制作，也可以满足午餐时间短的人们所需。塔可饼通过很多方面塑造了人类历史，改变了社会生活：其一，在塔可饼的影响下，美国人越来越多地接受墨西哥食物；其二，塔可饼与性感相融合；其三，它变得越来越标准化，而标准化是福特主义[1]的部分内容；其四，它采用工厂制度；其五，它具有扎根于加利福尼亚州洛杉矶市的历史；其六，它成为全球化的明星食品。今天，塔可饼俨然是最著名的墨西哥美食。

塔可饼及其起源

流行的塔可饼呈金黄色，因此也被叫作"金塔可"（dorado）。人们一日三餐都可以吃塔可饼，还可以把它当零食吃。不过，早餐只有塔可饼可能并不够。塔可贝尔快餐店最近扩展了早餐菜单，可供选择的餐品远不止塔可饼。塔可饼既可以作为丰富的正餐，也可以作为简单的零食为人们食用，一切视其配料而定。有些人吃塔可饼的时候还要吃更简单的玉米饼。常用的塔可饼配料有萨尔萨辣酱、香菜和洋葱。19世纪晚期的人最早使用"taco"一词来称呼塔可饼，而该词在此之前另有他用。塔可饼是一种全球化的商品，在

1　福特主义：指以大规模生产方式为核心的资本主义积累方式。其主要特征是大规模生产、大规模消费和国家福利主义，相应的社会经济关系体现在大企业、工会组织和国家三者之间。——编者注

墨西哥、美国、瑞典和日本很受欢迎。

塔可饼进入美国的时间相对较晚。辣椒肉馅玉米卷饼、炖菜豆、玉米粉蒸肉和墨西哥炖牛肉都先于塔可饼来到美国，尤其是加利福尼亚州和美国西南部地区。塔可饼最初装填的是加了辛辣调料的肉。事实上，美国人通常认为所有种类的墨西哥食物都是辣的。从这个意义上说，塔可饼和其他墨西哥食物培养了美国人爱吃辣的口味倾向，丰富了美式菜肴，进而改变了美国的历史和人们的生活。塔可饼于20世纪20年代在美国首次亮相，风靡于加利福尼亚州和得克萨斯州。20世纪30年代的许多美国烹饪书都记载了塔可饼食谱，由此我们可以看出，当时的塔可饼已经成为美国人饮食的一部分。到了20世纪60年代，塔可饼在塔可贝尔快餐店及其效仿者的推动下广泛传播，先是传向美国各地，后来遍及全世界。墨西哥人认为，美国化的塔可饼是墨西哥塔可饼的一种廉价而乏味的仿制品，但美国人依然大快朵颐。如今，美国人一提起墨西哥食物，首先就会想到塔可饼。在庆祝墨西哥节日"五月五日节"的时候，甚至连爱尔兰餐厅都供应腌牛肉塔可饼，并打出"今天爱尔兰人也是墨西哥人"的口号，由此可以看出塔可饼的国际影响力。

在加利福尼亚州的洛杉矶市和圣贝纳迪诺市，人们很早就接受了塔可饼。食品供应商把塔可饼卖给人们当午餐吃。这些人通常只有很短的午休时间，需要尽快吃完午餐。塔可饼跟汉堡、热狗和三明治一样，满足了这一需求，适应并影响了在工厂或农场工作的人们。有一个很受欢迎的塔可饼品牌名为"美丽小天堂"，它提供的产品以牛肉、萨尔萨辣酱、牛油果和红辣椒为馅料，售价为3美元两份。在20世纪30年代，加利福尼亚州正处于人口激增的时期，以当地的甜橙、新奇的塔可饼和休闲娱乐活动吸引着满怀憧憬的游客和定居者。塔可饼已经成为加利福尼亚州美食的一个代名词。奥尔韦拉街是洛杉矶市颇古老的一条街道，经过改造后容纳了很多餐馆和工艺品商店，吸引着慕名而来的游客。这些餐馆供应墨西哥菜，当然少不了塔可饼。塔可饼已经深深扎根于洛杉矶市的土壤之中，融入了城市的历史。

到了1901年，洛杉矶市有百余个街头小贩，其中大多数都卖墨西哥食物。警察有时会起疑心，觉得这些小贩跟流浪汉差不多。在20世纪20年代，小贩开始向因墨西哥局势不稳而涌入美国的墨西哥移民售卖塔可饼。这些摊贩不断壮大，不仅卖塔可饼，还卖炖羊肉、牛肚汤，以及包括鸡肉、猪肉和牛肉在内的各种肉。根据一位记者的报道，没有什么能像塔可饼那样让人们体会到正宗的洛杉矶风味。他认为塔可饼已经成了城市形象大使。墨西哥移民一般喜欢吃刚烤出来的松软的塔可饼，而白人更喜欢吃油炸的、脆的、肉馅（尤其是牛肉馅）很足的塔可饼。一些人靠卖塔可饼和其他墨西哥食物为生，他们的餐厅被称作"塔可饼屋"，遍布整个加利福尼亚州南部。油炸制法和肉馅导致人们倾向于把塔可饼看作垃圾食品。当然，早在塔可贝尔快餐店出现之前，塔可饼就属于快餐。

到了20世纪30年代，塔可饼屋已经扩展到纽约市，许多店铺都装饰着阿兹特克美丽女神的形象——性感与塔可饼之间建立起联系。纵观历史，性和各种食物之间始终有着千丝万缕的联系，这也是我们对食物的理解的一个重要方面。杂志广告鼓励家庭主妇为家人准备塔可饼。在20世纪50年代，家庭可以买油炸锅来自制塔可饼。

塔可贝尔

塔可贝尔的创始人格伦·贝尔（Glen Bell）也大规模地用过类似的油炸锅，他肯定从前人那里借鉴了好多经验。在第二次世界大战期间，贝尔在美国海军陆战队当厨师，获得了烹饪技能。从那时起，他对餐饮服务业产生了兴趣。战争结束后，他经常光顾麦当劳，并在那里萌生了创立塔可贝尔快餐店的想法。当时，美国人对汽车文化的痴迷与对消费主义的普遍追捧，为贝尔的崛起创造了条件。1948年，他在圣贝纳迪诺开设贝尔汉堡与热狗店。第二年，他卖掉了这家餐馆，又开了一家餐馆，同时关注城里的墨西哥餐馆。他意识到塔可饼的消费群体正在发生变化——吃塔可饼的白人越来越多。1950年，贝尔开了第三家店，名为"贝尔汉堡"。这家餐馆与一家玉米饼加工厂只有一街之隔，于是他开始购买玉米饼，再将其做成塔可饼。至此，塔可贝尔实际上已经诞生了，虽然它在名义上还不存在。贝尔借鉴麦当劳的做法，标准化了食材：油炸玉米饼外壳、牛肉末、生菜丝、奶酪和辣椒酱。贝尔认为，美国人无论去哪家塔可贝尔快餐店，都应该有同样的体验。标准化是美国经验的核心。美国发明家托马斯·爱迪生（Thomas Edison）的灯泡和美国汽车制造商亨利·福特的T型车，都是标准化的典范。塔可饼也不例外。

到了1962年，塔可贝尔已经扩展到加利福尼亚州以外很远的地方。到了1969年，贝尔每周都要在美国新开两家连锁店。在得克萨斯州、佛罗里达州和美国中西部地区，人们都转向去塔可贝尔快餐店吃饭。在1978年，即塔可贝尔与百事公司合并的那一年，根据贝尔的统计，美国当时有800多家塔可贝尔快餐店，年收入超过10亿美元。

模仿者不乏其人。1960年时，美国海军老兵罗恩·弗雷德里克（Ron Fraedrick）在俄勒冈州尤金市创立了一家名为"塔可时代"的快餐店。这家店位于俄勒冈大学附近，吸引了大批大学生。20世纪80年代，塔可时代在日本开办了第一家门店，而在全球已有300多家连锁店。在得克萨斯州、俄克拉荷马州和美国中西部地区，还有一些模仿者也按照类似的思路取得了成功。塔可饼已经成为一种国际食品。

迈入21世纪，塔可贝尔把总部设在加利福尼亚州尔湾市，和它的竞争对手一道把塔可饼推向全世界。塔可贝尔与必胜客、肯德基同属于一个集团，在美国乃至全世界销售各种各样的食物。奇怪的是，公司员工不能在总部吃饭，而得费一番周折到5千米之外最近的塔可贝尔快餐店吃饭。在那里，他们可以选择韩式烤肉、阿根廷香肠、豆腐或者菠萝蜜作为塔可饼的馅料。塔可饼本身就是一种国际食品，人们想吃什么都可以填进塔可饼里。

延伸阅读

Arellano, Gustavo. *TACO USA: How Mexican Food Conquered America*. New York: Scribner, 2012.

Chavez, Denise. *A Taco Testimony: Meditations on Family, Food and Culture*. Tucson, AZ: Rio Nuevo Publishers, 2006.

Pilcher, Jeffrey M. *Planet Taco: A Global History of Mexican Food*. Oxford and New York: Oxford University Press, 2012.

Wilson, Scott. *Tacos: Authentic, Festive and Flavorful*. Seattle, WA: Sasquatch Books, 2009.

面 包

小麦有八大类：硬质红粒冬小麦、硬质红粒春小麦、硬质白粒冬小麦、硬质白粒春小麦、软质红粒冬小麦、软质白粒冬小麦、软质白粒春小麦和硬粒小麦。然而，并非所有小麦都适合做面包。通常而言，小麦越硬（硬粒小麦最硬）就越不适合做面包。相反，软质小麦用来做面包、饼干和蛋糕就很理想。而硬质春小麦和硬质冬小麦也可以用来做面包。黑麦也是做面包的一种很好的材料。小麦和黑麦适合做面包，因为它们含有面筋蛋白，这种蛋白质能让麦粒黏附在一起，从而形成面团。虽然超市里也卖燕麦面包，但是燕麦并不适合做面包。只有将燕麦粉和小麦粉混合得到含有足够面筋蛋白的面粉，才有可能做出燕麦面包。

最早种植的小麦是一粒小麦和二粒小麦，但这两种小麦都不适合做面包，而只适合熬粥。这两种小麦早就无人耕种，也未在小麦的现代分类体系中占有一席之地。虽然面包几千年来养活了无数人，但是它在营养上并不优于美洲的土豆和甘薯。小麦的主要缺点是不完全含有必需氨基酸[1]。正如西亚和欧洲的人发现的那样，补救方法是把面包和豆类搭配起来，比如旧大陆的鹰嘴豆、豌豆和小扁豆，它们能更好地平衡氨基酸含量。

古代的面包

早在1万年前，密穗小麦就取代了一粒小麦和二粒小麦。人类第一次种出适合做面包的小麦。起初，人类制作并食用无酵面包。在最初的几百年间，人们搞不清楚硬粒小麦的情况，这种困惑至今依然存在。如前所述，硬粒小麦真的不适合做面包，但是一些学者怀疑，史前人类可能就是用它做无酵面包的。从补充营养的角度看，用硬粒小麦做无酵面包这一观点有可取之处，因为硬度最高的

1　此处是说，小麦含有的蛋白质种类不能完全覆盖人体所需的8种必需氨基酸，例如，小麦的赖氨酸含量极低。——编者注

硬粒小麦其蛋白质含量也最高。阿拉伯半岛的贝都因人仍然吃无酵面包，不过，很难确定他们用来做面包的小麦的种类。

埃及人可能是最早做发酵面包的人。他们明白面包意义重大，能起到维持社会稳定的作用；因此，埃及人把多余的小麦储存起来，这样一来，即便在饥荒期间也能做面包吃。有人注意到欧亚大陆的人和埃及人都依赖面包。面包在埃及非常重要，以至于人们可以把它当作货币来用。希腊和罗马的崛起预示着面包将不能再当钱用，因为硬币取代面包成为货币。希腊人和罗马人把面包当成毋庸置疑的主食，面包的这一地位直到土豆进入欧洲才受到挑战。在某种程度上，面包改变了世界，部分原因是它维持了欧洲、西亚、北非和埃及地区的人口规模。埃及王朝似乎是以面包为基础建立起来的。在这个意义上，面包使精英和平民之间的区别更具体了。精英吃面包，但是穷人通常靠喝粥维持生存。同时，面包也强化了性别界限。下地干活的可能是丈夫，而如果一家人想吃面包，那么一定是妻子动手做。有人认为，做面包这件家务事通过母亲传给女儿的方式代代相传。

然而，我们不能说面包在古代可以延年益寿。古代人不到30岁就离开人世是很常见的。一个人如果活到了40岁，那么很可能比同龄人甚至比自己的子女都活得长。然而，导致古代人短命的原因可能是疾病，而并非面包。

正如埃及的例子所表明的那样，面包在古代可能是维系人类社会的黏合剂。罗马人意识到有必要安抚民心，于是，国家向城市居民发放免费面包。这并非易事，因为在公元元年后，罗马城可能是当时世界上最大的城市，有100万名居民。毋庸置疑，面包对罗马而言举足轻重。人们在发掘庞贝古城的过程中找到了很多被罗马人用来烤面包的烤炉。公元2世纪，罗马皇帝图拉真（Trajanus）深知面包对维持帝国稳定的重要性，所以在饥荒来临时给埃及送去面包。帝国的长治久安在很大程度上要归功于面包的供应充足。就这一点而言，罗马给西西里和埃及指派了供应小麦的任务，以保证面包的供应。因此，面包为罗马帝国获取荣耀增添了可能性。

人们可能会根据这些例子就推断面包在世界各地都是主食，不过，这时候要格外谨慎。在旧大陆的部分地区，面包是主食可能是事实，但是在哥伦布大交换之前，美洲印第安人似乎没有小麦和面包，并且照样过得很好。美洲原住民因地择食，吃玉米、豆子、笋瓜、西红柿、胡椒、花生、土豆、甘薯和木薯。小麦和面包的引进将改变新大陆的历史。

中世纪和现代社会

即便在英国，11世纪之前面包也不是主食，不过在那之后，人们难以想象英国人不吃面包会是什么样子。奇怪的是，英国人种黑麦，却更喜欢小麦面包而不是黑麦面包。在盎格鲁-撒克逊人[1]的统治时期，英国人对女性要求甚多。她们下地种田，回到家里还得烤面包。由此而论，面包成了压迫之源。早在公元1世纪时英国就已经是罗马帝国的一部分，英国人却这么晚才开始吃面包，这似乎很古怪。有人会对英国人的营养摄入状况产生疑问，因为他们更喜欢用质地最软而蛋白质含量最低的小麦做面包。和其他地方的人一样，英国人需要白面包。在现代牙科出现之前，蛀牙是很普遍的现象；因此，人们不愿选择难以咀嚼的黑面包，即便富含纤维的黑面包比白面包更有营养。

---

1 盎格鲁-撒克逊人：指公元5世纪时，迁居英国不列颠的以盎格鲁部落和撒克逊部落为主的日耳曼人。——编者注

面包是一个晴雨表，可以衡量人类社会在富足和凋敝之间的波动情况。12世纪时曾有一小段气候温暖的时期，其间面包供应充足，人口不断增长。相比之下，14世纪则发生了一场人口灾难。在1314年至1317年间，天气寒冷，大雨滂沱，小麦绝收，导致面包稀缺。饥荒害死了很多人，即便是幸存者也羸弱不堪。考虑到这些惨状，面包的匮乏肯定为黑死病埋下了隐患。这场瘟疫据说夺去了半数欧洲人和数目不详的亚洲人的生命。

16世纪时，土豆的出现可能会挑战面包至高无上的地位；但是由于多种原因，欧洲人只是谨慎地接受了土豆，而且后来只有北欧人才吃土豆。就算到了18世纪，以英国人为例，人们也更喜欢吃面包而不是土豆。据记载，英国人平均每天吃1000～1800克面包。每块面包的平均质量约为900克，这说明一些英国人每天吃2块面包。这一证据表明，至少在一些地区，面包比营养价值更高的土豆更受欢迎。

英国玩弄的"面包政治"使爱尔兰陷于瘫痪。当时，英国人残忍地剥削爱尔兰人，把他们收获的所有谷物都充作租金，而这些谷物原本可以做成面包给百姓吃。这种剥削制度之所以能够持续，仅仅是因为爱尔兰人吃土豆，很少有民族像他们一样如此依赖一种食物。1845年至1849年间的土豆大饥荒导致爱尔兰人没了主食。即便如此，如果英国地主让爱尔兰人留着谷物做面包，那么爱尔兰人也能幸免于难。但英国人拒绝这样做，致使100万爱尔兰人挨饿，另有150万人逃离爱尔兰。"面包政治"很少会产生如此之大的破坏力。

面包也曾危及法国的稳定。如果法国人听从一位医生的建议，早点接纳土豆，没准法国就不会陷入混乱。而事实却是法国人依赖面包，当18世纪80年代末粮食歉收时，面包价格上涨到百姓买不起的水平。随后，由面包引发的暴动推翻了法国君主制，国王和王后被送上断头台。俄罗斯也发生了类似事件，且形势急转直下，变得一发不可收拾。虽然俄罗斯人很快就接受了土豆，但对面包的依赖性仍然很强。在第一次世界大战的严酷考验和粮食减产的情况下，人们更买不起面包了。俄罗斯平息了最初的示威行动，但革命家弗拉基米尔·列宁（Vladimir Lenin）最终借助高价面包造成的动荡推翻了沙皇，创建了一个社会主义国家。

在美国，面包呈现的是另一番景象。新英格兰殖民地种植的小麦产量平平，但是到了19世纪，小麦向西扩散到北美大平原，随后在1877年至1886年间，小麦产量飙升，因此面包价格被腰斩。虽然产业工人的工资极低，工作环境也很恶劣，但是他们仍然吃得起廉价面包。

20世纪初，维生素的发现如同晴天霹雳，给白面包造成重大打击。营养学家证明，碾磨小麦麦粒会去除富含维生素的麸皮和胚芽。除了热量，白面包一无所有。全麦面包成为优质面包的标准。医生指出，白面包是导致肥胖症患者和糖尿病患者增加的罪魁祸首。荒谬的是，超市依然卖白面包，而消费者也依然在吃白面包。也许人类并未很好地吸取教训。

延伸阅读

Marchant, John, Bryan Reuben, and Joan Alcock. *Bread: A Slice of History*. Gloucestershire: The History Press, 2008.

Rubel, William. *Bread: A Global History*. London: Reaktion Books, 2011.

玉米饼

玉米饼是用原产于美洲的草本植物玉米制成的墨西哥特色美食。它是塔可饼、卷饼、辣椒肉馅玉米卷饼、烤干酪辣味玉米片、玉米脆饼的基础。拉丁美洲人把包括玉米饼在内的特色美食带到美国，就像意大利移民在19世纪把比萨、意大利肉丸面带到美国一样。因此，玉米饼是已经持续数个世纪的食物全球化的一部分。玉米脆饼和玉米片是玉米饼的衍生品，三者在美国西南部乃至整个美国缔造了属于它们的食品帝国。因此，玉米饼是美国资本主义的一部分。

玉米饼——墨西哥"精髓"

玉米饼起源于史前时代的墨西哥，远比欧洲人发现美洲的时间早。传统的墨西哥玉米饼很薄，厚度不超过25美分硬币的厚度。按照惯例，这种玉米饼需要油炸，虽然还不能确认用的是什么油。猪油是一种选择，但美洲印第安人很少驯养动物。玉米饼一般是用玉米粉做成的，不过，也可以用小麦粉甚至是菠菜做玉米饼。对于穷人来说，撒上盐的玉米饼就是一顿正餐。没有玉米饼，墨西哥美食将不复存在，因为它赋予了墨西哥美食属于自己的独特身份。玉米饼和墨西哥美食通常是随着移民来到美国的。2009年，美国的玉米饼是价值32亿美元的产业，这一数字是12年前的3倍。不过，美国玉米饼行业协会不同意这个说法，认为美国的玉米饼是价值80亿美元的产业。而且，这一数字还不包括玉米脆饼、炸玉米饼和玉米片的收入，人们只能猜测这些玉米饼衍生品的收入。后来，制作玉米饼的手艺逐渐衰落。拉美裔美国人和其他美国人不再需要费时费力地从头开始制作玉米饼，因为他们在杂货店里很容易就能买到成品。只有会从头开始制作玉米饼的女人才能出嫁的传统已经过时了。

玉米饼与低人一等

　　早在19世纪70年代，一群知识分子和政治家就提出，只要墨西哥继续依赖玉米及其主要产品玉米饼，就摆脱不了贫穷和落后的命运。美墨战争[1]不正好显现了墨西哥军队、士兵和指挥官的劣势吗？在贬抑玉米饼的人当中，弗朗西斯科·布尔内斯（Francisco Bulnes）基于食物把全世界的人分成了三种类型：吃玉米的人、吃小麦的人和吃大米的人。这种划分方法太简单，忽略了块根和块茎作物的贡献，只考虑到谷物。布尔内斯把种族和饮食偏好混为一谈，主张吃小麦的种族比吃玉米的和大米的种族更优越，是玉米和玉米饼阻止了美洲印第安人的开化进程。布尔内斯犯了很多错误。今天，许多生物学家对这种按种族划分人类的观点不屑一顾。人类的基因多样性程度根本就不足以将人类划分成不同的种族。此外，玉米和玉米饼并未妨碍文明的发展。玛雅文明和阿兹特克文明的起源和发展都要归功于玉米。如果没有玉米和玉米饼，这些文明都不可能存在。布尔内斯还提到了西班牙的征服活动，这更是错上加错。西班牙人证明了自己比阿兹特克人更优越吗？答案是否定的，他们的侥幸得逞与流行病的暴发有很大关系。西班牙和其他国家一样，几百年来一直与欧洲、非洲和亚洲国家进行贸易往来。天花、

1　美墨战争：指美国侵略墨西哥的战争。1845年7月，美国吞并得克萨斯，宣布它为联邦的第28个州。1846年，美墨正式宣战。这场战争持续了1年多，最终以美国胜利宣告结束。1848年，双方签订《瓜达卢佩－伊达尔戈条约》。通过这个条约，美国获得了加利福尼亚州的全部土地。——编者注

流感、鼠疫、麻疹和其他致命疾病也顺着贸易路线传了过来。由于这些疾病在欧洲存活了几百年，欧洲人已经进化出了相应的部分免疫力。而美洲印第安人在贸易网络之外，缺乏这种免疫力。阿兹特克帝国消亡受到了疾病的影响，而不是西班牙人在各个方面都更优越。

不断更新迭代的玉米饼征服了美国

早在19世纪90年代，美国就有专门介绍玉米饼食谱的烹饪书。然而，许多食谱脱离了墨西哥传统，似乎是为了缩短备菜时间。在20世纪初，食品生产商以玉米饼为基础创造出玉米脆饼和玉米片。这些油炸的、高盐的食物在美国至今仍是深受人们喜爱的小吃。玉米脆饼被有意制成三角形的，以便放萨尔萨辣酱或者蘸酱吃。得克萨斯州圣安东尼奥市是玉米脆饼的诞生地，不过，它并没有因为这项创新而得到应有的荣誉。在20世纪40年代，洛杉矶市开办了第一家玉米脆饼工厂，轰动一时，以至于许多食物历史学家忘记了圣安东尼奥市的贡献。到了1950年，《大众机械》（*Popular Mechanics*）杂志称洛杉矶市为玉米脆饼的故乡。在20世纪90年代，美国玉米饼行业协会将发明玉米脆饼的功劳归于洛杉矶市的发明家丽贝卡·卡兰萨（Rebecca Carranza），并授予她"金玉米饼奖"。那些了解玉米脆饼来龙去脉的人对此感到愤愤不平，觉得这个奖项的获得者不应该是一个白人，而应该是一个墨西哥创新者。因此，玉米饼就被添加了允许白人篡夺有色人种成就的深层含义，致使许多被误导的偏执的人至今仍然相信的白人至上的故事形成。

另一位白人埃尔默·杜林创办了芙乐多公司，得到了"玉米片发明者"的荣誉。实际上，玉米片的配方来自他经常光顾的一家墨西哥餐馆。杜林仅仅花了100美元，就从古斯塔沃·奥尔京（Gustavo Olguin）手中买下了玉米片的销售权，当时奥尔京想还清在美国做生意欠的债并返回墨西哥。1934年，杜林申请并获得了芙乐多玉米片的商标保护。2年后，他又申请了专利。尽管身处大萧条时期，杜林还是大获成功，他在得克萨斯州达拉斯市和俄克拉荷马州塔尔萨市开办了工厂。第二次世界大战后，杜林凭借其在西南地区的成功基业，选择在《生活》（*Life*）等全国性期刊上做广告，以争取获得国民认可。1948年，杜林推出了一个名为"奇多"的新品牌。而奇多系列产品以玉米为原料，人们可能会认为它跟玉米饼是远亲。杜林还与另一位营销大师沃尔·迪士尼（Walt Disney）联手，在迪士尼乐园销售芙乐多，致使该品牌获得了有史以来的最大成功。因此，玉米片代表着美国资本主义的成功。不幸的是，杜林56岁就因心脏病逝世，这对倡导油炸食品的他来说或许并不意外。

延伸阅读

Arellano, Gustavo. *TACO USA: How Mexican Food Conquered America.* New York: Scribner, 2012.

谷物早餐

许多营养学家都会说早餐是一天中最重要的一餐。随着时间的推移，世界上不同地方的人吃的早餐也有很大的差别。谷物早餐的发明人是美国医生约翰·哈维·凯洛格，他觉得人们在早餐时吃的肉、蛋和其他动物制品太多了。作为素食主义者的凯洛格希望推广一种全谷物早餐，以应对人们过多食用肉和肉制品的情况。营养标准和健康意识的提高激发了凯洛格的积极性。然而，讽刺的是，谷物早餐的供应商脱离了这一初衷，提供的产品很甜，并且缺乏营养。谷物早餐是20世纪的一项发明，在食物花名册中算是晚辈。南亚、东亚和东南亚的人民种植水稻已有几千年的历史了。相比之下，美国人吃谷物早餐只有区区100年。

谷物早餐之前的早餐

在谷物早餐被发明之前，很多美国南方人（无论黑人还是白人）都拿玉米糁当早餐；苏格兰和爱尔兰移民一般吃燕麦片；中国人往往喜欢喝米粥，至今依然如此；伊朗人和土耳其人仍然喝小麦粥；南非人则用玉米变着花样做早餐。对于那些有能力吃得更好的人来说，早餐可能包含鸡蛋、培根、火腿、香肠、牛奶、奶酪、炸土豆、煎饼、黄油、枫糖浆、咖啡、橙汁或茶。这样的早餐足够饱腹，与体力消耗很大的年代相适应。很简单，消耗了那么多热量，当然要通过高热量饮食补回来。然而，进入20世纪后，汽车等诸多发明出现了，人们平时不必再耗费那么大的力气。人们似乎需要更清淡的早餐。

谷物早餐的问世

在20世纪初，美国医生约翰·哈维·凯洛格认为早餐中含有的纤维太少，脂肪太多。凯洛格从14岁开始吃素，后来负责管理密歇根州巴特尔克里克市著名的巴特尔克里克疗养院。疗养院接待过前总统亚伯拉罕·林肯的遗孀玛丽·托德·林肯（Mary Todd Lincoln）、前总统沃伦·哈定、飞行员阿梅莉亚·埃尔哈特、汽车制造商亨利·福特和剧作家乔治·萧伯纳（George Bernard Shaw）等。凯洛格很早就倡导"不治已病治未病"，即疾病预防远远优于一旦患病后的治疗。他提倡锻炼，在阳光明媚的时候到户外多运动，以及保持健康饮食。他用心良苦，力图通过发明谷物早餐来改善健康状况。从一开始，凯洛格就致力于开发一种无须再加工的产品，从而减轻女性的家务负担。他首先发明了一种类似于用全麦、燕麦和玉米粉做成的饼干，并将其命名为"格兰努拉"（granula），后又改名为"格兰诺拉"（granola）；但因为这种饼干不好咀嚼，所以并未一炮走红。凯洛格的解决办法就是不停地简化，把饼干变成容易咀嚼的薄片。

即便如此，凯洛格的成名也并非一帆风顺。他的弟弟威尔·基思·凯洛格（Will Keith Kellogg）更加务实，而他的成功也离不开弟弟的大力相助——精明的威尔在哥哥的配方里加上了糖。热带美洲的糖帝国与密歇根州谷物早餐产业的诞生就这样联系了起来。糖彻底改变了谷物早餐。它们不再只是受注重健康的成年人喜爱的朴素食品，还进入了爱糖如命的孩子们（和成年人）的视野。谷物早餐因此改变了历史——将早餐从丰富多样的食物，转变成满足人类甜蜜渴望（一种深层的生物学意义上的渴望）的食物。当然，早期人类在缺乏热量的环境中对糖的渴望肯定有助于人类的生存；但是到了今天，在高热量的环境中，这种渴望对人类不再有益。如今，凯洛格的帝国价值130亿美元。

今天的谷物早餐

家乐氏公司、宝氏食品公司和拉斯顿食品公司都是谷物食品生产商，总部都设在约翰·凯洛格所在的密歇根州巴特尔克里克市。

> **幸运符（Lucky Charms）**
>
> 美国通用磨坊食品公司在1964年推出了受欢迎的谷物早餐 "幸运符"。其主要配料是燕麦和半硬的小棉花糖。和许多食物一样，"幸运符" 把一个小精灵形象的卡通人物当作吉祥物，这个小精灵来自爱尔兰民间传说。小精灵把谷物食品送给电视观众，但观众却找不到他的金子。

这些公司每年都会举办一个谷物节，叫作 "世界上最长的早餐桌"。只要想吃，任何人都可以从这些公司免费领取谷物食品。谷物节展示了许多品牌：可可鹅卵石、幸运符、爆米花、葡萄干麦片、玉米片、糖霜麦片，以及其他不胜枚举的品牌。至少对巴特尔克里克市居民而言，谷物早餐是当地食品，尽管这种食品已经仿照肉类加工业和汽车制造业实现了工业化。

通过促进规模经济扩大化、大规模生产和大规模消费，谷物早餐塑造了历史。消费主义和炫耀性消费文化的兴起是重点。谷物早餐的成功可以部分归功于品牌推广。"老虎托尼""巨嘴鸟山姆""乔库拉伯爵" 等品牌力图通过广告打动消费者，促使他们购买其产品当早餐。"乔库拉伯爵" 的品牌名称 "Count Chocula" 特别有意思，它来源于德拉库拉伯爵（Count Dracula）的故事。德拉库拉伯爵是一名历史人物，爱尔兰作家布拉姆·斯托克以他为原型的小说《德拉库拉》让其流传千古。现实生活中的德拉库拉又被称作 "弗拉德·泰佩什"，是一个无比暴虐的罗马尼亚王子。"乔库拉伯爵" 巧妙地与德拉库拉伯爵的原型撇清了关系。从某种意义上说，乔库拉伯爵把嗜血的暴君重新塑造成一个顽皮的形象，从而影响了历史。

今天，美国有大约五分之一的成年人和三分之一的儿童吃谷物早餐。仅在美国，这些食品就已经构成了一个年收入100亿美元的产业。在食品销售额方面，谷物早餐仅次于软饮料、牛奶、面包、咸味零食、啤酒、葡萄酒和奶酪。令人难以置信的是，谷物早餐比咖啡和茶的收益还高。在多样性方面，其他食物很少能够与谷物早餐相提并论。随便对沃尔玛超市的谷物食品货架进行一次调查就会发现，数量惊人的品牌在争夺市场份额。克罗格商店平均会陈列215种不同品牌的谷物早餐，相比之下，软饮料有120个品牌，面包有94个品牌，饼干有128个品牌，花生酱有34个品牌。美国、加拿大、英国和澳大利亚的人口约占世界人口的6%，但他们吃的谷物早餐的量超过全球总量的一半。

市场营销能与食品营养珠联璧合吗？

谷物食品生产商夸耀自己的产品富含营养且低脂。然而，人们应该反思这样一个事实：谷物早餐中的谷物在被碾碎的同时，营养也就随之消失了。就像威尔·凯洛格所做的那样，这些公司在产品中添加了糖，从而增加了热量。在意识到行为欠妥后，这些公司又把当初被排除在外的维生素加了回去。这种做法可能制造出了维生素强化版白面包，然而，近年来谷物食品生产商坚持说自己用的是全谷物。这种说法难以证实，因为谷物食品生产商从不将配方示人，并且不让公众和记者调查自己的工厂。

然而，谷物食品生产商擅长宣传自己的产品有益于健康。他们努力吸引有健康意识的消费者的注意，并通过宣传其产品是美国回归自然的黄金时代的组成部分，勾起人们的怀旧情怀。在过去，大自然尚未被破坏，美国还是属于小农场主的国度——在托马斯·杰斐逊的理想里，小农场主才是美国的中坚力量。杰斐逊心目中的美国是神秘的、质朴的、天然的、朝气蓬勃的，通过还原杰斐逊的这一理念，谷物早餐塑造了历史。

　　现实似乎与这一理念并不相符。大多数消费者并不知道，一盒谷物食品在被买走之前可能在仓库里存放了9个月，所以其中的许多维生素在谷物食品被食用时可能就已经分解了。谷物食品生产商可能会在一盒谷物食品中添加含量为每日推荐摄入量的75%的维生素C，希望其中的30%可以存活到被消费者食用的那一天。另外，人们对于染料和其他着色剂的安全性也还没有达成共识。与广告的说法相反，许多谷物食品实际上缺乏纤维，而纤维正是大多数有健康意识的美国人希望从"全谷物"产品中获得的。"幸运符"里的棉花糖也没有任何营养价值，然而，它们仍然颇受儿童和许多成年人的欢迎。一些营养学家认为，吃谷物食品引起的高血糖会导致糖尿病的流行。糖带来的额外热量一定会加剧肥胖问题。

　　这些谷物早餐都是加工食品，所以人体只需消耗很少的热量就可以轻松地将它们消化。对于一个像大多数美国人那样不进行大量运动的人来说，消化谷物所需热量的减少让缺乏运动的问题变得更加复杂了。早在20世纪70年代，在前总统理查德·M.尼克松（Richard M. Nixon）的白宫里，一位工程师出身的营养学家就给谷物早餐打上了"空热量"的标签。对于许多品牌的高糖谷物食品来说，这种评估无疑是正确的。对此，谷物食品生产商会如此反驳：至少吃谷物食品的人早餐不吃甜甜圈。

　　谷物食品生产商的应对策略是添加更多的蛋白质——有时以大豆蛋白的形式——来呼应最新的研究成果，即大豆蛋白可能可以降低罹患心脏病的风险。这些公司发起了"心脏健康"运动，声称脆谷乐麦圈和其他燕麦片可以降低罹患心脏病的风险，还可以降低胆固醇。另一些人则认为，"大豆蛋白能降低罹患心脏病的风险"这一观点有待进一步证实。谷物早餐是很方便，但是它很难赢得众多营养学家的赞誉。

延伸阅读

Anderson, Heather Arndt. *Breakfast: A History*. Lanham, MD: Rowman & Littlefield, 2013.

Warner, Melanie. *Pandora's Lunchbox: How Processed Food Took over the American Meal*. New York: Scribner, 2012.

奶酪通心粉

奶酪通心粉是一道复合菜，虽然它用到的原料可能有很多，但最简单的奶酪通心粉只需要两种原料。奶酪是动物奶的副产品，通常由牛奶制成。通心粉是一种意大利面，以小麦为原料，但并非随便一种小麦都能做成通心粉。通心粉用的是最硬的小麦品种，即硬粒小麦。因为硬粒小麦比其他品种的小麦含有更多的蛋白质，所以通心粉和奶酪通心粉比面包更有营养。在中世纪的欧洲，奶酪通心粉作为一道菜流行开来。最初，它是精英阶层的食物。后来，在美洲殖民地，吃奶酪通心粉的人越来越多，虽然它并不是在短时间内就被大家接受的。在美国，非裔美国人和意大利裔美国人的饮食方式的融合使奶酪通心粉成为一种有可能在美国民众中传播的食物。如今，它已成为美国烹饪习俗中不可或缺的一部分。

奶酪通心粉与欧洲人、欧裔美国人的烹饪方式

早在中世纪，欧洲人就吃奶酪通心粉。一开始，它是君主和贵族的食物，英国国王理查一世（Richard I）和女王伊丽莎白一世

（Elizabeth I）都吃过这道菜。到了18世纪，奶酪通心粉依然是欧洲贵族的最爱，当时，渴望效仿欧洲精英的上层欧裔美国人也都吃奶酪通心粉。奶酪通心粉和精英主义之间的联系非常重要，甚至影响了美国第三任总统托马斯·杰斐逊在烹饪方面的偏好。杰斐逊在18世纪80年代担任驻法大使期间，从他的贵族东道主那里认识了奶酪通心粉，并喜欢上了这道菜和炸薯条。后来，回到弗吉尼亚州的蒙蒂塞洛庄园后，他就用这两道菜招待客人。杰斐逊甚至从世界通心粉之都——意大利的那不勒斯，进口了一台机器，专门用来制作面条。在白宫聚会上，杰斐逊用奶酪通心粉待客，不过，并不是每个人都喜欢这种面食。1802年，新教牧师梅纳西·卡特勒（Manasseh Cutler）私下说他对这道菜很失望，但没有说明原因。

美国的精英们想要最好的原料，于是从意大利进口奶酪，而不选择美国新兴的乳品业。人们可能从一开始就注意到了，奶酪通心粉更多是一种身份的象征，而非纯粹的食物。它是一条分界线，在这条分界线之上，精英们高度自尊，腰缠万贯。就这样，奶酪通心粉划分了阶级，从而塑造了历史。帕尔玛干酪就是适用于制作奶酪通心粉的原料，只能从意大利进口。然而，到了19世纪早期，奶酪通心粉越发流行，追随者已不再局限于欧洲精英和美国富豪，此时，普通人也开始对它感兴趣。欧洲人和美国人开始减少对来自意大利的帕尔玛干酪的依赖，转而越来越多地使用当地奶农生产的奶酪。奶酪通心粉的意大利光环开始在一定程度上消散，不过，意大利移民依然重视奶酪通心粉和民族之间的联系。考虑到如今切达干酪在奶酪通心粉制作中的重要性，欧洲人和美国人在经过了这么长时间之后才用它来做奶酪通心粉的事实似乎令人吃惊。切达干酪似乎在流行于美国之前，就扎根于英国。美国奶农很久之后才开始制作切达干酪，也许他们并没有意识到切达干酪有潜力成为奶酪通心粉的首选原料。即使在那时候，美国北方生产的切达干酪也远远多于南方生产的。大约在19世纪中叶，纽约州罗马市建立了第一家生产切达干酪的工厂。到了1862年，美国向欧洲出口切达干酪，英国是最大买家。而美国南方使用的似乎是本地产的各种奶酪。

在19世纪中叶，获得硬粒小麦的重要性不亚于获得奶酪的；但这对于美国人来说是个难题，因为俄亥俄州和伊利诺伊州这两个主要小麦产区都种不了硬粒小麦。直到美国内战后，农民们在开发北美大平原时，才发现北达科他州和明尼苏达州非常适合种植硬粒小麦。加拿大的部分地区同样适合种植硬粒小麦。在美国南方的一些地区，制作奶酪通心粉成为一件需要精心准备的事，涉及硬粒小麦、奶酪、奶油、鸡蛋和肉。奶酪通心粉不是一道配菜，而是一顿营养丰富、热量很高的大餐。

奶酪通心粉与非洲人、非裔美国人的烹饪方式

在与欧洲人接触之前，西非人似乎并不知道世界上有奶酪通心粉这种食物。他们不了解奶酪通心粉可能源于这样一个事实——不做乳品加工的活计。北非则是另一番情形。北非人长期与南欧人接触，很可能从意大利人那里知道了奶酪通心粉。但是，由于许多非裔美国人源自西非而不是北非，因此，北非的情况对奶酪通心粉与非裔美国人的关系影响甚微。16世纪时，欧洲人可能把奶酪通心粉带到了西非。回顾这一历史，人们不禁惊讶于奶酪通心粉对西非人和非裔美国人产生的影响，因为这两类人一开始都不喜欢奶酪。奶酪在欧洲白人、欧裔美国人和亚洲人的饮食中更常见。例如，对于蒙古大军来说，奶酪不可或缺。

在美洲殖民地，奶酪通心粉与非裔美国人，特别是与那些为家

人和白人精英做饭的黑人妇女密切相关。在这里，它从一开始就是白人精英和贫穷黑奴皆可享用的美食。从这个意义上说，奶酪通心粉跨越了种族和经济地位的界限，从而改变了历史。即便如此，奶酪通心粉仍因其与非裔美国人的联系而变成一种象征种族的食物，直到20世纪才开始摆脱这种身份。因此，即使在非民主时期的美国，在妇女和黑人都不能投票、大多数黑人都是奴隶的时期，奶酪通心粉也是一种象征民主的食物。

奶酪通心粉是一道不分贫富贵贱的人人都喜欢吃的菜。它是一种用于特殊场合且令人感到舒适的方便快捷的食物，也可以作为配菜为主菜增色。在佛罗里达州南部非裔美国人开的餐馆里，它是主菜意大利千层面的配菜。美国人酷爱意大利面，而这种爱也被分配给奶酪通心粉。起初，通心粉和奶酪之间的联系很微弱。"通心粉"是一种笼统的称呼，可以指代任何一种意大利面，虽然"意大利细面条"可能很早就被确立了自己的专指对象。非裔美国人并没有制作乳制品的传统，所以会从当地商店购买奶酪，然后在圣诞节和美国独立纪念日等特殊的日子里将其拿出来食用——无疑要配合通心粉一起食用。

很明显，黑人妇女很早就开始为白人精英制作奶酪通心粉。人们不禁要问，她们给自己的家人做奶酪通心粉吗？答案是肯定的，因为，就像在整个美国一样，烹饪在南方也跨越了种族和民族的界限。或许我们只能说烹饪跨越了民族界限，因为许多生物学家认为人类不能按种族进行划分。

非裔美国人通过20世纪的大迁徙[1]来到城市，在那里遇到了意

---

1 大迁徙：又称"非裔美国人大迁徙"，指1916年到1970年间约600万非裔美国人从美国南部各州的乡村地区迁徙至美国东北部、中西部以及西部地区的大规模人口迁移活动。造成这次大迁徙的主要原因是南部各州落后的经济条件，以及普遍的种族隔离和种族歧视现象。——编者注

大利移民。两个群体通过相互交换这道菜的食谱，让奶酪通心粉成为不同种族跨文化交流的纽带。这段经历丰富了非裔美国人和意大利裔美国人对奶酪通心粉的理解。这种融合经历在美国烹饪传统和实践中非常典型。来自意大利南部的移民原本在自己的祖国穷得买不起奶酪通心粉，而当他们到了美国后，发现这里的奶酪通心粉种类更丰富，价格也更便宜。虽然黑人和意大利人不是邻居，但他们住得很近，这就促进了奶酪通心粉等美食的烹饪传统的交流。在北方，黑人和意大利人结成联盟，把奶酪通心粉打造成了一种象征种族的食品，使这道菜有潜力向更多美国人传播。这个联盟也涉及部分南方地区，特别是同时有非裔美国人和意大利裔美国人定居的新奥尔良市。事实上，到了1850年，新奥尔良市的意大利裔美国人的人口规模仅次于他们在纽约市的人口规模。路易斯安那州的糖厂雇用来自意大利西西里的劳工，提升了奶酪通心粉的知名度，也让越来越多的人知道意大利裔美国人和非裔美国人很爱吃奶酪通心粉。

到了1900年，奶酪通心粉逐渐成为穷人的食物。在20世纪早期，美国各州赠地大学[1]的经济学家鼓吹奶酪通心粉是一种营养丰富、价格实惠的食物，虽然他们仍然倾向于把它归类为非裔美国人和意大利裔美国人的食物。在某种意义上，奶酪通心粉尽管现在广受欢迎，但从未摆脱其种族象征的出身。以非裔美国人为目标读者

---

1 赠地大学：根据第一部《莫里尔法案》（1862年）建立的美国高等教育机构。根据法案，每个州为代表该州的每位国会议员授予3万英亩的联邦土地。出售土地所得资金用于资助建立学校，传授"农业和机械艺术"。一些州利用土地拨款建立了新大学，其他州则将资金转入现有的州立或私立大学，用于建立农业和机械专业。

的烹饪书强调了奶酪通心粉的重要性。哈勒姆文艺复兴[1]在一定程度上唤起了人们对奶酪通心粉的重视，使纽约这座城市欣然接纳了它。哈勒姆也是意大利裔美国人的大本营，毫无疑问，在这座看起来有很多非裔美国人的城市里，意大利裔美国人也在奶酪通心粉的崛起过程中发挥了作用。到了大萧条时期，奶酪通心粉仍然是非裔美国人、意大利裔美国人和中产阶级白人的食物。在20世纪30年代，卡夫食品公司开始在全美销售奶酪通心粉。为了便于顾客制作，卡夫食品公司把奶酪通心粉做成了罐头，终于稳妥地把它变成了一种方便食品。如今，奶酪通心粉很容易制作，并且广受欢迎。

延伸阅读

Miller, Adrian. *Soul Food: The Surprising Story of an American Cuisine, One Plate at a Time*. Chapel Hill: The University of North Carolina Press, 2003.

冷冻食品

冷冻食品并不像人们想象得那么新奇，它们的历史植根于寒冷的过去。例如，阿留申群岛和阿拉斯加州其他地区的因纽特人，长期以来一直以冷冻方式保存鱼。生活在俄罗斯和西伯利亚地区的人也会这样做。在这些情况下，人们只是简单地把食物放在外面加以

1　哈勒姆文艺复兴：一场美国黑人文艺复兴运动。20世纪20年代，非裔美国人以纽约市曼哈顿区的哈勒姆为中心开展了一场涉及戏剧、音乐、视觉艺术、文学等领域的文化运动。它是美国黑人文学史上最具影响力的一场运动。——译者注

冷冻。像罐头的优点一样，冷冻食品的好处是延长了储存时间。在热量时而会短缺的地方，食物的储存至关重要。从这个意义上来说，冷冻食品延长了保质期，从而影响了人类的历史和生活。冷冻食品之所以重要，还因为它在味道和营养方面接近新鲜食品，虽然这一点可能被夸大了。冷冻食品还可以给因地理条件而难以获取某些食物的人提供所需品。其中一个例子是冷冻海鲜，它使并非临水而居的人也能吃上鱼和其他水产品。当然，罐头也有类似的功能。

起源

如前所述，冷冻食品历史悠久，不过，到了现代，一些事件改变了冷冻工艺。例如，科学家在1875年发现，氨（一种气体）的蒸发能使与膨胀气体接触的食物冻结，自此，冷冻食品就更容易得到了。这一过程之所以发生，是因为任何液化气都能通过蒸发吸热来冷却周围的环境。很简单，这就是制冷的原理。在某些方面，人们可能认为冷冻食品比罐头食品好。以豌豆为例，罐装豌豆往往是糊状的，没有味道，并且质地和口感都很差；相比之下，冷冻豌豆的味道、颜色和质地更好，它们比罐装豌豆爽口多了。支持者认为，冷冻豌豆在味道和营养方面与新鲜豌豆相仿。在某种程度上，这种观点是正确的，不过，通过任何保存方法储存的豌豆可能都无法在风味上与新鲜豌豆相提并论。直到20世纪30年代和40年代，冷冻食品的真正价值才显现出来。当时美国发生了两件事。首先，在大萧条期间，新政（前总统罗斯福对大萧条的应对措施）使美国大部分地区实现了电气化，尤其是乡村地区。当时，数百万美国人都用上了电，这对于冰箱和冷柜在20世纪40年代逐渐普及来说是必不可少的。冰箱之所以如此重要，是因为房主从此可以在家储存冷冻

克拉伦斯·伯兹艾

克拉伦斯·弗兰克·伯兹艾二世于1886年12月9日出生于纽约市布鲁克林区，曾就读于阿默斯特学院，后因交不起学费而辍学。伯兹艾年轻时当过动物标本剥制师，在科学领域多有涉猎，并作为博物学和昆虫学研究者为多个州的机构工作。一次去加拿大出差的经历激发了他对制作冷冻食品的好奇心。伯兹艾在自己的实验中将鱼冷冻到–40℃。他发现，解冻的鱼跟鲜鱼在味道上并无区别。1925年，伯兹艾在马萨诸塞州成立了通用海鲜公司。4年后，他以2200万美元的价格把公司卖给了高盛集团。该集团后来改名为"通用食品公司"，而伯兹艾冷冻食品公司从中独立出来，至今依然是冷冻食品市场的领头羊。1956年10月7日，伯兹艾因突发心脏病而逝世。

食品。值得注意的是，冷冻方法虽然有其价值，但并不适用于所有情况。例如，巧克力和花生不用冷冻就可以储存得很好。

冷冻豆类

豆子是一种重要的种子，可以为饮食增添蛋白质。数千年来，它们对于人类饮食而言一直很重要，而直到19世纪末才得以被冷冻保存。和豌豆一样，菜豆也经常被冷冻起来，虽然菜豆罐头的风味并不会显著变差。大白芸豆、海军豆和其他几种豆子无论冷冻还是做成罐头，味道都很好。在这种情况下，冷冻和罐装是互补的工艺。例如，利马豆在冷冻时按照惯例不必烹饪，但是不烹饪的话似乎就做不成罐头。在冷冻之前，工人必须把利马豆洗干净并焯水。一般来说，有两种利马豆适合冷冻。第一种是种皮很薄的利马豆（所有的豆子都是种子）。"亨德森""布什""全绿"这三个品种的利马豆就符合这一标准。第二种是种皮相对较厚的利马豆。请记住，即使是较厚的种皮，实际上也并不是太厚。进化限制了种皮的

厚度，因为豆子要把基因传给下一代的话就必须能够发芽，这符合
进化的需要。"小土豆""小福特胡克""福特胡克""常绿"这四个
品种的利马豆都符合这一标准。不过"小土豆"这个名字用于指称
利马豆容易引起误会，需注意它所指的并非真正的土豆。这种混淆
可能由来已久，或许是因为利马豆和土豆都原产于南美洲的安第斯
山脉。然而，利马豆和土豆不一样，这一点毋庸置疑。利马豆是一
种豆科作物，与美洲菜豆属的所有豆类都有亲缘关系；而土豆是块
茎植物。土豆所属的植物类群与西红柿、胡椒和烟草有亲缘关系。
生产商还会冷冻棉豆，而这同样可能引起误会，因为棉豆就是利马
豆。在这些情况下，名字的误导作用大于提供信息的作用。

冷冻蔬菜

　　冷冻蔬菜也很受欢迎，不过，蔬菜的范围不太容易界定。严格
说来，蔬菜应该是植物有营养的部分——叶子，而随着时间的推
移，有些食物也被称为蔬菜：豆类、胡萝卜、西兰花、西红柿和其
他几种食物。抱子甘蓝（圆白菜）就是一个很好的例子，它是可以
被冷冻的真正的蔬菜。人们要把裹成球状的叶子洗净，有时候需要
切开，再焯水，然后冷冻。冷冻抱子甘蓝的味道很好，但还是不如
新鲜的好吃。冷冻玉米又引发了新的争议，有些权威人士认为，冷
冻甜玉米是一种蔬菜，只有在玉米粒晒干喂牲畜的时候，玉米才是
真正的谷物。这种分类方式忽略了玉米和小麦、大麦、黑麦、燕
麦、小米以及高粱一样都是草本植物。玉米有时连着玉米芯一起被
冷冻，更多时候是去除玉米芯后只冷冻玉米粒。甜菜、羽衣甘蓝、
芥菜叶和芜菁叶是真正的蔬菜，都可以从杂货店的冷柜里买到。人
们甚至可以买到冰冻的蒲公英叶。尽管美国作家亨利·戴维·梭

罗（Henry David Thoreau）偏爱蒲公英叶，但很难想象美国对蒲公英叶的需求量有多大。秋葵是另一种受欢迎的冷冻食品。人们通常认为秋葵是一种蔬菜，实际上它是一种荚果。它的荚包裹着白色的种子，就像西红柿等水果包裹着种子一样。种植者必须仔细挑选嫩荚，因为老荚会变得硬且坚韧，几乎没法吃。在理想的情况下，生产商只冷冻嫩荚，但偶尔也会掺杂老荚，这让消费者很不高兴。人们经常把炸薯条冷冻在家里以供随时食用，不过，把炸薯条当蔬菜就显得太牵强了。

冷冻水果

许多水果的果肉或者果汁都可以冷冻起来。苹果、杏、浆果类和柑橘类水果都可以被制成冷冻食品，这样的水果不一而足。冷冻苹果在品质和营养方面都比不上新鲜苹果。问题是苹果在冷冻前会被削皮，苹果皮里的很多营养物质因此被剔除在外。苹果在冷冻前可能会被加糖，这提供了不必要的热量。冷冻的杏也可能被加了糖。这一工艺流程让人觉得奇怪，因为苹果和杏本来就是甜的，冷冻前并不需要加糖，而是需要去籽——杏和与其类似的水果的籽就是果核。在浆果中，黑莓、树莓、露莓、洛根莓、杨氏杂交莓、蓝莓和草莓都可以冷冻，虽然按照植物命名法规，它们并非全都是真正的浆果。去核樱桃可以冷冻，柑橘类水果的果汁也可以冷冻。冷冻橙汁，即冷冻浓缩橙汁，在美国极受欢迎。冷冻柠檬汁和葡萄柚汁也有市场。生产商还冰冻柠檬水。冷冻菠萝汁也很受欢迎。

冷冻海鲜

新鲜的海鲜腐烂得很快。冷冻是一种重要的保存手段，使人们即便不在淡水河旁或海边也能吃上河鲜或海鲜。考虑到冷冻鱼含有沙门菌和葡萄球菌这两类有毒菌种等一些情况，安全和卫生必须受到严格管控。具有讽刺意味的是，这种危险恰好来自人们在加工和冷冻过程中与鱼的接触。冷冻海鲜可以保存几个月，然而，这一成就并不具有里程碑意义，因为人们发现海鲜罐头的保质期更长，例如三文鱼罐头或金枪鱼罐头的保质期。而且，罐装金枪鱼在美国获得的收益比冷冻金枪鱼的高。在冷冻鱼的时候应该尽量少加配料。有时候，鱼可以经剁碎或者油炸之后再冷冻。从健康的角度来看，人们应该选择加工水平最低的冷冻海鲜。市场上有各种各样的冷冻海鲜或河鲜供人们选择：虾、牡蛎、金枪鱼、三文鱼、罗非鱼、鳕鱼、银白鱼、大眼鱼、鲈鱼等等。相比之下，海鲜罐头的选择要少得多。

延伸阅读

Hui, Y. H., Paul Cornillon, Isabel Guerrero Legaretta, Miang H. Lim, K. D. Murrell, and Wai-Kit Nip, eds. *Handbook of Frozen Foods*. New York and Basel: Marcel Dekker, 2004.

"跳跳约翰"豆米饭

"跳跳约翰"豆米饭的英文名是"hopping John"，有时也写成"hoppin' John"，它是传统豆米饭的一个变种，现在无处不在。鉴

"跳跳约翰"的传说

"跳跳约翰"是用大米和豆子做成的一种食物，传说是一个贫穷的非裔美国人发明的。他腿部有残疾，因此这种食物获得了"跳跳约翰"的绰号。和许多传说中的人一样，人们对此人也知之甚少；这个人可能存在，也可能不存在。他的名字大概是"约翰"，而且很可能是在种族隔离时代出生的南方人。

于水稻种植在南亚历史悠久，这种食物很容易被追溯到中国和东南亚国家。这种食物所用的豆子可能是绿豆，也可能是大豆。在中国传说里，大豆是五种神圣的谷物之一。实际上，大豆和所有豆子一样，属于豆类而不是谷物。中国人如果深究大豆起源的话，可能就不会把它描述成一种谷物了。然而，"跳跳约翰"豆米饭源于另一种传统。它结合了非洲和美洲的饮食方式，尽管关于豆子的问题仍存在争议。

来自非洲

葡萄牙人可能在16世纪时把美洲豆子引入非洲，尤其是西非。这些豆子在过去和现在都是菜豆属的一部分，而菜豆属是世界上最重要的豆类来源。就这样，菜豆属的豆子传遍全世界，给烹饪带来了革命性的变化。然而，"跳跳约翰"豆米饭的起源可能与菜豆属的豆子无关，虽然这些豆子无疑在16世纪后成为这种食物的固定食材。实际上，"跳跳约翰"豆米饭的根源可能是黑眼豌豆。黑眼豌豆实际上并非豌豆，它的名字可能会引起混淆。真正的豌豆是一个西亚栽培种，也是很早被驯化的食用植物之一。豌豆构成了奥地利遗传学家孟德尔的著名实验的基础，而这些实验奠定了遗传学的基础。然而，植物学家把黑眼豌豆归为一种豆子，虽然它不属于菜豆属，也不是美洲菜豆。自公元前6世纪以来，西非人就一直种植黑眼豌豆。即使到了今天，世界上90%的黑眼豌豆仍是西非出产的。

豆米饭的另一种原料是大米。我们不禁又一次假设是中国人或者其他东亚人把亚洲大米带到了非洲，而且这种传播终究是要发生的。但在很久很久以前，非洲就有了自己的水稻，这种水稻现在被归类为亚洲水稻的亚种，虽然当时的亚洲水稻和非洲水稻分属两个大陆。对于见惯了米粒很长、光亮洁白的亚洲大米的人来说，非洲大米很独特，有两种类型：一种米粒短且白，另一种米粒长且红。因此，人们不可能把非洲大米误认为亚洲大米。黑眼豌豆配大米在西非很受欢迎，因而船长会在横渡大西洋前往美洲的途中给奴隶吃这种食物。在这个意义上，"跳跳约翰"豆米饭支撑着奴隶贸易，给非洲人民带来了苦难。

一种属于非裔美国人的食物

美洲没有本土的水稻品种，因此，美洲印第安人曾一度对大米一无所知。自19世纪以来，历史学家已经证实，最早被引入美洲的大米来自非洲而不是亚洲。南卡罗来纳州吸引了人们的注意，因为那里的奴隶不仅能够出苦力，还懂得怎么种非洲水稻，从而为奴隶主带来更多收益。我们也不能忽视加勒比地区和路易斯安那领地。后者先是归西班牙统治，后来归法国统治，于1803年并入刚刚建立的美国。在加勒比地区和路易斯安那领地，奴隶都种植非洲水稻。

在加勒比地区、路易斯安那领地、南卡罗来纳州和许多美国南方地区，黑眼豌豆和非洲大米的结合形成了"跳跳约翰"豆米饭的第一个版本。另一方面，大部分加勒比地区用红腰豆（白腰豆是另一变种）代替了黑眼豌豆。然而，古巴人更喜欢用黑豆配非洲大米。菜豆和黑豆当然都属于菜豆属。无论是黑眼豌豆、腰豆还是黑豆，都是极其重要的蛋白质的来源，对那些穷得买不起肉的人来说尤是如此。从这个意义上说，"跳跳约翰"豆米饭支撑了现在所谓的收入不平等，这种不平等无论是在过去还是在现在，都是贫富之间的一道鸿沟。"跳跳约翰"豆米饭塑造了历史，因为它使百姓哪怕几乎天天吃素也能获得蛋白质，从而维持生存。在冷藏时代到来之前，豆子是很理想的食物。它们很容易生长，而且更重要的是，可以长期干燥储存。水煮是豆子被食用前的必要步骤。至少，大米提供了碳水化合物，而碳水化合物在那个非裔美国人每天都从事繁重农活、一辈子不得闲的时代，是极为重要的。大米是否有其他好处还有待商榷。麸皮和胚芽完整无缺的糙米是维生素的重要来源，这种大米含有维生素A和几种B族维生素。不幸的是，大多数美洲人和亚洲人似乎都吃精米或者白米。碾米工艺剥离了大米的麸皮和胚芽，导致了维生素的流失。在这种情况下，大米并不是理想的营养来源，尽管大多数人似乎更喜欢吃白米而不是糙米。

有一个传说讲述了"跳跳约翰"豆米饭对非裔美国人的重要性。据说有一位妇女只吃"跳跳约翰"豆米饭，其他什么都不吃，最后活到很大年纪。当她躺在棺材里时，家人将一碗她喜欢吃的"跳跳约翰"豆米饭放在她的鼻子附近：要是她对香味有反应，大家就知道她还活着；要是她一动不动，则证明她的确是过世了。"跳跳约翰"豆米饭标志着非裔美国人的身份，它融合了非洲和美洲的饮食方式。当欧洲人试图根据假定的种族基础分而治之时，是"跳跳约翰"豆米饭让这些来自非洲大陆的人民团结一心。

从美国内战到大萧条时期，美国南方的经济萎靡不振。当北方工业蓬勃发展的时候，南方的劳工和佃户只能勉强维持生活。在黑人和白人都很穷的情况下，"跳跳约翰"豆米饭跨越了种族界限——贫穷的白人有可能和贫穷的黑人一样吃这种豆米饭。有时候，厨师会在"跳跳约翰"豆米饭里面放肉，这种情况很少出现；而加了肉的豆米饭是一种奢侈品，对一般人来说难以企及。猪肉是人们想要吃并且能找得到的肉类，一家杀猪的时候，邻居都能分到一些肉。通常情况下，非裔美国人只能吃到最差的、最肥的猪肉。这种"你有我有大家有"的分享加强了非裔美国人社区内部的凝聚力。"跳跳约翰"豆米饭成为美国南方菜系的一个支柱，也是美国南方黑人的传统美食的一个组成部分。和火鸡一样，"跳跳约翰"豆米饭在美国南方兴起，象征着节假日的来临。无论在过去还是在现在，新年这天的饮食都是由火腿、"跳跳约翰"豆米饭、蔬菜、炖西红柿和玉米面包组成的。现在流行吃不含麸质的食物，而南方菜看在很早以前就是这样的。传说，新年吃"跳跳约翰"豆米饭的习俗可以追溯到南卡罗来纳州的一个腿部有残疾的非裔美国人，他从1841年1月1日开始售卖"跳跳约翰"豆米饭。在这些节日期间，人们可能会用大米、黑眼豌豆、培根和另一种腌猪肉做豆米饭。这种组合肯定能增强食欲，因为里面含有人类本能渴望的脂肪和盐。用黑眼豌豆搭配培根或者其他种类的腌猪肉做出的豆米饭，吃起来喷香油润，令人愉悦。

在新奥尔良市，人们更喜欢红菜豆而不是黑眼豌豆。人们可能会认为这种豆米饭是传统"跳跳约翰"豆米饭的变体，虽然传统"跳跳约翰"豆米饭仍然很重要。这种食物变化多端，可以添加香肠、猪肩胛肉、火腿、腌肉，甚至是猪尾巴。在奴隶制时代，非裔美国人只能吃猪身上最差的部分，因为最好的部分得留给主人一家。因为"跳跳约翰"豆米饭可以煮上一整天而不用怎么管，所以非裔美国妇女一般在洗衣日做这种食物，这样她们在那一天就可以忙着做其他家务琐事了。在南卡罗来纳州，大米为奴隶帝国提供动力；而在路易斯安那领地，甘蔗是黑人的苦难之源。"跳跳约翰"豆米饭的用料在新奥尔良市又发生了变化，其中的红菜豆虽然很重要，但并非不可或缺。哪种豆子更便宜，自然就会被用来做豆米饭。选择的标准是便宜，而不是食谱。居住在新奥尔良市的非裔美国人用蒜味熏香肠让这种食物变得更加可口。他们可能还会添加洋葱、青椒、芹菜、更多大蒜和香芹菜。这样的"跳跳约翰"豆米饭让人满足。

延伸阅读

Albala, Ken. *Beans: A History*. Oxford: Berg, 2007.

Janer, Zilkia. *Latino Food Culture*. Food Cultures in America, edited by Ken Albala. Westport, CT: Greenwood Press, 2008.

McWilliams, Mark. *The Story behind the Dish: Classic American Foods*. Santa Barbara, CA: Greenwood Press, 2012.

Roahen, Sara. *Gumbo Tales: Finding My Place at the New Orleans Table*. New York: Norton, 2008.

Sauceman, Fred W. "Beans." *Foodways*. Edited by John T. Edge. Vol. 7 of *The New Encyclopedia of Southern Culture*, edited by Charles Reagan Wilson. Chapel Hill: University of North Carolina Press, 2007. 119–20.

黄油和其他脂肪

黄油和酥油可以用几种家畜的奶制成，而奶牛是奶最重要的来源。在史前时代，西亚地区的人就制出了黄油，而今天的印度、巴基斯坦一带的人制出了黄油和酥油。在最初的文明兴起于这些地区的过程中，它们一定发挥了巨大作用，进而影响了世界。人造黄油是另一种重要的脂肪，但与黄油、酥油大不相同。黄油和酥油是动物制品，而人造黄油是一种合成的植物脂肪。人造黄油是工业革命的产物。从某种意义上说，历史决定着人造黄油的起源和发展。

黄油和酥油

黄油和酥油都主要来自奶牛的乳脂，区别在于脂肪含量——黄油的脂肪含量约为82%，而酥油的脂肪含量约为99%。酥油的热量密度明显高于黄油的。在黄油和酥油中，不是脂肪的部分就是水。因为乳脂对黄油和酥油而言都十分重要，所以要多说一句。乳脂可以被加工成黄油、酥油、奶油和奶酪等各种饱和脂肪形式。在世界范围内，黄油是最令人垂涎的脂肪，人们对它的喜爱程度远超对牛油、猪油、羊油和鸡油等各种动物油的喜爱程度。黄油不仅味道诱人，还用途广泛，可以涂抹在烘烤食品和油炸食品上。它含有大约500种脂肪酸，比任何其他类型的脂肪含有的脂肪酸都更丰富。山羊、绵羊和骆驼的奶都可以被制成黄油，但奶牛是全球黄油生产的主要原料来源。值得注意的是，在产自奶牛的制品中，黄油的脂肪含量约为82%，奶酪的脂肪含量为30%～50%，奶油的脂肪含量为30%～45%，牛奶的脂肪含量为2%～4%，而人们可以买到不含脂肪的脱脂牛奶。可以明显看出，在黄油、奶酪、奶油、牛奶这些制品中，黄油的热量密度最高。黄油也含盐。因为人类渴望脂肪、盐和糖，而黄油含有其中的两种，所以它始终受到人们的厚爱。它的制作方法并不复杂，只需人们简单地搅拌奶油。全世界的人每年食用大约700万吨黄油。印度和巴基斯坦是酥油的主要消费国，也是黄油的主要消费国；而欧洲国家——特别是法国和德国——在消费量上紧随其后。

根据奶牛的饮食习惯，世界各地的黄油的风味可能各不相同。在美国，黄油味道基本相同，因为牛吃的东西都是一样的：第一年吃草，之后吃玉米。玉米中也可以添加豆粕[1]——一种很好的蛋白质来源。在部分发展中国家和地区，气候温暖的时候可以给牛喂草，这一饲养方式只有到了冬天才会被限制。这就导致黄油风味随着季节不同而有所差异。按质量计算，黄油的脂肪比重超过80%。因为黄油历史悠久，而且能够满足人类的味蕾，所以各个国家和地区纷纷禁止人造黄油或混合黄油在广告中自称"黄油"，以保护黄油。总之，在黄油中添加其他脂肪，或去除黄油中的任何脂肪酸的产品，都不再是黄油。任何脂肪含量低于80%的黄油类产品都不能被贴上黄油的标签；不过，欧洲的标准有所不同，脂肪含量为60%～62%或39%～41%的都是黄油。欧洲人将前者定义为"四分之三脂肪黄油"，将后者定义为"半脂肪黄油"。在美国，黄油产品如果脂肪含量不超过40%，就可以被称作"轻脂黄油"；而"减脂黄油"的脂肪含量必须低于20%。

有些油，如大豆油，经常与黄油混合，但这种混合必须在大豆油被氢化之前进行，以制成最健康的产品。从消费者的角度来看，混合黄油有两个好处：一、根据用来混合的油的不同，混合黄油在不同程度上比黄油更有益于健康；二、与黄油相比，混合黄油更容易涂抹。棕榈油也可与黄油混合，其产物比黄油更健康，因为棕榈油含有维生素。

---

1 豆粕：从大豆中提取豆油后生成的一种副产品，可以作为植物性蛋白质饲料用于畜牧生产。——编者注

　　黄油含有大量饱和脂肪酸，因此，在日常饮食中不宜过量食用。黄油同时还是反式脂肪酸和胆固醇的来源，这两者同样不能多吃。黄油用来涂抹食品也有不足之处：直接从冰箱里拿出来的黄油太硬了，不能抹在吐司或其他面包类食品上，而必须把它稍微加热一下或放在室温条件下熔化后才能抹在其他食物上。黄油和从可可树荚果中提取出来的可可脂有着相近的熔点，即在人的手温下就会熔化。黄油是一种有益于健康的产品，但也并没有多少优点，虽然其加工程度低于人造黄油的。而与人造黄油相比，消费者往往更喜欢黄油的味道。

　　人类在史前从狩猎采集过渡到饲养牲畜和种植农作物的过程中，肯定提取出了黄油还有酥油。这不是一个瞬间的转变，而是在世界范围内花了上千年的时间才完成的。以美洲的情况为例，由于缺乏家畜，所以人们无法制作黄油。反之，西亚普遍养牛，所以那里肯定是颇早制作黄油的地区之一。这些人创造了最初的文明。黄油不仅影响了西亚文明的起源，而且在埃及、希腊和罗马的文明的起源中扮演了重要角色。在这一背景下，黄油肯定是一种有益的食物，因为它富含热量，而在体力活繁重的年代，人类亟需这种食物。由于缺乏节省体力的工具，那时候的人要比久坐不动的现代西方人消耗更多热量，而吃黄油肯定适合补充热量。

　　如前所述，酥油的脂肪含量高于黄油的，并且在地理分布上也与黄油有差别。亚洲人喜欢吃酥油，印度人和巴基斯坦人尤其如此，而欧洲人和美国人喜欢吃黄油。值得强调的是，印度人和巴基斯坦人不光吃酥油，也吃黄油。酥油的熔点高于黄油的，因此在热带地区颇受人们欢迎。酥油的脂肪含量为99%，是脂肪含量最高的奶制品。作为一种史前时代就存在的食物，酥油在印度河流域的文明起源中功劳很大。即使在热带地区，酥油也可以保存6到8个月而不变质。

人造黄油

　　与古老的黄油和酥油相比，由人类混合各种"植物"油做成的人造黄油只有区区百年的历史。有人注意到，人造黄油里的油并不全都是真正的植物油。例如，大豆油就是从豆科作物的种子中提炼出来的油。19世纪时，欧洲人和美国人开始从乡村搬到城市，舍弃了制作黄油的传统，这推动了人造黄油的发展。新生的工业时代需要新的产品。工业中无所不在的盛衰周期同样困扰着农业，在19世纪60年代晚期，迅猛发展的欧洲城市出现了黄油短缺。黄油短缺导致价格上涨，于是穷人渐渐吃不起黄油。法国经历了类似但后果更加严重的危机：18世纪面包涨价是引发法国大革命的原因之一。因为黄油并非主食，所以就算价格很高也不可能引起暴乱。不过，法国仍然想了一个办法应对黄油短缺这一问题，它采取的措施是：任何人只要发明出黄油的替代物就能获得奖金。1869年，法国化学家伊波利特·梅热–穆列斯（Hippolyte Mège-Mouriès）为自己的发明申请了专利，并领到了奖金。他发明的东西就是美国人所知道的人造黄油。因此，人造黄油是工业革命的产物，并随着一系列划时代

黄油和人造黄油的对比

　　几个世纪以来，黄油一直是许多人的主要膳食脂肪，但到了19世纪，人造黄油突然冒了出来。奶场里的工人们十分愤怒，认为人造黄油是冒牌黄油，并且不相信这种混合植物油和黄油一样有益健康。这些人对所在州的立法机关进行游说，希望其能够明确区分人造黄油和黄油并广而告之，这样人造黄油就不能假装黄油了。事实上，在20世纪20年代，威斯康星大学的科学家埃尔默·V.麦科勒姆证明黄油（而不是人造黄油）含有一种新的营养物质，它后来被命名为"维生素A"。

的事件影响了历史。

　　如同法国政府所希望的那样，人造黄油价格便宜，但是，最早的人造黄油口味不佳。一些政府要求制造商把人造黄油做成白色的，以避免消费者将其误认为黄油。然而，随着人造黄油的日益改进，现在它成了可以取代黄油的健康食品，它所包含的胆固醇、饱和脂肪酸和反式脂肪酸也更少。一些人造黄油的脂肪含量比黄油的还低。人造黄油所用的油一般是从大豆、油菜籽、棉籽、葵花子、棕榈、棕榈仁和椰子中榨出来的。花生油也是一种选择，但它不好储存，容易氢化变质。人造黄油中可以添加盐、防腐剂和维生素。它含有的脂肪中，30%～40%是固态脂肪，其余的则是液态的油。这种比例让人造黄油即使在冷藏食品所处的4℃环境下也能很好地涂抹开。就此而言，人造黄油更加便于涂抹。

延伸阅读

Gunstone, Frank D. *Oils and Fats in the Food Industry*. Oxford: Wiley-Blackwell, 2008.

Gunstone, Frank D., ed. *Vegetable Oils in Food Technology: Composition, Properties, and Uses*. Boca Raton, FL: CRC Press, 2011.

辣椒肉馅玉米卷饼

　　和塔可饼一样，辣椒肉馅玉米卷饼也是用玉米面做的。玉米是一种了不起的美洲植物，它养活了美洲印第安人，就像小麦面包和黑麦面包养活了欧洲人，大米养活了南亚人、东亚人和东南亚人一样。辣椒肉馅玉米卷饼是用玉米做的，这意味着它是一种有着深厚的美洲渊源的重要食物。现在的辣椒肉馅玉米卷饼，是一种包裹着以肉为主的各种食材的玉米饼。辣椒肉馅玉米卷饼用源自旧大陆的牛肉和猪肉，这让它成了一种真正博采众长的国际性食物。它是哥伦布大交换的产物。有的人认为辣椒肉馅玉米卷饼是正宗的墨西哥美食，有的人则认为它不是。但可以肯定的是，它的现代版本并不像人们想象的那样符合墨西哥传统。

历史和意义

依照传统，人们会给辣椒肉馅玉米卷饼浇上辣椒酱，以赋予其辛辣的口感。刚才提到过，辣椒肉馅玉米卷饼是兼具新旧大陆食物风格的融合食品，其中可能包含玉米、辣椒、菜豆、土豆、牛肉、猪肉、奶酪、蔬菜以及海鲜。玉米、辣椒、菜豆和土豆都是原产于美洲的食物。牛肉、猪肉和奶酪是旧大陆对辣椒肉馅玉米卷饼的贡献。从这个意义上说，辣椒肉馅玉米卷饼并不是纯粹的墨西哥食品，而是一种国际食品，因为它的食材来源非常广泛。人们经常在辣椒酱里放西红柿，而西红柿也是一种原产于美洲的食物。辣椒肉馅玉米卷饼的英文名"enchilada"的意思就是"用红辣椒来提味增色"。

生活在今墨西哥南部和危地马拉的玛雅人很有可能制作了类似于辣椒肉馅玉米卷饼的食品，尽管他们没有牛肉和猪肉，因为二者都是原产于旧大陆的食物。这个卷饼原型的发明时间似乎已经湮没在历史的长河里。玛雅人可能用鱼肉而不是其他肉来做这种卷饼。另一种说法是，阿兹特克人发明了辣椒肉馅玉米卷饼。欧洲人到来之前，辣椒肉馅玉米卷饼就已在整个墨西哥大受欢迎，而西班牙人用牛肉和猪肉作为馅料，使这种卷饼带上了鲜明的欧洲特色。那时，辣椒肉馅玉米卷饼是一种很受欢迎的街头小吃，因为它也算便携，虽然可能不如塔可饼那么方便。随着加利福尼亚州的工厂制和农场制的形成，辣椒肉馅玉米卷饼成了人们午餐的主角；因为它做法简单，可以在很短的时间里做出来。在这方面，辣椒肉馅玉米卷饼塑造了历史，因为它抓住了工业革命的机会，迎合了农场和工厂的需求，解决了工人因午餐时间很短而需要快速吃完午餐的问题。一些墨西哥裔美国人认为，辣椒肉馅玉米卷饼是去加利福尼亚州或美国西南部地区观光的美国游客所吃的食物，而不是地道的墨西哥佳肴。事实上，在墨西哥人和墨西哥裔美国人眼里，辣椒肉馅玉米卷饼没那么复杂，他们并不会用到欧裔美国人认为必须添加的诸多食材。

辣椒肉馅玉米卷饼的做法不一，大多需要牛肉、猪肉或鸡肉，这些食物在哥伦布大交换之前根本不为美洲印第安人所知。各种食谱通常都会提到辣椒酱、各种奶酪、酸奶油、生菜（和塔可饼一样）、橄榄、洋葱、萨尔萨辣酱和香菜。这又体现出新旧大陆各种食物的混合搭配。事实上，辣椒肉馅玉米卷饼没有受到什么真正的束缚，人们想用什么食材就用什么食材。人的想象力有多么天马行空，辣椒肉馅玉米卷饼就有多么不受束缚。在哥斯达黎加、洪都拉斯、尼加拉瓜、危地马拉和墨西哥，辣椒肉馅玉米卷饼各具特色，都有属于自己的食谱。事实上，墨西哥的每个地区都吹嘘自己的辣椒肉馅玉米卷饼食谱天下第一。

在18世纪60年代，在加利福尼亚州南部建立殖民统治的西班牙人开创了吃辣椒肉馅玉米卷饼的传统，但是卷饼的意义仍在变化。做辣椒肉馅玉米卷饼的时候，美洲印第安人只用鱼肉，而西班牙人用牛肉和猪肉。西班牙人把牛和猪带到了殖民地，也在此过程中将这些家畜作为哥伦布大交换的一部分引入美洲。加利福尼亚当时还是墨西哥的一部分，自然要改进并消费所谓的墨西哥食物。直到美墨战争结束后的1850年，加利福尼亚才成为美国的一个州。在18世纪，西班牙人和美洲印第安人吃的就是演变成墨西哥菜的食物。吃辣椒肉馅玉米卷饼就是承认自己的饮食具有墨西哥根源，就是代表食用者拥护墨西哥，因而它具有一定的政治意义。

在食物历史学家安德鲁·F.史密斯的记忆里，辣椒肉馅玉米卷饼是他小时候不常吃到的美食。他认为这种卷饼是西班牙食物，因为当时墨西哥食物受到污名化：穷人才吃墨西哥食物，而品味高雅的人吃西班牙食物。然而，史密斯承认，他不喜欢墨西哥式油炸辣椒肉馅玉米卷饼的油腻感。事实上，辣椒肉馅玉米卷饼的热量很高。在体力活繁重的年代里，这不是个问题；但到了现在，由于发达国家的人们很少活动，高热量的辣椒肉馅玉米卷饼只会引发肥胖问题。在这个意义上，人们可能禁不住会把辣椒肉馅玉米卷饼看成"垃圾食品"。它当然属于一种快餐。油炸食物是欧洲的传统。在与欧洲人接触之前，美洲人从不油炸食物，后来在欧洲人的引导下才开始这样做。除了油炸，人们也可以选择烘烤辣椒肉馅玉米卷饼。一本于1831年出版的匿名的烹饪书里包含可能最早用西班牙语记录的辣椒肉馅玉米卷饼食谱。

1876年，俄亥俄州马里斯维尔市的第一公理会出版了一本墨西哥式烹饪书，而亚利桑那（当时还不是一个州）的地方官安森·萨福德（Anson Safford）为这本书贡献了一份辣椒肉馅玉米卷饼食谱。这可能是第一份英文的辣椒肉馅玉米卷饼食谱。萨福德说辣椒肉馅玉米卷饼是一道国民菜肴，对美国西南部的人来说，它是彻头彻尾的美国菜，恰如南瓜派之于新英格兰。在19世纪剩下的时间里，美国的烹饪书倾向于将辣椒肉馅玉米卷饼归为西班牙食品。1896年，美国陆军出版了自己的辣椒肉馅玉米卷饼食谱，其中提到辣椒酱、奶酪和洋葱。很难确认美国陆军用的是什么肉，没准是某种军用罐头。在20世纪20年代，一些美国人尝试用两块玉米饼做辣椒肉馅玉米卷饼，这肯定能让人填饱肚子。

现代辣椒肉馅玉米卷饼

有一种观点认为，辣椒肉馅玉米卷饼是墨西哥菜对快餐的一种贡献。在独立餐厅、街头摊贩和连锁餐厅里，辣椒肉馅玉米卷饼就是一份丰盛的快餐。同时，辣椒肉馅玉米卷饼跳出快餐的范畴，成了餐馆主食。2010年，在加利福尼亚州阿纳海姆市天使球场附近，一家名为"埃尔托里诺"（El Torino）的餐厅开业了，它依赖辣椒肉馅玉米卷饼的人气，并向来此看球的棒球迷出售这种卷饼。在这方面，辣椒肉馅玉米卷饼成了当地棒球文化的一个组成部分，就像中西部的美国人喜欢在看棒球比赛的时候吃热狗。因此，辣椒肉馅玉米卷饼代表着一种对热狗的背离，进而塑造了美国西部和西南部的历史，影响了当地人的娱乐和日常生活。辣椒肉馅玉米卷饼、墨西哥卷饼、塔可饼、鳄梨酱等食物一起构成了墨西哥人和墨西哥裔美国人的主食。如果没有辣椒肉馅玉米卷饼，就不算一顿正宗的墨西哥大餐。

在整个加利福尼亚州南部，这种餐馆生意兴隆，吸引着那些爱美味的顾客，即使他们可能都说不出这些菜的名字。在洛杉矶，奥尔维拉街是这座城市颇古老的街道之一，也是墨西哥餐馆和街头小贩的大本营。这条街上的厨师们各显身手，把辣椒肉馅玉米卷饼做成了当地特色菜。事实上，洛杉矶的墨西哥裔人口数量仅次于墨西哥城的，而且这座城市可能是辣椒肉馅玉米卷饼最大的消费地。奥尔维拉街上的这些餐馆还做了特色菜，比如大盘辣椒肉馅玉米卷饼、烤干酪辣味玉米片和墨西哥炸玉米卷。在这方面做得出色的餐厅可能是埃尔帕索酒店（El Paso Inn）、大草原饭店（El Rancho Grande）和燕子饭店（La Golondrina），自20世纪20年代起这些餐厅都供应辣椒肉馅玉米卷饼；而20世纪20年代正是南加利福尼亚州历史上的一个重要时期——由于当时的墨西哥局势不稳，大量墨西哥移民涌入那里。

延伸阅读

Arellano, Gustavo. *TACO USA: How Mexican Food Conquered America.* New York: Scribner, 2012.

第九章

四方食事，不过一碗人间烟火

其他 ——— 5 种

坚　果

坚果是少数几种不受时间和地理位置的限制而被人们喜欢的食物之一。葡萄酒、牛肉、面包（尤其是白面包）和其他一些食物都曾受到批评，然而，坚果有史以来一直很受欢迎。诚然，有人肯定会指责坚果的脂肪含量很高，但这种脂肪大多是不饱和的。事实上，坚果含有的不饱和脂肪酸，跟在鱼类中发现的ω-3脂肪酸是一样的。这种脂肪酸一直被认为可以抵御心血管病、癌症和其他疾病。当人们提起有益健康的食物时，往往会想起坚果。

什么是坚果?

坚果的定义似乎很简单。坚果是核果，是一种植物果实，虽然它不像桃子、梨、杏、樱桃、苹果、西瓜、李子、葡萄等人们习惯称呼为"水果"的果实那样，有着包裹种子的甜蜜果肉。请注意，人工培育的无籽葡萄或无籽橙子并不会动摇它们作为水果的地位。乍一看，把坚果和水果放在一起似乎很奇怪，但如此分类在植物学

花生与坚果

虽然花生的英文名里有坚果的英文名，但它并非坚果，而是一种豆子，与豌豆、菜豆、鹰嘴豆、小扁豆、三叶草和野豌豆有亲缘关系。相比之下，从植物学角度来说，坚果是指树上长出来的果实，并非藤本植物结出来的种子。花生和坚果都营养丰富，含有蛋白质和必需脂肪酸。花生单指特定物种，而坚果是好多物种的总称。花生的原产地唯有南美洲，而各种各样的坚果在新旧大陆都能找到。人们在培育花生之前就培育了坚果。

上是正确的。18世纪，瑞典博物学家卡尔·林奈将坚果定义为被"坚硬外皮"包裹着的种子。有人可能会认为，与其说这种包裹物是一种外皮，不如说是一种外壳。

然而，我们很容易被如何判定坚果搞得一头雾水。花生和"葡萄坚果"[1]就是名字不准确的典型例子。花生的英文名"peanut"中包含豌豆的英文名"pea"和坚果的英文名"nut"，但它既不是豌豆也不是坚果。它是与豌豆有着密切亲缘关系的豆科作物。"葡萄坚果"是一种谷物早餐，与葡萄、坚果毫无干系。这种产品的成分里既没有葡萄也没有坚果，而主要是麦仁——一种与坚果无关的禾本科植物。显而易见，名不符实有时候是存在的。想弄清"大豆坚果"是什么意思的人也会被误导。"大豆坚果"其实就是大豆，和花生一样也是一种豆子。由于存在这种混淆，一些植物学家弃用了"坚果"这一术语，坚称它的概念已经变得太宽泛了，并且被人们滥用，以至于失去了意义。

肯·阿尔巴拉（Ken Albala）教授仍使用"坚果"这一术语，主张坚果是树上结出来的。他对坚果的部分定义排除了花生、大豆和其他与人类有密切关系的豆类，但没有排除橙子、葡萄柚、柠檬、苹果、桃和其他大量水果。对此，阿尔巴拉提出了一个重要区分特征，即坚果必须有一个硬壳，这种界定又将上面列出的所有水果都排除在外了。他还认为，坚果必须是可以食用的，这一标准只有极少数食物符合；而且坚果必须松脆，但这个标准同样也很宽泛，因

---

1 葡萄坚果（Grape-Nuts）：查尔斯·威廉·波斯特（Charles William Post）在1897年研发的一种谷物早餐，用小麦和大麦做成。它现在是美国宝氏控股责任公司旗下的一个品牌。关于其名字的由来，一种说法是，波斯特认为烘培过程中会产生葡萄糖，而且这种食品吃起来有坚果的味道，所以将两者结合起来取名"葡萄坚果"；另一种说法是，这种食物在形状上类似葡萄籽，因此得名。——译者注

为这并未排除"葡萄坚果"或者格兰诺拉麦片。但综合来看，阿尔巴拉所定义的各个部分似乎都合理。

坚果在人类饮食中的起源

我们现在很难知晓人类是从何时何地开始吃坚果的，但一定远在农业出现之前，至今已有数千年历史。因此，吃坚果肯定是人类狩猎采集历史的一部分。一些专家认为，人类最初采集食物时，首选的食物就是坚果和浆果。这种饮食肯定有益健康，因为最早的人类遗骸没有显示出龋齿的迹象。因此，坚果是很早为人类提供营养的食物之一，因此改变了世界。尽管坚果没有促成文明的诞生，但如果没有坚果，人类这个物种可能就灭绝了。有人认为，没有坚果给人类的祖先补充营养，就没有今天的我们。

橡子可能是大约1.2万到1.4万年前定居美洲的印第安人最早吃的食物，虽然有人认为他们定居的时间可能更早。史前欧洲人也吃橡子。公元2世纪时，罗马皇帝马可·奥勒留的御医盖伦曾在文章里描述了一场饥荒，这场饥荒导致穷人为了生存而吃掉自己养的猪。然而，情况没有得到改善，于是他们转而去吃橡子，并搭配蜂蜜和牛奶做橡子汤，虽然后人并不清楚他们在饥荒期间是通过什么手段以及从什么地方获得牛奶的。盖伦从中得出了坚果和谷物一样有营养的结论。事实上，在某些方面，坚果比谷物更有营养，而它们都是蛋白质、维生素A和多种维生素B的优质来源。16世纪时，一位法国作家再次强调了人们已经知道的事实，指出橡子是人类早期的食物之一。

如果说橡子是温带地区的一种重要坚果，那么椰子就是热带地区的一种重要坚果（严格意义上来说是一种核果）。在热带海岸线上，尤其是在太平洋的许多热带岛屿上，椰子树随处可见。和橡子一样，椰子因其营养价值而备受重视，另有"提供所有生活必需品之树"的美誉。椰汁和椰奶含有电解质，是补充人体因出汗而流失的电解质的理想饮品。东南亚人从很早以前起就在饮食中添加椰奶。椰子的例子同样提醒读者，在农业兴起之前，坚果是人类的主要食物来源之一。

农业兴起之后的坚果

即便在农业兴起之后，坚果仍然很重要。我们已经指出了坚果的营养价值——富含ω-3脂肪酸，且许多坚果是维生素和抗氧化剂的重要来源。一些坚果含有丰富的维生素A。榛子含有属于维生素B族的叶酸。开心果含有保护眼睛健康的叶黄素。自古以来，医生们就一致认为坚果富有营养。因为人们食用的坚果几乎没有经过加工，所以，坚果在这个食品要被预先包装、添加化学物质的时代里，能够给人一种健康食品的感觉。坚果体现了对食品加工业的矫正，因此非常重要。人们只需尝几粒坚果，就能体会到它们的价值。

可乐果原产于西非，数千年来一直是人类的食物。因为它含有咖啡因，是一种重要的兴奋剂，所以，西非人相信咀嚼可乐果可以提升精力。然而，咖啡因本身并不含能量，所以咀嚼可乐果的人并没有在热量层面上获取能量，而是在精气神和耐力层面上受到了刺激。这些重要的特性或许对文明的发展并没有起到多少作用，但对需要集中精力和连续劳作的古代人的日常生活而言却很重要。从这个基础层面而言，坚果塑造了历史。可乐果作为可口可乐——与咖啡、茶等同为世界性商品的软饮料——原始配方的一种成分而历史留名。东南亚人嚼槟榔也有类似的提神效果，但有人担心槟榔会致癌，因此，人们不会把它吞到肚子里。

作为坚果的肉豆蔻也是利润丰厚的香料贸易的一大支柱。人们对肉豆蔻和其他香料的渴望，激发了欧洲这个原本无足轻重的大陆上的人去探索未知的世界。这种冲动促使欧洲人发现了美洲，进而引发了哥伦布航海之后的一系列重大变化。甘蔗、奴隶制、种族主义、工业主义和帝国主义的兴起都源于欧洲扩张的爆发力，而这种爆发力最初是由香料贸易引燃的。因此，肉豆蔻是一种意义重大的坚果。荷兰人在印度尼西亚发现了肉豆蔻，并宣布肉豆蔻仅限荷兰人买卖，其他人不得染指。殖民美洲的欧洲人在加勒比地区的格林纳达岛种植肉豆蔻，如今，格林纳达岛是世界上最大的肉豆蔻产地。

长山核桃和玉米糖浆都是世界性食品，它们是长山核桃派的主要原料。腰果是一种原产于巴西赤道地区的热带坚果，那里还是菠萝、可可、木薯和古柯植物的故乡。16世纪时，葡萄牙人在巴西认识了腰果树。随着葡萄牙人在莫桑比克、印度果阿邦、印度东南部和马来西亚等地区种植腰果树，这种坚果很快就成了哥伦布大交换的一部分。西班牙人把腰果树种遍菲律宾。今天，尼日利亚、印度和越南是世界上主要的腰果产地。

开心果最初是伊朗的一种零食，美国从伊朗进口了开心果。20世纪时，加利福尼亚州的开心果产量激增，美国不再需要从伊朗进口开心果。2011年，美国宣布禁止从伊朗进口开心果，但人们想象不出这一措施有什么实际效果，因为加利福尼亚州早就把伊朗赶出了美国的开心果市场。作为世界上颇大的农产品产地之一的加利福尼亚州生产很多食物，开心果就是其中之一。开心果在加利福尼亚州形成了一个帝国，也在全世界变得越来越重要，并以这种方式改变了历史。人们可以在美国任何一家沃尔玛超市买到开心果，在这方面腰果与之有着相同的境遇。如今，加利福尼亚州是开心果、杏仁和其他几种坚果的全球最大产地。

延伸阅读

Albala, Ken. *Nuts: A Global History*. London: Reaktion Books, 2014.

鸡　蛋

　　严格来讲，卵是许多生物的雌配子[1]或生殖细胞。人类女性在具有生殖能力的年龄段里一般每月产1个卵，但卵同样比人类更古老。在地球上存活了数亿年的昆虫也产卵——至少雌性昆虫是这样的。在许多情况下，昆虫卵的产物会危及人类。雌蚊必须从鸟类或哺乳动物身上吸血，才能使它的卵具有繁殖能力。就传播疟疾和黄热病而言，蚊子对人类造成了很大危害。甚至连植物的花的柱头也承托着一种卵，即植物的雌配子。柱头又是雌蕊的一部分。除了细菌和其他类似的生物外，卵是从昆虫到人类的诸多生物的主要繁殖手段。它确保了物种的遗传多样性，所以很有价值。

烹饪禽蛋的起源

　　我们现在很难确认人类是从什么时候开始吃禽蛋的。人类可能在进化早期就吃禽蛋了，而文字记载是之后才出现的。公元前9世纪，亚述人最早写下了关于禽蛋的食谱。亚述国王亚述纳西尔帕（Ashurnasirpal）的筵席中就有用禽蛋做出的各种各样的菜肴。希腊人喜欢孔雀和鹅的蛋，不喜欢鸡蛋。在整个地中海盆地，几乎每

1　雌配子：成熟的雌性生殖细胞。——编者注

家每户都有鸡，人人都吃鸡蛋。中国人喜欢鸭蛋，同时也很爱吃鸡蛋。最晚在公元前2000年时，中国人就开始吃鸭蛋了。大约在公元前246年，中国人建造了禽蛋孵化器，每个孵化器可以容纳56000个禽蛋。古罗马人似乎既吃鸡蛋又吃鸵鸟蛋。在古罗马时代，禽蛋是首选开胃菜。公元前1世纪，古罗马诗人贺拉斯描述了宴会上从禽蛋到苹果的上菜过程：禽蛋是开胃菜，苹果是餐后水果的首选。和亚述贵族一样，只有贵族才能享受这类精心准备的盛宴。平民百姓的宴席上则只有朴素的饭菜。因此，禽蛋标志着人们的地位，所以在社会历史上相当重要。罗马士兵养鸡，这样他们就能吃上鸡蛋和鸡肉了。在中世纪和近代，人们担心鸭蛋会引起口臭，所以变得偏爱鸡蛋。不过，在那个时候，人们认为只有男人才适合吃鸭蛋。因此，禽蛋也是性别的标志。

世界各地的鸡蛋、美食和艺术

传说爱尔兰人发明了一道用培根和鸡蛋做成的菜，这道菜至今仍是一种常见的早餐。在土豆出现之前，爱尔兰的鸡蛋消费量似乎一直很高。作为哥伦布大交换中很重要的食物之一，土豆似乎改变了这种状况。人们开始以土豆为主粮，而把鸡蛋用于别处。人们仍然养鸡，但不再吃鸡蛋，转而把鸡蛋卖掉，以换取任何可能的收入用于交租。的确，鸡蛋为穷人创造了大约四分之一的收入。过度依赖土豆导致历史上最悲惨的事件——19世纪40年代的爱尔兰土豆大饥荒。爱尔兰人如果营养更均衡的话，或许能度过这次危机。

在土豆出现之前，欧洲人似乎吃了大量的鸡蛋，只有面包在日常饮食中比鸡蛋更普遍。在法国，一个主教可以向所辖教区的每个城镇征收50个鸡蛋。荷兰画家希罗尼穆斯·博斯（Hieronymus

Bosch）在16世纪创作的艺术作品中也有鸡蛋。博斯的作品是出了名的晦涩难懂，可能会令现代观众感到困惑。其中一幅画的中心是一枚破壳的鸡蛋，蛋壳中间一群市民正在读一本书，这些人身边还有从鸡蛋中长出的两棵光秃秃的树——这番描绘令人不安。鸡蛋的喻意是什么，为什么它会破碎？人们读的是什么书？为什么树上空无一叶？事实上，画中的鸡蛋和树似乎是死亡而非生命的象征。

西亚人、埃及人和北非人经常把鸡蛋和肉相搭配。从古代到现代，鸡蛋一直是精英人士的节庆食品。法国皇帝拿破仑自诩做煎蛋卷很拿手。因此，鸡蛋不仅是性别的标志，更是地位的象征。在这个意义上，它塑造了历史。鸡蛋极其普遍，以至于一位专门研究食物的历史学家怀疑没有鸡蛋的菜肴是否存在。

鸡蛋和健美

鸡蛋与健美运动的关联之紧密超过它与其他任何运动的关联程度。因为健美爱好者力图塑造体形，展示健硕的肌肉和少量的体脂，所以他们会花几个小时在健身房里锻炼肌肉。另外，健美爱好者的饮食也是精心设计的，其中的脂肪含量被降至最低。对于低脂肪的要求来说，人们认为鸡蛋是非常重要的——但不是整个鸡蛋都重要。鸡蛋的蛋白和蛋黄对健美爱好者的价值是不一样的。由于蛋黄含有脂肪和胆固醇，所以健美爱好者不吃蛋黄，尽管它还含有很多营养物质。健美爱好者只吃蛋白。实际上，在健美爱好者的饮食中，蛋白似乎是最重要的食物。如今，健美似乎不再是一项具有主流吸引力的运动。以阿诺德·施瓦辛格（Arnold Schwarzenegger）和佛朗哥·哥伦布（Franco Columbu）为代表的健美时代早已一去不复返了。

鸡蛋、农业综合企业和快餐

鸡蛋已经成为一种资本主义商品。过去，小农场主可以在早上收集鸡蛋，这种情景如今已不复存在。农业综合企业控制了鸡蛋的生产和销售。作为一种商品，鸡蛋早就渗透了麦当劳和丹尼连锁餐厅的菜单。麦当劳供应鸡蛋满福堡：将松饼一切两半，中间夹上鸡蛋、火腿和奶酪。这个产品是标准化的，而且可能不是那么有益于健康。在旧金山吃到的鸡蛋满福堡和在巴尔的摩吃到的是一样的。丹尼连锁餐厅坚持爱尔兰传统，供应培根煎鸡蛋。这种组合同样可能是不利于健康的。快餐由于有了包括鸡蛋在内的几种常用食物，才得以实现兼顾大众化、美味可口和标准化的目标。和T型车一样，鸡蛋满福堡千篇一律，而鸡蛋则已经适应了商品化和资本主义的现代世界。

延伸阅读

Toops, Diane. *Eggs: A Global History*. London: Reaktion Books, 2014.

鱼

根据瑞士裔美国鱼类学家路易斯·阿加西斯（Louis Agassiz）的科学论文，在19世纪，需要区分鱼的英文名"fish"单复数形式的做法屈服于一种普遍趋势，即将鱼不分单复数统称为"fish"。鱼是水中很早进化的动物之一。原始海洋似乎是鱼的诞生地，这意味着最早的鱼只能在海水中生存。后来，一些鱼进化出了在盐分很少的水中生存的能力——这些就是淡水鱼。鱼是冷血动物，借助鳍和尾巴在水中游动。和爬行动物一样，许多鱼都有鳞片，但也有些鱼没有鳞，如鲇鱼。人类往往认为鱼生活在相对浅的水域里，但实际上，即使是海洋中最黑暗、最深远的地方也有鱼，虽然那些地方的鱼的数量明显较少。由于深海里一片黑暗，所以这些鱼进化出了自己发光的能力。即使人类想吃这些鱼，得到它们的可能性也很小，因为深海的深度和压强将人类排除在外。

鱼在智人出现之前就已经改变了世界

鱼从很多方面改变了世界。早在晚期智人出现之前，捕鱼就已经成为一项必不可少的活动。人类的祖先和人类本身都是在非洲进化的。最早离开非洲的人科动物——直立人，穿过西奈半岛，向东到达印度尼西亚最大的岛屿爪哇岛。重点是，直立人并没有按照最直接的路线上岛，而是选择沿着亚洲的南部海岸线前进。这并不奇怪，因为一开始他们不知道爪哇岛的存在。就这样，海洋成了直立人的忠实伴侣。由于海水是咸的，海洋不可能是饮用水的来源。不过，它肯定是一种营养来源，为直立人提供鱼类和贝类等海生动物。很难想象的是，直立人可以在没有富含蛋白质的鱼类饮食的情况下，在穿越亚洲的长途跋涉中幸存下来。因此，鱼改变了世界——它使人类有可能在非洲之外的大陆定居。

鱼在尼安德特人和晚期智人的竞争中所扮演的角色

同样重要的是晚期智人在非洲的崛起。和直立人一样，一些晚期智人大约在4万年前离开了故土，向东进入亚洲，向西、向北进入欧洲。他们不是第一批到达这两个大陆的人。如前所述，直立人先于他们来到了亚洲，而与他们极为相似的尼安德特人，也比他们早几千年到达欧洲。晚期智人有一个优势：他们会用削尖的棍子捕欧洲的河流和湖泊里的鱼。尼安德特人在很多方面都有很强的适应能力，但从未掌握捕鱼技能。晚期智人的营地中有大量鱼骨，而尼安德特人的营地中却没有鱼骨，这表明前者有后者所缺乏的额外的蛋白质来源。也许这让晚期智人比尼安德特人更有生存和繁殖的优势。在接下来的大约1.2万年里，晚期智人不断增多，尼安德特人却逐渐消失了。因此，在2.8万年前尼安德特人的灭绝过程中，鱼可能起到了一定的作用。尼安德特人的消亡肯定是改变世界的事件。他们的大脑甚至比现代人的还要大，这表明他们很有智慧。他们与晚期智人共存的时候会互相交换技术。两者甚至有可能繁衍了后代。尼安德特人的消失让晚期智人失去了动物界中最为相似的近亲。没有了尼安德特人，面对气候变化、战争扩大和无处不在的贫困等诸多问题，现代人就没有了可以与之商量的对象；没有尼安德特人，没有人可以跟现代人分享知识和抱负，也没有人同情他们。失去尼安德特人，世界可能变得更加糟糕了。

古代的鱼

农业和畜牧业在人类文明创造过程中的作用受到了广泛关注。但鱼也同样重要。最初的人类文明聚集在盛产鱼类的河边。西亚文明就是以底格里斯河和幼发拉底河沿岸的人为中心崛起的。埃及人靠吃尼罗河和地中海的鱼生存。在今天的印度和巴基斯坦一带，新兴文明中的人依靠印度河和恒河的鱼获取营养，而中国人聚集在鱼类丰饶的黄河和长江沿岸。中国最南端的人在南海打鱼。中国似乎从来没有不依赖鱼类的时候。事实上，可能是中国人发明了水产养殖：在人工池塘或其他水体里养鱼。以传统方式捕获的鱼明显难以满足中国人的需求，这就刺激了水产养殖的发展，以提高鱼的供应量。

如上所述，对于生活在黎凡特和埃及的人来说，吃鱼非常重要，但我们也不应忽视地中海盆地的其他地区的情况。北非人民靠吃鱼维持生命。如果说有区别的话，那就是罗马人对北非的征服，以及后来对埃及的征服，增加了人们对鱼的需求，使地中海的捕鱼活动变得更密集了。在希腊，捕鱼尤其重要，因为该国大部分地区都不适合农业生产。在意大利，伊特鲁里亚人（可能起源于希腊）以及后来的罗马人同样离不开鱼。尽管农耕在罗马比在希腊更重要，但罗马人对鱼的需求也很强劲。和中国人一样，罗马人也转向水产养殖，以此补充从地中海、湖泊和包括台伯河在内的河流捕捞的鱼的数量不足。各地古人都认为，鱼是所有社会阶层的人都需要的重要的营养来源。在罗马，平民和贵族都吃鱼。历史上有几位名人似乎对鱼情有独钟。大权在握的尤利乌斯·恺撒，曾在参加宴会时要求多吃一份鱼。他尤其会在鱼做得不好或者令人不满意的时候这样做，因为他希望以这样的方式感谢女主人筹办了盛宴。以鱼为媒，恺撒赢得了许多女性的青睐。

在美洲，鱼类供应似乎特别充足。美洲印第安人不仅有足够的鱼可以吃，而且把鱼当肥料，他们每埋下一粒种子就在坑里放上一条鱼。鱼不仅是食物，也是农业的基本组成部分。确实，如果不了解鱼在餐饮和农业中起到的核心作用，就很难理解美洲印第安人的生活方式。

现代的鱼

到了现代，鱼依然重要。一些人认为，没有鳀鱼的比萨是不完整的。鱼仍然是东亚人的主要食物。中国人、菲律宾人、日本人、泰国人、越南人、印度尼西亚人、马来西亚人、老挝人和缅甸人都热衷于吃鱼。事实上，现代医学已经注意到这种饮食趋势，指出鱼

金枪鱼

　　金枪鱼是鲭鱼的近亲，是人类食用颇多的鱼类之一。它可以被制成冷冻鱼片，也可以被制成鱼肉罐头。金枪鱼罐头是美国人吃的很多的鱼类食品之一。按照产量排序的话，太平洋、印度洋和地中海出产了大部分金枪鱼。20世纪30年代到60年代，金枪鱼的捕获量很大，但金枪鱼种群的数量很难适应这种稳步增加的捕获量。现在，过度捕捞成了金枪鱼产业和整个渔业的灾难。一些环保人士认为，由于人类的贪婪，金枪鱼种群可能濒临灭绝。

是蛋白质和 ω-3 脂肪酸的重要来源。吃鱼有助于延年益寿，而许多亚洲人就有长寿之福。一个健康苗条的泰国人靠吃鱼补充营养，而一个生命垂危的美国人仍在大吃汉堡和香肠，这样的对比让西方的医生们感到绝望。实际上，一些政府机构鼓励美国人多吃鱼少吃肉，希望这样做能遏止肥胖的趋势。

　　不幸的是，烹饪方法不当让这个建议近乎空谈。炸鱼可能起源于非洲，这种做法向鱼这种本来很重要的食物中增添了太多的脂肪和热量。海滋客、麦当劳、温迪快餐和其他快餐店不以贩卖炸鱼为耻，而且英国人似乎对炸鱼和炸薯条还上了瘾。相比之下，亚洲人更少炸鱼。当人们力图从鱼中获取最多的营养和最少的脂肪时，鱼的烹饪方式便显得很重要。美国人对待烹饪的态度尤其矛盾。美国人依然炸鱼，虽然他们至少从20世纪40年代就开始吃瘦猪肉。

延伸阅读

Gagne, George P., and Richard H. Medrano. *Fish Consumption and Health*. Hauppauge, NY: Nova Science Publishers, 2009.

Miller, Adrian. *Soul Food: The Surprising Story of an American Cuisine, One Plate at a Time*. Chapel Hill: The University of North Carolina Press, 2003.

维生素丸

　　自20世纪早期科学家发现维生素之后，维生素丸就成了人体每日所需维生素的补充。维生素是微量营养素。换言之，它对健康来说必不可少，微量即可满足所需。人们往往认为维生素是一种可以食用的东西，而维生素丸功效的概念正是利用了这一想法。在某种程度上，事实确实如此。人们可以通过吃柑橘类水果、菠萝、土豆、甘蓝等食物来摄取维生素C。水果是补充维生素C的一个特别好的来源。甘薯和胡萝卜富含维生素A。鱼能提供维生素D，而人们如果晒太阳的话，就没必要摄入维生素D，因为人体在阳光照射下自会合成维生素D。这一事实表明，并不是每一种维生素都必须通过进食来摄入，虽然大多数维生素确实需要外界提供。纵观历史，人类很晚才发现维生素这种营养物质。直到20世纪，科学家才确定了维生素的存在，而早在这之前，科学家就发现蛋白质、碳水化合物、脂肪酸和矿物质对人体而言是不可或缺的。例如，铁、钙、镁和锰这几种矿物质是人体所必需的，不过，考虑到它们大多数都是元素周期表上的金属，我们将它们称为"元素"可能更合适。随着矿物质的发现，元素周期表在19世纪60年代完成。

维生素的发现

　　用历史的眼光来看，人类在发现维生素之前就注意到好几种与维生素有关的现象。埃及人可能知道，吃动物的肝脏可以预防由缺乏维生素A而引起的失明，虽然他们并不明白肝脏、失明和维生素A之间的关系。人们可能注意到，只有肉能提供维生素A。胡萝卜和甘薯等类似的作物可以提供维生素A的前体——β-胡萝卜素，人体可将其转化为维生素A。因此，人们可以通过很多方式来摄入β-胡萝卜素，从而获取维生素A。维生素C也是如此。在近代的大航海时代，水手会因饮食单一而患上营养不良症。到了18世纪40年代，苏格兰医生詹姆斯·林德证明，喝柠檬汁可以防治一种营养不良症——坏血病。换言之，林德虽然发现了一种防治坏血病的药物，但对其中发挥作用的维生素C一无所知。进一步的研究发现，其他柑橘类水果、土豆、甘蓝和菠萝都对防治坏血病有效。19世纪的科学家发现，吃鱼（尤其是鱼的脂肪）可以预防另一种营养不良症——佝偻病，如今我们知道在其中起作用的是维生素D。这些发现增加了人们对营养学的兴趣，但并未直接引人发现维生素。

到了20世纪初，相关研究取得了突飞猛进的发展。1910年，日本科学家铃木梅太郎（Umetaro Suzuki）发现了一种水溶性微量营养素，将其命名为"抗脚气病酸"。他在一篇文章中宣布自己发现了一种新的营养素，因此，可以说是铃木发现了第一种维生素。美国科学界则倾向于认为，这项殊荣应归于威斯康星大学的农业科学家埃尔默·V. 麦科勒姆——他通过喂养小白鼠的实验，于1914年宣布发现了维生素A。因为"A"是字母表的第一个字母，所以麦科勒姆发现了第一种维生素就成了美国科学史上的标准说法。铃木和麦科勒姆的发现并不相同。铃木发现的是一种水溶性的维生素B，而麦科勒姆发现的维生素A是脂溶性的。随后又有几项新发现，每一项都获得了诺贝尔生理学或医学奖。

维生素丸

长期以来，美国人一直痴迷营养补品。例如，西红柿丸在19世纪风行一时。西红柿丸含有一种从西红柿中提取的精华，但它不是维生素丸。到了20世纪40年代，维生素的发现刺激了维生素行业的发展。当时，该行业宣传维生素丸是日常补品。准确地说，人们可以把维生素丸称为"复合维生素和矿物质丸"，因为大多数维生素丸都含有多种维生素和矿物质。此外，随着该行业的发展，维生素丸生产商还专门针对特定群体开发了各式各样的补品，比如儿童补品、男性补品、女性补品、孕妇补品，以及带有不同标签的50岁或60岁以上的男性或女性补品。除了这些产品之外，人们还能买到只含有一种维生素的维生素丸。20世纪时，美国化学家、两届诺贝尔奖获得者莱纳斯·鲍林（Linus Pauling）提倡人们吃高剂量的维生素C。维生素行业利用鲍林的名望，开始售卖高剂量的维生素C丸。过量的维生素C可能没什么害处，因为维生素C是水溶性的，人体吸收不了的部分会通过尿液被排出体外。维生素A、维生素D和维生素E等脂溶性维生素则与此不同，吸收不了的部分会储存在人体里。以维生素D为例，随着时间的推移，维生素D会不断积聚到有毒的水平。

通过营养补品这种形式，维生素行业可能过分简化了营养。美国人信以为真，以为只要每天吃一次"复合维生素和矿物质丸"，在饮食方面就可以百无禁忌。在这个意义上，维生素丸改变了历史和生活；因为它使很多人相信，只要吃了这种神奇的药丸，就不用担心营养不良，从而可以想吃什么就吃什么。按照上述思路，人们只需每天吃一粒维生素丸，就可以放心地吃垃圾食品，而且还能保持健康。这种逻辑（或逻辑滥用）可能就是1000多万美国人每天都吃维生素丸的深层原因。可以肯定的是，维生素行业竭尽全力地诱惑人们吃维生素丸。一些行业营销人员宣称，维生素丸能改善免疫系统，能预防结肠癌和心脏病，不过这些只是医学论断，必须由医生进行专业评估。这种"把维生素丸当万能药"的想法，虽然很能蛊惑人心，但并不正确。

除了某些特定情况之外，维生素丸实际上不能代替均衡饮食中的瘦肉、鱼、蔬菜、水果、全谷物和奶制品等食品。饮食均衡的人不需要补充维生素。事实上，补充维生素可能适得其反。我们已经知道，脂溶性维生素在大量积聚的情况下有使人维生素中毒的风险。维生素丸能提供能量的说法也是荒谬的，除非它含有热量；相反，维生素丸提供的维生素只能帮助身体把吸收的热量通过新陈代谢消耗掉。维生素丸有助于减肥的说法同样也不正确。人们只有调整饮食，加上每天积极锻炼，才能实现减肥的目标。人们只要稍加计算就会明白，维生素丸并不能帮人们减肥，因为减肥意味着人体消耗的热量必须多于吸收的热量。

维生素丸的更新迭代

如上所述，生产商针对不同人群生产出多样化的维生素丸。男性服用的维生素丸所含有的铁（严格来说，铁是一种矿物质），比女性服用的维生素丸的少，因为男性需要的铁相对较少。我们在此必须再次强调，维生素丸不能代替均衡饮食。肉、土豆、豆类和牡蛎都是铁的优质来源。一些男性服用的维生素丸不含铁，不过它可能含有额外的硒（也是一种矿物质）和维生素 E 以保护前列腺。女性需要摄入较多的铁和叶酸，后者属于维生素 B 族，对孕妇非常重要。孕妇服用的维生素丸还含有额外的维生素 A。儿童也是维生素行业的目标群体。哪个美国人小时候没吃过和《摩登原始人》（*The Flintstones*）联动的复合维生素丸呢？这些维生素丸实际上很少是必须服用的，因为儿童吃的谷物早餐等大多数食物都含有额外的维生素和矿物质。不过，维生素D是个例外。因为儿童正在长身体，所以他们比成人需要更多的维生素D，这时候补充维生素D是可取的。夏天大量的户外活动也会使人体合成维生素D。维生素丸对60岁以上的老年人而言更加重要，因为他们的身体失去了有效吸收各种维生素的能力。因此，维生素B_{12}和维生素K是老年人服用的复合维生素丸所必需含有的成分。服用血液稀释剂的成年人可能会因大剂量的维生素K产生不良反应。如果有疑问，成年人应该咨询医生。此外，老年人可能不需要补充太多铁。偏好素食者和严格素食者需要补充维生素D和维生素B_{12}，还需额外摄入铁、镁、硒、钙和锌等矿物质。除了孕妇以外，人们应该谨慎服用含有大剂量叶酸的维生素丸，因为叶酸过量会增加罹患前列腺癌和结肠癌的风险。

保护消费者权益的人指出，在美国和加拿大，只有不到一半的维生素丸含有标签上的营养成分。目前已知至少一个品牌的维生素丸含有不应在人类饮食中出现的有毒金属——铅。该维生素丸的生产商已停业。还有一种针对儿童的维生素丸，名为"英雄营养牌小熊软糖"，其维生素A的含量几乎是标签上标注的含量的3倍。因为维生素A是脂溶性的，所以当它在体内积累到有毒的程度，反而会妨碍儿童的骨骼生长。不过，维生素丸确实在必要的情况下为人体提供了必需的营养物质，从而改变了历史和生活。

延伸阅读

Blake, Joan Salge. *Nutrition and You*. 2nd ed. Boston: Benjamin Cummings, 2012.

减肥药

发达国家的人们生活在一种医药文化之中，觉得不管得了什么病或者身体有什么特殊状况，吃药就能好转——无论这药是增加营养的维生素丸，还是治疗细菌感染的抗生素。减肥药就是这种世界观的一种体现。在这个意义上，减肥药已经改变了历史和生活，虽然它直到人们的日常生活发生重大变化的20世纪和21世纪才变得重要起来。机械自动化和省力设施的普及，尤其是汽车的普及，使世界各地处于汽车文化中的人比不论想去哪里都得步行的前人消耗的能量更少。发达国家的人倾向于减少活动量，因此，从早到晚代谢的热量也变少了。然而，发达国家的食物很丰富，垃圾食品行业也很发达，于是人们在减少活动量的同时还增大了食量，结果自然是超重和肥胖的人越来越多。由于发达国家的人生活在一种"药丸解决一切"的文化中，他们自然而然地、条件反射式地寻求减肥药来解决问题。减肥药能够影响历史和生活的原因就在于此。

减肥药的现状

在21世纪早期，减肥药和其他减肥产品的市场需求非常强劲。这些减肥药以快速瘦身为噱头吸引了大量肥胖者，且不用处方在柜台就能买到。自己就能做自己的饮食教练，于是，人们觉得没有必要咨询医生或者健康咨询师。因为不是所有美国人都有医疗保险，所以减肥药确实可以代替昂贵的医疗服务。一些尝试节食但没有成功的人可能更愿意求助于减肥药。好莱坞效应也发挥了作用。好莱坞影视中充斥着毫无赘肉、健美、富有魅力的男男女女的形象。消费者希望自己也有那样的好身材，于是选择服用减肥药。这种情况可能会引发严重后果。尤其是女性，她们比男性更容易患厌食症或表现出其他饮食失调状况。这些女性可能会服用减肥药来维持过低的体重。在这种情况下，多吃饭和少吃减肥药才对身体有好处。还有一些人为了达到同样的效果而刻意塑身，从而锻炼过度。另有一些人为了加速减肥而过量服用减肥药，比如本来应该吃1片却吃2片。

减肥药的成分

我们没有必要把所有品牌的减肥药都介绍一遍，但它们共有的成分是值得研究的。咖啡因通常是减肥药的主要成分。从几十年前起，运动员就知道咖啡因会刺激身体优先燃烧脂肪。换言之，摄入咖啡因的身体更容易代谢脂肪，而非储存在肌肉里的糖原或者肌肉本身。咖啡因还具有抗疲劳、提神的功效，这些都是令人向往的效果。咖啡和茶都含有咖啡因，而减肥药也含有咖啡因，这引发了人们的好奇心。在美国，喝咖啡的人占比很高，身体肥胖的人也占比很高，这一事实表明，喝咖啡和减肥之间可能并没有必然的联系。尽管如此，美国食品药品监督管理局还是批准针对11岁以上美国人的减肥药可以含有咖啡因。咖啡因在临床试验的某些情况下引发了令人担忧的结果，即受试者的血压和心率升高。而且，咖啡因是一种兴奋剂，可能导致失眠。然而，的确有一组试验表明受试者的体重在2个月内降低了；到了第三个月，该组受试者的体重趋于平稳，不再降低。其他研究表明，受试者在持续摄入咖啡因半年后，体重可能会下降，平均减重量约为受试者体重的18%。在试验结束时，明显下降的体重甚至足以降低受试者的血压。我们需要注意的是，临床试验使用的咖啡因的剂量比减肥药中的咖啡因的剂量更高。普通减肥药的咖啡因含量比三杯咖啡的还少，不过这也不是一个小数字。

茶提取物在减肥药中也很常见，而这些提取物的主要作用仍是将咖啡因引入体内。有意思的是，亚洲人普遍喝茶，而且往往很瘦；不过，这一现象是由生活方式和饮食习惯造成的，而不是源于茶本身的任何特性。一些研究人员认为，茶含有一种名为"表没食子儿茶素没食子酸酯"（EGCG）的化合物，可以刺激人体燃烧脂肪，而不是消耗肌肉里的糖原或者肌肉组织本身。我们已经观察到咖啡因也有这种功效。这种现象让我们很难确认导致人体燃烧脂肪的原因是EGCG还是咖啡因，或者两者都是其原因。研究人员进一步指出，咖啡因的减肥效果不如它结合EGCG的减肥效果。这表明其中有某种协同作用在发挥功效。摄入EGCG和咖啡因会让人体每天多代谢0.33千焦热量。而一天少喝一罐软饮料可以少摄入约0.42千焦热量，同样也能达到与摄入EGCG和咖啡因类似的效果。

减肥药还可能含有羟基柠檬酸，这种化合物发现于鲜为人知的藤黄果的果皮里。这种有机酸可以阻止人体细胞把多余的糖合成为脂肪分子。在糖转化为脂肪的过程中，细胞核是主导，具体发生场所是其外围的细胞质。科学家围绕羟基柠檬酸开展了一系列试验：第一项研究表明，在摄入这种有机酸2个多月后，男性和女性的体重均减轻了大约5%；第二项研究发现，它对体重不产生影响；第三项研究可能价值不大，因为在这项研究中，除了摄入羟基柠檬酸之外，受试者还必须调整饮食，少吃脂肪多吃纤维，而这样的做法本身就能降低体重，但该研究的结果却是受试者的体重几乎没有下降。减肥药也可能含有钙盐和其他离子。这些无机盐在小白鼠身上似乎能产生减轻体重的效果，但在人体试验中几乎没有效果。

　　减肥药还可能含有吡啶甲酸铬。它是一种健美爱好者在节食的最后几周会使用的化合物，因为他们相信这样做只会减掉脂肪，从而保留下大量的肌肉。这种化合物似乎能使胰岛素的作用更加明显。一项试验表明，服用吡啶甲酸铬的女运动员在减肥和增肌方面特别成功。而它对超重和肥胖的人有什么作用尚不清楚，因为运动员为了备赛每天都要进行严格训练，他们会比普通人多消耗更多的热量。这些运动员与基本上不锻炼身体的、靠吃减肥药减肥的消费者截然不同，化合物对运动员产生了影响不能代表它对这些消费者也会产生影响。不过，令人感到奇怪的是，一项研究表明，服用吡啶甲酸铬减肥药的肥胖女性的体重反而增加了，虽然增加的部分是肌肉而不是脂肪。很明显，如果服用者既不改变饮食也不运动，那么这种减肥药将起不到什么作用。另外的研究表明，其他肥胖者（男女皆有）的体重都没有增加。

再次检讨减肥药

　　减肥药里还有其他成分，但人们对它们的功效还不甚了解。实际上，医生希望研究这些化合物，可惜的是他们缺乏专项资金支持。这种抱怨很常见，源于缩减联邦政府规模和范围的保守议程。联邦政府的拨款相应减少，而且变得更难获得。医生指出，减肥药行业是企业化的，它所受的监管不像新药的开发和测试所受的那么严格。一些处方药的减肥效果似乎比非处方减肥药的还好。这一事实引出了核心问题：减肥药依靠所谓的临床研究和记录体重减轻的数据图表伪装成药物。外行人很难判断广告真正推销的东西的价值。就算减肥药有效，这些研究的结果也应该对同行开放评审。与此同时，减肥药还伪装出科学客观的样子，如果它真的有这种品质，无疑会令人对减肥药的非凡效果满怀期待。在这种背景下，减肥药浑身笼罩着神秘的"科学"氛围，承诺服用者也能像好莱坞明星一样拥有完美身材，甚至让消费者觉得吃着垃圾食品也能瘦身。就这样，减肥药改变了历史和生活。不过，事实似乎大相径庭。

延伸阅读

Bessesen, Daniel H., and Robert Kusher. *Evaluation and Management of Obesity*. Philadelphia: Harley and Belfus, 2002.

Blake, Joan Salge. *Nutrition and You*. 2nd ed. Boston: Benjamin Cummings, 2012.

Jason Lillis, Joanne Dahl and Sandra M. Weineland. *The Diet Trap: Feed Your Psychological Needs and End the Weight Loss Struggle Using Acceptance and Commitment Therapy*. Oakland, CA: New Harbinger Publications, 2014.